Eike Lehmann · Leshan Zhang

# Nichtlineares Verhalten von ausgesteiften Tragwerken

Springer-Verlag Berlin Heidelberg GmbH

# Eike Lehmann · Leshan Zhang

# Nichtlineares Verhalten von ausgesteiften Tragwerken

mit schiffbaulichen, meeres- und anlagentechnischen Beispielen

Mit 246 Abbildungen

Springer

Prof. Dr.-Ing. Dr.-Ing. E.h. Dr. h.c. EIKE LEHMANN
Dr.-Ing. LESHAN ZHANG
Germanischer Lloyd AG
Vorsetzen 32
D - 20459 Hamburg

ISBN 978-3-642-63520-5

CIP-Titelaufnahme der Deutschen Bibliothek
Lehmann, Eike:
Nichtlineares Verhalten von ausgesteiften Tragwerken / Eike Lehmann; Leshan Zhang.

ISBN 978-3-642-63520-5    ISBN 978-3-642-58264-6 (eBook)
DOI 10.1007/978-3-642-58264-6

Dieses Werk ist urheberrechtlich geschützt. Die dadurch begründeten Rechte, insbesondere die der
Übersetzung, des Nachdrucks, des Vortrags, der Entnahme von Abbildungen und Tabellen, der
Funksendung, der Mikroverfilmung oder Vervielfältigung auf anderen Wegen und der Speicherung
in Datenverarbeitungsanlagen, bleiben, auch bei nur auszugsweiser Verwertung, vorbehalten. Eine
Vervielfältigung dieses Werkes  oder von Teilen dieses Werkes ist auch im Einzelfall nur in den
Grenzen der gesetzlichen Bestimmungen des Urheberrechtsgesetzes der Bundesrepublik Deutsch-
land vom 9. September 1965 in der jeweils geltenden Fassung zulässig. Sie ist grundsätzlich
vergütungspflichtig. Zuwiderhandlungen unterliegen den Strafbestimmungen des Urheberrechts-
gesetzes.
© Springer-Verlag Berlin Heidelberg 1998
Ursprünglich erschienen bei Springer-Verlag Berlin Heidelberg New York 1998
Softcover reprint of the hardcover 1st edition 1998

Die Wiedergabe von Gebrauchsnamen, Handelsnamen, Warenbezeichnungen usw. in diesem Buch
berechtigt auch ohne besondere Kennzeichnung nicht zu der Annahme, daß solche Namen im Sinne
der Warenzeichen- und Markenschutz-Gesetzgebung als frei zu betrachten wären und daher von
jedermann benutzt werden dürften.

Sollte in diesem Werk direkt oder indirekt auf Gesetze, Vorschriften oder Richtlinien (z.B. DIN, VDI,
VDE) Bezug genommen oder aus ihnen zitiert worden sein, so kann der Verlag keine Gewähr für die
Richtigkeit, Vollständigkeit oder Aktualität übernehmen. Es empfiehlt sich, gegebenenfalls für die
eigenen Arbeiten die vollständigen Vorschriften oder Richtlinien in der jeweils gültigen Fassung
hinzuzuziehen.

SPIN: 10628541    68/3020 - 5 4 3 2 1 0 - Gedruckt auf säurefreiem Papier

# Vorwort

Die hier vorgelegte Arbeit ist das Ergebnis einer mehrjährigen Forschungs- und Lehrtätigkeit an der Technischen Universität Hamburg-Harburg im Rahmen der Ermittlung des Strukturverhaltens schiffbaulicher und meerestechnischer Konstruktionen außerhalb des elastischen Bereichs.

Hintergrund ist der Wunsch gewesen, mehr Kenntnisse über das wirkliche Verhalten von Strukturen unter extremen Lasten zu erhalten. Während im Bereich des Bauingenieurwesens die Methoden der Traglastberechnungen stählerner Konstruktionen wohl etabliert sind, kann man dieses bei Schiffen und meerestechnischen Bauwerken nicht im gleichen Umfang als gegeben annehmen. Einer der Gründe ist, daß in vielen Fällen andere Versagensformen als die des Grenztragfähigkeitsversagens bedeutsam sind, so z. B. das Ermüdungsverhalten der geschweißten Konstruktionen. Dennoch ist ein allgemeiner Trend zu erkennen, alle Tragfähigkeitsreserven auszunutzen, um zu wirtschaftlichen Konstruktionen zu gelangen. Dieses kann nur gelingen, wenn man die Struktur außerhalb des reversiblen elastischen Verhaltens studiert.

Diese Studien können auch heute in einigen Fällen nicht ohne Experimente auskommen. Daher wurden in ausgewählten Anwendungsfällen solche Versuche durchgeführt. Die hierfür notwendigen Forschungsmittel wurden in dankenswerter Weise von verschiedenen staatlichen und privaten Förderern zur Verfügung gestellt. Diese waren die Deutsche Forschungsgemeinschaft (DFG), das Forschungszentrum des Deutschen Schiffbaus (FDS/AIF, FDS/AVIF) sowie das Bundesministerium für Forschung und Technologie (BMFT).

Ein so umfangreiches Forschungsprogramm erfordert viele kluge Köpfe. So sind besonders die Mitarbeiter des Arbeitsbereiches Schiffstechnische Konstruktionen und Berechnungen der Technischen Universität mit ihren verschiedenen Beiträgen am Gelingen dieser Arbeit maßgeblich beteiligt.

Die Autoren möchten es daher an dieser Stelle nicht versäumen, besonders dem Oberingenieur Herrn Dr.-Ing. Horst Höft für seine langjährige Betreuung der numerischen Berechnungen sowie dem Versuchsingenieur Herrn Dipl.-Ing. Wolfgang Koch für die sorgfältige Vorbereitung und Durchführung der verschiedenen Versuche zu danken.

Die Arbeit wendet sich an die Fachkollegen in den wissenschaftlichen Einrichtungen, die Berechnungsingenieure auf den Werften und die Prüfingenieure der Klassifikationsgesellschaften sowie natürlich an die Studenten, deren fachliche Kompetenz die Zukunftssicherung unseres Fachs ist.

Hamburg, im Sommer 1997 Eike Lehmann

# Inhaltsverzeichnis

# 1  Einleitung

Zur Berechnung von elastoplastischem Tragwerksverhalten sind mehrere Annahmen zu modifizieren, die üblicherweise bei der linear-elastischen Berechnung gemacht werden.

Die wichtigste Änderung ist das Verhalten des Werkstoffs. Die Spannungs-Dehnungsrelation der einzelnen stählernen Werkstoffe hängt stark von der metallurgischen Zusammensetzung ab. Bei üblichem Baustahl kommt es bei bestimmten Belastungen zu sog. Versetzungen innerhalb des Kristallgitters. Diese Erscheinung ist so ausgeprägt, daß die Spannungs-Dehnungsrelation maßgeblich beeinflußt wird. Es kommt zu ausgeprägten Dehnungserscheinungen bei minimalen Spannungsänderungen. Erst bei größeren Dehnungen kommt es zu einem monotonen Verhalten bis schließlich der Bruch eintritt.

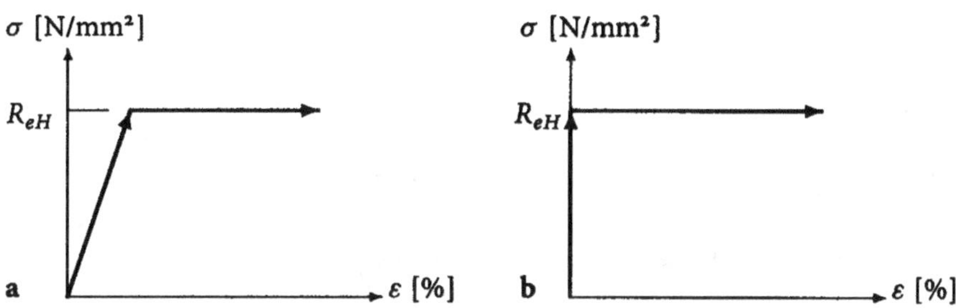

**Abb. 1.1.** Idealisiertes Werkstoffgesetz für Baustahl. **a** ideal elastoplastisch **b** ideal plastisch

Diese spontane Versetzungserscheinung wird pauschal als Fließgrenze bezeichnet. Es liegt auf der Hand, daß diese spontanen Versetzungserscheinungen weder innerhalb eines Halbzeugs, wie einer Platte oder einem Walzprofil, noch in den unterschiedlichen Bauteilen, hergestellt aus unterschiedlichen Chargen, eine Konstante ist. Vielmehr sind diese als statistische Mittelwerte anzusetzen. Ein Vergleich zwischen Messungen und Rechnungen muß daher immer unter dem Gesichtspunkt erfolgen, ob die realen Fließerscheinungen erfaßt worden sind. In den zuständigen Normen werden sog. Mindestfließgrenzen festgelegt. Da der Produktionsausschuß möglichst gering gehalten soll, hat das zur Folge, daß die realen Fließgrenzen nicht Gauß-Normalverteilt um die Mindeststreckgrenzen herum anzunehmen sind, sondern unsymmetrische Verteilungen wie z. B. die Poison-Verteilung realistischer sind. Mit anderen Worten, wenn das Tragverhalten unter Verwendung von Mindeststreckgrenzenannahmen untersucht wird, dann sind deren Abschätzung i. allg. zur sicheren Seite hin.

Diese ausgeprägten Fließerscheinungen ermöglichen im Übrigen eine vereinfachte Definition des Spannungs-Dehnungsverhaltens, indem man von einem ideal elastoplastischen oder, wenn die plastischen Dehnungen überwiegen, sogar von einem ideal plastischen Verhalten ausgehen kann (Abb. 1.1).

In wenigen Fällen sind sog. Verfestigungen zu berücksichtigen. Dieses kann in bestimmten Fällen numerische Vorteile bieten und das Tragverhalten besser beschreiben (Abb. 1.2). Diese so dargestellten Werkstoffgesetze suggerieren ein Verhalten der

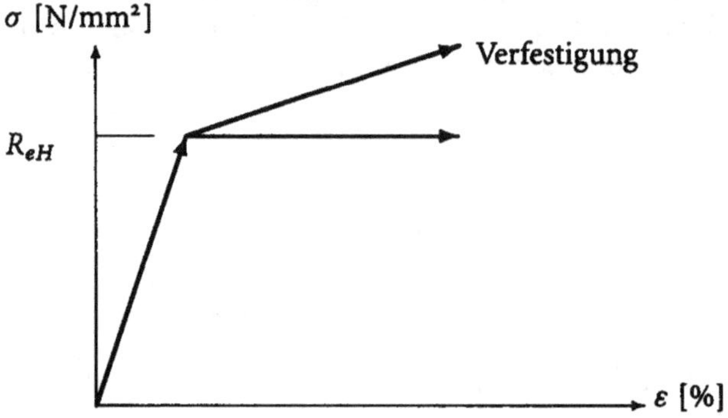


**Abb. 1.2.** Idealisiertes Werkstoffgesetz, ideal elastoplastisch mit Verfestigung

Konstruktion mit großen Dehnungen. Das ist i. allg. durchaus nicht so. Es handelt sich zwar im Vergleich mit den elastischen Dehnungen um relativ große Dehnungen, sie bleiben aber meist so klein, daß die Bedingung kleiner Verformungen sowie des Ebenbleibens des Biegequerschnitts erhalten bleiben.

Bei wenigen Werkstoffen des Schiffbaus, bei Aluminiumlegierungen und austenitischen Stählen liegt ein völlig anderes Werkstoffverhalten vor. Hier kommt es meist zu einer langsam zunehmenden Dehnung ohne ausgeprägtes spontanes Fließen (Abb. 1.3). Eine Unterscheidung des linearen vom nichtlinearen Bereich ist notwendig. Meist wird eine Spannung definiert, bei der eine bestimmte Restdehnung nach der Entlastung nicht überschritten werden soll.

Im allgemeinen sind große elastoplastische Verformungen häufig mit sog. Stabilitätserscheinungen verbunden. Diese Erscheinung ist im rein elastischen Bereich kleiner Verformungen umfangreich untersucht und kann mit der Ermittlung der sog. Verzweigungslasten beschrieben werden. Hier sollen vor allem Probleme untersucht werden, bei denen keine solchen Erscheinungen zu erwarten sind. Im Laufe einer plastischen Verformung kann es innerhalb einer Fließzone zu stabilitätsartigen Erscheinungen kommen. Dies ist gesondert zu betrachten.

In der Mehrzahl der praktischen Anwendungsfälle kommt es bei schiffbaulichen und meerestechnischen Bauwerken zu Membranspannungen, die den

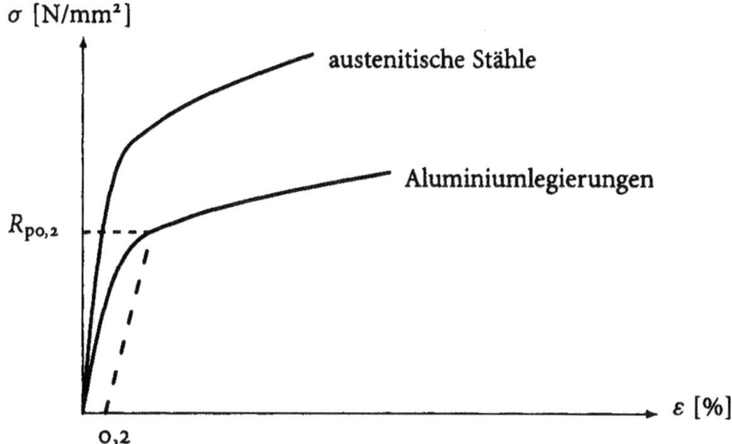



**Abb. 1.3.** Werkstoffgesetz für austenitische Stähle und Aluminiumlegierungen

Verformungsverlauf stützend beeinflussen. Es ist daher sinnvoll, das Tragverhalten danach zu definieren, ob solche stützenden Effekte zu erwarten sind oder nicht. Daher wird zwischen gutartigem, neutralem und bösartigem Verhalten unterschieden, je nachdem wie die Last-Verformungsrelation verläuft (Abb. 1.4). Mit dieser Definition sind auch Hinweise über die zu wählenden Sicherheitsbeiwerte gegeben. Bei einem als gutartig definierten Tragverhalten ist meist kein Kollaps zu erwarten. Deshalb können die Sicherheitsbeiwerte sehr gering gewählt werden.

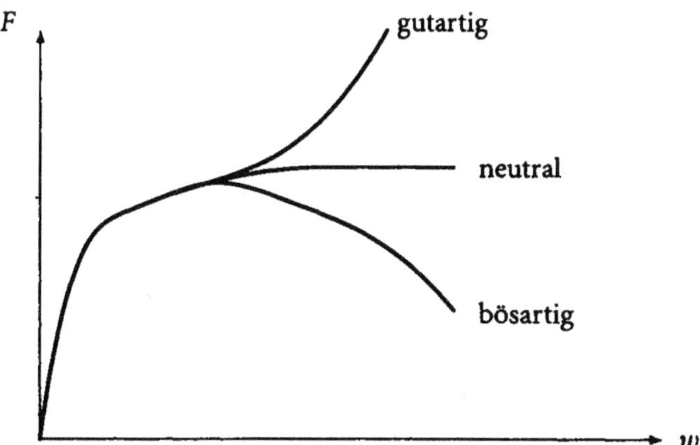



**Abb. 1.4.** Definition des Tragwerkverhaltens

# 2 Balken

## 2.1
## Grundlagen des elastoplastischen Tragwerksverhaltens

### 2.1.1
### Einfache Modelle

Bei den im Schiffbau verwendeten Stählen ist die Spannungs-Dehnungskennlinie des Zugversuchs gekennzeichnet durch eine ausgeprägte Fließgrenze (Abb. 2.1).

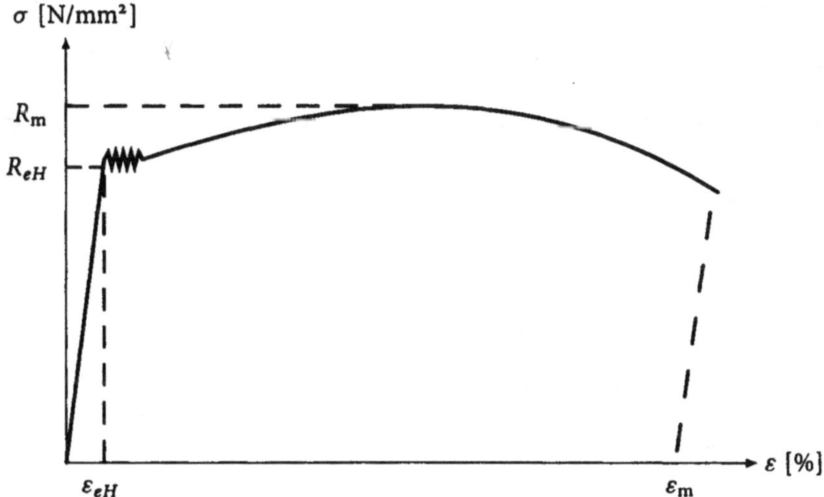


**Abb. 2.1.** Spannungsdehnungskennlinie des Schiffbaustahls

Die elastische Dehngrenze liegt bei

$$\varepsilon_{eH} = \frac{R_{eH}}{E} \cdot 100 \approx 0{,}10 \dots 0{,}12 \quad [\%]. \tag{2.1}$$

Eine Verfestigung des Materials setzt bei ca. 2–3 % ein. Die Bruchdehnung liegt bei 28–30 %. Da im Folgenden die Traglast unter Vernachlässigung großer Dehnungen ermittelt werden soll, genügt es von einem ideal elastoplastischen Werkstoffverhalten auszugehen, d. h., mit Erreichen der Fließspannung $R_{eH}$ wachsen die Dehnungen unbegrenzt. Ein einzelner Zugstab wird also keinerlei weitere Laststeigerungen ermöglichen. Anders ist es jedoch, wenn mehrere Stäbe eine Konstruktion bilden.

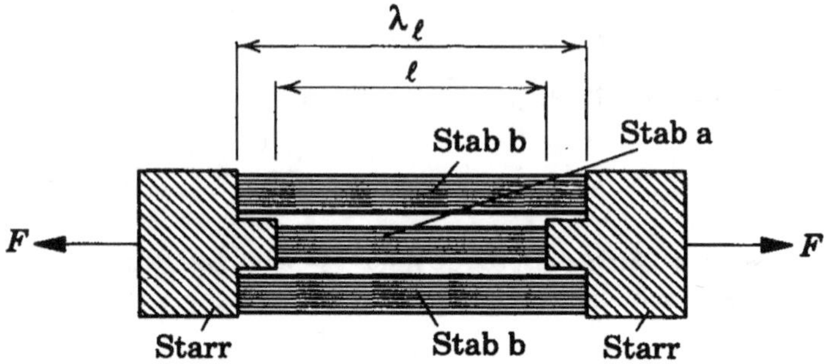


**Abb. 2.2.** Einfaches Stabmodell unter Zug

Gegeben sei nach Abb. 2.2 eine Konstruktion aus drei Stäben, die starr miteinander verbunden sind. Wobei

$$A_a = A_b = A \tag{2.2}$$

und die Federkonstanten

$$c_a = \frac{EA}{l}; \quad c_b = \frac{EA}{\lambda l} \tag{2.3}$$

sein sollen.

Das Gleichgewicht der Kräfte ergibt sich aus

$$F = \sum c \cdot u \tag{2.4}$$

$$F = \left( \frac{EA}{l} + 2 \cdot \frac{EA}{\lambda l} \right) u\,, \tag{2.5}$$

wobei $u$ die Verschiebung ist. Sie ergibt sich weiterhin zu

$$u = \frac{\lambda}{\lambda + 2} \cdot \frac{Fl}{AE}\,. \tag{2.6}$$

Die Spannungen in den Stäben sind dann

$$\sigma_a = E \cdot \frac{u}{l}; \qquad \sigma_b = E \cdot \frac{u}{\lambda l}\,. \tag{2.7}$$

Man erhält für die Stäbe „a" und „b" schließlich

$$\sigma_a = \frac{F}{A} \cdot \frac{\lambda}{\lambda + 2} \qquad \sigma_b = \frac{F}{A} \cdot \frac{1}{\lambda + 2}\,. \tag{2.8}$$

Bei einer Laststeigerung wird zunächst die Fließgrenze im Stab „a" erreicht, sofern $\lambda > 1$ ist. Die dazugehörige äußere Last ist

$$F_1 = A \cdot R_{eH} \cdot \frac{\lambda + 2}{\lambda}\,, \tag{2.9}$$

und die hierzu gehörende Verschiebung

$$u_1 = \frac{R_{eH}l}{E} \, .$$

(2.10)

In den Stäben ergibt sich somit eine Spannung von

$$\sigma_{a_1} = R_{eH} \quad \text{bzw.} \quad \sigma_{b_1} = \frac{R_{eH}}{\lambda} \, .$$

(2.11)

Nunmehr kann die äußere Last noch weiter gesteigert werden. Allerdings nehmen an der weiteren Laststeigerung nur noch die Stäbe „b" teil. Es gilt

$$F = 2 \cdot u \cdot \frac{EA}{\lambda l}$$

(2.12)

bzw.

$$u = \lambda \cdot \frac{Fl}{2EA} \, .$$

(2.13)

Die Spannung in den Stäben „b" ist dann

$$\sigma_b = \frac{F}{2A} \, .$$

(2.14)

Die Spannung kann also erhöht werden, bis in den Stäben „b" die Fließgrenze erreicht ist, wobei zu beachten ist, daß aus dem ersten Belastungsanteil schon die Spannung $\sigma_{b_1}$ vorhanden ist. Es gilt somit

$$\sigma_{b_1} + \sigma_{b_2} = R_{eH}$$

(2.15)

$$\sigma_{b_2} = R_{eH} - \frac{R_{eH}}{\lambda} \, .$$

(2.16)

Die Kraft $F$ wird

$$F_2 = 2 \cdot A \cdot \sigma_{b_2}$$

(2.17)

$$F_2 = 2 \cdot A \cdot R_{eH} \cdot \frac{\lambda - 1}{\lambda} \, .$$

(2.18)

Damit ist die Grenze der Lastaufnahme erreicht. Die Verschiebung unter der Last $F_2$ ist dann

$$u_2 = \frac{R_{eH}l}{E} (\lambda - 1) \, .$$

(2.19)

Die Gesamtverschiebung errechnet sich aus

$$u_{ges} = u_1 + u_2 = \lambda \frac{R_{eH}l}{E} \, .$$

(2.20)

Graphisch stellt sich nunmehr das Tragverhalten wie folgt dar, wobei die Größen mit der Kraft $F_1$ dimensionslos gemacht worden sind.

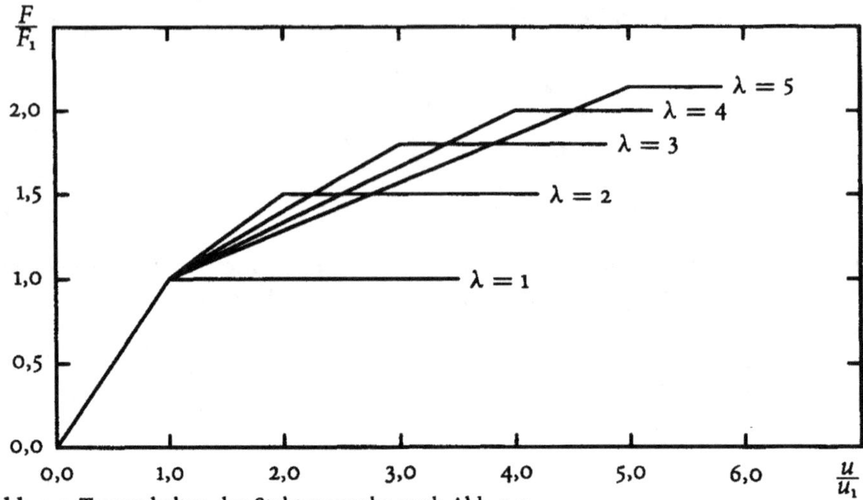

**Abb. 2.3.** Tragverhalten des Stabtragwerks nach Abb. 2.2

Man erhält in dimensionsloser Darstellung

$$\frac{u_1 + u_2}{u_1} = \lambda \tag{2.21}$$

und

$$\frac{F_1 + F_2}{F_1} = \frac{3\lambda}{\lambda + 2} . \tag{2.22}$$

Natürlich kann man statt Verschiebungen auch Dehnungen einführen, wobei $\varepsilon_1$ gleich der Fließdehnung des Stabes „a" ist.

Dieses Modell aus einzelnen Stäben läßt sich auch auf den Biegefall eines Balkens anschaulich anwenden (Abb. 2.4). Man denke sich einen Balken mit rechteckigem Querschnitt, der aus einzelnen Stäben der Länge $l = 1$ und den Abmessungen $h \times s$ entsteht. Durch ein äußeres Moment werden sich die oberen Stäbe verlängern und die, die sich unterhalb der neutralen Achse befinden, werden sich verkürzen.

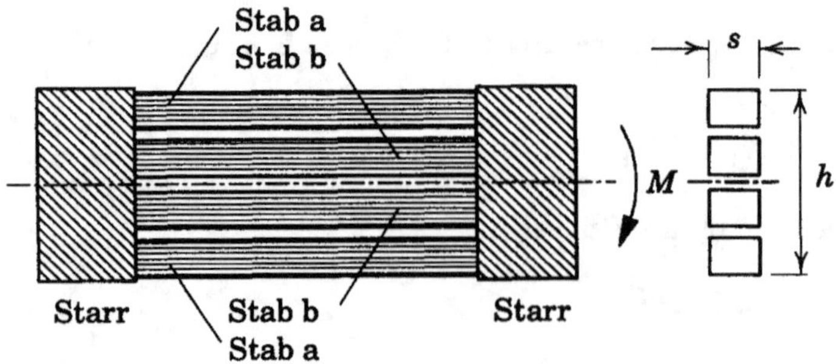


**Abb. 2.4.** Vereinfachtes Traglastmodell eines Balkens

Mit Erreichen der Fließspannung ist also ein äußeres Moment in der Größe

$$M_1 \;=\; \frac{hsR_{eH}}{4}\left(\frac{3h}{4}+\frac{h}{4}\right) \;=\; \frac{3}{2}\cdot\frac{h^2 s R_{eH}}{6} \tag{2.23}$$

erreicht. Das Modell setzt eine starre Verdrehung der Ränder voraus, deshalb müssen sich die Stabenden auch auf einer Geraden befinden. Die Dehnung in Stab „a" ist dann

$$\varepsilon_{a_e} \;=\; \frac{R_{eH}}{E} \tag{2.24}$$

und in Stab „b"

$$\varepsilon_{b_e} \;=\; \frac{1}{3}\cdot\frac{R_{eH}}{E}\,. \tag{2.25}$$

Um nun für alle Stäbe eine einheitliche Größe zu definieren, kann die Tatsache ausgenutzt werden, daß die Dehnungen alle auf einer Geraden liegen, und die Neigung dieser Geraden kann als sog. Krümmung $\varkappa$ eingeführt werden

$$\varkappa_e \;=\; \frac{8R_{eH}}{3hE}\,. \tag{2.26}$$

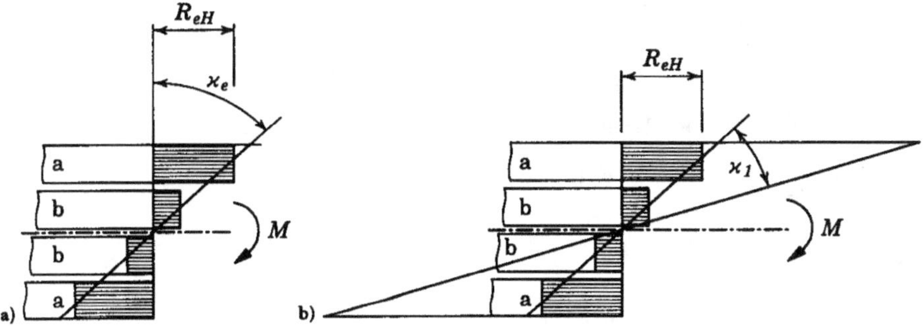

**Abb. 2.5.** Spannungen und Verformungen bei reiner Verdrehung

Aus der Abb. 2.5b kann man nun unmittelbar ablesen, daß die Stäbe „b" noch ein Moment von der Größe

$$M \;=\; \frac{2}{3}\cdot R_{eH}\cdot\frac{hs}{4}\cdot\frac{h}{4} \;=\; \frac{1}{4}\cdot R_{eH}\cdot\frac{h^2 s}{6} \tag{2.27}$$

bei einer Krümmung von

$$\varkappa_1 \;=\; 2\cdot\frac{8R_{eH}}{3hE} \tag{2.28}$$

aufnehmen können. Damit ist das Tragverhalten erschöpft.

Zweifellos ist die exakte Lösung zu erwarten, wenn man sich unendlich viele Stäbe nebeneinander angeordnet vorstellt (Abb. 2.6). Das elastische Grenzmoment ist dann

$$M_e \;=\; R_{eH}\cdot\frac{h^2 s}{6}\,. \tag{2.29}$$

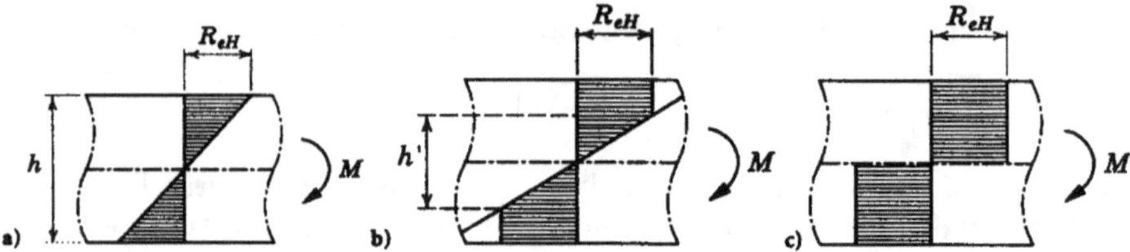

**Abb. 2.6.** Beliebig eng aneinander liegende Stäbe **a** elastisch, **b** elastoplastisch, **c** plastisch

Bei einer weiteren Steigerung des Moments gilt

$$M = \frac{1}{2} \cdot R_{eH} \cdot \frac{h^2 s}{6} \cdot \left[3 - \left(\frac{h'}{h}\right)^2\right] . \tag{2.30}$$

Die Krümmung des Balkens ist also bis zum Erreichen der elastischen Grenzlast $M_e$

$$\varkappa_e = 2 \cdot \frac{R_{eH}}{hE} , \tag{2.31}$$

und im überelastischen Bereich

$$\varkappa = 2 \cdot \frac{R_{eH}}{h'E} . \tag{2.32}$$

Man erhält also im überelastischen Fall

$$\frac{M}{M_e} = \frac{1}{2} \cdot \left[3 - \left(\frac{h'}{h}\right)^2\right] \tag{2.33}$$

bzw.

$$\frac{M}{M_e} = \frac{1}{2} \cdot \left[3 - \left(\frac{\varkappa_e}{\varkappa}\right)^2\right] . \tag{2.34}$$

Mit anderen Worten: die verbleibende Trägerhöhe $h'$, unterhalb der ein elastisches Tragverhalten vorliegt, ist umgekehrt proportional der Krümmung des Trägers. Im Fall eines total durchplastizierten Querschnitts ist die Krümmung unendlich und aus $M = M_p$ erhält man $M_p/M_e = 1{,}5$

Das Verhältnis $M_p/M_e$ im Fall $\varkappa \to \infty$, also das Verhältnis zwischen vollplastischem und elastischem Biegemoment nennt man auch den *Formfaktor* $\alpha$. Für einen symmetrischen Doppel-T-Träger kann dann mit $\Phi = A_G/A_{St}$ aus Abb. 2.8 abgelesen werden:

$$M = \frac{R_{eH}A_{St}}{4} \cdot h \cdot (1 + 4\Phi) - \frac{R_{eH}h'^2 s_{St}}{12} . \tag{2.35}$$

Mit dem elastischen Grenzmoment

$$M_e = \frac{R_{eH}A_{St}}{6} \cdot h \cdot (1 + 6\Phi) \tag{2.36}$$

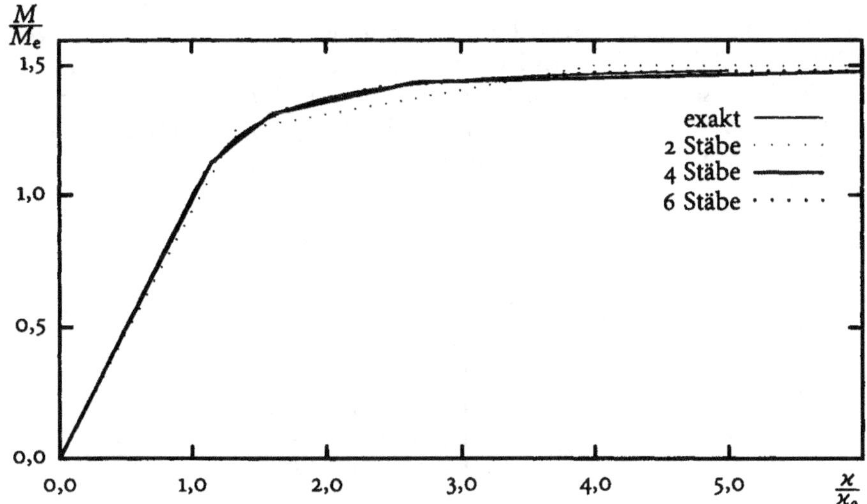



**Abb. 2.7.** Momenten-Krümmungsbeziehung für einen Balken, gemäß Abb. 2.6

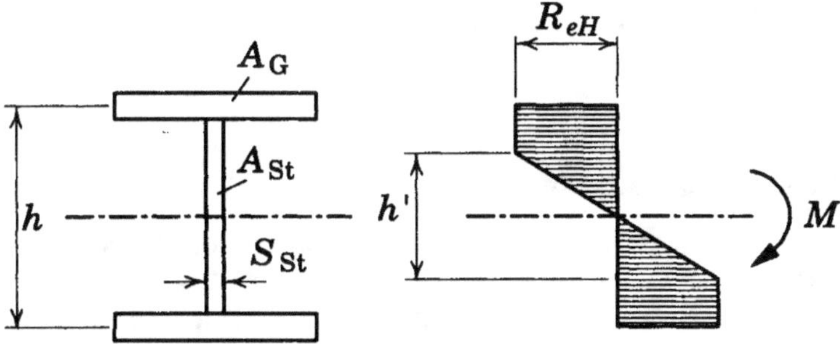



**Abb. 2.8.** Elastoplastische Spannungsverteilung in einem symmetrischen Querschnitt

erhält man dann

$$\frac{M}{M_e} = \frac{3 \cdot (1 + 4\Phi) - \left(\frac{h'}{h}\right)^2}{2 \cdot (1 + 6\Phi)}.$$

(2.37)

Für $\frac{h'}{h}$ kann auch $\frac{x_e}{x}$, also das Verhältnis der Krümmungen eingesetzt werden. Man kann gut erkennen, falls $h' = 0$ oder die Krümmung $x \to \infty$ wird, daß das vollplastische Moment $M_p = M$ wird,

$$\frac{M_p}{M_e} = \alpha.$$

(2.38)

Der Formfaktor ist dann

$$\alpha = \frac{3}{2} \cdot \frac{1 + 4\Phi}{1 + 6\Phi}.$$

(2.39)

Ist der Gurtquerschnitt zu vernachlässigen, erhält man wieder $\alpha = 1{,}5$. Überwiegen die Gurte, d. h. $A_{St} = 0$, dann wird $\alpha = 1$, also ein sog. Sandwich-Querschnitt.

In Tabelle 2.1 sind einige Formfaktoren $\alpha$ für typische Querschnitte zusammengestellt. Man kann folgendes erkennen: je näher sich die Querschnittsfläche im Bereich der neutralen Achse befindet, umso größer wird der Formfaktor.

Tabelle 2.1. Formfaktoren $\alpha$ für verschiedene technische Querschnitte

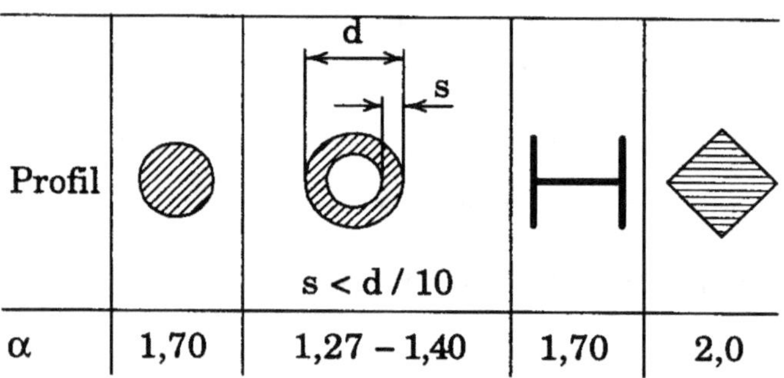

| Profil | | | | |
|---|---|---|---|---|
| | ⬤ | ◎ $s < d/10$ | H | ◆ |
| $\alpha$ | 1,70 | 1,27 – 1,40 | 1,70 | 2,0 |

## 2.1.2
### Formfaktoren schiffbaulicher Querschnitte

Bei unsymmetrischen Profilen gestaltet sich die Bestimmung der Formfaktoren aufwendiger, da die elastische und die plastische neutrale Faser nicht übereinstimmen. Während die elastische neutrale Achse durch den Schwerpunkt des Querschnitts verläuft, liegt die plastische neutrale Achse auf der Flächenhalbierenden des Querschnitts. Es gilt:

$$\int \sigma \, dA = 0 \tag{2.40}$$

$$\sum_{i=1}^{4} R_{eH} \, A_i = 0 \, . \tag{2.41}$$

Unter der Voraussetzung, daß die plastische neutrale Achse im Steg ist, erhält man aus Abb. 2.9

$$A_1 + s_{St} \cdot (h - e_p) - s_{St} \cdot e_p - A_2 = 0 \tag{2.42}$$

$$e_p = \frac{A_1 - A_2 + A_{St}}{2 \cdot s_{St}} \, . \tag{2.43}$$

Das plastische Widerstandsmoment erhält man mit

$$W_p = A_1 \cdot (h - e_p) + (h - e_p)^2 \cdot \frac{s_{St}}{2} + e_p^2 \cdot \frac{s_{St}}{2} + e_p \cdot A_2 \, . \tag{2.44}$$

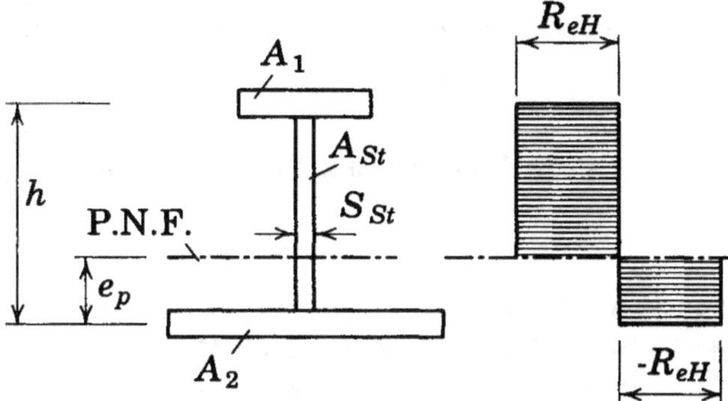

**Abb. 2.9.** Unsymmetrisches Profil

Ist die Flächenverteilung so, daß

$$A_1 + A_{St} < A_2 \tag{2.45}$$

ist, dann ist $e_p = 0$ zu setzen. Dies ist bei den meisten schiffbaulichen Trägern gegeben. Beispiel: Spant HP 180 × 10, Abb. 2.10.

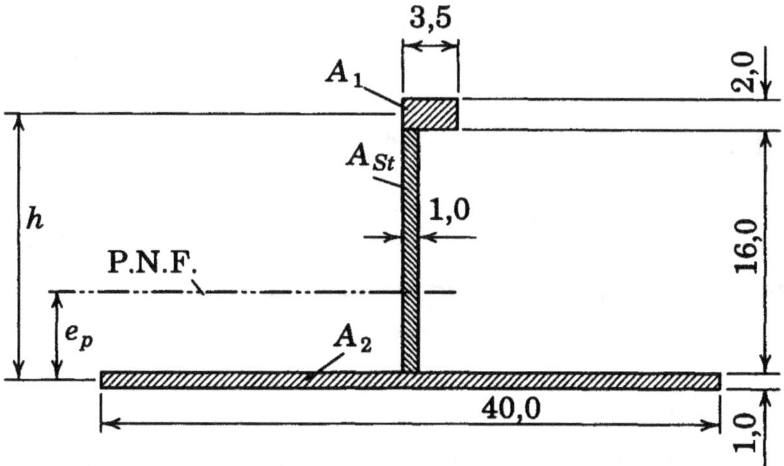

**Abb. 2.10.** Beispiel: Holland-Profil HP 180 × 10

Da $A_1 + A_{St} < A_2$, kann das vollplastische Widerstandsmoment mit

$$\begin{aligned}
W_p &= A_1 \cdot h + A_{St} \cdot \frac{h}{2} \\
&= 3{,}5 \times 2{,}0 \times 17{,}5 + 16{,}0 \times 1{,}0 \times 8{,}75 \\
&= 262{,}5 \, \mathrm{cm}^3
\end{aligned} \tag{2.46}$$

bestimmt werden. Das elastische Widerstandsmoment eines solchen zusammengesetzten Profils ist

$$W_e \;=\; 178\,\text{cm}^3 \;.$$

Man erhält also $\alpha = W_p/W_e = 1{,}47$. Bei Hollandprofilen kann allgemein mit

$$W_p/W_e \sim 1{,}4 \dots 1{,}5$$

gerechnet werden.

Für die Berechnung eines ganzen Schiffsquerschnitts läßt sich der Formfaktor aus dem elementar bestimmten elastischen bzw. vollplastischen Widerstandsmoment ermitteln. Für das vollplastische Widerstandsmoment ist die plastische neutrale Achse zu ermitteln, die sich aus der Flächenhalbierenden des Querschnitts ergibt. Die Berechnung kann wie folgt erfolgen:

Bei $\sum A_i/2$ liegt die plastische neutrale Achse $e_p$. $e_p$ läßt sich leicht graphisch ermitteln (Abb. 2.11), mit dem man die Flächen nach zunehmendem $a$ aufwärts aufträgt, bei $\sum A_i/2$ ergibt sich dann $e_p$ (Tabelle 2.2). $a$ ist das Maß von UK-Basis bis OK-Bauteile.

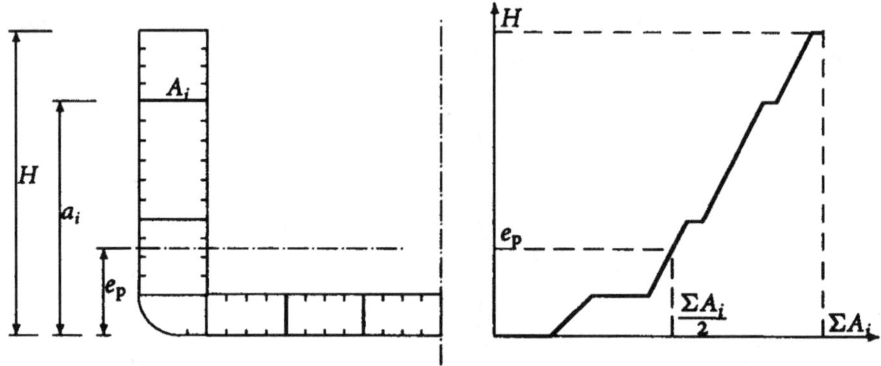

**Abb. 2.11.** Bestimmung des vollplastisches Widerstandsmoments eines Hauptspantes

### 2.1.3
### Elastoplastische Durchbiegung

In Bereichen der größten Biegemomente kommt es zu dem beschriebenen Fließen. Es gilt also diejenige äußere Last oder die Durchbiegung zu bestimmen, bei der das Tragverhalten soviele Fließgelenke besitzt, daß es sich wie ein Mechanismus verhält. Wir betrachten einen Balken auf zwei Stützen (nach Abb. 2.12) mit einer Einzellast in der Mitte. Die Spannungsverteilung im Querschnitt A–A entspricht der elastischen Grenzlast. Im Querschnitt B–B ist eine Spannungsverteilung gemäß Abb. 2.6 b anzunehmen und im Querschnitt C–C ein voll plastizierter Querschnitt. Dem gemäß sind die Krümmungen im Querschnitt B–B

$$x \;=\; \frac{2R_{eH}}{h'E} \tag{2.47}$$

**Tabelle 2.2.** Ermittlung des vollplastischen Widerstandsmoments eines Schiffsquerschnitts

| Nr. | $A_i$ | $\sum A_i$ | $a_i$ | $a_i - e_\mathrm{p}$ | $A_i\lvert(a_i - e_\mathrm{p})\rvert$ |
|---|---|---|---|---|---|
| 1 | $A_1$ | $A_1$ | $a_1$ | $a_1 - e_\mathrm{p}$ | $A_1\lvert(a_1 - e_\mathrm{p})\rvert$ |
| 2 | $A_2$ | $A_1 + A_2$ | $a_2$ | $a_2 - e_\mathrm{p}$ | $A_2\lvert(a_2 - e_\mathrm{p})\rvert$ |
| . | . | . | . | . | . |
| . | . | . | . | . | . |
| . | . | . | . | . | . |
| n | $A_n$ | $\sum A_n$ | $a_n$ | $a_n - e_\mathrm{p}$ | $A_n\lvert(a_n - e_\mathrm{p})\rvert$ |
| $W_\mathrm{p} = 2 \sum\limits_{i}^{n} A_i\lvert(a_i - e_\mathrm{p})\rvert$ | | | | | |

und im Querschnitt C–C ist $x \to \infty$, da $h' = 0$ wird. Das Traglastmoment ist also einerseits

$$M_\mathrm{p} \;=\; W_\mathrm{p} \cdot R_{eH} \;=\; \alpha \cdot W_e \cdot R_{eH} \tag{2.48}$$

und andererseits gleich

$$M_\mathrm{p} \;=\; \frac{F_\mathrm{T} l}{4}\;. \tag{2.49}$$

Man erhält also die maximal ertragbare Last $F_\mathrm{T}$ mit

$$F_\mathrm{T} \;=\; \frac{4 M_\mathrm{p}}{l} \;=\; \frac{4 \cdot \alpha W_e R_{eH}}{l}\;. \tag{2.50}$$

Die Durchbiegung erhält man durch 2-fache Integration der Krümmung zu

$$\frac{d^2 w}{dx^2} \;=\; -\varkappa\;. \tag{2.51}$$

Ist der genaue Krümmungsverlauf bekannt, so kann die Durchbiegung exakt ermittelt werden. Verzichtet man auf die Berücksichtigung des Krümmungsverlaufs im Fließgelenk, so erhält man sofort

$$w \;=\; \int\!\!\int -\varkappa \, dx dx\;. \tag{2.52}$$

Aus Abb. 2.12 ist abzulesen, daß

$$\varkappa \;=\; \frac{M_\mathrm{p}}{EI}\left(1 - 2 \cdot \frac{x}{l}\right) \tag{2.53}$$

bzw.

$$\varkappa \;=\; \frac{F_\mathrm{T} l}{4EI}\left(1 - 2 \cdot \frac{x}{l}\right) \tag{2.54}$$

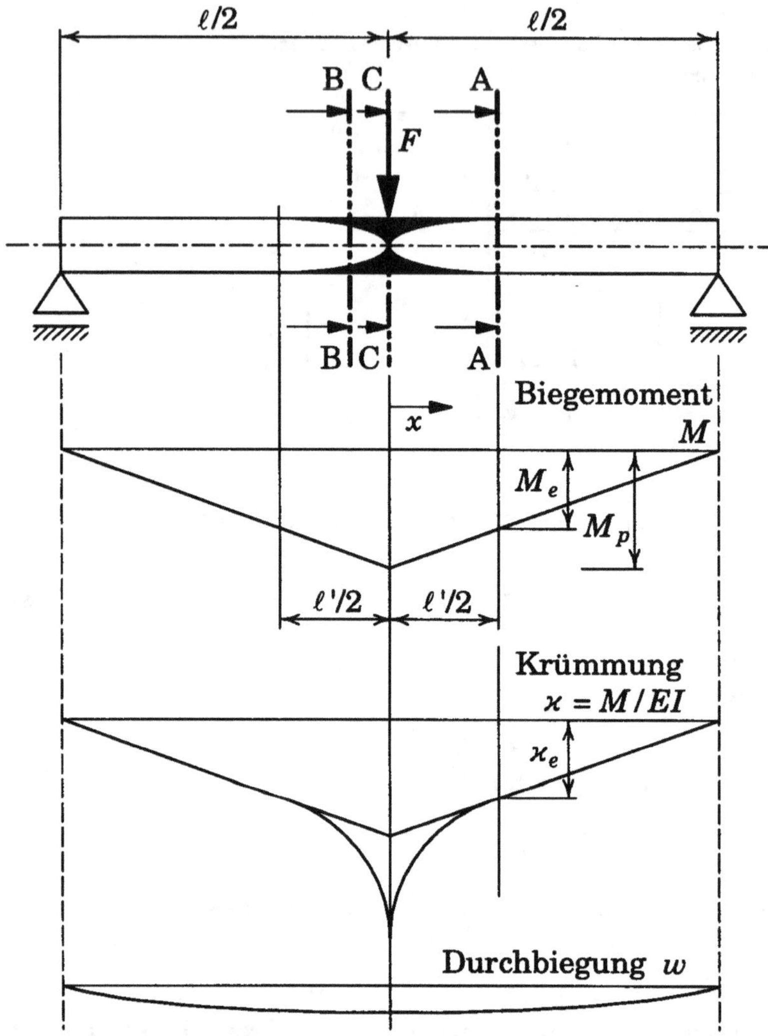



**Abb. 2.12.** Biegemoment, Krümmung und Durchbiegung eines Balkens auf zwei Stützen mit einer Einzellast

ist, und man erhält aus

$$w(x) = \frac{F_\mathrm{T} l^3}{4EI} \left[ \frac{1}{2} \cdot \left(\frac{x}{l}\right)^2 - \frac{1}{3} \cdot \left(\frac{x}{l}\right)^3 - \frac{1}{12} \right] \tag{2.55}$$

bzw. unterhalb der Last auf halber Trägerlänge

$$w(0) = \frac{F_\mathrm{T} l^3}{48EI} \ . \tag{2.56}$$

Gegebenenfalls ist an dieser Stelle noch die Schubdurchsenkung zu berücksichtigen. Der elastoplastische Bereich $l'$ läßt sich sofort aus Abb. 2.12 ablesen:

$$\frac{M_p}{\frac{l}{2}} = \frac{M_e}{\frac{l}{2} - \frac{l'}{2}} \cdot \tag{2.57}$$

Den Zusammenhang zwischen vollplastischem Moment $M_p$ und elastischem Grenzmoment $M_e$ liefert

$$M_p = \alpha \cdot M_e \,. \tag{2.58}$$

Damit wird

$$l' = l \cdot \frac{\alpha - 1}{\alpha} \quad \alpha \geqslant 1 \tag{2.59}$$

Den Verlauf der Krümmung im Bereich von $l'$ erhält man z. B. für einen Doppel-T-Träger mit

$$\frac{M}{M_e} = \frac{3\left(1 + 4\Phi\right) - \left(\frac{\varkappa_e}{\varkappa}\right)^2}{2\left(1 + 6\Phi\right)} \tag{2.60}$$

nach vorhergehender Ableitung zu

$$\varkappa = \frac{\varkappa_e}{\sqrt{3\left(1 + 4\Phi\right) - 2\dfrac{M}{M_e}\left(1 + 6\Phi\right)}} \quad \text{für} \quad M(0) \geqslant M \geqslant M_e \tag{2.61}$$

$$\varkappa = \varkappa_e \frac{M}{M_e} \quad \text{für} \quad 0 \leqslant M \leqslant M_e \tag{2.62}$$

$$\frac{M}{M_e} = \frac{M(0)}{M_e}\left(1 - 2 \cdot \frac{x}{l}\right) \,. \tag{2.63}$$

Die Durchbiegung ist dann durch 2-fache Integration der Krümmung zu ermitteln. Für den Bereich innerhalb des Fließbereichs $l'$ gilt

$$w = -\iint \frac{\varkappa_e}{\sqrt{3 \cdot \left(1 + 4\Phi\right) - 2 \cdot \dfrac{M(0)}{M_e}\left(1 - 2 \cdot \dfrac{x}{l}\right)\left(1 + 6\Phi\right)}} \, dx dx$$

$$\text{mit} \quad \Phi = \frac{A_G}{A_{St}} \,. \tag{2.64}$$

Den Integrationsbereich liest man mit

$$\frac{M(0)}{\frac{l}{2}} = \frac{M_e}{\frac{l}{2} - \frac{l'}{2}} \tag{2.65}$$

$$0 \leqslant x \leqslant l' \,; \quad l' = l \cdot \left[1 - \frac{M_e}{M(0)}\right], \tag{2.66}$$

wobei $M(0)$ das Moment bei $x = 0$ ist und

$$M_e \;\leqslant\; M(0) \;\leqslant\; M_p \;.\qquad(2.67)$$

Für den Bereich außerhalb des Fließbereichs $l'$ gilt

$$w(x) \;=\; -\int\int x_e \cdot \frac{M(0)}{M_e}\left(1 - 2\cdot\frac{x}{l}\right)\,dxdx\;.\qquad(2.68)$$

Die Integration ist etwas umständlich, so daß hier nur die Durchbiegung unter der Last mitgeteilt wird. Man erhält

$$\frac{w(0)}{\frac{x_e l^2}{12}} \;=\; \left[\frac{M_e}{M(0)(1+6\Phi)}\right]^2\left\{1 - \sqrt{\left[3\cdot(1+4\Phi)-2\cdot\frac{M(0)}{M_e}(1+6\Phi)\right]^3}\right\}$$

$$+\left[\frac{M_e}{M(0)}\right]^2$$

$$+3\cdot\frac{M_e}{M(0)(1+6\Phi)}\left[\frac{M_e}{M(0)}-\sqrt{3\cdot(1+4\Phi)-2\cdot\frac{M(0)}{M_e}(1+6\Phi)}\right]$$

$$\text{für}\quad \frac{M(0)}{M_e}\geqslant 1\qquad(2.69)$$

$$\frac{w(0)}{\frac{x_e l^2}{12}} \;=\; \frac{M(0)}{M_e}\qquad\text{für}\quad\frac{M(0)}{M_e}\leqslant 1\;.\qquad(2.70)$$

Für $\Phi = 0$ und $\frac{M(0)}{M_e} = \frac{3}{2}$ erhält man $\frac{w(0)}{w_e} = \frac{20}{9}$.
Die elastische Grenzdurchbiegung ist

$$w_e \;=\; \frac{x_e l^2}{12}\qquad(2.71)$$

bzw.

$$w_e \;=\; \frac{F l^2}{48EI} \;=\; \frac{R_{eH}W_e l}{12EI}\;.\qquad(2.72)$$

### 2.1.4
**Prinzip der virtuellen Geschwindigkeiten**

Hierzu stellt man sich das Tragwerk unter der äußeren Belastung in einem virtuellen Bewegungszustand vor, in dem eine innere Energiedissipation stattfindet. Man nimmt ein kinetisch zulässiges, virtuelles Geschwindigkeitsfeld an. Da bei den hier zu behandelnden Tragwerken nur Verdrehungen im Bereich der Fließgelenke auftreten, handelt es sich also um eine Winkelgeschwindigkeit $\dot{\Theta}$. Die dissipierte innere Energie eines Tragwerks ist also

$$\mathscr{D} \;=\; \sum_{i=1}^{n} M_{pi}\dot{\Theta}_i\;.\qquad(2.73)$$

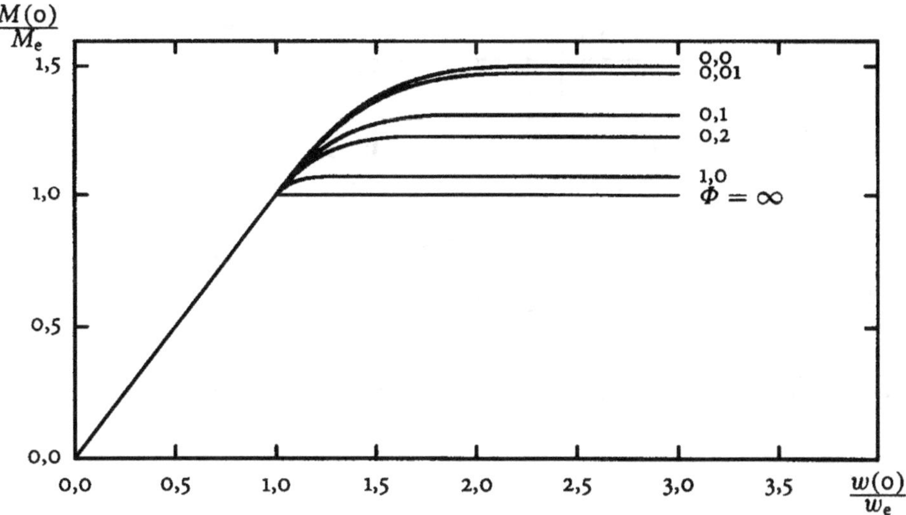


**Abb. 2.13.** Elastoplastische Durchbiegung eines Balkens auf zwei Stützen mit einer mittigen Einzellast in Abhängigkeit des Gurt-zu-Stegflächenverhältnisses $\Phi = A_\mathrm{G}/A_\mathrm{St}$

Für die Leistung der äußeren Belastung gilt allgemein

$$\mathscr{L} = \int q(x) \cdot \dot{w}(x)\, dx \, . \tag{2.74}$$

Dabei ist $q(x)$ die Lastintensität in Form einer Streckenlast mit der Dimension Kraft pro Länge und $\dot{w}(x)$ die virtuelle Durchbiegungsgeschwindigkeit. Das Prinzip der virtuellen Geschwindigkeiten besagt nun, daß

$$\mathscr{L} = \mathscr{D} \tag{2.75}$$

gilt. Wir nehmen beispielhaft einen einseitig eingespannten und einseitig frei aufgelegten Träger an (Abb. 2.14).

Das virtuelle Geschwindigkeitsfeld des Systems besteht also aus der Verdrehung ansonsten starrer Trägerteile, wobei nur zu fordern ist, daß dieses kinematisch zulässig sein muß. Da die Lage des Fließgelenks im Feld zunächst nicht bekannt ist, wird diese mit $x$ bezeichnet. Die dissipierte Energie ist also

$$\mathscr{D} = M_\mathrm{p} \cdot (\dot{\Theta}_1 + \dot{\Theta}_2) \, . \tag{2.76}$$

Die Winkelgeschwindigkeit $\dot{\Theta}_2$ läßt sich aus der Geometrie des Tragwerks in Abhängigkeit von $\dot{\Theta}_1$ ermitteln zu

$$\dot{\Theta}_2 = \dot{\Theta}_1 \cdot \frac{l}{l - x_0} \, . \tag{2.77}$$

Damit wird

$$\mathscr{D} = M_\mathrm{p} \cdot \dot{\Theta}_1 \cdot \frac{2l - x_0}{l - x_0} \, . \tag{2.78}$$

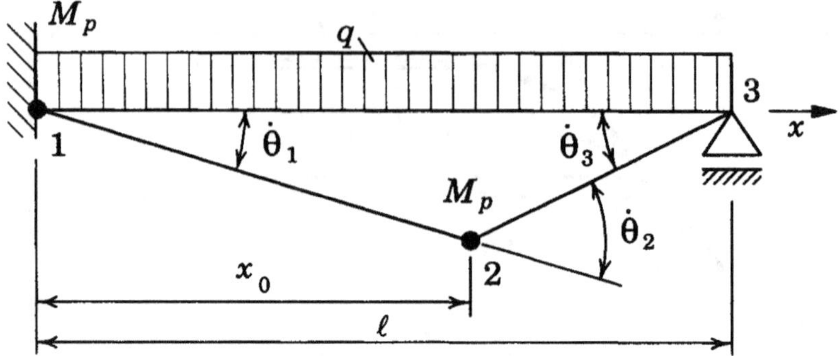

**Abb. 2.14.** Träger auf zwei Stützen einseitig eingespannt, einseitig frei aufgelegt

Die Leistung der äußeren Belastung ist

$$\mathscr{L} = q \cdot x_0 \cdot \frac{x_0}{2} \cdot \dot{\Theta}_1 + q \cdot (l - x_0) \cdot \frac{l - x_0}{2} \cdot \dot{\Theta}_3 \,. \tag{2.79}$$

Mit

$$\dot{\Theta}_3 = \frac{x_0}{l - x_0} \cdot \dot{\Theta}_1 \tag{2.80}$$

erhält man

$$\mathscr{L} = \frac{q\dot{\Theta}_1}{2} \cdot l \cdot x_0 \,. \tag{2.81}$$

Mit $\mathscr{L} = D$ erhält man dann

$$q_{\mathrm{T}} = 2M_{\mathrm{p}} \cdot \frac{2l - x_0}{l - x_0} \cdot \frac{1}{lx_0} \tag{2.82}$$

bzw.

$$F_{\mathrm{T}} = q_{\mathrm{T}} \cdot l = 2M_{\mathrm{p}} \cdot \frac{2l - x_0}{x_0 \cdot (l - x_0)} \,. \tag{2.83}$$

Die Lage des Fließgelenks ergibt sich mit der Bedingung

$$\frac{\partial F_{\mathrm{T}}}{\partial x_0} = 0 \tag{2.84}$$

zu

$$x_0 = l \cdot (2 - \sqrt{2}) \,. \tag{2.85}$$

In Tabelle 2.3 sind einige Traglasten für einfache Systeme zusammengestellt.

**Tabelle 2.3.** Traglasten einfacher Systeme

| Fall | Traglast $F_T$ |
|---|---|
| 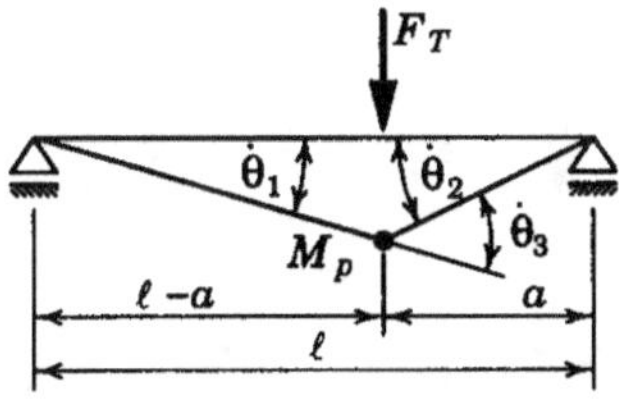 $\dot{\Theta}_2 = \dfrac{\ell - a}{a}\dot{\Theta}_1 \; ; \quad \dot{\Theta}_3 = \dfrac{\ell}{a}\dot{\Theta}_1$ | $\dfrac{M_p}{a} \cdot \dfrac{\ell}{\ell - a}$ |
| 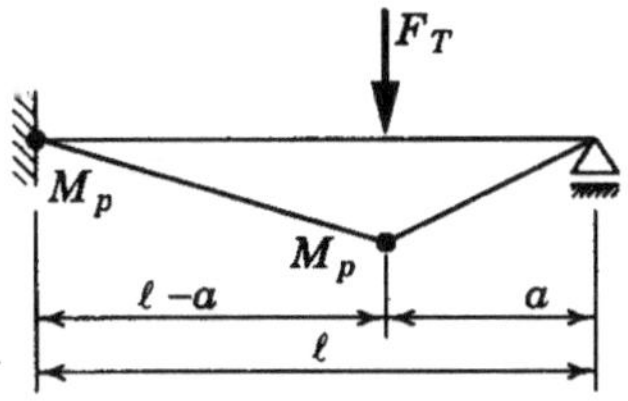 | $\dfrac{M_p}{a} \cdot \dfrac{\ell + a}{\ell - a}$ |
| 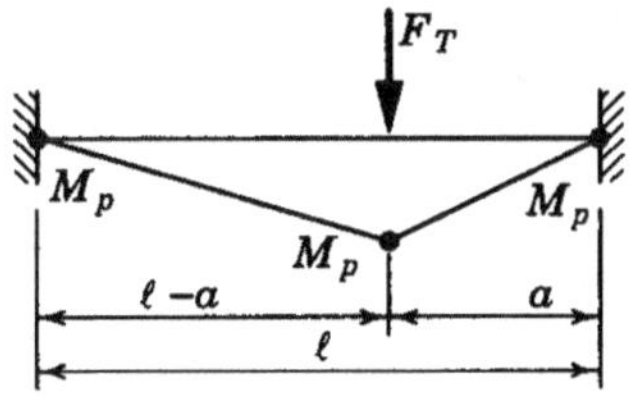 | $\dfrac{M_p}{a} \cdot \dfrac{2\ell}{\ell - a}$ |
| 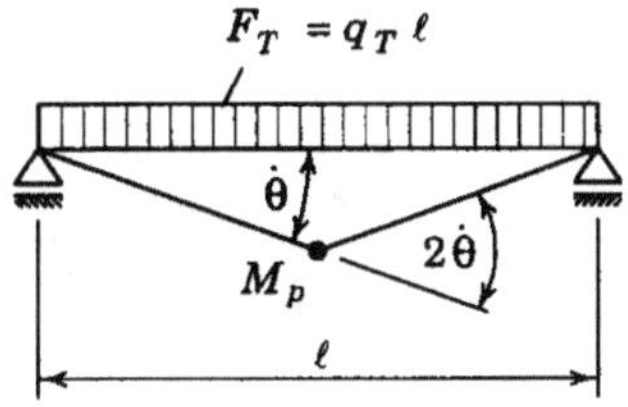 | $\dfrac{8M_p}{\ell}$ |
| 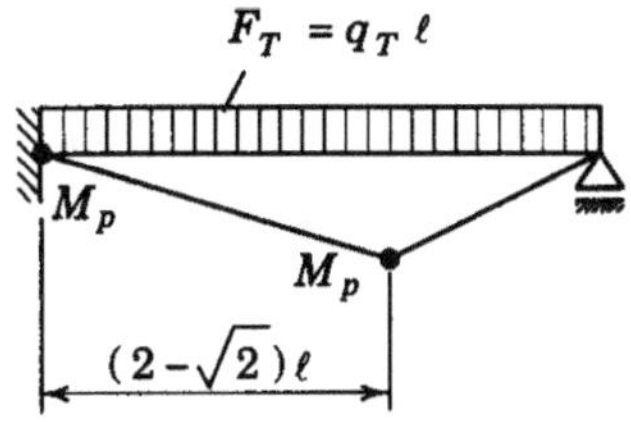 | $\dfrac{2\sqrt{2}}{3\sqrt{2} - 4} \cdot \dfrac{M_p}{\ell}$ |

**Tabelle 2.3** (Fortsetzung)

| Fall | Traglast $F_\mathrm{T}$ |
|---|---|
| $F_T = q_T\,\ell$ | $\dfrac{16 M_\mathrm{p}}{\ell}$ |
| $F_T = q\,\ell/2$ | $\dfrac{M_\mathrm{p}}{\ell} \cdot \dfrac{9\sqrt{3}}{2}$ |
| $F_T = q\,\ell/2$ | $\dfrac{M_\mathrm{p}}{\ell} \cdot 10{,}8$ |
| $F_T = q\,\ell/2$ | $\dfrac{M_\mathrm{p}}{\ell} \cdot 12$ |
| $F_T = q\,\ell/2$ | $\dfrac{M_\mathrm{p}}{\ell} \cdot 9\sqrt{3}$ |

### 2.1.5
### Der Einfluß von Randeinspannungen, Stützenabsenkungen und Knieblechen auf die Traglast

Die realen Tragwerke bestehen häufig aus Durchlaufträgern, die an den Enden elastisch eingespannt sein können, oder wo auch einzelne Stützen elastisch sein können, so daß es zu Stützenabsenkungen kommen kann. Gleichfalls werden im Schiffbau Knieblechverbindungen bevorzugt.

Wir betrachten zunächst einen Träger auf zwei Stützen mit elastischer Randeinspannung bei konstanter Belastung. Da die Rechnungen elementar sind, brauchen sie hier nicht wiederholt zu werden. Es werden nur die Ergebnisse zusammengestellt. Die Federkonstante ist $c_\varphi = \Phi \cdot \frac{EI}{l}$.

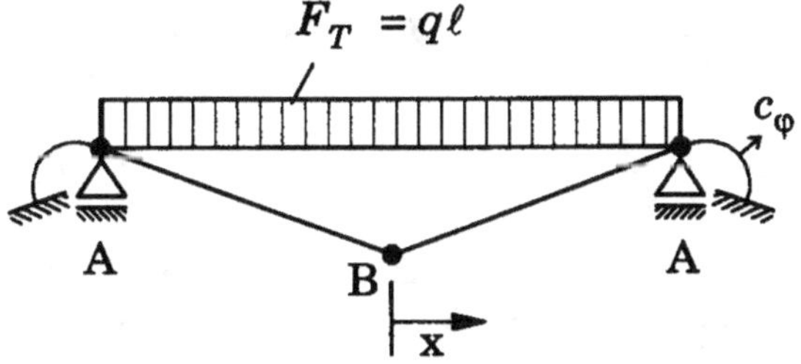


**Abb. 2.15.** Elastisch an den Enden eingespannter Träger auf zwei Stützen mit konstanter Streckenlast

Zunächst ist ein elastisches Verhalten anzunehmen. Man erhält den Zusammenhang zwischen Biegemoment und Durchbiegung zu

$$\frac{ql^2}{8M_p} = \frac{6 + 3\Phi}{20 + 2\Phi} \cdot \frac{w}{w_e} . \tag{2.86}$$

Zur übersichtlichen Darstellung ist die Durchbiegung mit der elastischen Grenzdurchbiegung bei fester Einspannung mit

$$w_e = \frac{M_p l^2}{32EI} \tag{2.87}$$

dimensionslos gemacht, und das Moment mit dem Fließmoment im Bereich der Einspannungen

$$M_p = \frac{ql^2}{12} . \tag{2.88}$$

Für den Fall $\Phi = 0$, also einer freien Auflagerung der Trägerenden, erhält man

$$\frac{ql^2}{8M_p} = \frac{3}{10} \cdot \frac{w}{w_e} , \tag{2.89}$$

und für den Fall $\Phi \to \infty$, also bei einer festen Einspannung,

$$\frac{ql^2}{8M_{\mathrm{p}}} = \frac{3}{2} \cdot \frac{w}{w_{\mathrm{e}}} \ . \tag{2.90}$$

Diese Zusammenhänge gelten bis zum Erreichen des Fließgelenks entweder in der Einspannung des Balkens bei großen Werten von $\Phi$, oder in Trägermitte bei kleinen Werten von $\Phi$.

Für die Fälle, bei denen zunächst auf halber Trägerlänge ein Fließgelenk entsteht ($\Phi \leqslant 6$), wird dieses erreicht, wenn

$$\frac{ql^2}{8M_{\mathrm{p}}} = \frac{6+3\Phi}{6+\Phi} \quad ; \quad \text{für} \quad \frac{w}{w_{\mathrm{e}}} = \frac{20+2\Phi}{6+\Phi} \tag{2.91}$$

wird. Für den Fall, daß zunächst Fließgelenke an den Auflagern entstehen, d.h. $\Phi \geqslant 6$, gilt

$$\frac{ql^2}{8M_{\mathrm{p}}} = \frac{6+3\Phi}{2\Phi} \quad ; \quad \frac{w}{w_{\mathrm{e}}} = \frac{20+2\Phi}{2\Phi} \ . \tag{2.92}$$

Treten Fließgelenke auf, verändert sich das Tragverhalten. Geht man wieder von der Situation aus, daß $\Phi \leqslant 6$ ist, dann kommt es zu einem Tragverhalten, für das

$$\frac{\tilde{q}l^2}{8M_{\mathrm{p}}} = \frac{\Phi}{16+2\Phi} \cdot \frac{\tilde{w}}{w_{\mathrm{e}}} \tag{2.93}$$

gilt. Da diese Funktion erst nach dem Erreichen eines Fließgelenks auftritt, ist ein neues hier mit einer Schlange gekennzeichnetes Koordinatensystem zu verwenden. Natürlich gilt diese Funktion nur bis zu dem Zeitpunkt, bei dem es auch im Bereich der Auflager zu einem Fließgelenk gekommen ist, d. h., wenn

$$\frac{ql^2}{8M_{\mathrm{p}}} = 2 \tag{2.94}$$

wird. In den Fällen, bei denen $\Phi \geqslant 6$ ist, also immer wenn ein Fließgelenk in der Mitte des Trägers zu erwarten ist, gilt

$$\frac{\tilde{q}l^2}{8M_{\mathrm{p}}} = \frac{3}{10} \cdot \frac{\tilde{w}}{w_{\mathrm{e}}} \ . \tag{2.95}$$

Die Ergebnisse sind in der Abb. 2.16 zusammengestellt.

Die dimensionslose Federkonstante $\Phi$ kann man auch aus dem Verhältnis der Momente der Einspannung und des Feldmoments im elastischen Bereich ermitteln:

$$\Phi = \frac{|\, 6M_{\mathrm{A}} \,|}{|\, 2M_{\mathrm{B}} \,| - |\, M_{\mathrm{A}} \,|} \quad \text{für} \quad M_{\mathrm{A}} < M_{\mathrm{e}} \ , \quad M_{\mathrm{B}} < M_{\mathrm{e}} \ . \tag{2.96}$$

Ist die Randeinspannung sehr gering, so werden die zur Erzeugung eines Fließmoments notwendigen Drehwinkel der Durchbiegung so groß, daß sie nicht mehr klein

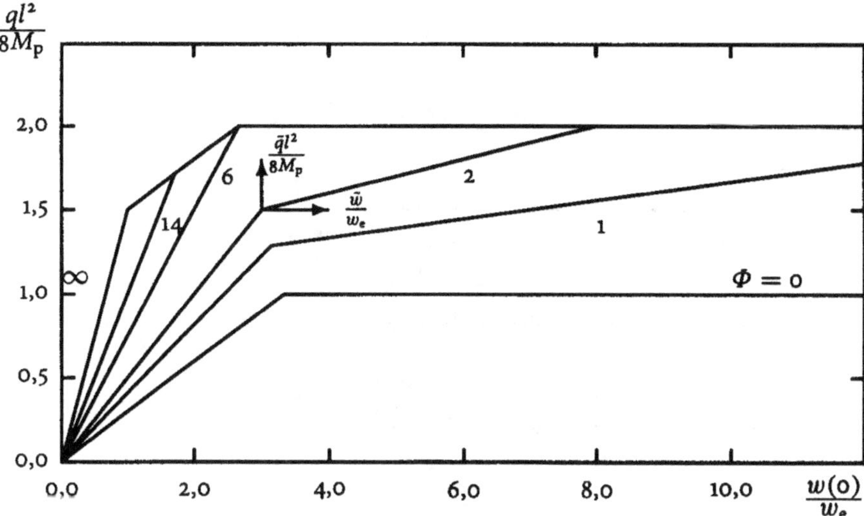


**Abb. 2.16.** Traglastkurven des elastisch an den Enden eingespannten Trägers auf zwei Stützen mit konstanter Streckenlast

und somit mit dem System unverträglich sind. Solche Systeme sind also nicht geeignet, die volle Traglast zu ertragen. Man kann sich zur Regel machen, daß Systeme mit einem Momentenverhältnis von

$$\Phi < 4$$

das volle Traglastmoment nicht erreichen. Dann sollte man die Abschätzung der Traglast für den frei aufgelegten Balken machen.

Um den Einfluß einer Stützabsenkung auf die Traglast zu untersuchen, gehen wir wieder von einem Träger auf zwei Stützen mit fester Randeinspannung aus, wobei sich der eine Rand um den Betrag $\Delta w$ verschieben kann (Abb. 2.17). Wir nehmen daher an, daß sich ein maximales Biegemoment an den Auflagern einstellt, welches den Wert $M_{0_{max}}$ hat. Man kann sich ein solches Biegemoment durch eine Einzelkraft am Auflager vorstellen. Nachdem der Wert $\Delta w$ erreicht ist, kann diese Kraft keinen weiteren Beitrag zu einem Biegemoment liefern. Die Durchbiegung auf halber Trägerlänge entspricht dann $\Delta w/2$. Nunmehr wird eine Streckenlast $q_1$ aufgebracht. Der maximale Wert dieser Streckenlast ergibt sich bei Erreichen des Fließmoments am linken Auflager zu

$$M_p - M_{0_{max}} = \frac{q_1 l^2}{12} \tag{2.97}$$

$$q_1 l = 12 \cdot \frac{M_p - M_{0_{max}}}{l} . \tag{2.98}$$

Am linken Auflager entsteht ein Fließgelenk; das rechte Auflager erfährt eine Entlastung. Mit einem neuen Modell eines einseitig frei bzw. eingespannten Trägers und

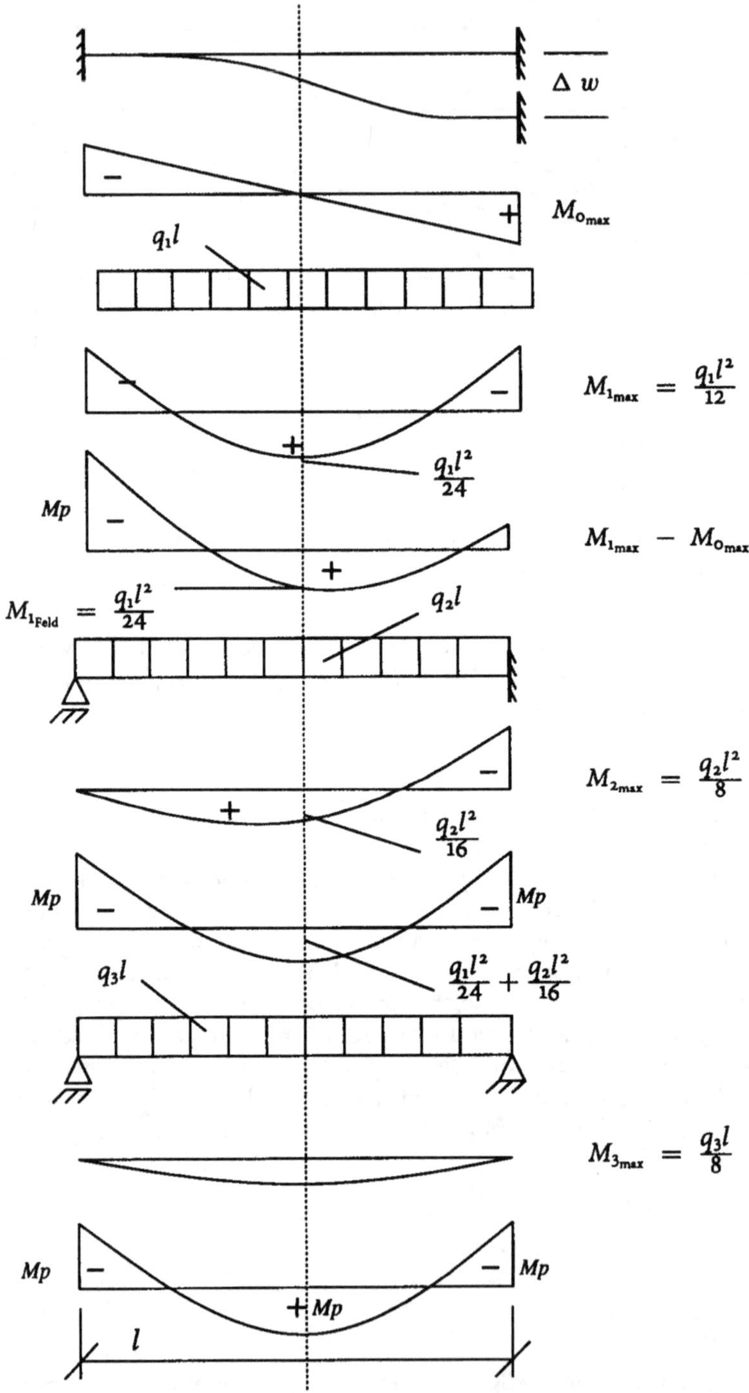


**Abb. 2.17.** Tragverhalten eines Trägers auf zwei Stützen bei Stützabsenkung

einer Stützlast $q_2$ kann man den Balken so belasten, daß dieser auch am rechten Rand plastiziert:

$$M_\mathrm{p} - M_{1_\mathrm{max}} + M_{0_\mathrm{max}} = \frac{q_2 l^2}{8} \tag{2.99}$$

$$q_2 l = 8 \, \frac{M_\mathrm{p} - M_{1_\mathrm{max}} + M_{0_\mathrm{max}}}{l} = 16 \cdot \frac{M_{0_\mathrm{max}}}{l} \, . \tag{2.100}$$

Nunmehr haben sich Fließgelenke an beiden Auflagern gebildet. Im Feld ist ein maximales Biegemoment von

$$M_{2_\mathrm{Feld}} = \frac{q_1 l^2}{24} + \frac{q_2 l^2}{16} \tag{2.101}$$

entstanden.

Mit einem wiederum geänderten Modell eines nunmehr frei gelagerten Balkens kann die Belastung $q_3 l$ ausgerechnt werden, bei der es auch zu einem Fließgelenk auf halber Trägerlänge und damit zu einem Mechanismus kommt.

$$M_\mathrm{p} - M_{2_\mathrm{Feld}} = \frac{q_3 l^2}{8} \tag{2.102}$$

$$q_3 l = 4 \, \frac{M_\mathrm{p} - M_{0_\mathrm{max}}}{l} \tag{2.103}$$

Die Summation der Belastungen liefert dann

$$q_\mathrm{T} l = \sum_{i=1}^{\infty} q_i l = \frac{16 M_\mathrm{p}}{l} \, . \tag{2.104}$$

Das bedeutet, daß die Traglast exakt die des Trägers ohne Stützabsenkung ist, womit belegt ist, daß Stützabsenkungen auf die Höhe der Traglast keinen Einfluß besitzen.

Um die Traglastkurven aufzeichnen zu können, sind noch die aufgrund der Stützenabsenkung $\Delta w$ hervorgerufenen Durchbiegungen bei $\frac{l}{2}$ zu bestimmen:

$$w_0 = \frac{M_{0_\mathrm{max}}}{3EI} \left(\frac{l}{2}\right)^2 = \frac{8}{3} \cdot \frac{M_{0_\mathrm{max}} l^2}{32 EI} \, . \tag{2.105}$$

Wenn auf der rechten Seite am Auflager ein Fließmoment entsteht, dann ist die Durchbiegung auf $\frac{l}{2}$

$$\Delta w_1 = \frac{q_1 l^4}{384 EI} = \frac{l^2 \cdot (M_\mathrm{p} - M_{0_\mathrm{max}})}{32 EI} \, . \tag{2.106}$$

Wenn auch am linken Auflager ein Fließgelenk auftritt, ist

$$\Delta w_2 = \frac{q_2 l^4}{192 EI} = \frac{8}{3} \cdot \frac{M_{0_\mathrm{max}} l^2}{32 EI} \, . \tag{2.107}$$

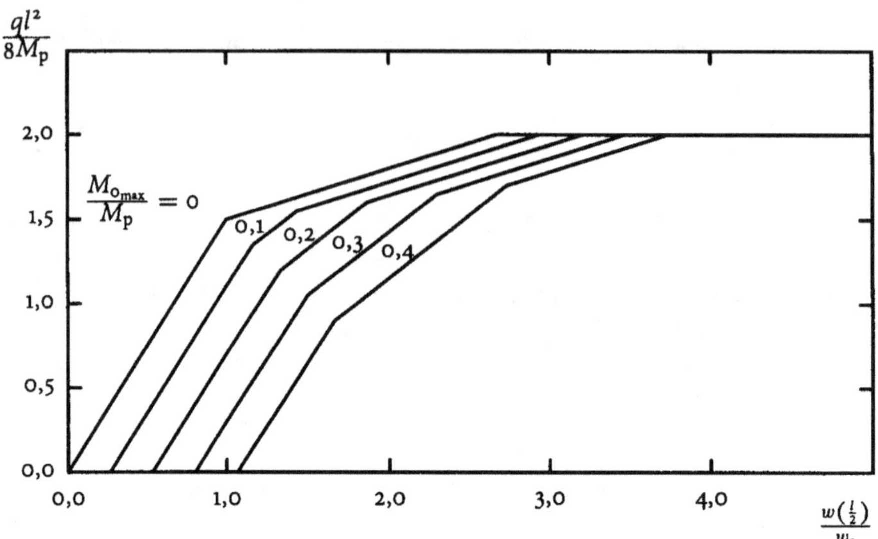

Abb. 2.18. Traglastkurven für einen Träger auf zwei Stützen mit konstanter Streckenlast und Stützabsenkung

Die Traglast ist erreicht, wenn auf halber Länge ein Fließgelenk auftritt

$$\Delta w_3 = \frac{5q_3 l^4}{384 EI} = \frac{5}{3} \cdot \frac{(M_p - M_{O_{max}})l^2}{32 EI} \,. \tag{2.108}$$

Diese Ergebnisse sind in Abb. 2.18 für verschiedene Stützabsenkungen dargestellt.

Nun kann auch der Einfluß von Eigenspannungszuständen diskutiert werden. Geht man z. B. davon aus, daß in den Auflagern eines eingespannten Balkens sich bereits ein Spannungszustand $M_R$ befindet, der bei einer äußeren Belastung ein vorzeitiges Entstehen von Fließgelenken erzeugt, dann verändert sich zwar die Traglastkurve, die Traglast selbst bleibt aber in diesem Fall unverändert.

In der schiffbaulichen Praxis werden häufig Kniebleche verwendet. Sie stellen eine gewisse Randeinspannung dar. Da das Feldmoment halb so groß ist wie das Stützmoment, sind die Kniebleche so auszuführen, daß sie ein Biegemoment aufnehmen können, welches doppelt so groß ist wie im Fall ohne Kniebleche. Man muß allerdings dafür Sorge tragen, daß die Kniebleche auch dieses doppelte Fließmoment aufnehmen können. Daher ist eine Mindestdicke notwendig. Ebenso eine Kantenlänge, die dazu führt, daß am Knieblechende höchstens ein Moment vorhanden ist, welches nicht größer als das Feldmoment $M_p$ ist. Die Länge der Kniebleche kann mit folgendem Überschlag abgeschätzt werden:

$$l_{Knie} \geqslant 0{,}1 \cdot l \,.$$

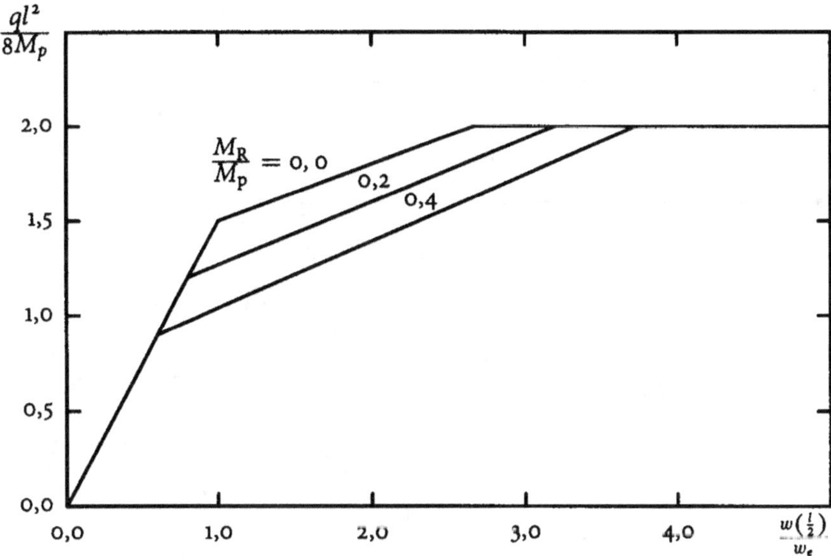


**Abb. 2.19.** Einfluß von Eigenspannungen auf das Tragverhalten eines Balken auf zwei Stützen mit konstanter Streckenlast

### 2.1.6
### Berücksichtigung großer Verformungen

Eine besondere Bedeutung haben die Randbedingungen, wenn man die Voraussetzung kleiner Verformungen aufgibt.

Als Beispiel soll der Balken auf zwei Stützen mit einer Einzellast gegeben werden. Da hier das Verhalten eines Tragwerks jenseits der linearen Traglast betrachtet werden soll, wird ein starr-plastisches Werkstoffgesetz vorausgesetzt. Das heißt, unterhalb der linearen Traglast gibt es keine Dehnungen oder Verformungen. In Höhe der Fließspannung gilt eine konstante Spannung $R_{eH}$. Diese Vereinfachung erleichtert die Ableitungen erheblich, und sie sind auch zulässig, denn die elastischen Verformungen sind gegenüber den hier zu diskutierenden klein. Abb. 2.22 zeigt den Balken, wobei die Endauflager so auf Rollen gelagert sind, daß diese sich frei verschieben können.

Es gilt

$$F\dot{w} = 2M_p\dot{\Theta} .$$
(2.109)

Der Winkel $\Theta$ ist mit

$$\Theta = \arcsin\left(\frac{w}{l}\right)$$
(2.110)

definiert. Die zeitliche Änderung des Winkels ergibt sich aus

$$\dot{\Theta} = \frac{d}{dw}\left[\arcsin\left(\frac{w}{l}\right)\right]\frac{dw}{dt} = \frac{\dfrac{\dot{w}}{l}}{\sqrt{1 - \left(\dfrac{w}{l}\right)^2}} .$$
(2.111)

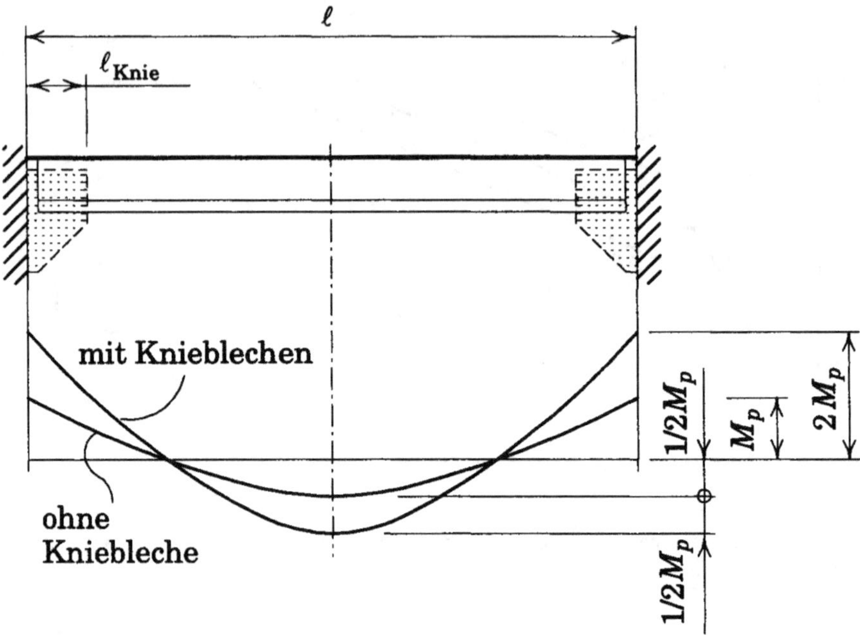



**Abb. 2.20.** Einfluß von Knieblechen auf die Traglast und den Momentenverlauf eines Trägers unter Streckenbelastung

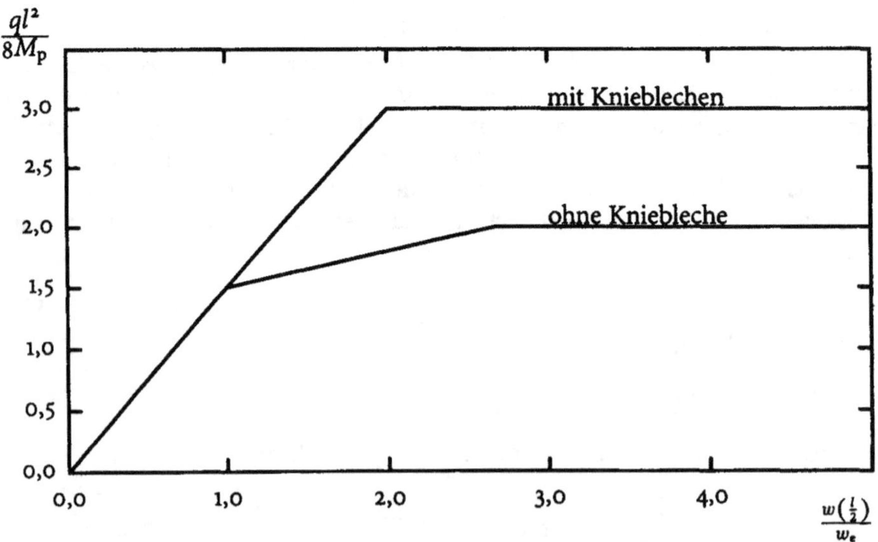



**Abb. 2.21.** Einfluß von Knieblechen auf die Traglast eines Trägers unter Streckenbelastung

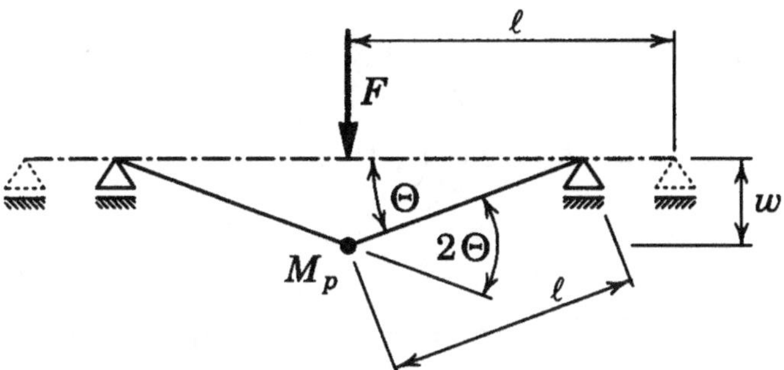

**Abb. 2.22.** Balken auf zwei Stützen mit einer Einzellast in der Mitte bei großen Durchbiegungen

Man erhält also

$$F = \frac{2M_{\mathrm{p}}}{l \cdot \sqrt{1 - \left(\frac{w}{l}\right)^2}} \, . \tag{2.112}$$

Die Energie ist dann

$$E = \int_0^w F\,dw = 2M_{\mathrm{p}} \cdot \Theta = 2M_{\mathrm{p}} \cdot \arcsin\left(\frac{w}{l}\right)^2 . \tag{2.113}$$

Es sind jedoch auch andere Randbedingungen möglich. So kann in einigen Fällen auch angenommen werden, daß die Auflager nicht verschiebbar sind, sich dagegen der Balken auf den Lagern verschiebt (Abb. 2.23).

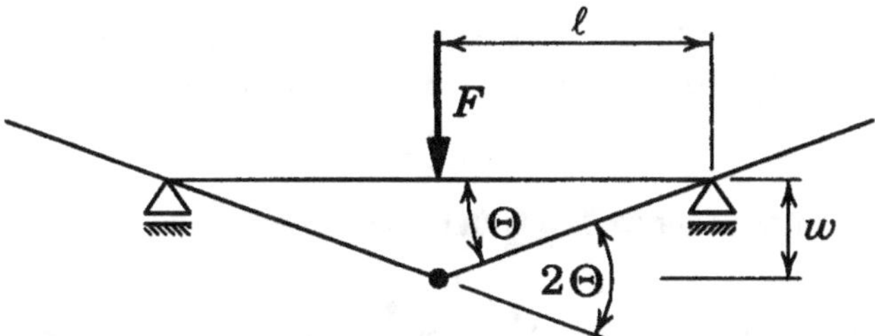

**Abb. 2.23.** Balken auf nicht verschiebbaren Lagern verschiebbar gelagert

Der Winkel $\Theta$ ist dann

$$\Theta = \arctan\left(\frac{w}{l}\right) , \tag{2.114}$$

und die zeitliche Änderung

$$\dot{\Theta} = \frac{d}{dw}\left[\arctan\left(\frac{w}{l}\right)\right]\frac{dw}{dt} = \frac{\dfrac{\dot{w}}{l}}{1 + \left(\dfrac{w}{l}\right)^2} \tag{2.115}$$

$$\frac{Fl}{2M_p} = \frac{1}{\left[1 + \left(\frac{w}{l}\right)^2\right]} \tag{2.116}$$

$$E = \int_0^w F\,dw = 2M_p \cdot \Theta = 2M_p \arctan\left(\frac{w}{l}\right) . \tag{2.117}$$

Abb. 2.24 zeigt die Ergebnisse.

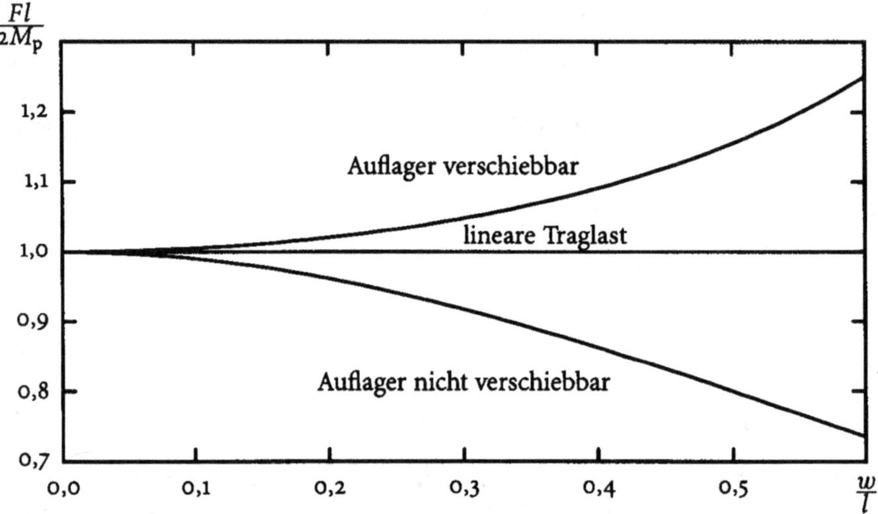


**Abb. 2.24.** Traglast bei großen Verformungen

Bei genauer Berechnung ergibt sich eine geringe Tragreserve oberhalb der linearen Traglast beim ersten Fall, dagegen eine Verringerung beim zweiten Fall.

### 2.1.7
### Interaktion zwischen Biegemoment, Längskraft und Querkraft für typische Querschnitte

Ein Balken- oder Plattenstreifen sei durch ein Moment und durch eine Längskraft belastet. Aus Abb. 2.25 liest man das Biegemoment mit

$$M = \frac{h^2 s}{6} \cdot \left(\sigma - \frac{F}{hs}\right) \tag{2.118}$$

ab. Wenn die Spannung $\sigma$ die Fließgrenze $R_{eH}$ erreicht, wird das maximale elastisch aufnehmbare Moment zu

$$M_{eF} = \frac{h^2 s}{6} \cdot \left(R_{eH} - \frac{F}{hs}\right) . \tag{2.119}$$

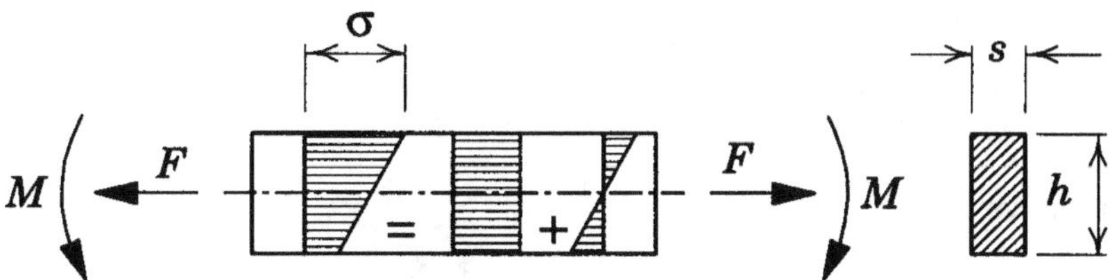

**Abb. 2.25.** Elastische Spannungsverteilung bei Einwirkung einer Längskraft und einem Biegemoment für einen Rechteckquerschnitt

Ist keine Längskraft vorhanden, dann ist das elastische Grenzmoment

$$M_e = R_{eH} \cdot \frac{h^2 s}{6} \, . \tag{2.120}$$

Wirkt nur eine Längskraft, so ist diese maximal

$$F_e = F_p = R_{eH} \cdot h \cdot s \, . \tag{2.121}$$

Setzt man (2.121) in obigen Ausdruck für das maximale elastische Biegemoment bei Wirkung sowohl eines Moments (2.120) als auch einer Längskraft (2.119), dann erhält man

$$\frac{M_{eF}}{M_e} + \frac{F}{F_e} = 1 \, . \tag{2.122}$$

Betrachtet man die äußere Belastung bis zum völligen Durchplastizieren, dann erhält man folgenden Spannungsverlauf.

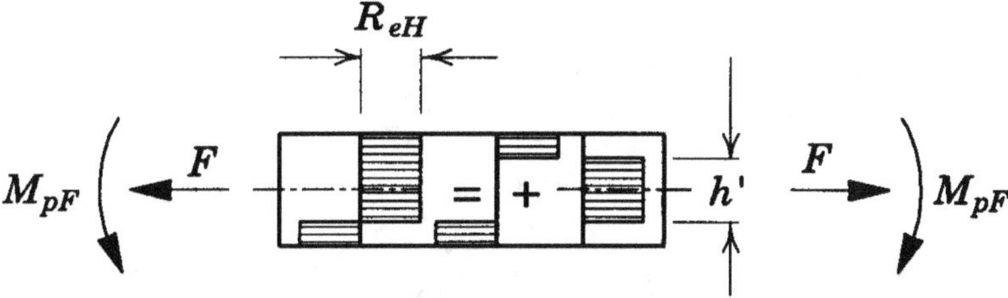

**Abb. 2.26.** Vollplastische Spannungsverteilung bei Einwirkung eines Moments und einer Längskraft

Man liest aus Abb. 2.26 ab:

$$F = \frac{h}{2} \cdot \left( 1 - \frac{F}{R_{eH} hs} \right) \tag{2.123}$$

Das Moment im vollplastischen Zustand ist dann

$$M_{pF} = R_{eH} \cdot s \cdot h_1 \cdot (h - h') \, . \tag{2.124}$$

Mit

$$M_{\mathrm{p}} = R_{eH} \cdot \frac{h^2 s}{4} \qquad (2.125)$$

erhält man schließlich

$$\frac{M_{\mathrm{p}F}}{M_{\mathrm{p}}} + \left(\frac{F}{F_{\mathrm{p}}}\right)^2 = 1 \,. \qquad (2.126)$$

Diese Interaktionsfunktion ist in Abb. 2.27 graphisch dargestellt.

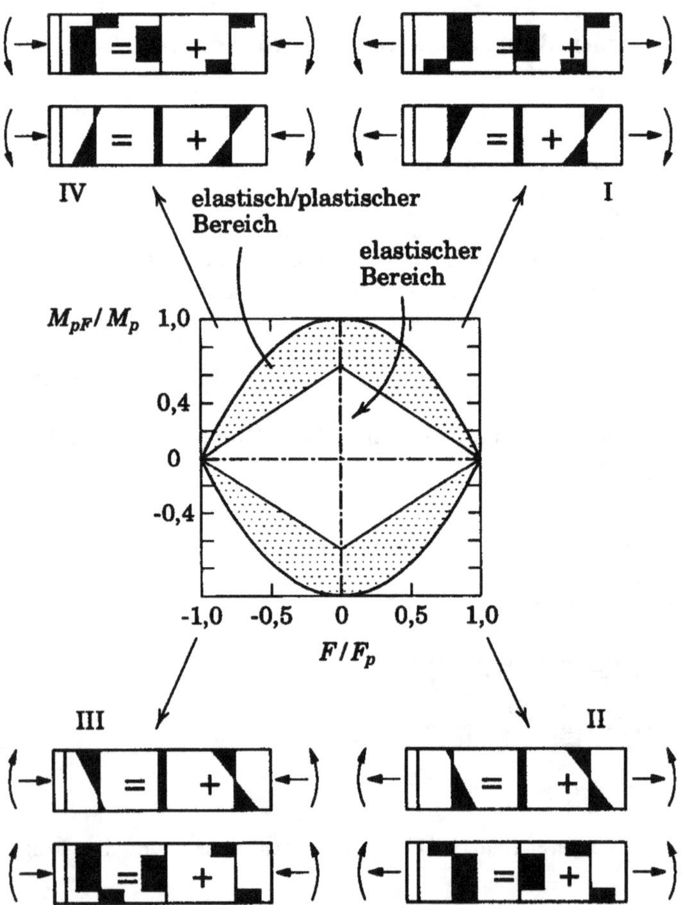



**Abb. 2.27.** Interaktion zwischen Biegemoment und Längskraft für einen Rechteckquerschnitt

Solche Interaktionsfunktionen sind für alle symmetrischen Querschnitte, also Doppel-T-Träger, in einfachen Werten aufzustellen. Das ist besondes dadurch bedingt, daß die neutrale elastische Biegeachse und die vollplastische Achse auf der

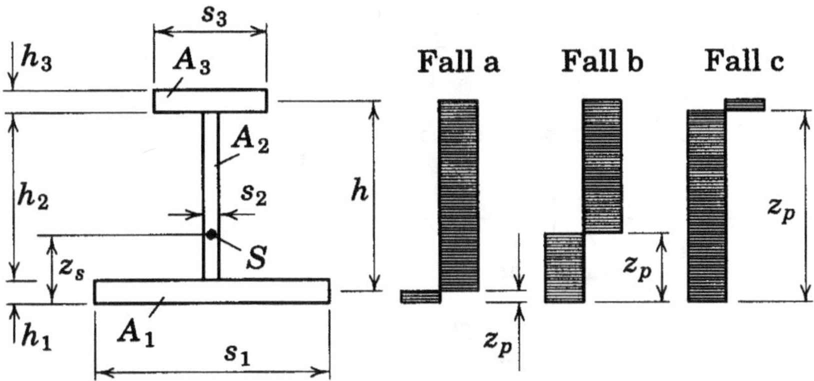

**Abb. 2.28.** Vollplastische Spannungsverteilung in einem unsymmetrischen Querschnitt unter Längskraft- und Momenteneinfluß

Symmetrieachse sich befinden und sich im Lauf der elastoplastischen Durchbiegung ihre Lage nicht verändern.

In der Konstruktion schiffbaulicher und meerestechnischer Bauwerke sind die Balkenquerschnitte, bedingt durch die einseitige Anordnung, stets als unsymmetrisch einzusetzen. In den meisten Fällen ist der Profilquerschnitt kleiner als der Plattenquerschnitt. Es sind aber auch Konfigurationen denkbar, bei denen der Profilquerschnitt größe ist. Die Fälle unterscheiden sich durch ihre Lage von der plastischen neutralen Achse. Wir gehen von einem Querschnitt nach Abb. 2.28 aus.

$$\text{Fall a:} \qquad A_1 \geqslant A_2 + A_3 \quad ; \qquad z_\mathrm{p} = \frac{h}{2} \cdot \frac{A}{A_1}$$

$$\text{Fall b:} \qquad A_1 < A_2 + A_3 \quad ; \qquad z_\mathrm{p} = h + \frac{h_2}{2} \cdot \frac{A_2 + A_3 - A_1}{A_2} \tag{2.127}$$

$$\text{Fall c:} \qquad A_3 \geqslant A_2 + A_1 \quad ; \qquad z_\mathrm{p} = h - \frac{h_3}{2} \cdot \frac{A}{A_3}$$

Für die Lage der elastischen neutralen Faser braucht keine Fallunterscheidung gemacht zu werden, da die elastische Spannungsverteilung stetig ist. Die Lage des Schwerpunkts ist

$$z_\mathrm{s} = \frac{A_1 \cdot \frac{h_1}{2} + A_2 \cdot (h_1 + \frac{h_2}{2}) + A_3 \cdot (h_1 + h_2 + \frac{h_3}{2})}{A} . \tag{2.128}$$

Die vollplastischen Momente ergeben sich dann für *Fall a*:

$$M_\mathrm{p} = R_{eH} \cdot \left\{ \frac{s_1}{2} \left[ (h_1 - z_s)^2 + z_s^2 \right] - \frac{s_2}{2} \left[ (h_1 - z_s)^2 - (h_1 + h_2 - z_s)^2 \right] \right.$$
$$\left. + \frac{s_3}{2} (2h \cdot h_3 - 2z_s \cdot h_3 - h_3^2) - s_1 \cdot z_F^2 \right\} , \tag{2.129}$$

wobei

$$z_F = z_s - z_p$$

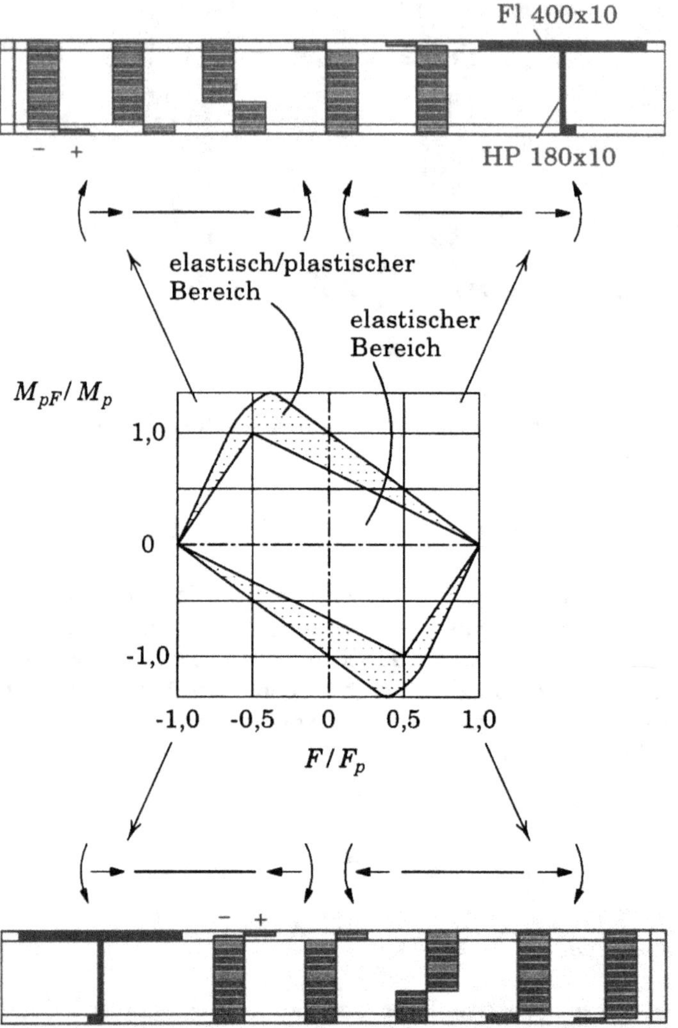


**Abb. 2.29.** Interaktion zwischen Biegemoment und Längskraft für ein schiffbauliches Profil

und $z_p$ die für den jeweiligen Fall gültige Lage der plastischen neutralen Achse ist.
Für *Fall b* gilt:

$$M_p = R_{eH} \cdot \left\{ \frac{s_1}{2}(2h_1 \cdot z_s - h_1^2) + \frac{s_2}{2}[(h_1 - z_s)^2 + (h_1 + h_2 - z_s)^2] \right.$$

$$\left. + \frac{s_3}{2}(2h \cdot h_3 - 2z_s \cdot h_3 - h_3^2) - b_2 \cdot z_F^2 \right\} \; . \tag{2.130}$$

Für *Fall c* gilt:

$$M_p = R_{eH} \cdot \left\{ \frac{s_1}{2}(2h_1 z_s - h_1^2) + \frac{s_2}{2}\left[(h_1 - z_s)^2 - (h_1 + h_2 - z_s)^2\right] \right.$$

$$+\frac{s_3}{2}\left\{(h_1+h_2-z_s)^2+(h-z_s)^2\right\}-b_3 z_F^2\Bigg] \; . \tag{2.131}$$

Geht man davon aus, daß die Längskräfte im Schwerpunkt des Profils, also in $z_s$ angreifen, dann erzeugen diese im elastischen Fall kein Moment. Das vollplastische Moment bei Berücksichtigung einer Längskraft $M_{pF}$ unterscheidet sich von dem vollplastischen Moment ohne Längskraft $M_p$ durch einen anderen Hebelarm; statt $z_p$ ist $z_p'$ zu setzen. Es gilt für den Gültigkeitsbereich

$$-1 \leqslant \frac{F}{F_p} \leqslant \frac{(A_1-A_2-A_3)}{A} \quad ; z_F' = z_s - z_p - \frac{F}{F_p}\cdot\frac{A}{2s_1}$$

$$\frac{(A_1-A_2-A_3)}{A} \leqslant \frac{F}{F_p} \leqslant \frac{(A_1+A_2-A_3)}{A} \quad ; z_F' = -z_s + z_p + \frac{F}{F_p}\cdot\frac{A}{2s_2}$$

$$\frac{(A_1+A_2-A_3)}{A} \leqslant \frac{F}{F_p} \leqslant 1 \quad ; z_F' = -z_s - z_p + \frac{F}{F_p}\cdot\frac{A}{2s_3} \; . \tag{2.132}$$

Der Einfluß der Querkräfte auf das vollplastische Moment läßt sich näherungsweise durch Einführung einer reduzierten Stegfläche $A_2^*$ berücksichtigen:

$$A_2^* = \eta \cdot A_2 \, ,$$

wobei

$$\eta = 1 \quad \text{wenn} \quad \frac{Q}{Q_{pl}} \leqslant \frac{1}{3} \tag{2.133}$$

$$\eta = \sqrt{1-\left(\frac{Q}{Q_{pl}}\right)^2} \quad \text{wenn} \quad \frac{Q}{Q_{pl}} > \frac{1}{3} \; . \tag{2.134}$$

Die vollplastische Querkraft errechnet sich aus

$$Q_{pl} = A_2 \cdot \frac{R_{eH}}{\sqrt{3}} \; . \tag{2.135}$$

Einzelheiten und Näherungsformeln für die Interaktion zwischen Längskraft, Biegemoment und Querkraft für verschiedene Querschnitte sind in DIN 18800 Beiblatt zu Teil 2 zu finden.

Von besonderer Bedeutung sind Rohrquerschnitte in der schiffbaulichen Meerestechnik, wobei davon ausgegangen werden kann, daß $D \gg s$ ist (Abb. 2.30). Das elastische Grenzmoment ist dann

$$M_{eF} = W_e \cdot \left(R_{eH} - \frac{F}{\pi D s}\right) \; . \tag{2.136}$$

Führt man für das Moment ohne Längskraft

$$M_e = R_{eH} \cdot W_e \tag{2.137}$$

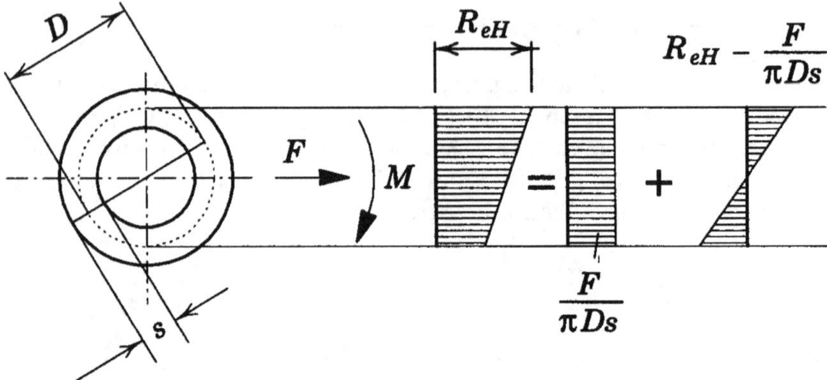

**Abb. 2.30.** Elastische Spannungsverteilung bei Einwirkung einer Längskraft und eines Biegemoments für ein Rohr

ein und für

$$F_{\mathrm{p}} = R_{eH} \cdot \pi \cdot D \cdot s \,, \qquad\qquad (2.138)$$

so erhält man

$$\frac{M_{eF}}{M_e} + \frac{F}{F_{\mathrm{p}}} = 1 \,. \qquad\qquad (2.139)$$

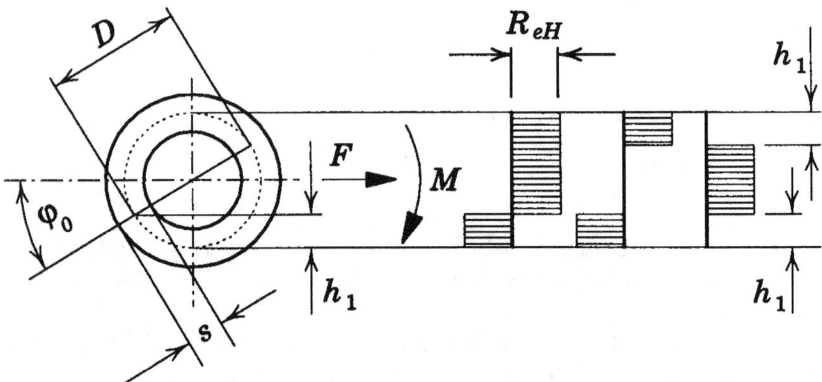

**Abb. 2.31.** Vollplastische Spannungsverteilung bei Einwirkung einer Längskraft und eines Biegemoments für ein Rohr

Wird die äußere Belastung erhöht, so erhält man im Grenzfall des völligen Durchplastizierens des Querschnitts den Spannungsverlauf aus Abb. 2.31:

$$F = 4R_{eH} \cdot s \cdot \varphi_0 \cdot \frac{D}{2} \,. \qquad\qquad (2.140)$$

Mit der obigen Gleichung für $F_p$ erhält man

$$\varphi_0 = \frac{\pi}{2} \cdot \frac{F}{F_p} .$$ (2.141)

Weiterhin kann aus der Abb. 2.31 abgelesen werden:

$$h_1 = \frac{D}{2}[1 - \sin(\varphi_0)]$$ (2.142)

oder

$$h_1 = \frac{D}{2}\left[1 - \sin\left(\frac{\pi}{2}\right) \cdot \frac{F}{F_p}\right] .$$ (2.143)

Das vollplastische Moment erhält man mit

$$M_{pF} = 4R_{eH} \int_{\varphi_0}^{\frac{\pi}{2}} \frac{D}{2} \cdot \sin\varphi \, d\varphi ,$$ (2.144)

dies ergibt ausintegriert

$$M_{pF} = R_{eH} \cdot D^2 \cdot s \cdot \cos\varphi_0 .$$ (2.145)

Wenn die Längskraft verschwindet, wird das vollplastische Moment zu

$$M_p = R_{eH} \cdot D^2 \cdot s .$$ (2.146)

Die Integrationskurve ergibt sich zu

$$\frac{M_{pF}}{M_p} = \cos\left(\frac{\pi}{2}\right) \cdot \frac{F}{F_p} .$$ (2.147)

Der Einfluß von Querkräften läßt sich nach DIN 18800 durch eine reduzierte Querschnittsfläche berücksichtigen

$$A^* = \pi \cdot D \cdot s \cdot \eta ,$$ (2.148)

wobei

$$\eta = 1 \qquad \text{wenn} \qquad \frac{Q}{Q_{pl}} \leqq \frac{1}{4}$$

$$\eta = \sqrt{1 - \left(\frac{Q}{Q_{pl}}\right)^2} \qquad \text{wenn} \qquad \frac{Q}{Q_{pl}} > \frac{1}{4} .$$ (2.149)

Die vollplastische Querkraft wird bestimmt zu

$$Q_{pl} = 2R_{eH} \cdot \frac{Ds}{\sqrt{3}} .$$ (2.150)

### 2.1.8
### Berücksichtigung von Längskräften der großen Verformungen

Die Integration zwischen Biegemoment und Längskraft ist im Bereich der linearen Traglast relativ einfach zu berücksichtigen. Die Vorgehensweise ist wie bei den einfachen Fällen. Man muß lediglich die Reduktion, oder in den Fällen stark unsymmetrischer Querschnitte, je nach Lastkombination, auch die vergrößerten Fließmomente einsetzen, da die Längskraft als Schnittgröße bei kleinen Verformungen aus der Belastung direkt ermittelt werden kann.

Schwieriger zu handhaben ist die Längskraft, wenn diese sich während der Verformung ändert. Ein typischer Fall ist dann gegeben, wenn man nicht verschiebbare Randbedingungen annehmen muß. Sich also eine Längskraft erst mit wachsender Laterallast aufbaut, was normalerweise erst bei großen Deformationen zu erwarten ist. Gegeben sei ein Balken mit einer Einzellast auf nicht verschiebbaren Lagern nach der Abb. 2.32.

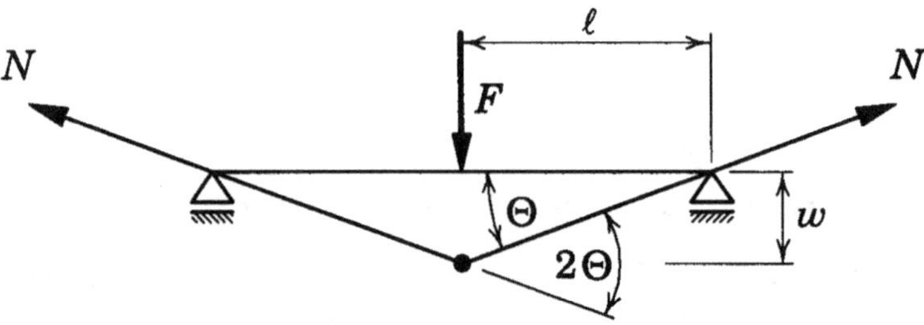


**Abb. 2.32.** Träger auf zwei Stützen bei großen Verformungen

Es gilt nunmehr die Energieänderungsgeschwindigkeit

$$F\dot{w} = 2M_{pN} \cdot \dot{\Theta} + 2N \cdot l \cdot \dot{\varepsilon} \,. \tag{2.151}$$

Für die Längskraft-Momenteninteraktion wird für einen rechteckigen Querschnitt nach vorheriger Ableitung

$$\frac{M_{pN}}{M_p} + \left(\frac{N}{N_p}\right)^2 = 1 \tag{2.152}$$

gesetzt. Die Dehnung im Balken läßt sich aus der Geometrie mit

$$\varepsilon = \frac{\sqrt{l^2 + w^2}}{l} - 1 \tag{2.153}$$

ermitteln. Die Dehnungsgeschwindigkeit ist dann

$$\dot{\varepsilon} = \frac{w}{l^2 \cdot \sqrt{1 + \left(\frac{w}{l}\right)^2}} \cdot \dot{w} \tag{2.154}$$

und der Winkel $\Theta$

$$\Theta = \arctan\left(\frac{w}{l}\right), \qquad (2.155)$$

$$\dot{\Theta} = \frac{\dot{w}}{l \cdot \left[1 + \left(\frac{w}{l}\right)^2\right]}. \qquad (2.156)$$

Setzt man diese Ausdrücke in die Energieänderungsgeschwindigkeit ein, so ergibt sich

$$F = 2\frac{M_\mathrm{p}}{l}\left[1 - \left(\frac{N}{N_\mathrm{p}}\right)^2\right]\frac{1}{1 + \left(\frac{w}{l}\right)^2} + \frac{w}{l} \cdot \frac{2N}{\sqrt{1 + \left(\frac{w}{l}\right)^2}}. \qquad (2.157)$$

Man benötigt immer einen Zusammenhang zwischen der Längskraft $N$ und der Durchbiegung.

Die Spannungsverteilung in einem rechteckigen Querschnitt unter Wirkung eines Moments und einer Längskraft läßt sich durch das Maß $h'$ eindeutig festlegen (Abb. 2.26). Damit erhält man

$$\frac{N}{N_\mathrm{p}} = \frac{h'}{h} \qquad \text{für} \quad \frac{N}{N_\mathrm{p}} \leqslant 1. \qquad (2.158)$$

Da die Längskraft nicht größer als $N_\mathrm{p}$ werden kann, ergibt sich für die Last-Durchbiegung in diesem Fall:

$$F = 2N_\mathrm{p} \cdot \frac{w}{l} \cdot \frac{1}{\sqrt{1 + \left(\frac{w}{l}\right)^2}}. \qquad (2.159)$$

Dimensionslos wird der Ausdruck mit

$$\frac{Fl}{2M_\mathrm{p}} = \frac{N_\mathrm{p}l}{M_\mathrm{p}}\frac{\frac{w}{l}}{\sqrt{1 + \left(\frac{w}{l}\right)^2}} \qquad (2.160)$$

bzw. mit

$$\frac{N_\mathrm{p}l}{M_\mathrm{p}} = 4\frac{l}{h} \qquad (2.161)$$

$$\frac{Fl}{2M_\mathrm{p}} = 4\frac{l}{h} \cdot \frac{\frac{w}{l}}{\sqrt{1 + \left(\frac{w}{l}\right)^2}}. \qquad (2.162)$$

In diesem Bereich wird also kein äußeres Moment in dem Balkenquerschnitt wirksam. Ist die Längskraft kleiner als $N_p$, dann kann ein Moment aufgenommen werden. Die Dehnungsgeschwindigkeit ist allgemein mit der Rotationsgeschwindigkeit

$$\dot{\varepsilon} = \dot{\Theta} \cdot \frac{h'}{h} \tag{2.163}$$

$$h' = 2w \cdot \sqrt{1 + \left(\frac{w}{l}\right)^2} \tag{2.164}$$

$$\frac{N}{N_p} = \frac{2w}{h} \sqrt{1 + \left(\frac{w}{l}\right)^2} . \tag{2.165}$$

Man erhält also

$$\frac{Fl}{2M_p} = \frac{1 + 4\left(\frac{w}{l}\right)^2 \left(\frac{l}{h}\right)^2 \left[1 + \left(\frac{w}{l}\right)^2\right]}{1 + \left(\frac{w}{l}\right)^2} . \tag{2.166}$$

In Abb. 2.33 sind die Ergebnisse eingetragen. Die Kurven für reines Membranverhalten und reines Biegeverhalten schneiden sich bei einem Wert von

$$\frac{w_0}{l} = \sqrt{\frac{\sqrt{1 + \left(\frac{h}{2l}\right)^2} - 1}{2}} \tag{2.167}$$

Die Lastverformungskurve geht bei einem Wert von

$$\frac{w_1}{l} = \sqrt{\frac{\sqrt{1 + \left(\frac{h}{l}\right)^2} - 1}{2}} \tag{2.168}$$

in die der reinen Membranwirkung über. Bei relativ kleinen $h/l$ ist der zweite Schnittpunkt etwa bei

$$\frac{w_1}{l} \approx 2\frac{w_0}{l} . \tag{2.169}$$

### 2.1.9
### Genauigkeit der Traglastberechnungen und Beispiele

Die Frage der Genauigkeit kann anhand von Messungen verifiziert werden. Abb. 2.34 aus [1] zeigt das Verhalten eines Doppel-T-Trägers frei aufgelegt mit einer Einzellast in der Mitte. Man kann erkennen, daß die Fließzonen sich gemäß der Theorie unterhalb der Last ausbreiten. Der Träger ist nicht mehr als dünnwandig anzusehen, so daß der Formfaktor etwas größer ausfällt, als nach den Formeln aus Abschn. 2.1.1. Es ist auch nicht mehr von der Fließgrenze $R_{eH}$, sondern von der Vergleichsspannung auszugehen. Die Lastverformungskurve (Abb. 2.35) zeigt, daß die vereinfachte elastoplastische

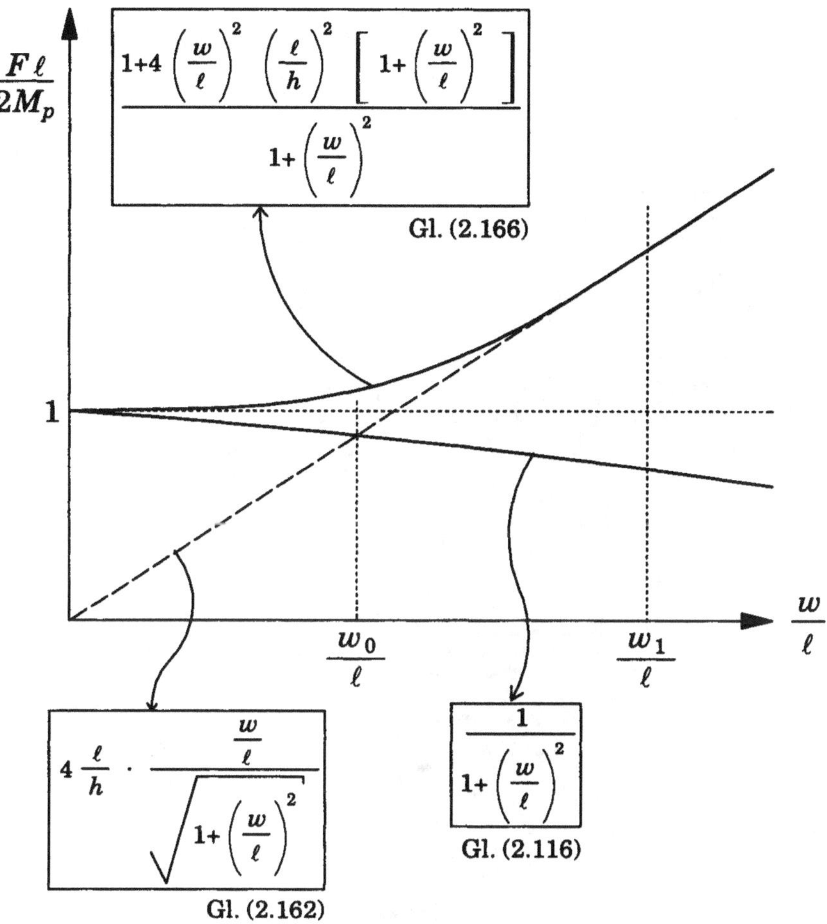



**Abb. 2.33.** Traglast der großen Verformungen bei nicht verschiebbaren Auflagern

Rechnung das Tragverhalten unterschätzt. Erst eine sehr feine Elementierung mit Volumenelementen ergibt ein den Versuchsergebnissen entsprechendes Tragverhalten. Dennoch ist die Abschätzung, wie in den vorangegangenen Abschnitten abgeleitet, eine brauchbare untere Abschätzung.

Das Gurt-zu-Stegflächenverhältnis errechnet sich mit Abb. 2.36

$$\varPhi = \frac{A_g - s_{St}\frac{t_g}{2}}{h \cdot s_{St}} \tag{2.170}$$

Die Abb. 2.37 und 2.38 zeigen einen Versuch aus [3] an einem schiffbaulichen Tragwerk einer Tankwand. Auch hier ist oberhalb der rechnerischen Traglast noch eine Laststeigerung möglich. Steht der Wulst unter Zugbelastung, ist kein Stabilitätsversagen zu erwarten, so daß sich eine Stützung des Tragwerks durch Membran-

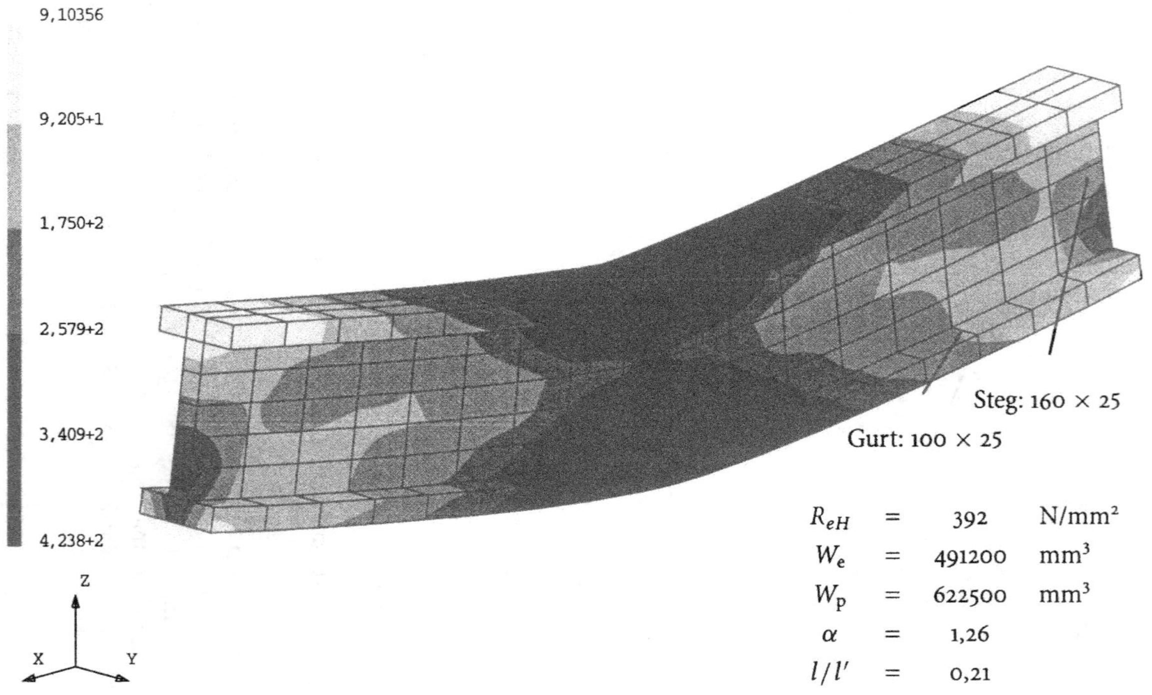


$$R_{eH} = 392 \quad \text{N/mm}^2$$
$$W_e = 491200 \quad \text{mm}^3$$
$$W_p = 622500 \quad \text{mm}^3$$
$$\alpha = 1{,}26$$
$$l/l' = 0{,}21$$

**Abb. 2.34.** Von Mises Spannungsverteilung in einem Doppel-T-Träger

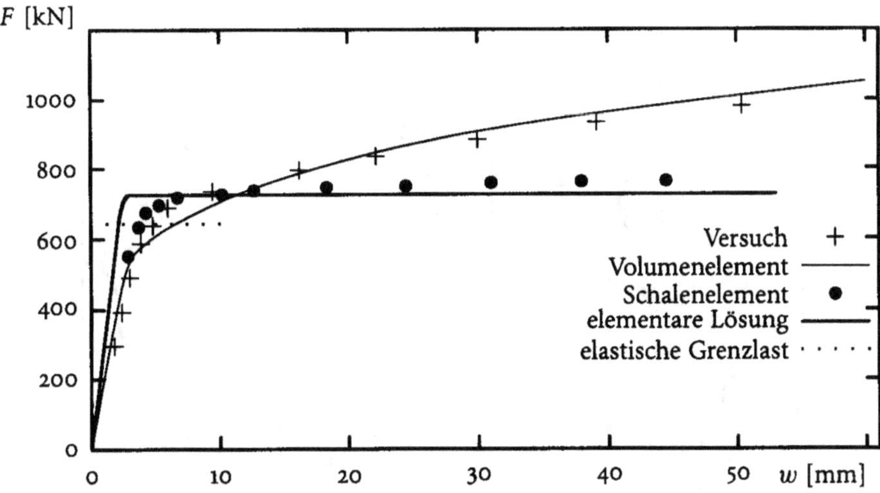



**Abb. 2.35.** Lastverformungskurve eines Doppel-T-Trägers

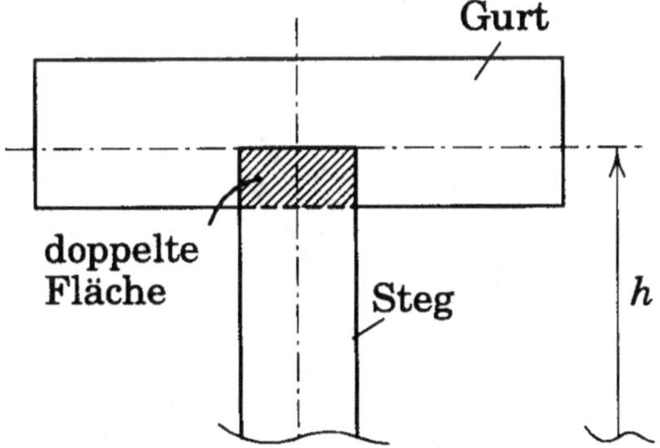



**Abb. 2.36.** Bestimmung von $\Phi$

spannungen der Tankbeplattung ergibt. Ist dagegen der Wulst des Profils auf halber Trägerlänge unter Druckbeanspruchung, dann entsteht eine Faltung des Wulstes, was als ein elastoplastisches Stabilitätsversagen anzusehen ist. In diesem Fall ist das Tragverhalten der Profile oberhalb der Traglast nicht besonders ausgeprägt.

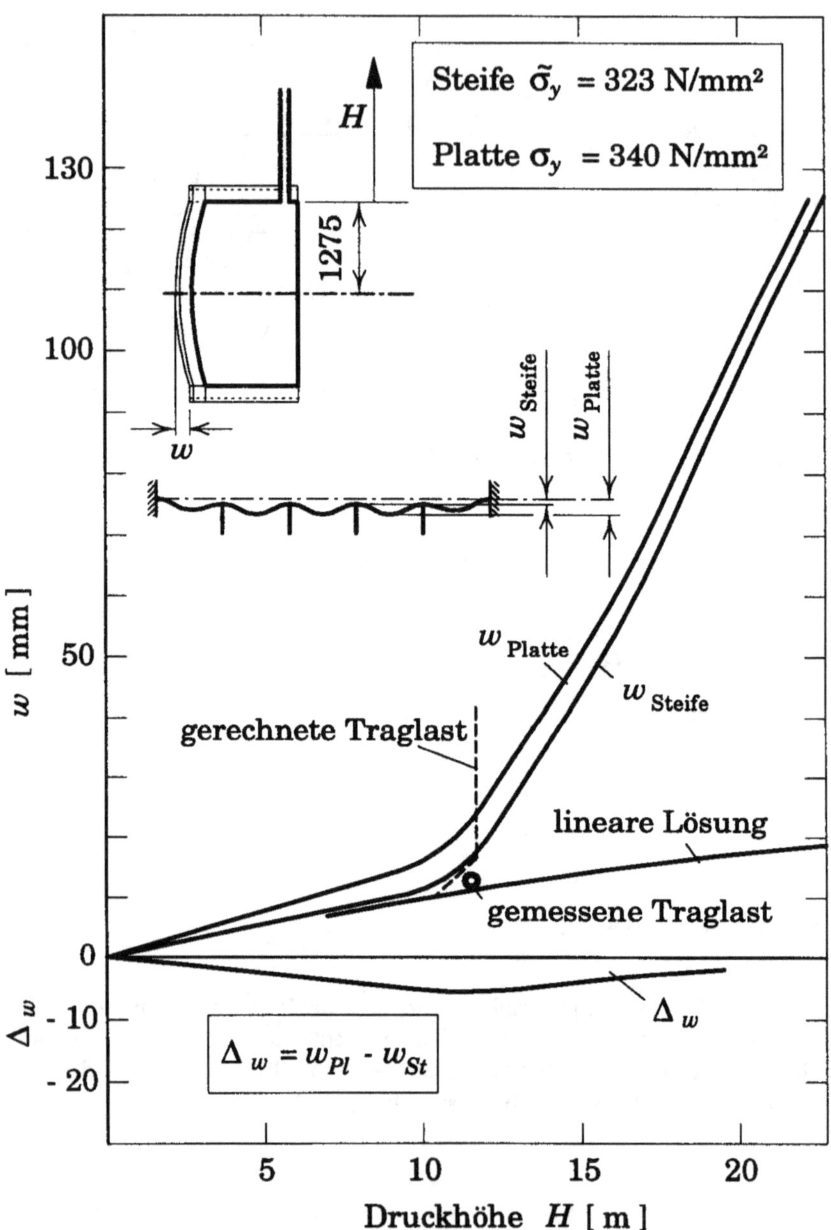


**Abb. 2.37.** Lastverformungskurven des Versuchstanks mit außen liegender Steife

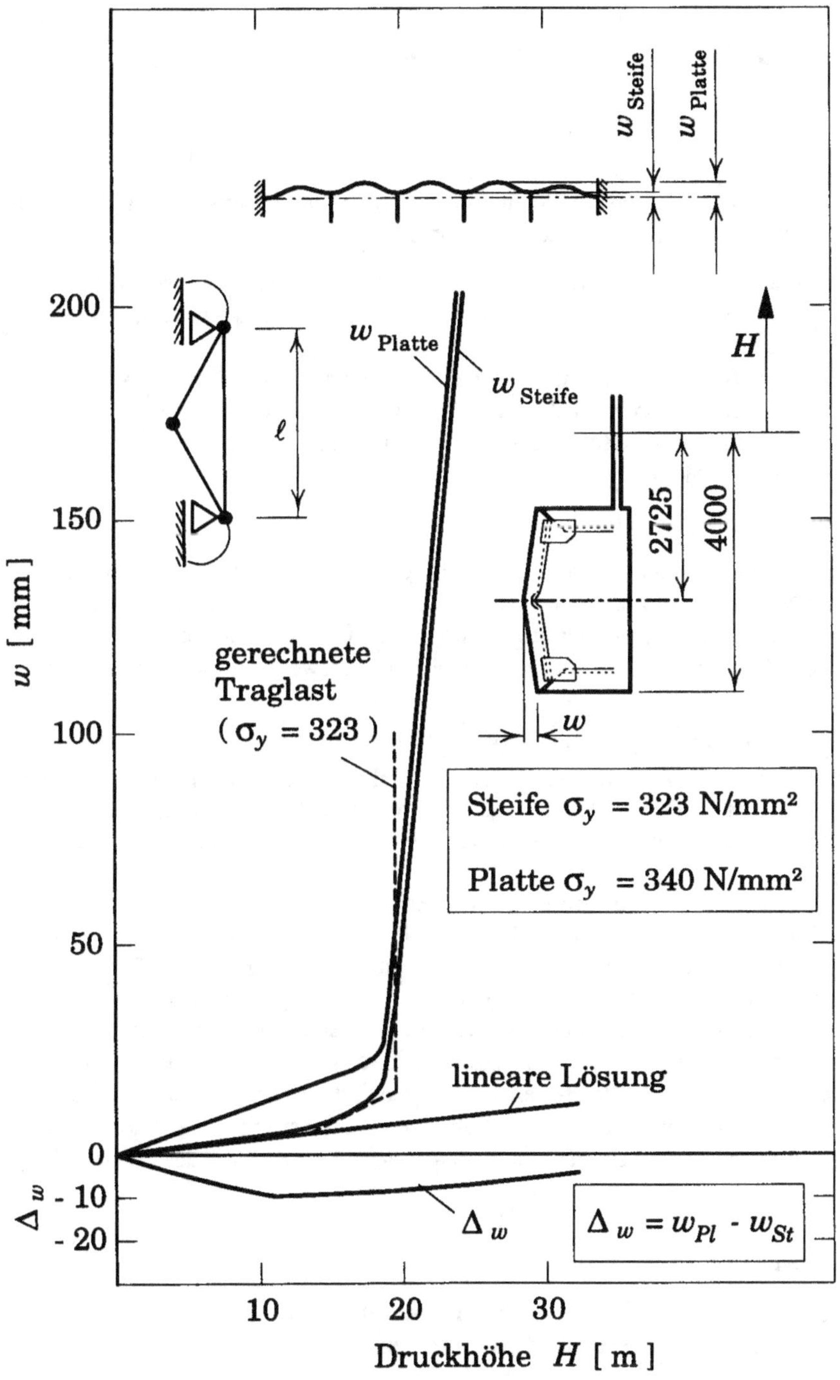


**Abb. 2.38.** Lastverformungskurven des Versuchstanks mit innen liegender Steife

## 2.2
## Bestimmung der Traglast von Tragwerken

### 2.2.1
### Allgemeines

Der Traglastzustand (Fließgelenkversagen) eines Rahmentragwerks ist durch folgende physikalische Gegebenheiten gekennzeichnet:

- Im Rahmen haben sich durch zunehmende Plastizierung einzelner Querschnitte eine hinreichende Anzahl von Fließgelenken gebildet, was zu einer zwangsläufigen *kinematischen Kette* führt.
- Die Biegemomentverteilung im Rahmen bleibt während des Versagens konstant.
- Bei einer kleinen gedachten Zusatzverformung des Rahmens (virtuelle Verschiebung) ist die Art der äußeren Lasten gleich der Arbeit der plastischen Momente in den Fließgelenken.

Es werden folgende Definitionen eingeführt:

- Eine statisch zulässige Momentenverteilung liegt vor, wenn die Schnittkräfte an jeder Stelle eines Rahmens mit den äußeren Lasten im Gleichgewicht stehen.
- Eine sichere Momentenverteilung liegt vor, wenn für alle Querschnitte das Biegemoment $M$ kleiner (oder höchstens gleich) dem jeweiligen plastischen Moment $M_\mathrm{p}$ ist.

Es gelten die folgenden Traglastsätze:

*Statischer Satz:* Wenn für ein gegebenes Rahmentragwerk und eine gegebene Gruppe von Lasten $F$ irgendeine Biegemomentenverteilung existiert, die sowohl sicher als auch statisch zulässig ist, so ist der Wert von $F$ kleiner oder gleich der Traglast $F_\mathrm{T}$.

*Kinematischer Satz:* Für ein gegebenes Rahmentragwerk unter der Einwirkung einer Gruppe von Lasten $F$ ist der Wert von $F$, der zu irgendeiner angenommenen kinematischen Kette gehört, entweder größer oder gleich der Traglast $F_\mathrm{T}$.

*Einzigkeitssatz:* Wenn für ein gegebenes Rahmentragwerk und eine gegebene Gruppe von Lasten $F$ wenigstens eine sichere und statisch zulässige Biegemomentenverteilung gefunden werden kann, und in dieser Verteilung das Biegemoment an genügend Querschnitten gleich dem vollen plastischen Moment ist, um das Versagen des Rahmentragwerks infolge Verdrehungen von plastischen Gelenken an diesen Querschnitten zu verursachen, so ist die zugehörige Last $F$ gleich der Traglast $F_\mathrm{T}$ [5].

### 2.2.2
### Probiermethode

Bei dieser Methode wird für das System eine Bruchkette (Fließgelenkkette) angenommen und für diese Bruchkette die Momentenverteilung überprüft. Nach dem kinematischen Satz ist die Belastung bei einer angenommenen zwangsläufigen kinematischen Kette größer oder gleich der Traglast. Ergibt die dazugehörige Momentenverteilung eine sichere und statisch zulässige M-Verteilung, so ist nach dem Einzigkeitssatz die Traglast gefunden und die angenommene Bruchkette ist die maßgebliche Bruchkette. Bei unzulässig hohen Momentenwerten muß die Belastung korrigiert werden oder ggf. eine andere Bruchkette gewählt werden. Das folgende Beispiel soll das Verfahren erläutern. Gegeben ist ein Rahmentragwerk [4]:

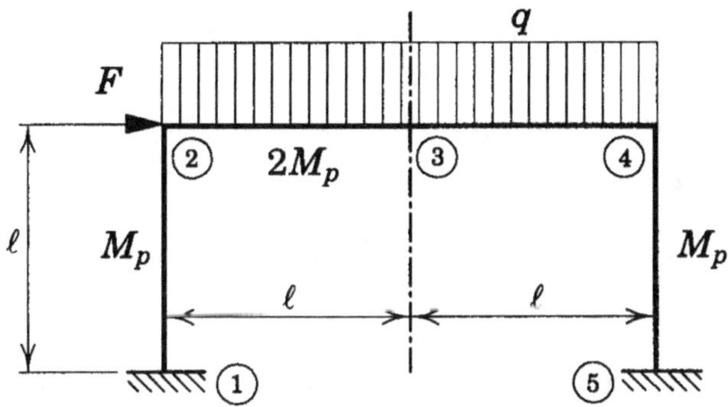

**Abb. 2.39.** Rahmentragwerk mit 5 möglichen Fließgelenken

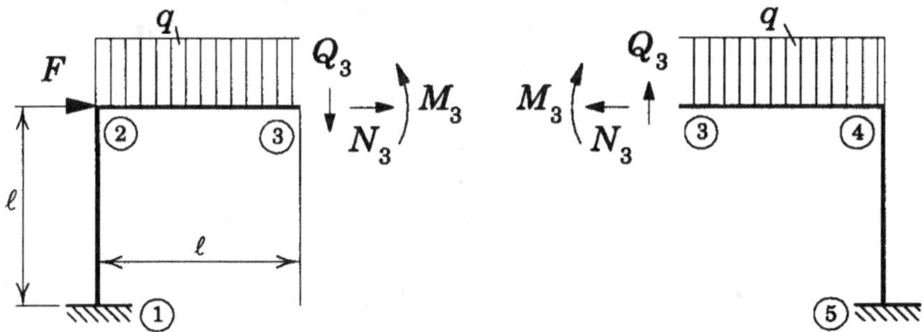

**Abb. 2.40.** Statisch bestimmte Trägersysteme

Der Riegel soll ein doppelt so großes Traglastmoment aufnehmen können wie die Stützen. Die Lage des Fließgelenks $M_3$ liegt nicht genau fest. Vereinfacht wird das Gelenk auf der Hälfte des Rahmens angenommen. Zur Berechnung der Momente wird das System in zwei statisch bestimmte Systeme aufgeteilt.

Das Momentengleichgewicht um die Punkte 1–5 liefert:

$$M_1 = M_3 - N_3 l - Q_3 l - Fl - ql\frac{l}{2} \tag{2.171}$$

$$M_2 = M_3 - Q_3 l - ql\frac{l}{2} \tag{2.172}$$

$$M_4 \;=\; M_3 + Q_3 l - q l \frac{l}{2} \tag{2.173}$$

$$M_5 \;=\; M_3 - N_3 l + Q_3 l - q l \frac{l}{2} \tag{2.174}$$

Durch Addition von (2.173) und (2.174) erhält man

$$2M_3 - M_2 - M_4 = ql \cdot l \; . \tag{2.175}$$

Wird nun (2.174) von (2.172) abgezogen, ergibt sich

$$M_5 - M_1 = 2Q_3 l + Fl \; . \tag{2.176}$$

Wird (2.174) mit 2 multipliziert und in (2.176) eingesetzt, so ergibt sich

$$M_5 - M_1 + 2M_3 - 2M_4 = ql \cdot l + Fl \; . \tag{2.177}$$

Setzt man (2.175) in (2.177) ein, erhält man schließlich folgende Darstellung

$$-M_1 + M_2 - M_4 + M_5 = Fl \; . \tag{2.178}$$

Nunmehr kann man sich die verschiedensten Fließgelenkketten vorgeben und die dazugehörigen Traglasten errechnen und mit Hilfe der Traglastsätze einschachteln, bis die exakte Lösung gefunden ist.

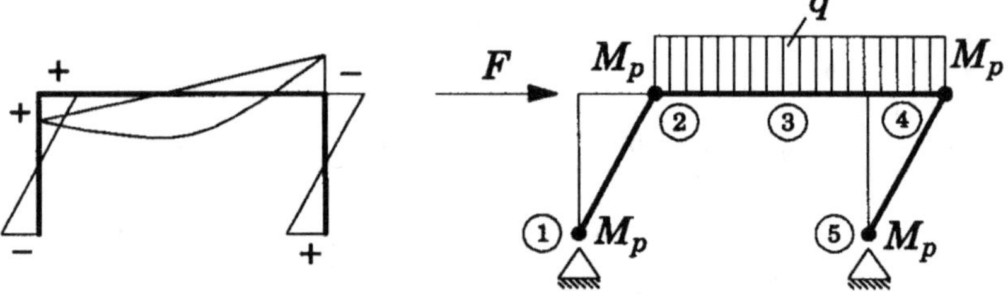


**Abb. 2.41.** Seitenverschiebungskette **a** Momentenverteilung **b** Bruchkette

Als erstes untersuchen wir die Seitenverschiebungskette. Die Fließmomente sind

$$\begin{aligned}
M_1 &= -M_p & M_4 &= -M_p & M_3 &= \; ? \\
M_2 &= \;\; M_p & M_5 &= \;\; M_p
\end{aligned} \tag{2.179}$$

Setzt man diese Momente in (2.178) ein, dann erhält man

$$Fl = 4M_p \; . \tag{2.180}$$

Nach dem kinematischen Satz ist die angenommene „äußere Last" bzw. Lastgruppe stets größer oder gleich der Traglast

$$F_T \leqslant F = \frac{4M_p}{l} \; . \tag{2.181}$$

Nun muß geprüft werden, ob das Moment $M_3$ zulässig ist. Aus (2.177) erhält man

$$2M_p(2+\beta) = M_p + M_p + 2M_3 + 2M_p$$
$$M_3 = \beta M_p \tag{2.182}$$

Damit wird das Verhältnis $\beta = \frac{2ql}{F}$ ausgedrückt. Der Parameter $\beta$ muß in allen Last-steigerungen konstant gehalten werden. Eine Superposition einzelner Lastanteile, wie in der linearen elastischen Festigkeitslehre, ist hier nicht möglich. Da das Fließgelenk per Definition nur ein Moment von $2M_p$ aufnehmen kann, ist die maximal mögliche Kraft um das Verhältnis $\frac{2M_p}{\beta M_p}$ zu reduzieren. Diese Bruchkette hatte also im Sinne des statischen Traglastsatzes eine sichere Momentenverteilung, wenn bei Gelenk 3 gerade ein Moment von $2M_p\beta$ auftreten würde. Eine sichere Last wäre demnach

$$2\frac{F}{\beta} = \frac{8}{\beta}\frac{M_p}{l} \leqslant F_T < 4\frac{M_p}{l}, \tag{2.183}$$

sofern $\beta > 2$ ist. Für $\beta < 2$ ist bei 3 kein Gelenk zu erwarten. Wird $\beta = 0$, dann wird $M_3 = 0$ und die Traglast des Systems wird

$$F_T = 4\frac{M_p}{l}.$$

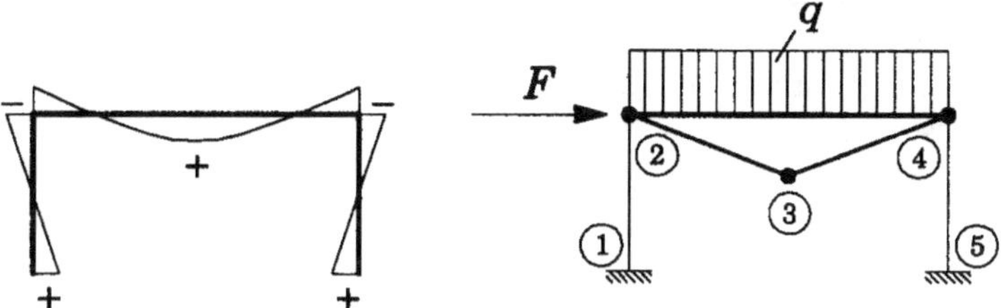

a                                          b

**Abb. 2.42.** Riegelkette **a** Momentenverteilung **b** Bruchkette

Eine andere Bruchkette ist die Riegelkette. Mit (2.175) erhält man

$$\frac{1}{2}Fl\beta = 2\cdot 2M_p + M_p + M_p$$
$$F = \frac{12}{\beta}\frac{M_p}{l} \tag{2.184}$$

bzw.

$$2ql = 12\frac{M_p}{l}.$$

Eine weitere Kette ist die Kombination der Seitenverschiebungskette und der Riegelkette. Mit (2.177) erhält man

$$M_p + M_p + 2\cdot 2M_p + 2M_p = ql\cdot l + Fl$$
$$F_T \leqslant F = \frac{16M_p}{l(2+\beta)}. \tag{2.185}$$

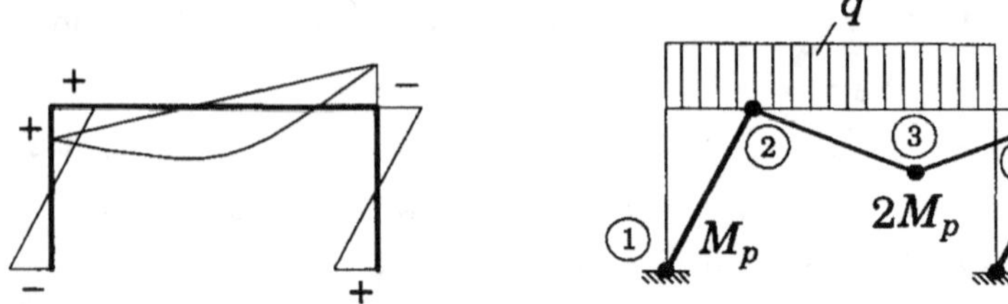

a                                           b

**Abb. 2.43.** Kombinationskette **a** Momentenverteilung **b** Bruchkette

Es ist zu überprüfen, ob das Moment $M_2$ kleiner oder gleich dem Fließmoment $M_p$ ist. Mit (2.175) ergibt sich

$$M_2 = 2M_3 - \frac{1}{2}Fl\beta - M_4$$

$$M_2 = \frac{10 - 3\beta}{2 + \beta}M_p \tag{2.186}$$

$$M_2 \leqslant M_p \qquad \text{für} \qquad \beta \geqslant 2 \,.$$

Nach dem kinematischen Satz ist die Last $F$, die zu dieser Bruchkette führt, größer oder gleich der Traglast. Nach dem statischen Satz ist sie kleiner oder gleich der Traglast, da eine statisch zulässige und sichere Momentenverteilung existiert. Die tatsächliche Traglast ist

$$F_T = \frac{16M_p}{l(2 + \beta)} \tag{2.187}$$

bzw.

$$2q_T l = \frac{\beta}{2 + \beta}\frac{16M_p}{l} \qquad \text{für} \qquad 6 \geqslant \beta \geqslant 2 \,. \tag{2.188}$$

Die Kombinationskette ist im Bereich zwischen $6 \geqslant \beta \geqslant 2$ zu erwarten, denn für $\beta > 6$ würde $2q_T l > 12M_p/l$ werden, und das wäre eine größere Traglast, als sich aus der Riegelkette ergibt. Es bleibt noch die exakte Lage des Fließgelenks im Riegel zu bestimmen. Hierbei verwenden wir das Prinzip der virtuellen Geschwindigkeiten, wobei wir die Lage des Fließgelenks im Abstand von $x_0$ vom linken Stiel annehmen.
Man liest aus Abb. 2.44 ab:

$$\mathscr{L} = F_T\dot{\Theta}l + qx_0\frac{1}{2}x_0\dot{\Theta} + q(2l - x_0)\frac{1}{2}(2l - x_0)\frac{x_0}{2l - x_0}\dot{\Theta} \tag{2.189}$$

$$\mathscr{D} = 2M_p\dot{\Theta} + 2M_p\frac{2l}{2l - x_0}\dot{\Theta} + M_p\left(\frac{x_0}{2l - x_0} + 1\right)\dot{\Theta} \tag{2.190}$$

$$\mathscr{L} = \mathscr{D} \,.$$

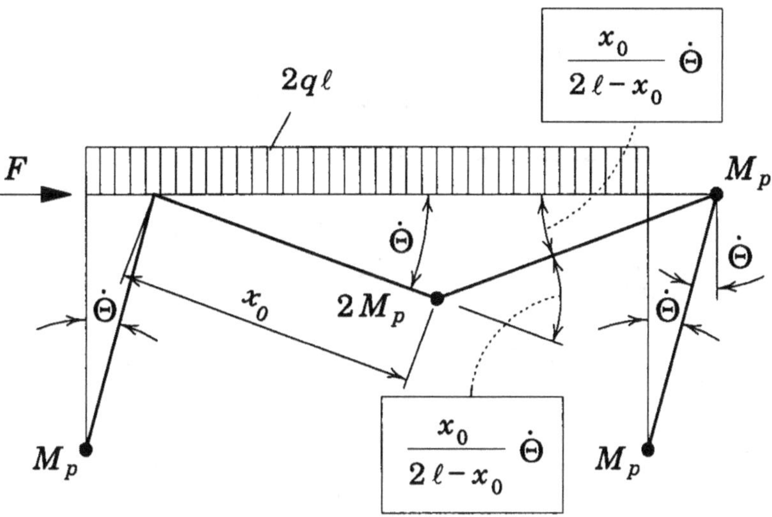



**Abb. 2.44.** Fließgelenkkette

Mit $\beta = 2ql/F_{\mathrm{T}}$ ergibt sich die Traglast zu

$$F_{\mathrm{T}} = \frac{4M_{\mathrm{p}}}{l}\,\frac{5 - \frac{x_0}{l}}{\left(2 - \frac{x_0}{l}\right)\left(2 + \beta\frac{x_0}{l}\right)}\,. \tag{2.191}$$

mit $\dfrac{\partial F_{\mathrm{T}}}{\partial\left(\frac{x_0}{l}\right)} = 0$ erhält man

$$\frac{x_0}{l} = 5 - \sqrt{\frac{15\beta + 6}{\beta}}\,. \tag{2.192}$$

Für den Fall $\beta = 6$ erhält man das Fließgelenk genau in der Mitte des Riegels. Man kann nun die Traglasten $F_{\mathrm{T}}$ und $2q_{\mathrm{T}}l$ gegenüberstellen und erhält die Interaktionskurve zwischen diesen beiden Lasten.

Aus Abb. 2.45 ist zu erkennen, daß je nach Lastkombination drei unterschiedliche Bruchketten auftreten. Bis zu einem Verhältnis von $\beta \cong 2$ erhält man unabhängig von der Größe der Streckenlast die gleiche Traglast. Überwiegt dagegen die Streckenlast ($\beta > 6$), dann wirkt sich die Horizontalkomponente nicht aus. Im Bereich zwischen $2 < \beta < 6$ ist die Traglast von der Kombination der vertikalen und horizontalen Last abhängig. Wie bereits erwähnt ist diese Interaktion unter der Annahme gefunden worden, daß das Fließgelenk in der Mitte des Riegels auftritt. Das stimmt exakt für $\beta = 6$. Berücksichtigt man die exakte Lage des Fließgelenks im Riegel, so wird die Berechnung ungenau. Der Vollständigkeitshalber ist die exakte Lösung gestrichelt in Abb. 2.45 eingetragen. Man erkennt, daß sich keine grundsätzliche Änderung ergibt. Das exakte Verhältnis, bei dem die eine Versagensform in die andere übergeht, liegt bei $\beta = 1{,}9$.

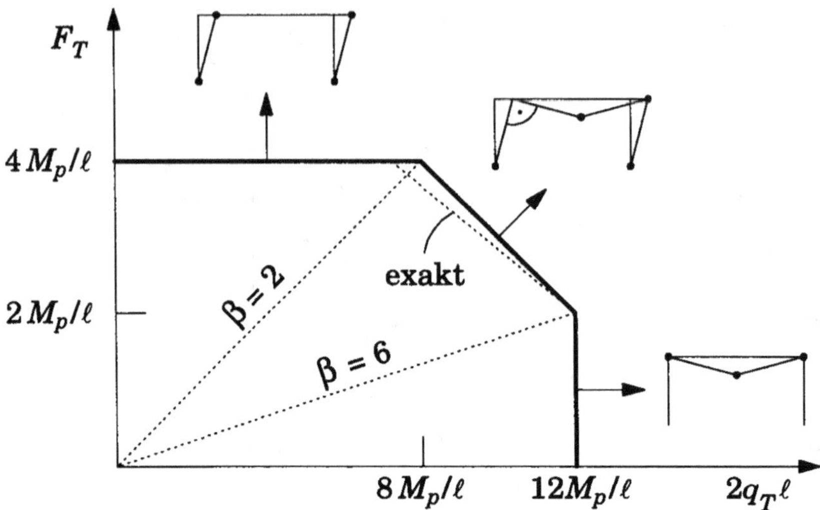


**Abb. 2.45.** Interaktionskurve zwischen vertikalen und horizontalen Lasten

Alle Lastkombinationen unterhalb des Kurvenzugs führen zu einem elastischen oder elastoplastischen Tragverhalten; außerhalb existieren keine Lastkombinationen. Die Interaktionskurve beschreibt das zu diesem Problem gehörende Versagensgesetz. Es bietet sich an, eine dimensionslose Darstellung zu wählen (Abb. 2.46).

Es ist interessant, den elastischen Grenzzustand dem vollplastischen gegenüberzustellen. Dabei ist die Begrenzung für einen Formfaktor von $\alpha = 1{,}0$ gewählt worden. Man erkennt, daß die Bemessung nach der Grenztragfähigkeit zu einer besseren Materialauslastung führt. Man spricht von einem sog. Traglastfaktor $\gamma_T$, der dem Quotienten aus Traglast und elastischer Grenzlast entspricht.

Der Faktor

$$\gamma_T = \frac{F_T}{F} \tag{2.193}$$

soll stets größer als der Sicherheitsfaktor $\nu$ sein, nämlich

$$\gamma_T \geqslant \nu \; . \tag{2.194}$$

Damit ist die Traglast $F_T$ größer als die Bemessungslast $F_\nu$. Es gilt

$$\begin{aligned} F_T &\geqslant F_\nu \\ F\gamma_T &\geqslant F_\nu \; . \end{aligned} \tag{2.195}$$

Bei der vorherigen Rechnung sind in den Fließmomenten keine Abminderungen durch Quer- oder Längskräfte berücksichtigt. Daher ist ggf. eine erneute Rechnung mit reduzierten Fließmomenten durchzuführen.

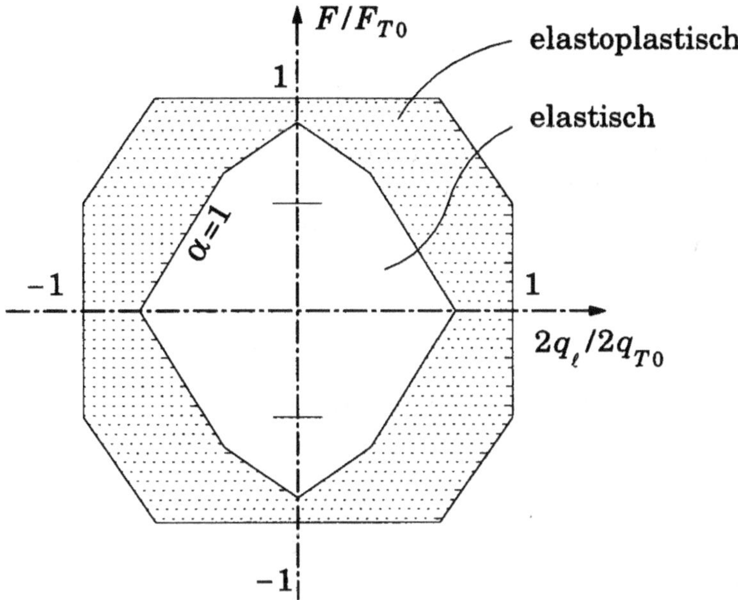



**Abb. 2.46.** Dimensionslose Darstellung der Interaktionskurve

### 2.2.3
### Stückweise Berechnung der Traglast

So eindeutig wie die Probiermethode auch ist, so läßt sie sich jedoch nur schwer formalisieren, was zur rechnergestützten Bearbeitung aber unabdingbar ist. Eine schrittweise Vorgehensweise ist dagegen sehr formal durchzuführen und kann mit vorhandenen linearen Berechnungsprogrammen bewerkstelligt werden. Um das Prinzip zu studieren sei das folgende einfache Tragwerk gegeben (Abb. 2.47).

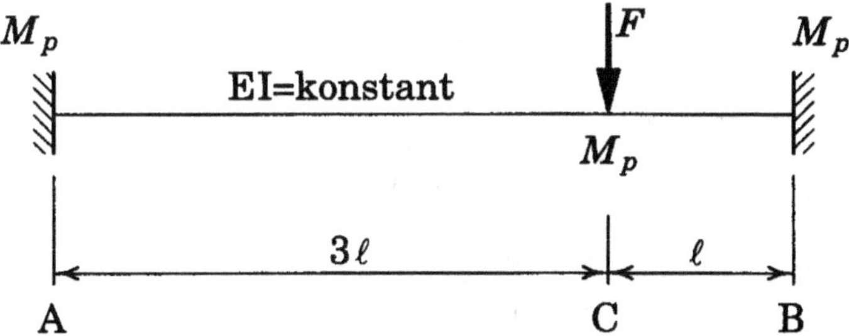



**Abb. 2.47.** Beidseitig eingespannter Balken auf zwei Stützen mit einer Einzellast

Mit Mitteln der elementaren Statik erhält man die Momentenmaxima mit

$$M_A \;=\; -Fl\,\frac{6}{32}$$

$$M_B \;=\; -Fl\,\frac{18}{32}$$

$$M_C \;=\; Fl\,\frac{9}{32}\,.$$

Somit ist bei B das erste Fließmoment zu erwarten. Die äußere Last $F$ ist so zu steigern, daß bei $M_B$ gerade das Fließmoment $M_p$ entsteht

$$\Delta F_1 \cdot l\,\frac{18}{32} = M_p$$

$$\Delta F_1 = \frac{16}{9}\,\frac{M_p}{l}\,.$$

Die Durchbiegung unter der Last ist ebenfalls elementar mit

$$\Delta f_1 = \frac{\Delta F_1 l^3}{3EI}\left(\frac{3}{4}\right)^3 = \frac{1}{4}\,\frac{M_p l^2}{EI}$$

zu bestimmen. Unter dieser Last $\Delta F_1$ sind die Momente also bei A, B und C:

$$M_A = -\frac{1}{3}M_p$$

$$M_B = -M_p$$

$$M_C = -\frac{1}{2}M_p\,.$$

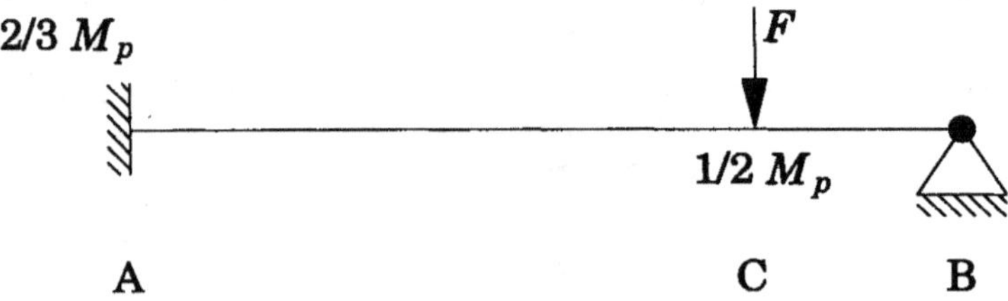


**Abb. 2.48.** Einseitig eingespannter Träger

Damit ändert sich das Tragverhalten des Systems; bei B ist nunmehr ein Gelenk vorhanden.

Von den ursprünglich vorhandenen Fließmomenten $M_p$ bei A, B und C sind nunmehr ⅓ $M_p$, $M_p$ und ½ $M_p$ verbraucht. Die Belastbarkeit ist also ⅔ $M_p$, o und ½ $M_p$. Die elastische Berechnung des nunmehr geänderten Systems liefert

$$M_A = Fl\,\frac{60}{128}$$

$$M_C = Fl\,\frac{81}{128}\,.$$

Das bedeutet, daß das nächste Fließgelenk bei C zu erwarten ist.

$$\Delta F_2 l \frac{81}{128} = \frac{1}{2} M_\mathrm{p}$$

$$\Delta F_2 = \frac{64}{81} \frac{M_\mathrm{p}}{l} \ .$$

Unter dieser Last ist die Durchbiegung bei C

$$\Delta f_2 = \frac{117}{324} \frac{M_\mathrm{p} l^2}{EI} \ .$$

Das Moment bei A ist mit $\Delta F_2$

$$M_\mathrm{A} = -\Delta F_2 l \frac{5}{2} \frac{1}{4} \frac{3}{4}$$

$$M_\mathrm{A} = -\frac{30}{81} M_\mathrm{p} \ .$$

Nunmehr ist das System nochmals zu ändern, da bei B und C Fließgelenke vorliegen (Abb. 2.49).

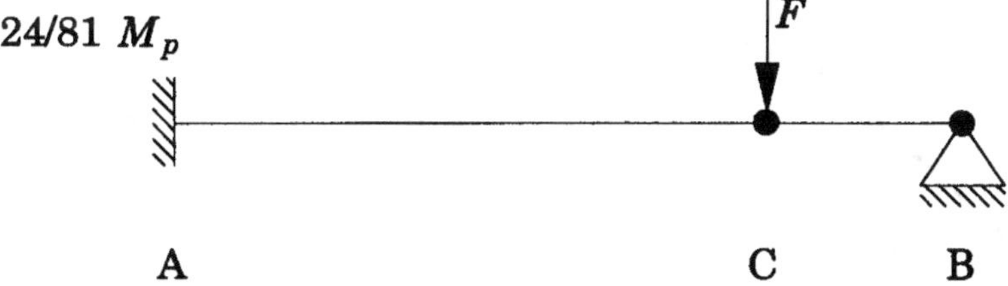


**Abb. 2.49.** Träger mit zwei Fließgelenken

Die Kapazität des Fließmoments ist nunmehr nochmals um $30/81 M_\mathrm{p}$ zu reduzieren, so daß eine Restkapazität von $24/81 M_\mathrm{p}$ verbleibt. Um nunmehr auch bei A ein Fließgelenk zu erzielen, berechnet man die Kraft mit

$$\Delta F_3 \cdot 3l = \frac{24}{81} M_\mathrm{p}$$

$$\Delta F_3 = \frac{8}{81} \frac{M_\mathrm{p}}{l} \ .$$

Hierzu gehört die Durchbiegung von

$$\Delta f_3 = \Delta F_3 \frac{(3l)^2}{3EI} = \frac{8}{9} \frac{M_\mathrm{p} l^2}{EI} \ .$$

Die Traglast des Systems ist erreicht und ist gleich der Summe der Einzellastkräfte

$$F_\mathrm{T} = \sum_{i=1}^{3} \Delta F_i = \frac{8}{3} M_\mathrm{p} l \ ,$$

und die Durchbiegung ist

$$f_{\mathrm{T}} = \sum_{i=1}^{3} \Delta f_i = \frac{3}{2}\frac{M_{\mathrm{p}}l^2}{EI}\;.$$

Das System ist in Abb. 2.50 dargestellt, wobei die beiden Systeme einseitig eingespannter und beidseitig frei aufgelegter Träger hinzugenommen sind, um die Wirkung von Einspannungen auf die Traglast zu zeigen.

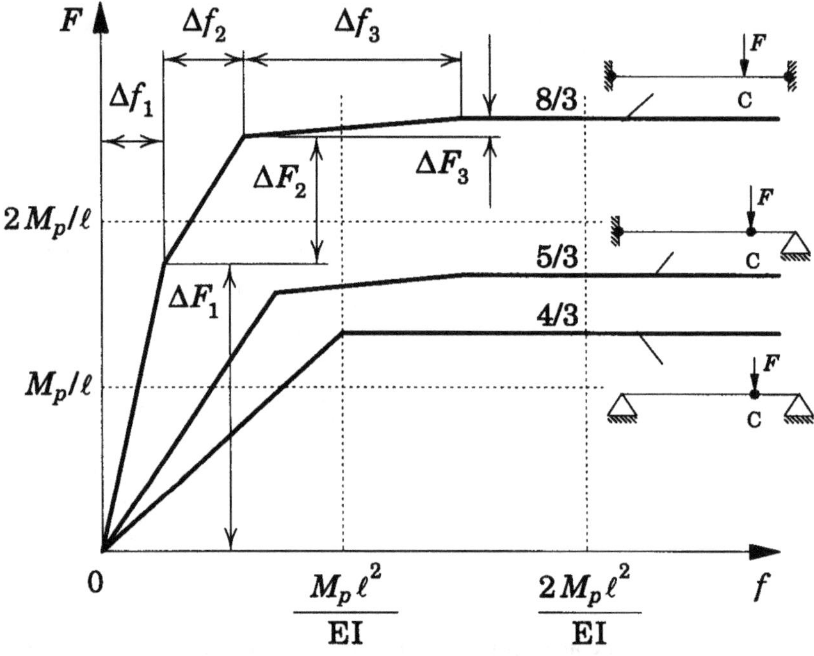


**Abb. 2.50.** Traglastkurven von Trägern mit einer Einzellast und verschiedenen Randbedingungen unter der Durchbiegung bei Punkt C

### 2.2.4
### Traglasten von Balkentragwerken mit finiten Balkenelementen

Für die Berechnung von Balkentragwerken mit Finiten Elementen eignet sich die folgende Vorgehensweise. Zunächst wird eine gewöhnliche lineare FE-Rechnung durchgeführt. Dabei geht man davon aus, daß das Tragwerk bis zum Erreichen des vollen Fließmoments sich linear verhält. Man steigert die äußere Belastung soweit, bis an der höchstbelasteten Stelle ein vollplastisches Moment auftritt. Sodann korrigiert man das Tragwerk derart, daß am Ort des entstandenen Fließmoments ein Gelenk vorgesehen wird. Dieses neue Tragwerk belastet man wiederum solange, bis innerhalb des Tragwerks ein weiteres vollplastisches Moment auftritt. Sodann wird das

Rechenmodell erneut geändert, bis schließlich eine kinematische Kette entsteht. Das äußert sich darin, daß eine Steifigkeitsmatrix singulär wird.

Es ist somit in jedem Schritt ein neues, modifiziertes Rechenmodell durchzurechnen. Hierzu ist ein konventionelles FE-Programm verwendbar, vorausgesetzt, dieses kann Gelenke modellieren. Da an einem Knoten, an dem ein Gelenk berücksichtigt wird, für die Verdrehung mehrere Drehwinkel, d.h. Drehfreiheitsgrade vorhanden sind, wird das zu berechnende Gleichungssystem von Schritt zu Schritt mehr Freiheitsgrade beinhalten, und damit neu organisiert werden müssen.

Will man dies nicht, so sind besondere Balkenelemente mit Gelenk zu verwenden, bei denen kein weiterer Freiheitsgrad bereitgestellt zu werden braucht, so daß der Umfang des zu lösenden Gleichungssystems in jedem Schritt gleich bleibt. Das hat erhebliche Vorteile in der Programmorganisation. Nachteilig ist, daß man die komplette Winkelverdrehung in den Fließgelenken nicht mehr direkt erhält.

Die Ableitung der Steifigkeitsmatrizen für Balken mit Gelenken erfolgt in gleicher Weise wie für die bekannten Elemente. Es sind lediglich neue Formfunktionen zu erstellen.

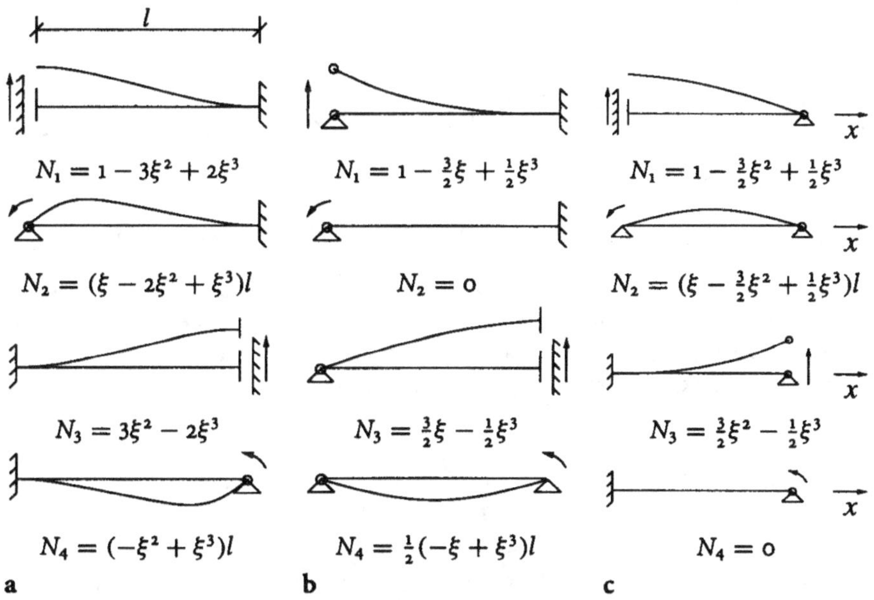

Abb. 2.51. Formfunktionen konventioneller Balken und Balken mit Gelenken $\xi = \frac{x}{l}$. **a** konventionell, **b** Gelenk links, **c** Gelenk rechts

Die Dehnungsmatrix erhält man dann sofort durch 2 fache Differenzierung zu

a) $\quad [B] \ = \ \frac{1}{l^2}[ \quad -6+6\xi \quad | \quad (-4+6\xi)l \quad | \quad 6-6\xi \quad | \quad (-2+6\xi)l \quad ]$

b) $\quad [B] \ = \ \frac{1}{l^2}[ \quad 3\xi \quad | \quad 0 \quad | \quad -3\xi \quad | \quad 3\xi l \quad ]$

c) $\quad [B] \ = \ \frac{1}{l^2}[ \quad -3+3\xi \quad | \quad (-3+3\xi)l \quad | \quad 3-3\xi \quad | \quad 0 \quad ]$ .

$$\text{(2.196)}$$

Die Steifigkeitsmatrix ergibt sich durch Integration

$$[K] = EI \int_0^l [B]^T [B] d\xi \ .$$

$$\text{(2.197)}$$

a) $\quad [K] = \begin{bmatrix} 12 & 6l & -12 & 6l \\ & 4l^2 & -6l & 2l^2 \\ & & 12 & -6l \\ \text{Sym.} & & & 4l^2 \end{bmatrix} \dfrac{EI}{l^3}$

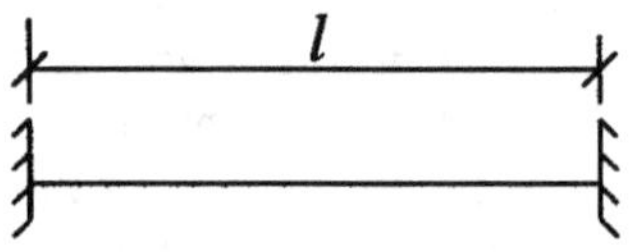

b) $\quad [K] = \begin{bmatrix} 3 & 0 & -3 & 3l \\ & 0 & 0 & 0 \\ & & 3 & -3l \\ \text{Sym.} & & & 3l^2 \end{bmatrix} \dfrac{EI}{l^3}$

c) $\quad [K] = \begin{bmatrix} 3 & 3l & -3 & 0 \\ & 3l^2 & -3l & 0 \\ & & 3 & 0 \\ \text{Sym.} & & & 0 \end{bmatrix} \dfrac{EI}{l^3}$

**Abb. 2.52.** Steifigkeitsmatrizen konventioneller Balken und Balken mit Gelenken

Die Verwendung der Steifigkeitsmatrizen b) und c) bedeutet, daß der Verdrehfreiheitsgrad an der Gelenkseite nicht mehr im System erscheint. Dies soll am Beispiel in Abb. 2.53 gezeigt werden. Der Träger besteht aus zwei Balkenelementen; unter der Last ist ein Gelenk, welches einmal zum linken und einmal zum rechten Element gehört.

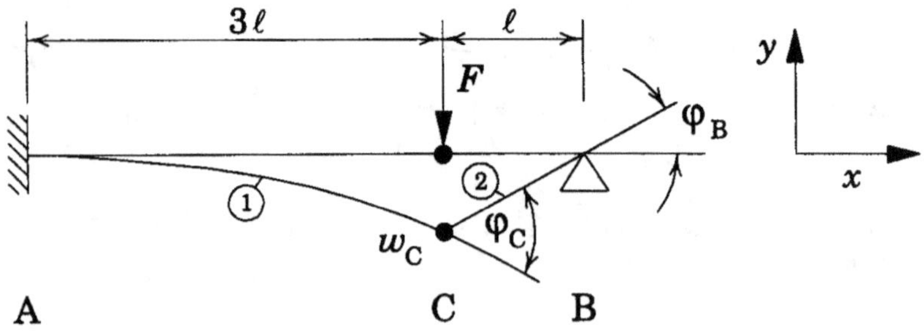

**Abb. 2.53.** Finites Balkenmodell mit einem Gelenk im Element 1

Steifigkeitsmatrix Element (1)    $\dfrac{EI}{27l^3} \begin{bmatrix} 3 & 0 \\ \text{Sym.} & 0 \end{bmatrix}$

Steifigkeitsmatrix Element (2)
$$\frac{EI}{l^3}\begin{bmatrix} 12 & 6l & 6l \\ & 4l^2 & 2l^2 \\ \text{Sym.} & & 4l^2 \end{bmatrix}$$

Systemsteifigkeitsmatrix:
$$\frac{EI}{l^3}\begin{bmatrix} \frac{1}{9}+12 & 6l & 6l \\ & 4l^2 & 2l^2 \\ \text{Sym.} & & 4l^2 \end{bmatrix}\cdot\begin{Bmatrix} w_C \\ \varphi_C^{(2)} \\ \varphi_B \end{Bmatrix}=\begin{Bmatrix} -F \\ 0 \\ 0 \end{Bmatrix}$$

$$\begin{bmatrix} w_C & \varphi_C^{(2)} & \varphi_B \end{bmatrix}=\frac{9Fl^2}{EI}\begin{bmatrix} -l & 1 & 1 \end{bmatrix}$$

Die Neigung des Stabes 1 bei C läßt sich also nicht direkt angeben. Dies erfolgt, falls gewünscht, über die Formfunktion

$$\varphi(\xi)^{(1)}=\frac{dN_1^{(1)}}{d\xi}\,w_C = w_C\left(3\xi-\frac{3}{2}\xi^2\right)\frac{1}{3l}\ .$$

$$\varphi_C^{(1)}=-\frac{9}{2}\frac{Fl^2}{EI}$$

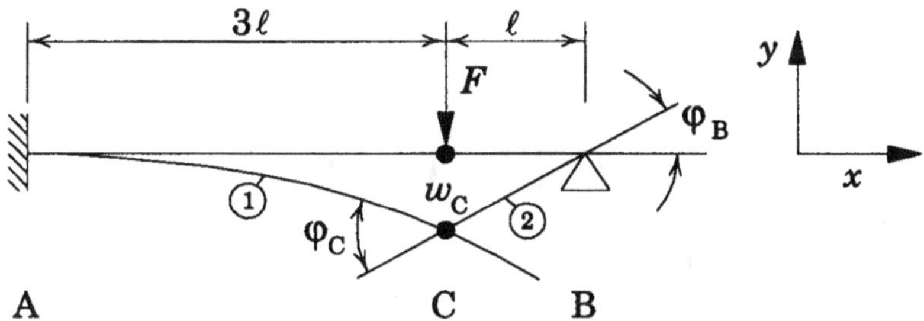

Abb. 2.54. Finites Balkenmodell mit einem Gelenk im Element 2

Steifigkeitsmatrix Element (1)
$$\frac{EI}{27l^2}\begin{bmatrix} 12 & -8l \\ \text{Sym.} & 36l^2 \end{bmatrix}$$

Steifigkeitsmatrix Element (2)
$$\frac{EI}{l^3}\begin{bmatrix} 3 & 0 & 3l \\ & 0 & 0 \\ \text{Sym.} & & 3l^2 \end{bmatrix}$$

Steifigkeitsmatrix für das System
$$\frac{EI}{l^3}\begin{bmatrix} \frac{4}{9}+3 & -\frac{2}{3}l & 3l \\ & \frac{4}{3}l^2 & 0 \\ \text{Sym.} & & 3l^2 \end{bmatrix}$$

$$\begin{Bmatrix} w_C \\ \varphi_C^{(1)} \\ \varphi_B \end{Bmatrix}=\begin{Bmatrix} -l \\ -\frac{1}{2} \\ 1 \end{Bmatrix}\frac{9Fl^2}{EI}$$

Der Neigungwinkel des Stabes (2) läßt sich wiederum nicht direkt ermitteln, sondern nur durch eine entsprechend nachgeschaltete Rechnung.

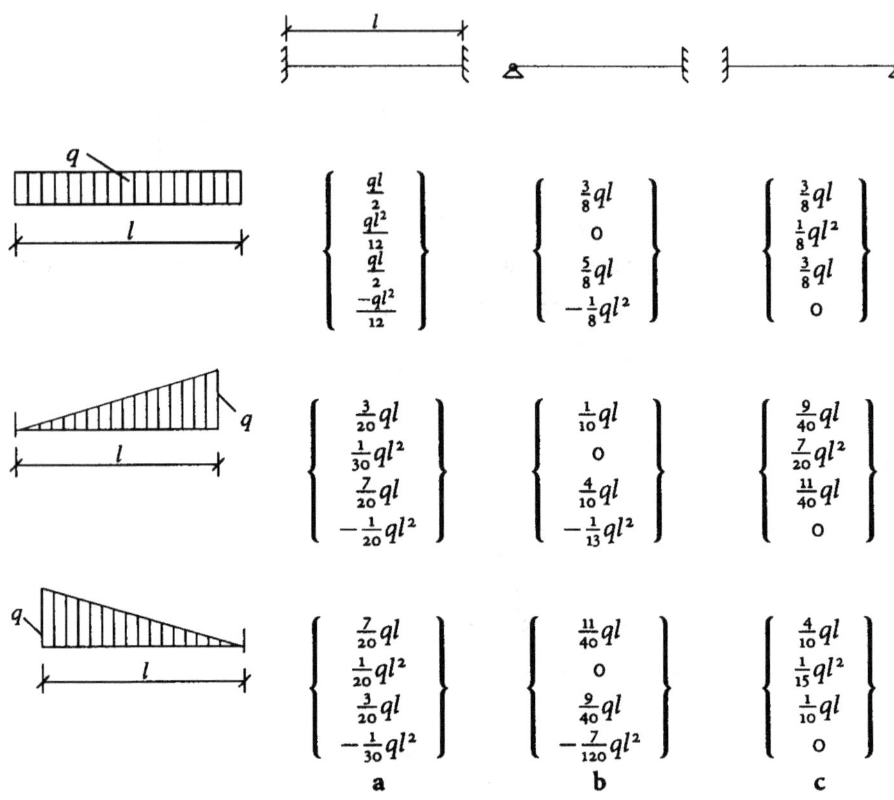

$$
\left\{\begin{array}{c} \frac{ql}{2} \\ \frac{ql^2}{12} \\ \frac{ql}{2} \\ \frac{-ql^2}{12} \end{array}\right\}
\qquad
\left\{\begin{array}{c} \frac{3}{8}ql \\ 0 \\ \frac{5}{8}ql \\ -\frac{1}{8}ql^2 \end{array}\right\}
\qquad
\left\{\begin{array}{c} \frac{3}{8}ql \\ \frac{1}{8}ql^2 \\ \frac{3}{8}ql \\ 0 \end{array}\right\}
$$

$$
\left\{\begin{array}{c} \frac{3}{20}ql \\ \frac{1}{30}ql^2 \\ \frac{7}{20}ql \\ -\frac{1}{20}ql^2 \end{array}\right\}
\qquad
\left\{\begin{array}{c} \frac{1}{10}ql \\ 0 \\ \frac{4}{10}ql \\ -\frac{1}{13}ql^2 \end{array}\right\}
\qquad
\left\{\begin{array}{c} \frac{9}{40}ql \\ \frac{7}{20}ql^2 \\ \frac{11}{40}ql \\ 0 \end{array}\right\}
$$

$$
\left\{\begin{array}{c} \frac{7}{20}ql \\ \frac{1}{20}ql^2 \\ \frac{3}{20}ql \\ -\frac{1}{30}ql^2 \end{array}\right\}
\qquad
\left\{\begin{array}{c} \frac{11}{40}ql \\ 0 \\ \frac{9}{40}ql \\ -\frac{7}{120}ql^2 \end{array}\right\}
\qquad
\left\{\begin{array}{c} \frac{4}{10}ql \\ \frac{1}{15}ql^2 \\ \frac{1}{10}ql \\ 0 \end{array}\right\}
$$

a     b     c

**Abb. 2.55.** Equivalente Knotenkräfte für konventionelle Balken und Balken mit Gelenken **a** konventionell **b** Gelenk links **c** Gelenk rechts

Der Berechnungsablauf ist in folgenden Schritten durchzuführen:

1. Lineare Rechnung unter Einheitslastverteilung $\overline{F}$
2. Bestimmung der Momentenmaxima im System

$$\overline{M}_{oi} \quad i = 1, 2, \dots, n$$

3. Berechnung der Lastfaktoren

$$\mu_{oi} = \frac{M_{pi}}{|\overline{M}_{oi}|} \quad ; \quad \mu_o = \mathrm{Min}_{i=1}^{n}\mu_i$$

4. Berechnung der Schnittgrößen, insbesondere der Momente unter der Last sowie der Verformungen

$$F_o = \mu_o\overline{F}$$

5. Berechnung der Resttragmomente

$$\Delta M_{\mathrm{p}oi} = M_\mathrm{p} - M_{oi}$$

6. Modifizierung der Steifigkeitsmatrix durch Gelenk am Ort des Fließmoments
7. Lineare Rechnung unter Einheitslastverteilung $\overline{F}$
8. Bestimmung der Momentenfassung im System

$$M_{1i} \quad i = 1, 2, ..., n$$

9. Berechnung der Lastfaktoren

$$\mu_{1i} = \frac{\Delta M_{\mathrm{p}oi}}{|\overline{M}_{ii}|} \qquad \mu_1 = \mathrm{Min}_{i=1}^{n}\mu_{1i}$$

10. Berechnung der Schnittgrößen $M_{1i}$ unter der Last

$$F_1 = \mu_1\overline{F}$$

sowie der Verformungen
11. Summation der Momente und Verformungen

$$M_i = M_{oi} + M_{1i} \quad i = 1, 2, ..., n$$

12. Berechnung der neuen Resttraglastmomente

$$\Delta M_{\mathrm{p}1i} = \Delta M_{\mathrm{p}o1} - M_{1i}$$

13. Weitere Schritte wie nach Punkt 6 und folgende bis das System zu einem Mechanismus wird.

Das vorher durchgerechnete Beispiel stellt sich in finiter Berechnung wie folgt (Abb. 2.56) dar:

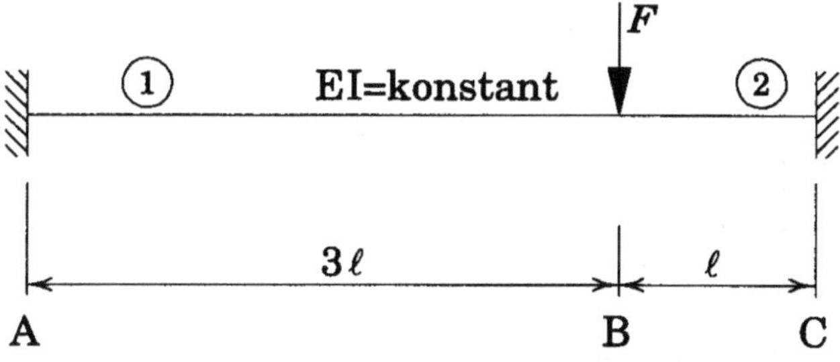


**Abb. 2.56.** Finites Modell

*Lineare Lösung* Die Steifigkeitsmatrizen für Element 1 und Element 2 ergeben sich zu

$$\text{Element 1} \quad \frac{EI}{27l^3} \begin{bmatrix} 12 & -18l \\ -18l & 36l^2 \end{bmatrix} \quad ; \quad \text{Element 2} \quad \frac{EI}{l^3} \begin{bmatrix} 12 & 6l \\ 6l & 4l^2 \end{bmatrix} .$$

Damit erhält man eine Systemsteifigkeit von

$$\frac{EI}{9l^3} \begin{bmatrix} 112 & 48l \\ 48l & 48l^2 \end{bmatrix} \cdot \left\{ \begin{array}{c} w_B \\ \varphi_B \end{array} \right\} = \left\{ \begin{array}{c} -\overline{F} \\ 0 \end{array} \right\}$$

und den Lastfaktoren

$$\left\{ \begin{array}{c} w_B \\ \varphi_B \end{array} \right\} = \left\{ \begin{array}{c} -l \\ 1 \end{array} \right\} \frac{9}{64} \frac{\overline{F}l^2}{EI} \; .$$

Die Schnittgrößen sind dann für Element 1

$$\frac{EI}{27l^3} \begin{bmatrix} 12 & 18l & -12 & 18l \\ & 36l^2 & -18l & 18l^2 \\ & & 12 & 12l \\ \text{Sym.} & & & 36l^2 \end{bmatrix} \cdot \left\{ \begin{array}{c} w_A = 0 \\ \varphi_A = 0 \\ w_B \\ \varphi_B \end{array} \right\} - \left\{ \begin{array}{c} 0 \\ 0 \\ -\overline{F} \\ 0 \end{array} \right\} =$$

$$= \left\{ \begin{array}{c} Q_A \\ M_A \\ Q_B \\ M_B \end{array} \right\}_{(1)} = \frac{\overline{F}}{61} \left\{ \begin{array}{c} 10 \\ 12l \\ 54 \\ 18l \end{array} \right\}$$

und für Element 2

$$\frac{EI}{l^3} \begin{bmatrix} 12 & 6l & -12 & 6l \\ & 4l & -6l & 2l^2 \\ & & 12 & 6l \\ \text{Sym.} & & & 4l^2 \end{bmatrix} \cdot \left\{ \begin{array}{c} w_B \\ \varphi_B = 0 \\ w_C = 0 \\ \varphi_C = 0 \end{array} \right\} - \left\{ \begin{array}{c} 0 \\ 0 \\ 0 \\ 0 \end{array} \right\} =$$

$$= \left\{ \begin{array}{c} Q_B \\ M_B \\ Q_C \\ M_C \end{array} \right\}_{(2)} = \frac{\overline{F}}{64} \left\{ \begin{array}{c} 54 \\ 12l \\ 54 \\ -36l \end{array} \right\} \; .$$

Die Berechnung der Lastfaktoren erfolgt dann zu

$$\left\{ \begin{array}{c} \mu_A \\ \mu_B \\ \mu_C \end{array} \right\} = \frac{64 M_p}{\overline{F}l} \left\{ \begin{array}{c} \frac{1}{12} \\ \frac{1}{16} \\ \frac{1}{36} \end{array} \right\} \; .$$

Der Minimiumlastfaktor ist dann

$$\mu_0 = \mu_C \, ,$$

und die dazugehörige Last

$$F_0 = \mu_0 \overline{F} = \frac{64 M_{\mathrm{p}}}{36 \overline{F} l} = \frac{64 M_{\mathrm{p}}}{36 l} = \frac{16 M_{\mathrm{p}}}{9 l}\,.$$

Die Berechnung der Schnittlasten unter $F_0$ ergibt

$$\left\{ \begin{array}{c} M_{\mathrm{A}} \\ M_{\mathrm{B}} \\ M_{\mathrm{C}} \end{array} \right\} = M_{\mathrm{p}} \left\{ \begin{array}{c} \frac{1}{3} \\ \frac{1}{2} \\ 1 \end{array} \right\} \quad ; \quad \left\{ \begin{array}{c} \Delta M_{\mathrm{poA}} \\ \Delta M_{\mathrm{poB}} \\ \Delta M_{\mathrm{poC}} \end{array} \right\} = \left\{ \begin{array}{c} \frac{2}{3} \\ \frac{1}{2} \\ 0 \end{array} \right\}\,.$$

Die Berechnung der Verformung unter $F_0$ ist somit

$$\left\{ \begin{array}{c} w_{\mathrm{B}} \\ \varphi_{\mathrm{B}} \end{array} \right\} = \left\{ \begin{array}{c} -l \\ 1 \end{array} \right\} \frac{M_{\mathrm{p}} l}{4 EI}\,.$$

Nunmehr kann das neue System mit einem Gelenk aufgestellt werden (Abb. 2.57).

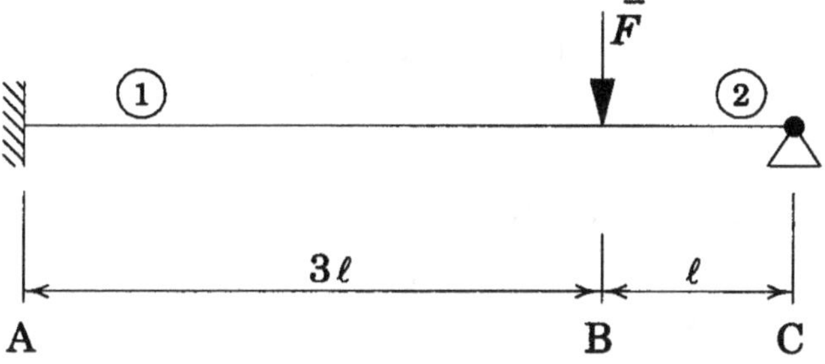


**Abb. 2.57.** Finites Modell mit einem Gelenk bei C

Die Steifigkeitsmatrizen sind nunmehr

$$(1)\quad \frac{EI}{27 l^2} \left[ \begin{array}{cc} 12 & -18l \\ -18l & 36 l^2 \end{array} \right] \quad ; \quad (2)\quad \frac{EI}{l^3} \left[ \begin{array}{cc} 3 & 3l \\ 3l & 3 l^2 \end{array} \right]\,.$$

Die Systemsteifigkeit ergibt sich dann zu

$$\frac{EI}{9 l^3} \left[ \begin{array}{cc} 31 & 21l \\ 21l & 39 l^2 \end{array} \right] \cdot \left\{ \begin{array}{c} w_{\mathrm{B}} \\ \varphi_{\mathrm{B}} \end{array} \right\} = \left\{ \begin{array}{c} -\overline{F} \\ 0 \end{array} \right\}\,,$$

und der Lastfaktor mit

$$\left\{ \begin{array}{c} w_{\mathrm{B}} \\ \varphi_{\mathrm{B}} \end{array} \right\} = \left\{ \begin{array}{c} -117l \\ 63 \end{array} \right\} \frac{\overline{F} l^2}{256 EI}\,.$$

Die Schnittgrößen sind dann für Element 1

$$\frac{EI}{27l^3}\begin{bmatrix} -12 & 18l \\ -18l & 18l^2 \\ 12 & -18l \\ -18l & 36l^2 \end{bmatrix}\cdot\begin{Bmatrix} w_B \\ \varphi_B \end{Bmatrix} - \begin{Bmatrix} 0 \\ 0 \\ -\overline{F} \\ 0 \end{Bmatrix} = \begin{Bmatrix} Q_A \\ M_A \\ Q_B \\ M_B \end{Bmatrix}_{(1)}$$

und für Element 2

$$\frac{EI}{l^3}\begin{bmatrix} 3 & 3l \\ 3l & 3l^2 \\ -3 & -3l \\ 0 & 0 \end{bmatrix}\cdot\begin{Bmatrix} w_B \\ \varphi_B \end{Bmatrix} = \begin{Bmatrix} Q_B \\ M_B \\ Q_C \\ M_C \end{Bmatrix}_{(2)} .$$

Ausgerechnet ergibt sich

$$\begin{Bmatrix} Q_A \\ M_A \\ Q_B \\ M_B \end{Bmatrix} = \frac{\overline{F}}{128}\begin{Bmatrix} 47 \\ 60l \\ 81 \\ 81l \end{Bmatrix}_{(1)} \quad ; \quad \begin{Bmatrix} Q_B \\ M_B \\ Q_C \\ M_C \end{Bmatrix} = \frac{\overline{F}}{128}\begin{Bmatrix} 81 \\ 81l \\ -81 \\ 0 \end{Bmatrix}_{(2)} .$$

Die erneute Berechnung der Lastfaktoren führt zu

$$\begin{Bmatrix} \mu_A \\ \mu_B \\ \mu_C \end{Bmatrix} = M_p\begin{Bmatrix} \frac{2}{3}\frac{128}{60\overline{F}l} \\ \frac{1}{2}\frac{128}{81\overline{F}l} \\ 0 \end{Bmatrix} \; ;$$

Der neue Minimumfaktor ist dann

$$\mu_1 = \mu_B = \frac{64}{81}\frac{M_p}{\overline{F}l}$$

und die dazugehörige neue Last

$$F_1 = \mu_1\overline{F} .$$

Die Berechnung der Schnittlasten unter $F_1$ führt zu

$$\begin{Bmatrix} M_A \\ M_B \\ M_C \end{Bmatrix} = M_p\begin{Bmatrix} \frac{30}{81} \\ \frac{1}{2} \\ 0 \end{Bmatrix} \quad ; \quad \Delta M_{p1} = \begin{Bmatrix} \Delta M_{p1A} \\ \Delta M_{p1B} \\ \Delta M_{p1C} \end{Bmatrix} = \frac{M_p}{81}\begin{Bmatrix} 24 \\ 0 \\ 0 \end{Bmatrix} .$$

Die Berechnung der Verformungen unter $F_1$ ergibt

$$\begin{Bmatrix} w_B \\ \varphi_B \end{Bmatrix} = \frac{F_1 l^2}{324EI}\begin{Bmatrix} -117l \\ 63 \end{Bmatrix} .$$

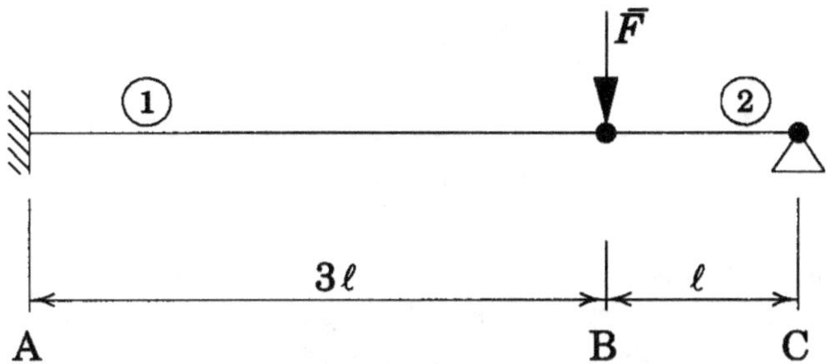

**Abb. 2.58.** Finites Modell mit einem Gelenk bei B und C

Nunmehr ist ein neues System aufzustellen (Abb. 2.58)
Die Systemsteifigkeitsmatrix ist:

$$\frac{EI}{9l^3}\begin{bmatrix} 4 & -6l \\ -6l & 12l^2 \end{bmatrix}\begin{Bmatrix} w_B \\ \varphi_B \end{Bmatrix} = \begin{Bmatrix} -F \\ 0 \end{Bmatrix},$$

und der Lastfaktor ist

$$\begin{Bmatrix} w_B \\ \varphi_B \end{Bmatrix} = \begin{Bmatrix} -l \\ -\frac{1}{2} \end{Bmatrix}\frac{9\overline{F}l^2}{EI}.$$

Die Schnittgrößen sind

$$\frac{EI}{9l^3}\begin{bmatrix} -4 & 6l \\ -6l & 6l^2 \\ 4 & -6l \\ -6l & 12l^2 \end{bmatrix}\cdot\begin{Bmatrix} w_B \\ \varphi_B \end{Bmatrix} = \begin{Bmatrix} Q_A \\ M_A \\ Q_B \\ M_B \end{Bmatrix};$$

$$\begin{Bmatrix} Q_A \\ M_A \\ Q_B \\ M_B \end{Bmatrix} = \overline{F}\begin{Bmatrix} 1 \\ 3l \\ -1 \\ 0 \end{Bmatrix}.$$

Die Berechnung der Lastfaktoren ergibt

$$\begin{Bmatrix} \mu_A \\ \mu_B \\ \mu_C \end{Bmatrix} = M_p\begin{Bmatrix} \frac{8}{81}\frac{1}{\overline{F}l} \\ \frac{1}{0} \\ \frac{1}{0} \end{Bmatrix}.$$

Der neue und abschließende Lastfaktor errechnet sich aus

$$\mu_2 = \mu_A = \frac{8}{81}\frac{M_p}{\overline{F}l}.$$

Die Schnittlasten und Verformung ergeben sich mit

$$\left\{ \begin{array}{c} M_A \\ M_B \\ M_C \end{array} \right\} = M_p \left\{ \begin{array}{c} \frac{24}{81} \\ 0 \\ 0 \end{array} \right\} \quad ; \quad \left\{ \begin{array}{c} w_B \\ \varphi_B \end{array} \right\} = \frac{8\overline{F}l^2}{9EI} \left\{ \begin{array}{c} -l \\ -\frac{1}{2} \end{array} \right\} .$$

Damit ist die Berechnung abgeschlossen. Das Verfahren eignet sich auch für räumliche Systeme. Dabei ist natürlich besonders sorgfältig die ungleiche Interaktion zwischen Normalkraft und Moment im allgemeinen und Querkräfte im speziellen Fall zu berücksichtigen.

## 2.3
## Schiffbauliche Beispiele

Viele Tragwerke auf Schiffen und meerestechnischen Bauwerken lassen sich mit Hilfe von Balkenmodellen idealisieren, um das Grenztragverhalten zu ermitteln. Insofern unterscheiden sich diese nicht von denen im Stahlbau. Es sind allerdings einige Besonderheiten zu beachten. Grundvoraussetzung bei der Ermittlung der Grenztragfähigkeit ist, daß die Belastung in allen Komponenten in gleichem Maße gesteigert wird, bis ein Kollaps entsteht. Diese Steigerung muß aber auch physikalisch möglich sein, was bei schwimmenden Bauwerken häufig nicht der Fall ist.

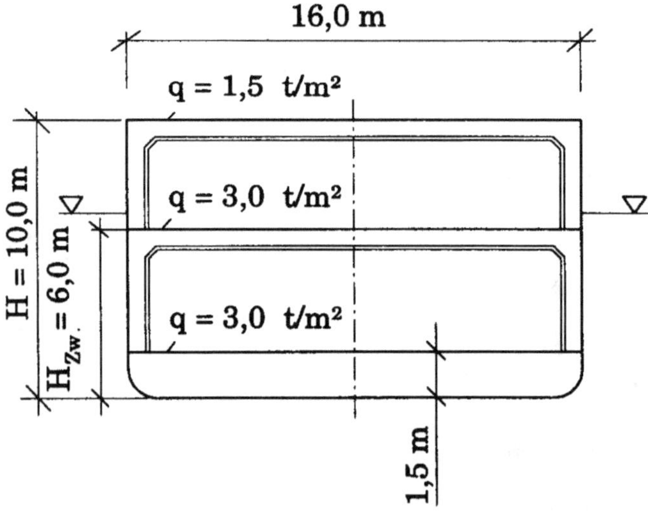

**Abb. 2.59.** Querrahmen für ein Ro-Ro-Schiff

Ein Beispiel möge dieses verdeutlichen. Gegeben sei ein Querrahmen eines Ro-Ro-Fährgastschiffs mit mehreren Decks. Man kann diesen als mehrstöckigen schwimmenden Rahmen idealisieren (Abb. 2.59). Als Belastung sind vertikale Lasten aus zu transportierenden Fahrzeugen und horizontale Lasten aus Winddruck von Bedeutung. Eine rechnerische Erhöhung dieser Lasten bedeutet, daß auch der Tiefgang des Pontons größer wird und ggf. noch zusätzlich seitliche Wasserdrücke auftreten können. Weiterhin kann durch solche theoretischen Laststeigerungen auch die Kentersicherheit des ganzen Fahrzeugs kritisch werden. Der seitliche Winddruck ergibt darüber hinaus eine Krängung, welche ebenfalls die Lastverteilung verändern kann.

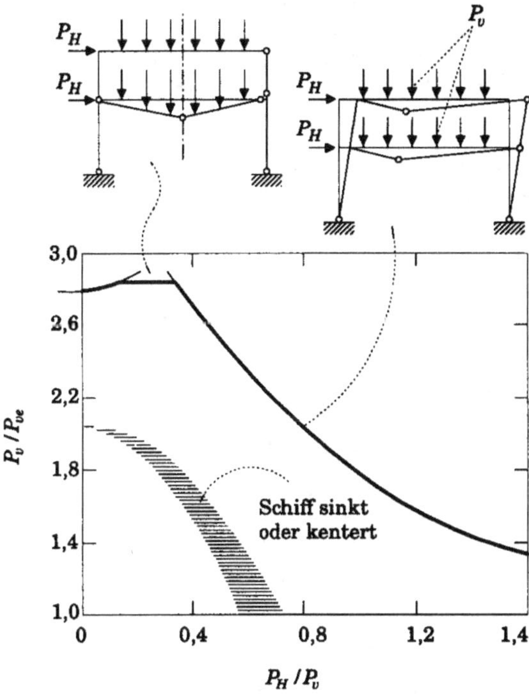


**Abb. 2.60.** Lasterhöhungsfaktoren $\frac{P_v}{P_{ve}}$, $P_{ve}$: elastische Bemessungskraft.

Alle diese Einflüsse können in bestimmten Situationen zu einer nichtlinearen Laststeigerung führen. Daher ist stets auch das tatsächliche Verhalten eines schwimmenden Tragwerks zu beachten. Abb. 2.60 zeigt eine Interaktionskurve der horizontalen und vertikalen Kräfte. Es ist die Situation eines Kenterns bzw. eines Versinkens unter Lasten, die weit unterhalb eines Kollapses des Tragwerks liegen, dargestellt. Man kommt zu der Feststellung, daß ein solches System im Sinne einer Grenzlast gar keine Versagenslast erleben kann [6].

Häufig werden Biegeträger mit Stegausschnitten verwendet. Abb. 2.61 zeigt eine Kollektion verschiedener Formen. Durch die Ausschnitte in den Stegen wird besonders die Schubsteifigkeit reduziert. Während die Formen 1, 2, 3 jeweils Stegöffnungen zwischen den Deckbalken besitzen, ist Form 4 so angelegt, daß die Deckbalken in der Mitte der Stegausschnitte angeordnet sind. Aber auch in Fällen reiner Biegemomentenbelastung reduzieren die Stegausschnitte die Tragfähigkeit. Abb. 2.62 zeigt Rech-

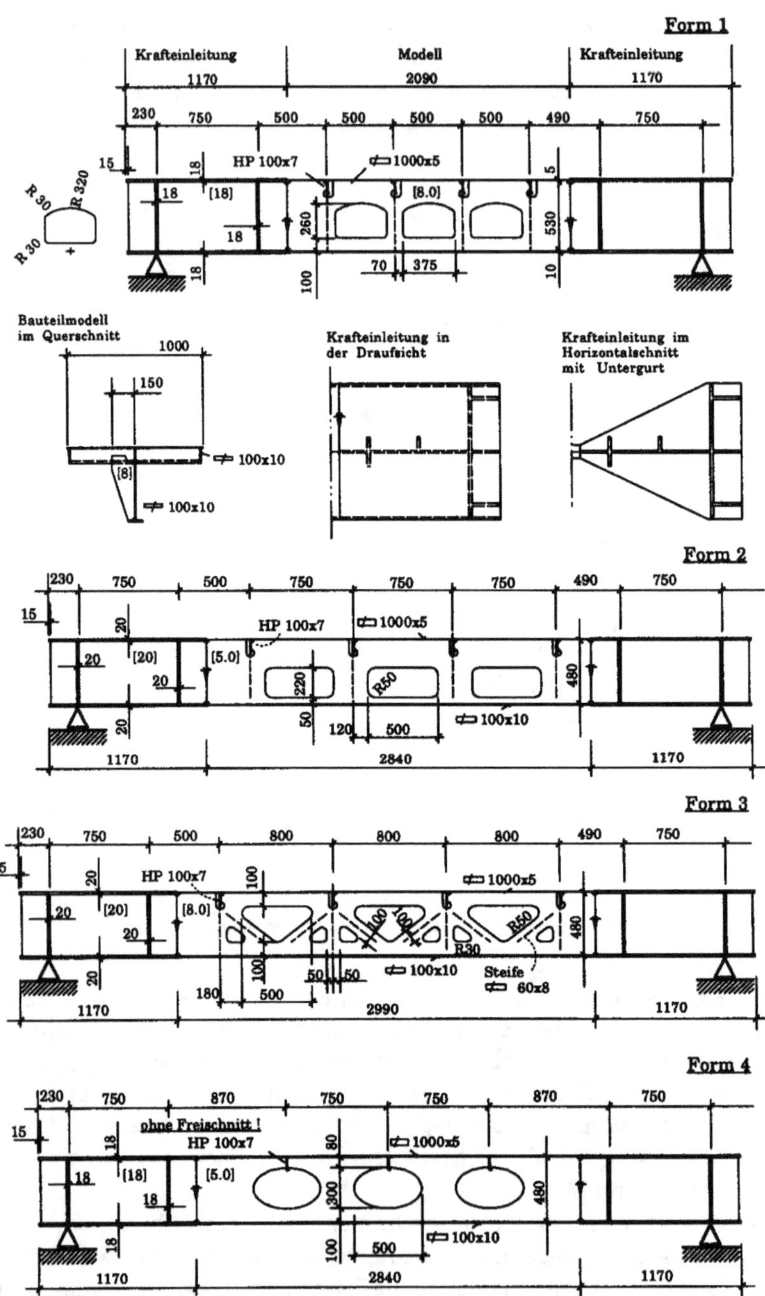



**Abb. 2.61.** Biegeträger mit verschiedenen Stegöffnungen

nung und Messung. Für alle vier Varianten wurde eine Reduktion der Tragast von rund 65 % ermittelt, d. h., die Form der Stegausschnitte hat praktisch keinen Einfluß auf die Traglast.

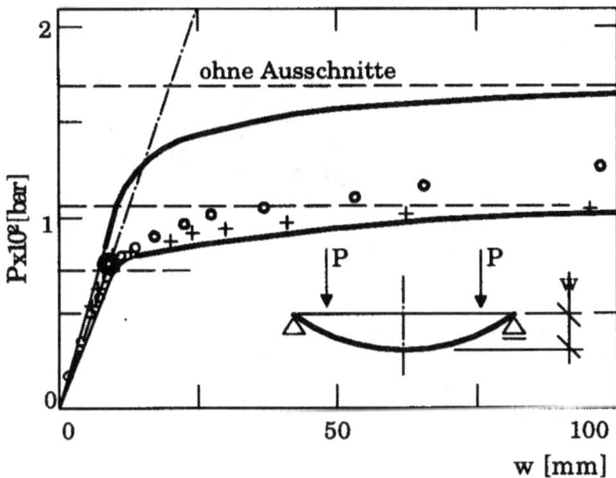


**Abb. 2.62.** Lastverformungskurve, Biegeträger Form 2 mit Stegöffnungen. (1 bar = 26,3 kN). ○ Messung, + nichtlineare FE-Rechnung mit MSC/NASTRAN, — Rechnung mit $EI$ = konstant nach Mohr, — — — elastische und plastische Grenzlast, ● erstes Fließgelenk nach Rahmenrechnung

Eine besondere Spezialität ist das Verhalten von unsymmetrischen Trägern. Sie treten bei der Verwendung von Winkelprofilen oder Lukendeckeln der Bauart Ermans auf, oder auch wenn die Gurte aus konstruktiven Gründen unsymmetrisch angeordnet werden müssen.

Wenn es gelingt, eine sog. vollplastische mittragende Breite für unsymmetrische Gurte zu definieren, dann kann man leicht ein vollplastisches Widerstandsmoment elementar ermitteln. Die weitere Belastung eines solchen Tragwerks erfolgt wie bei einem symmetrischen Träger. Um den Formfaktor $\alpha$ zu ermitteln, benötigt man auch die mittragende Breite im elastischen Zustand.

### 2.3.1
#### Wirksame Gurtbreite ohne seitliche Abstützung

Wie oben angeführt, ist der Spannungsabfall vom Steg hin zur freien Gurtkante ein Effekt der Querbiegung aufgrund unsymmetrischer Einleitung von Kräften an der Steg-Gurtverbindung.

Gegeben sei ein Biegeträger mit unsymmetrischem Gurt. Die effektive Gurtbreite ist dann mit den Bezeichnungen aus Abb. 2.63

$$\frac{b_e}{b_g} = \frac{1}{2}\left(1 + \frac{\sigma_2}{\sigma_1}\right) . \tag{2.198}$$

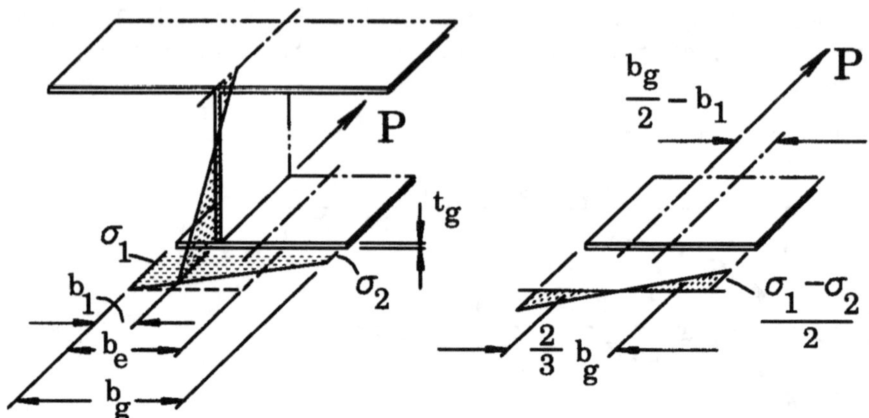

**Abb. 2.63.** Elastische Spannungsverteilung in unsymmetrischen Gurten

Die vom Gurt aufzunehmende Kraft ist

$$P = \frac{\sigma_1 + \sigma_2}{2} \cdot b_g t_g \,.$$

(2.199)

Die unsymmetrisch angreifende Gurtkraft $P$ verursacht ein Moment von

$$P \cdot \left( \frac{b_g}{2} - b_1 \right) = \frac{\sigma_1 - \sigma_2}{12} \cdot b_g^2 t_g \,.$$

(2.200)

Eliminiert man die Kraft $P$, so erhält man

$$\frac{\sigma_2}{\sigma_1} = \frac{-1 + 3 \cdot \dfrac{b_1}{b_g}}{2 - 3 \cdot \dfrac{b_1}{b_g}} \,.$$

(2.201)

Führt man für das Verhältnis $2 \cdot \frac{b_1}{b_g} = \Phi$ ein, so erhält man den einfachen Ausdruck für die effektive Breite

$$\frac{b_e}{b_g} = \frac{1}{2} \left[ 1 + \frac{1 - 3(1 - \Phi)}{1 + 3(1 - \Phi)} \right]$$

(2.202)

mit den Grenzwerten $\Phi = 0$: $\frac{b_e}{b_g} = 0{,}25$ und $\Phi = 1$: $\frac{b_e}{b_g} = 1{,}0$.

## 2.3.2
### Berücksichtigung einer horizontalen Stützung

Bei den meisten Konstruktionen ist durch die Biegesteifigkeit der Stege und der angrenzenden Plattenteile eine zusätzliche seitliche Abstützung der Gurte gegeben, so daß hierdurch die Querbiegung der unsymmetrischen Gurte in erheblichem Umfang reduziert wird, was zu einer erhöhten Effektivität der Gurte führt.

Denkt man sich den Gurt an der Verbindungsstelle zum Steg durch die angrenzenden Bauteile gebettet, dann kann man den Gurt als einen gebetteten Balken behandeln.

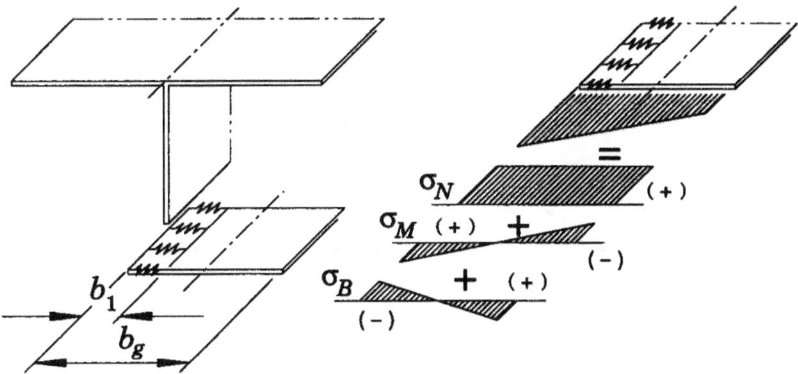



**Abb. 2.64.** Die Bettung unsymmetrischer Gurte

Die Spannung setzt sich nunmehr aus einer konstanten Spannung $\sigma_N$, aus der Gurtkraft $P$, der Biegespannung aus dem Moment $P \cdot \left( \frac{b_g}{2} - b_1 \right)$ und der zu dieser entgegengesetzten Spannung, verursacht durch den Gegendruck der Bettung, zusammen. Die effektive Gurtbreite ist

$$\frac{b_e}{b_g} = \frac{1}{2} \left( 1 + \frac{\sigma_N - \sigma_M + \sigma_B}{\sigma_N + \sigma_M - \sigma_B} \right) . \tag{2.203}$$

Die Normalspannung $\sigma_N$ läßt sich durch die Biegespannung $\sigma_M$ ausdrücken

$$\sigma_N = \frac{\sigma_M}{3(1 - \Phi)} ,$$

so daß sich der Ausdruck für die effektive Gurtbreite zu

$$\frac{b_e}{b_g} = \frac{1}{2} \left[ 1 + \frac{-2\sigma_M + 3\Phi\sigma_M + 3(1 - \Phi)\sigma_B}{4\sigma_M - 3\Phi\sigma_M - 3(1 - \Phi)\sigma_B} \right] \tag{2.204}$$

ergibt.

Die Spannungsanteile $\sigma_B$ lassen sich für die einzelnen Lastfälle aus bekannten Lehrbüchern [7], [8] entnehmen. Setzt man für $\sigma_M$ und $\sigma_B$ die entsprechenden Ausdrücke für die in Frage kommenden Lastfälle und Randbedingungen ein, so errechnet sich die mittragende Breite mit $\sigma_B = [1 - f(\beta)]\sigma_M$ zu

$$\frac{b_e}{b_g} = \frac{1}{2} \left[ 1 + \frac{1 - 3(1 - \Phi)f(\beta)}{1 + 3(1 - \Phi)f(\beta)} \right] . \tag{2.205}$$

Die Funktion $f(\beta)$ ist nun von den Randbedingungen, dem Ort und der Belastungsart abhängig. Sie ist für die verschiedenen Fälle in Tabelle 2.4 zusammengestellt.

Im Fall 6 ergibt sich für die Größe $\beta \frac{b_e}{b_g} > 1$. In diesem Fall ist kein größerer Wert als $\frac{b_e}{b_g} = 1$ zu verwenden.

**Tabelle 2.4.** Funktionen $f(\beta)$

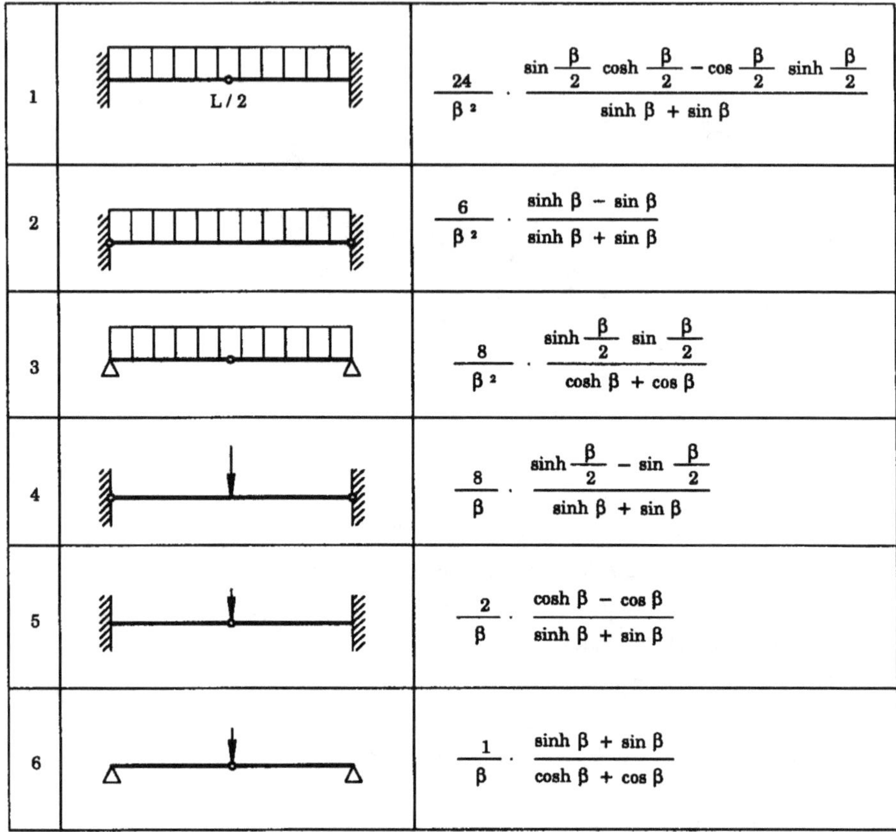

| | | |
|---|---|---|
| 1 | L / 2 | $\dfrac{24}{\beta^2} \cdot \dfrac{\sin\frac{\beta}{2}\cosh\frac{\beta}{2} - \cos\frac{\beta}{2}\sinh\frac{\beta}{2}}{\sinh\beta + \sin\beta}$ |
| 2 | | $\dfrac{6}{\beta^2} \cdot \dfrac{\sinh\beta - \sin\beta}{\sinh\beta + \sin\beta}$ |
| 3 | | $\dfrac{8}{\beta^2} \cdot \dfrac{\sinh\frac{\beta}{2}\sin\frac{\beta}{2}}{\cosh\beta + \cos\beta}$ |
| 4 | | $\dfrac{8}{\beta} \cdot \dfrac{\sinh\frac{\beta}{2} - \sin\frac{\beta}{2}}{\sinh\beta + \sin\beta}$ |
| 5 | | $\dfrac{2}{\beta} \cdot \dfrac{\cosh\beta - \cos\beta}{\sinh\beta + \sin\beta}$ |
| 6 | | $\dfrac{1}{\beta} \cdot \dfrac{\sinh\beta + \sin\beta}{\cosh\beta + \cos\beta}$ |

### 2.3.3
### Effektivität des Gurtes beim vollständigen Plastizieren des Gurtes

Wie bereits angedeutet, muß man zur Berechnung der Traglast von unsymmetrischen Biegeträgern das vollplastische Widerstandsmoment bestimmen, um daraus das aufnehmbare Fließmoment zu bestimmen. Wir betrachten zunächst den Träger, ohne eine Bettung zu berücksichtigen.

Wir gehen davon aus, daß nur der Gurt fließt. Das kann man sich z. B. so vorstellen, daß die Fließgrenze im Steg wesentlich höher als im Gurt ist. In Analogie zum elastischen Verhalten gilt

$$P = R_{eH} \cdot b_{ep} \cdot t_g \,. \tag{2.206}$$

Die unsymmetrische Gurtkraft verursacht das Moment

$$P\left(\frac{b_g}{2} - b_1\right) = R_{eH}(b_g^2 - b_{ep}^2)\frac{t_g}{4} \,. \tag{2.207}$$

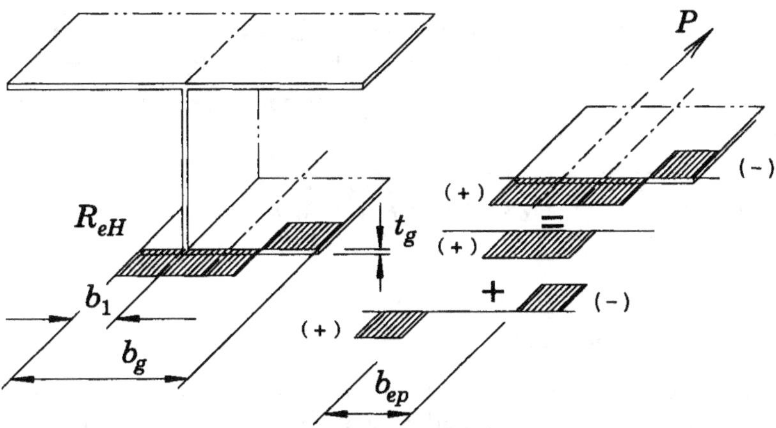


**Abb. 2.65.** Plastische Spannungsverteilung in unsymmetrischen Gurten

Eliminiert man wieder $P$, so erhält man mit $2 \cdot \frac{b_1}{b_g} = \Phi$

$$\frac{b_{ep}}{b_g} = \Phi - 1 + \sqrt{2 - 2\Phi + \Phi^2} \tag{2.208}$$

als vollplastische mittragende Breite. Für den Grenzfall $\Phi = 0$, also für Winkelprofile, ergibt sich eine effektive Breite von $\sqrt{2} - 1 = 0{,}414$ im vollplastischen Fall gegenüber dem Wert von $0{,}25$ im elastischen Fall. Für den Fall $\Phi = 1$ ergibt sich ein volles Mittragen.

Der Effekt der Bettung wird mit der folgenden Überlegung berücksichtigt: Das Moment, das der Flansch aufnehmen muß, ist

$$M_{\mathrm{pl}} = R_{eH} \frac{b_g^2 t_g}{4} \left[ 1 - \left( \frac{b_e}{b_g} \right)^2 \right] \tag{2.209}$$

bzw.

$$M_{\mathrm{pl_0}} = R_{eH} \frac{b_g^2 t_g}{4}$$

$$M_{\mathrm{pl}} = M_{\mathrm{pl_0}} \left[ 1 - \left( \frac{b_e}{b_g} \right)^2 \right]. \tag{2.210}$$

Da das Moment durch die Wirkung der Bettung reduziert wird, kann sich dieses nur in einer Vergrößerung der effektiven Breite $b_e$ ausdrücken, wobei $b_e$ die effektive Breite des Flansches in vollplastischem Zustand unter Berücksichtigung einer Bettung ist (auf eine weitere Kenntlichmachung durch Indizierung wird verzichtet).

Andererseits kann man den Einfluß der Bettung direkt aus der Abminderung des aufzunehmenden Moments ableiten. Man erhält dann

$$M_{\mathrm{pl}} = M_{\mathrm{pl_0}} \left[ 1 - \left( \frac{b_e}{b_g} \right)^2 \right] \cdot f(\beta). \tag{2.211}$$

Es sind, da die gleiche Bettungscharakteristik wie im elastischen Fall vorliegt, die gleichen Funktionen $f(\beta)$ zu verwenden. Setzt man diese beiden Betrachtungen über die Auswirkung einer Bettung gleich und setzt für $\frac{b_{ep}}{b_g}$ den oben abgeleiteten Ausdruck ein, so erhält man

$$\frac{b_e}{b_g} = \sqrt{1 - \left[1 - \left(\Phi - 1 + \sqrt{2 - 2\Phi + \Phi^2}\right)^2\right] f(\beta)} \,. \tag{2.212}$$

### 2.3.4
### Ermittlung des Bettungsparameters $\beta$

Um eine praktische Berechnung anstellen zu können, muß der Parameter $\beta$ abgeschätzt werden. In [8] wird hierüber ausführlich berichtet. Dieser Bettungsparameter ist mit

$$\beta = l\sqrt[4]{\frac{k}{4EI_g}} \tag{2.213}$$

beschrieben. Die Konstante $k$ beschreibt die in Reihe geschalteten Federwirkungen des Profilsteges $k_s$ und der angrenzenden Platten $k_p$ mit

$$\frac{1}{k} = \frac{1}{k_p} + \frac{1}{k_s} \tag{2.214}$$

und mit $I_g = \frac{b_g^3 t_g}{12}$. Die Größen $k_p$ und $k_s$ werden in guter Näherung durch

$$k_p = \frac{2E}{1 - \nu^2} \cdot \frac{t_p^3}{ah_s^2} \;; \qquad k_s = \frac{E}{3,64(1 - \nu^2)} \cdot \left(\frac{t_s}{h_s}\right)^2 \tag{2.215}$$

beschrieben. Mit $t_p$ als Dicke der Beplattung, auf der das Profil angebracht ist, und mit $t_s$ als Stegdicke des Profils. Die Größe $h_s$ ist die Steghöhe des Profils und $a$ der Spantabstand. Dies alles berücksichtigt liefert

$$\beta = \frac{l}{b_g} \left\{ \frac{1 - \nu^2}{6} \cdot \frac{t_g}{b_g} \left[ \frac{a}{t_p} \left(\frac{h_s}{t_p}\right)^2 + 7,28 \left(\frac{h_s}{t_s}\right)^3 \right] \right\}^{-\frac{1}{4}} \,. \tag{2.216}$$

Sind z. B. bei einem unsymmetrisch gegurteten Lukendeckelträger Knieblechabstützungen vorgesehen, so sind diese durch Verschmieren zu berücksichtigen. Dieses kann durch

$$\frac{1}{k} = \delta_k \cdot a_k \tag{2.217}$$

erfolgen, wobei $\delta_k = h_s \cdot \alpha$ ist, wobei $\alpha$ der Einheitsverdrehwinkel des Knies unter Berücksichtigung des Einspanngrades ist.

Eine Besonderheit sind die z-förmigen Lukendeckel der Bauart Ermans. Es handelt sich um Deckelpaneele, die zur besseren Stauung so konstruiert sind, daß diese miteinander zusammen zu stauen sind (Abb. 2.70).

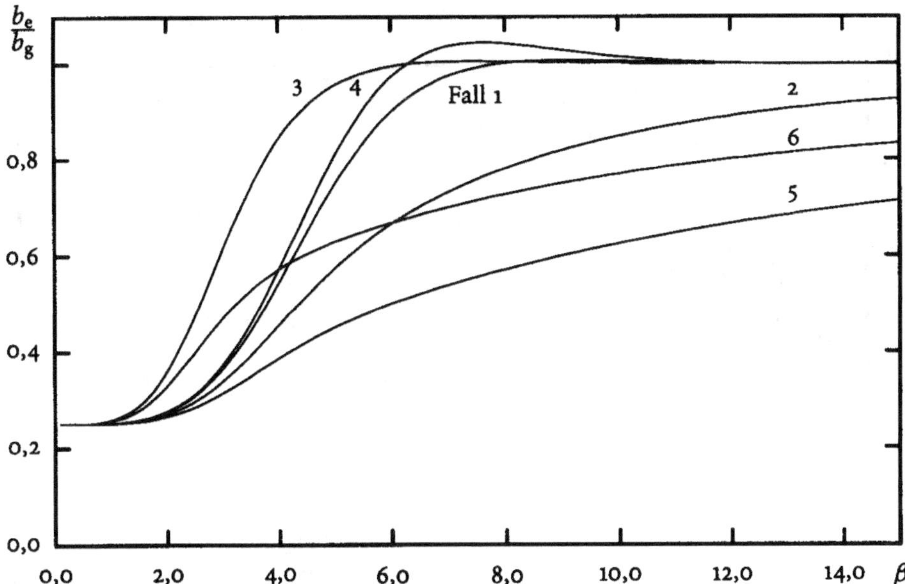



**Abb. 2.66.** Mittragende Breite im elastischen Bereich für verschiedene Lastfälle, $\Phi = 0$

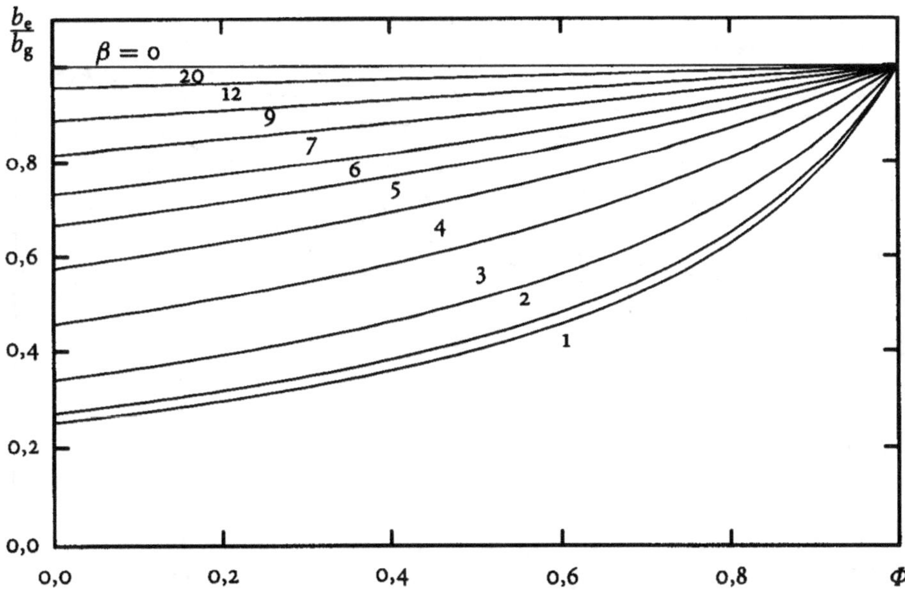



**Abb. 2.67.** Mittragende Breite im elastischen Bereich für den Fall 2 in Abhängigkeit der Gurt-unsymmetrie

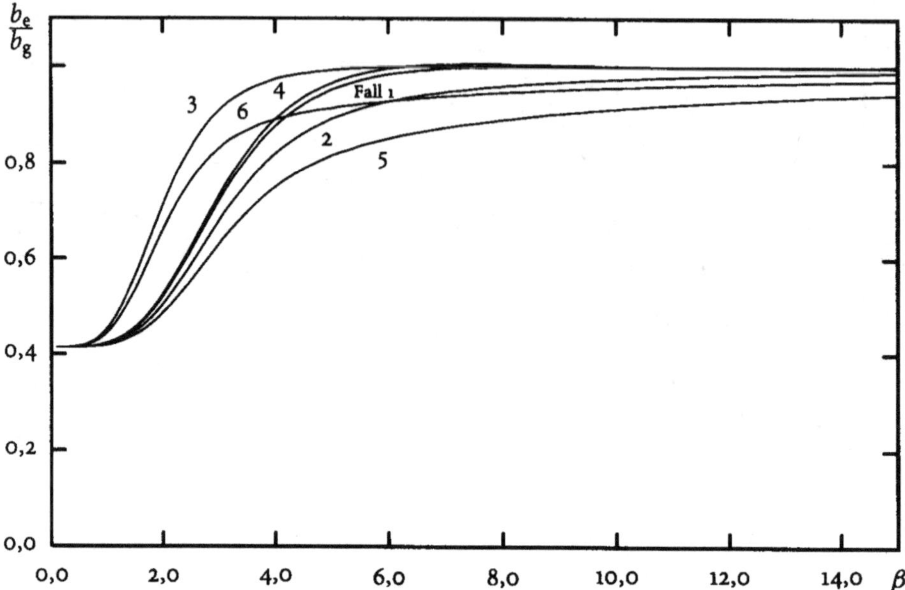


**Abb. 2.68.** Mittragende Breite im vollplastischen Bereich für verschiedene Lastfälle, $\Phi = 0$

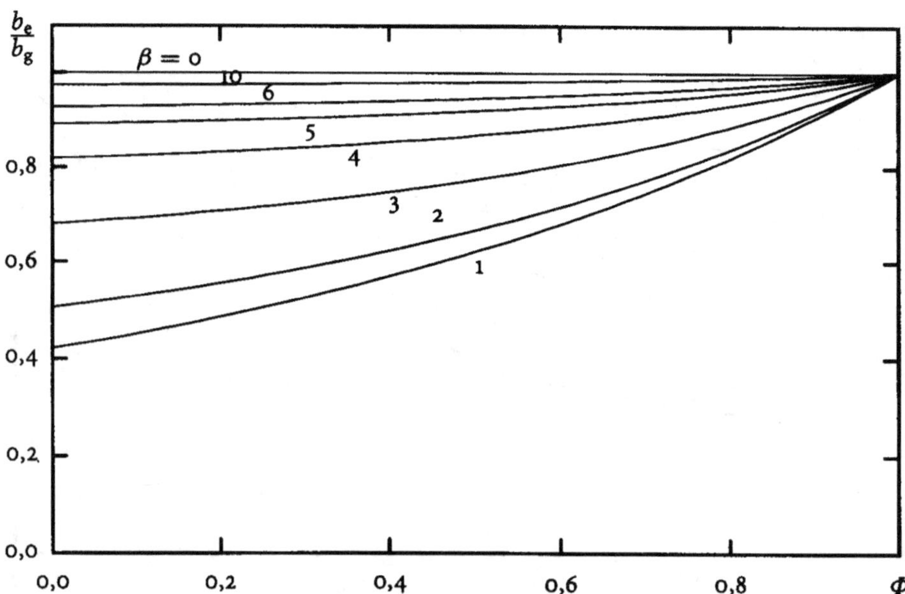


**Abb. 2.69.** Mittragende Breite im vollplastischen Bereich für den Fall 2 in Abhängigkeit der Gurtunsymmetrie

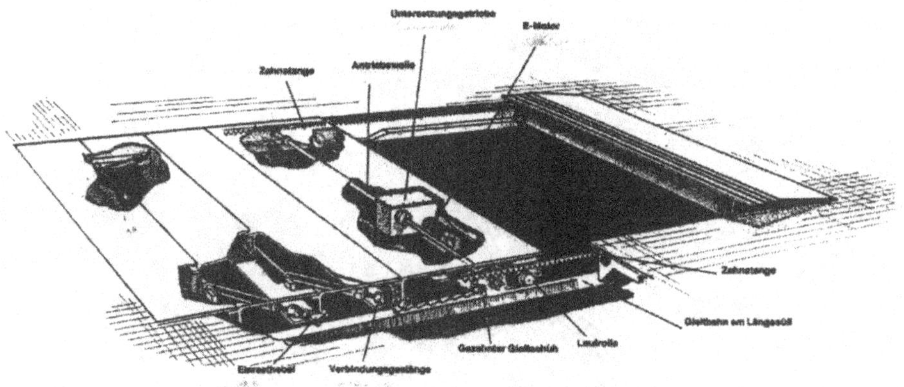

**Abb. 2.70.** Prinzipskizze eines Lukendeckelsystems der Bauart Ermans

Die elastische Grenzlast läßt sich elementar mit der Methode der sog. schiefen Biegung ermitteln (Abb. 2.71). Eine elementare Berechnung der Traglast ist sehr mühsam, da die plastisch neutrale Achse sich gegenüber der elastischen nicht nur verschiebt, sondern sich auch verdreht. Abb. 2.72 zeigt daher eine elastoplastische FE-Berechnung verschiedener Zwischenzustände, in denen der Fall des totalen Durchplastizierens

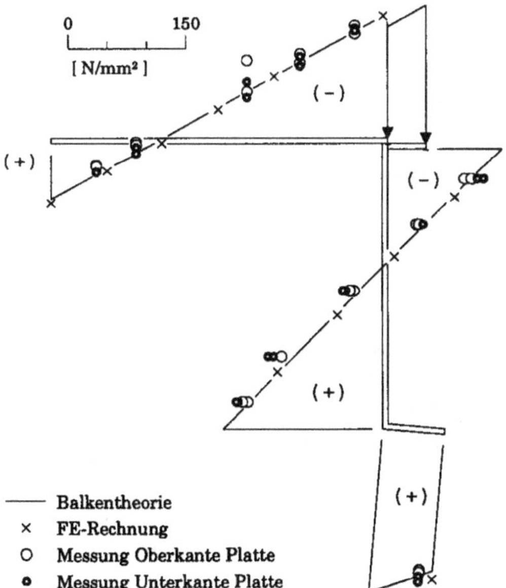


**Abb. 2.71.** Elastische Spannungsverteilung in einem Ermanslukendeckelpaneel

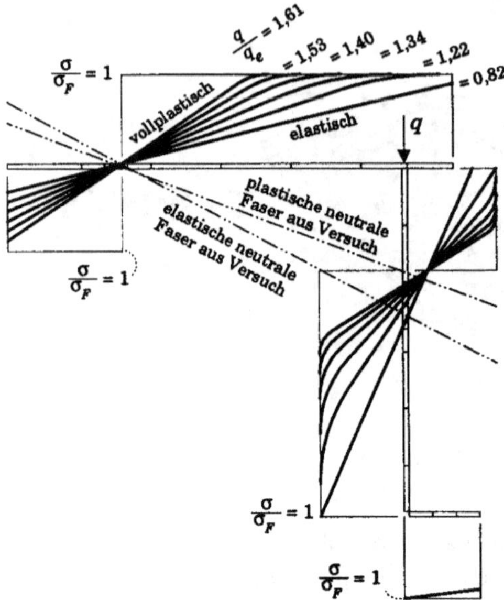



**Abb. 2.72.** Elastoplastische Spannungsverteilung in einem Ermanslukendeckelpaneel

hinein extrapoliert worden ist. Der Formfaktor ist bei solchen Profilen etwa mit $\alpha = 1{,}6$ anzunehmen.

## Bezeichnungen

| $A$ | $[\text{mm}^2]$ | Querschnittsfläche |
|---|---|---|
| $c$ | $[\text{N/mm}]$ | Federkonstante |
| $D$ | $[\text{mm}]$ | Durchmesser |
| $\mathscr{D}$ | $[\text{N·mm}]$ | dissipierte innere Energie |
| $E$ | $[\text{N/mm}^2]$ | Elastizitätsmodul |
| $e$ | $[\text{mm}]$ | Abstand zur neutralen Achse |
| $F$ | $[\text{N}]$ | Kraft |
| $h$ | $[\text{mm}]$ | Balkenhöhe |
| $I$ | $[\text{mm}^4]$ | Trägheitsmoment |
| $\mathscr{L}$ | $[\text{N·mm}]$ | äußere Leistung |
| $l$ | $[\text{mm}]$ | Trägerlänge |
| $M$ | $[\text{N·mm}]$ | Moment |
| $N$ | $[\text{N}]$ | Normalkraft |
| $Q$ | $[\text{N}]$ | Querkraft |
| $q$ | $[\text{N/mm}]$ | Streckenlast |
| $R_{eH}$ | $[\text{N/mm}^2]$ | Fließgrenze |
| $s$ | $[\text{mm}]$ | Stegdicke |
| $W$ | $[\text{mm}^3]$ | Widerstandsmoment |
| $w$ | $[\text{mm}]$ | Durchbiegung |
| $x$ | $[\text{mm}]$ | Koordinate |
| $\alpha$ | | Formfaktor |
| $\beta$ | | Lastverhältnis, Bettungsziffer |
| $\gamma$ | | Traglastfaktor |
| $\varepsilon$ | $[\%]$ | Dehnung |
| $\dot{\varepsilon}$ | $[\text{1/s}]$ | Dehnungsgeschwindigkeit |
| $\eta$ | | Stegflächenreduktionsfaktor |
| $\vartheta$ | | Drehwinkel |
| $\dot{\vartheta}$ | $[\text{1/s}]$ | Drehwinkelgeschwindigkeit |
| $\varkappa$ | | Krümmung |
| $\lambda$ | | Längenverhältnis |
| $\mu$ | | Lastfaktor |
| $\sigma$ | $[\text{N/mm}^2]$ | Spannung |
| $\Phi$ | | Flächenverhältnis zwischen Gurt und Steg |
| $[B]$ | | Dehnungsmatrix |
| $[K]$ | | Steifigkeitsmatrix |
| $[N]$ | | Formfunktionsmatrix |

# Literatur


[1] Alberts, E.: Versagensmechanismen für 3-dimensionale Tragwerke
Technische Universität Hamburg-Harburg, Arbeitsbereich Schiffstechnische
Konstruktionen und Berechnungen, März 1993. Abschlußbericht zum
Vorhaben: Zukünftige Dimensionierung und Gestaltung der
Schiffskonstruktion, BMFT MTK 0443 0

[2] Lehmann, E.: Berechnung schiffbaulicher und meerestechnischer Bauwerke
nach der Spannungstheorie 2.Ordnung
Grundlagen, Kap. 1, 13 ff., Band XVI / XVII, Hansa, Hamburg, 1982–1984

[3] Lehmann, E.: Bemessung von Tankwänden
STG-Jahrbuch, Band 79, 1985

[4] Neal, B.: Die Verfahren der plastischen Berechnung von biegesteifen
Stahltragwerken
Springer Berlin, 1958.

[5] Roik, K.: Vorlesungen über Stahlbau Grundlagen
W. Ernst & Sohn Berlin München, 2. Ausgabe, Februar 1983

[6] Lehmann, E.: Traglast in Versuch und Berechnung
STG Jahrbuch, Bd. 83, Springer Berlin, 1989

[7] Hetényi, M.: Beams on Elastic Foundation
9. Aufl., The University of Michigan Press, 1971

[8] Wesselsky, W.: Tragverhalten schiffbaulicher Biegeträger mit asymmetrischer
Begurtung
Forschungsberichte VDI Reihe 12, Nr. 92, Düsseldorf 1987

# 3 Platten

## 3.1
## Grundlagen des elastoplastischen Tragverhaltens von Platten

### 3.1.1
### Untersuchungen im elastischen Grenzbereich

Seitdem Fähr- und Ro-Ro-Schiffe gebaut werden, stellt sich die Frage nach dem Tragverhalten der Decks unter Radlasten, da der Be- und Entladevorgang überwiegend mit Gabelstaplern oder/und Trailern stattfindet.

1961 wurden von Lloyd's Register of Shipping (LRS) [5] erstmals systematische experimentelle Untersuchungen im elastischen Bereich an Versuchskörpern und auf Schiffen durchgeführt. Die Versuchsergebnisse wurden in Entwurfsformeln umgesetzt. Nach diesem Bemessungskonzept wurden die erforderlichen Plattendicken nur in Abhängigkeit vom Gesamtgewicht der Radlasten bestimmt. Für ein Einzelrad lautete die zulässige Radlast

$$P = 0{,}487\,t^2 \, , \tag{3.1}$$

wobei $P$ [kN] die gesamte Radlast und $t$ [mm] die Plattendicke war, während die Radlast für Doppelräder mit

$$P = 0{,}730\,t^2 \tag{3.2}$$

festgelegt wurde, worin $P$ [kN] als gesamte Doppelradlast angenommen wurde. Die Einflüsse der Aufstandsfläche und das Seitenverhältnis der Beplattung gingen nicht in die Entwurfsformel ein. Vorgeschlagen wurde in eine Reduzierung der Plattendicke, entweder durch Verminderung des Aussteifungsabstands oder durch eine hölzerne Wegerung, weil die Radlast durch die Aussteifungen oder durch die Wegerung besser verteilt wird [5].

Ein weiteres halbempirisches Bemessungsverfahren für Decks und Luckendeckelbeplattungen unter Radlast wurde von einer Arbeitsgruppe in den USA vorgeschlagen [6], wobei die Ergebnisse von Beanspruchungsmessungen an neueren Autobahnbrücken verwendet wurden.

Aus theoretischer Sicht kann ein durch eine Radlast beanspruchtes Deck als eine am Rand aufgelagerte Platte unter Teilflächenbelastung betrachtet werden. Am Anfang dieses Jahrhunderts wurde die elastische Biegetheorie von Platten unter der Voraussetzung der Gültigkeit des Hookeschen Gesetzes und der geometrisch linearen

Hypothese nach Bernoulli entwickelt. Für die Anwendung dieser Theorie auf beliebige Belastungen und Randbedingungen wurde von Navier eine bekannte Lösung auf der Basis von Doppelreihenansätzen angegeben. Für eine frei drehbar gelagerte Platte unter einer Teilflächenbelastung kann man anhand dieser Reihen eine analytische Lösung erhalten. Daraus ergibt sich die elastische Grenzlast bei unterschiedlichen Aufstandsflächen und Plattengrößen. Für eingespannte Randbedingungen kann das Problem mit Hilfe des Superpositionsprinzips durch Einsetzen einer zusätzlichen, am Rand momentenbelasteten, Platte gelöst werden. Für eine Platte mit großen Seitenverhältnissen kann man die o. g. Lösung vereinfachen, in dem man das Tragverhalten der Platte als eine zylindrische Biegung betrachtet. Mit dieser Annahme kann das Problem, auch unter Berücksichtigung der Membranwirkung, gelöst werden.

Eine Anwendung der elastischen Plattentheorie für eine Decksbeplattung unter Radlasten haben Böckenhauer und Schultz [7] 1965 vorgelegt. Für das physikalische Modell wurde die belastete Beplattung als frei drehbar gelagerter Plattenstreifen unter Berücksichtigung der bei großen Durchbiegungen auftretenden Membranspannungen angenommen. Ausgehend von der Lösung des elastischen Problems des beidseitig frei drehbar gelagerten Plattenstreifens (zylindrische Biegung) unter Teilflächenbelastung mit Fourierreihen nach Levy [8] wird ein Dimensionierungsverfahren vorgeschlagen, bei dem sowohl die Aufstandsfläche als auch die Membranwirkung als Parameter in die Entwurfsformel eingehen.

Anstelle einzelner Platten faßte Haslum [9] das Deck als einen auf mehreren Versteifungen gelagerten Plattenstreifen auf. Dabei nahm er an, daß die Längsversteifungen eine starre Auflagerung bilden. Die Aufstandsfläche wurde vereinfacht als quadratisch definiert. Pelikan und Eßlinger [10] geben eine allgemeine Lösung der Differentialgleichung der Platte an und berechnen für einzelne Lastfälle die Feld- und Stützmomente. Ausgehend von deren Ergebnissen wird in [9] nachgewiesen, daß die maximale Spannung vom Feldmoment abhängig ist, wenn die Lastbreite kleiner als der Versteifungsabstand ist. Im umgekehrten Fall ergibt sich die maximale Spannung aus dem Stützmoment. Unter Berücksichtigung der Einspanngrade des Plattenrands erhielten Bunting et al. [11] eine elastische Näherungslösung. Dabei wurden die Einspanngrade mit ca. 90 % vorgeschlagen.

### 3.1.2
### Nichtlineares Tragverhalten

Mit Hilfe der Elastizitätstheorie können für jeden Punkt einer Platte die Schnittgrößen in Abhängigkeit von der Lastverteilung ermittelt werden, wobei die Größe der Belastung nur als Proportionalitätsfaktor eingeht. Der Beginn des Fließens einer Randfaser definiert eine Grenze für die Anwendung der Elastizitätstheorie. Als Grenzlast der Elastizitätstheorie ist deshalb die Fließlast anzusehen, die den Fließbeginn angibt und daher stets eine untere Grenze der Systemtragfähigkeit definiert.

Da die Lastintensität einer Platte unter einer Teilflächenlast meistens sehr groß ist, wodurch bei einer relativ kleinen Last an der belasteten Stelle die elastische Grenze erreicht wird, ist die Anwendung der elastischen Plattentheorie begrenzt. Zum einen ist die Tragfähigkeit des Querschnitts noch nicht erschöpft, wenn an einem Querschnittsrand die Fließgrenze erreicht ist, sondern erst dann, wenn der gesamte Querschnitt durchplastiziert. Zum anderen kommt es bei einem statisch unbestimmten System nach der Durchplastizierung eines Querschnitts zu Schnittgrößenumlagerungen, die zu einer weiteren Steigerung der Tragfähigkeit der gesamten Platte führen können.

### 3.1.3
### Fließgelenklinientheorie

*Allgemeine Voraussetzungen*

Zur Untersuchung des Tragverhaltens einer Konstruktion oberhalb des elastischen Bereichs gilt die allgemeine Plastizitätstheorie. Als eine spezielle Anwendung der Plastizitätstheorie auf Platten unter Verwendung von zahlreichen experimentellen Meßergebnissen gilt die Fließgelenklinientheorie nach Johansen [12]. Während man in der Elastizitätstheorie das durch das Hookesche Gesetz beschriebene einachsige Materialverhalten durch Einführung der elastischen Querkontraktionszahl leicht auf den mehrachsigen Fall erweitern kann, sind bei der Berücksichtigung des plastischen Werkstoffverhaltens zwei besondere Voraussetzungen erforderlich. Diese werden als das Spannungs-Verzerrungsgesetz und die Fließbedingung bezeichnet.

*Spannungs-Verzerrungsgesetz*

Die Fließgelenklinientheorie geht von einem ideal plastischen Werkstoffgesetz aus, dem einige vereinfachende Annahmen zugrunde liegen, die sich in zwei Aussagen zusammenfassen lassen:

- Die elastischen Dehnungen sind gegenüber den plastischen höherer Ordnung klein.
- Nach dem Überschreiten der Fließgrenze bleibt die Spannung mit zunehmender Dehnung konstant. Die Dehnfähigkeit des Werkstoffs ist unbegrenzt. Das bedeutet, daß die Bruchdehnung und die Verfestigung des Werkstoffs vernachlässigt werden.

Abb. 3.1 stellt diese Eigenschaften des Werkstoffs dar. Bei der Anwendung des beschriebenen Gesetzes wird stillschweigend vorausgesetzt, daß die o. g. Eigenschaften für die gesamte Platte und in jeder Richtung gelten. Es wird also ein homogener, isotroper Werkstoff vorausgesetzt.

*Fließbedingungen*

Die Traglast einer Platte hängt von den Eigenschaften des Materials ab. Der Werkstoff wird nur plastisch, wenn die entsprechende Fließbedingung erfüllt ist. Für einen isotropen Werkstoff sind folgende Fließbedingungen bekannt:

- Bedingung der maximalen konstanten Gestaltänderungsarbeit (Fließbedingung nach Huber-von Mises-Henky),
- Bedingung der maximalen konstanten Schubspannung (Fließbedingung von Coulomb-Tresca),

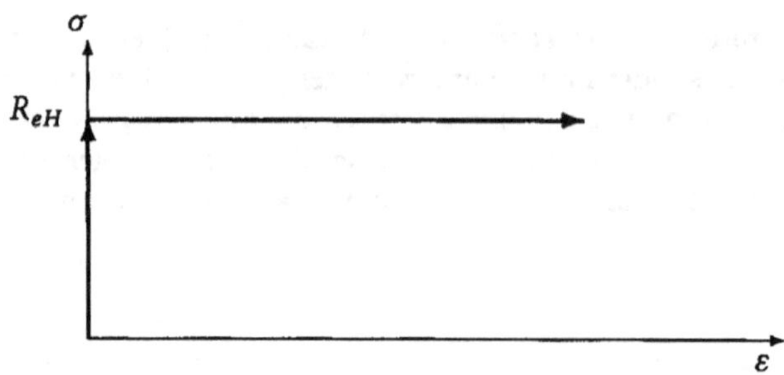

**Abb. 3.1.** Ideal plastisches Werkstoffgesetz

– Bedingung der maximalen konstanten Normalspannung (Quadratische Fließbedingung von Johansen).

In Abb. 3.2 sind die 3 Fließbedingungen schematisch dargestellt.

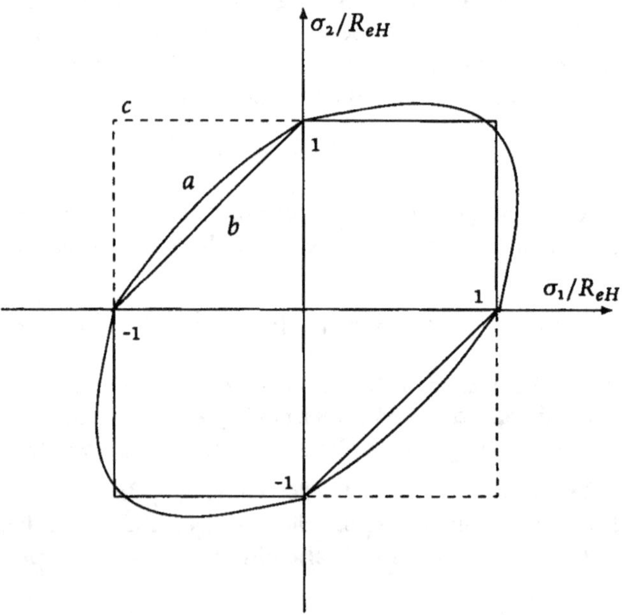

**Abb. 3.2.** Unterschiedliche Fließbedingungen $a$ von Mises (Ellipse) $b$ Tresca (Hexagon) $c$ Johansen (Quadrat)

Bei der Anwendung der Fließgelenklinientheorie auf Platten wird i. allg. die quadratische Fließbedingung von Johansen angewendet. Diese besagt, daß ein Punkt in den Grenzzustand übergeht, wenn eine der beiden Hauptspannungen $\sigma_1$ oder $\sigma_2$ unabhängig von der Größe der andern die Fließspannung $R_{eH}$ erreicht. Im Gegensatz dazu ist bei den Fließbedingungen nach Tresca und von Mises eine Beeinflussung der beiden Hauptspannungen gegeben. Die Anwendung der quadratischen Fließbedingung führt durch die Entkopplung der Hauptspannungen zu besonders einfachen Ausdrücken.

Der Zusammenhang der unterschiedlichen Fließbedingungen ist aus Abb. 3.2 zu erkennen. In den Bereichen $\sigma_1 \times \sigma_2 > 0$ ergeben sich gleiche Ergebnisse wie bei der Verwendung der Fließbedingungen nach Tresca und Johansen. Die Anwendung der Fließbedingung nach von Mises führt in der Regel zu einer geringfügigen Abweichung [17]. Ein großer Bereich einer durch Normalbelastung beanspruchten Platte befindet sich in diesem Spannungszustand. In den Bereichen $\sigma_1 \times \sigma_2 < 0$, wie z. B. in der Ecke der Platte, erhält man bei Anwendung der Johansen-Fließbedingung eine deutlich höhere Grenzlast als mit anderen Fließbedingungen.

Für eine Platte bei reiner Biegung wird das Grenzmoment

$$M_0 = \int_{-\frac{t}{2}}^{\frac{t}{2}} R_{eH}z\,dz \;\; = \;\; \frac{t^2}{4}R_{eH} \tag{3.3}$$

als Fließmoment pro Einheitslänge bezeichnet (Abb. 3.3).

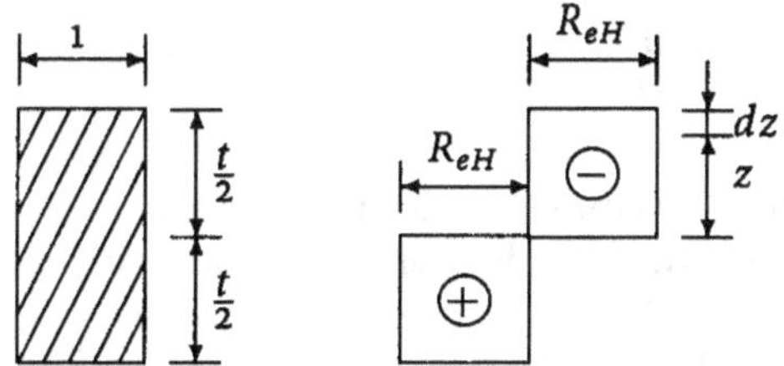

**Abb. 3.3.** Vollplastischer Zustand eines Plattenquerschnitts

### Bestimmung der Grenzlast nach der Fließgelenklinientheorie

In der Fließgelenklinientheorie wird angenommen, daß sich die Formänderungsarbeit auf sog. Fließlinien konzentriert. Der plastische Zustand der Platte wird dahingehend idealisiert, daß der Berechnung ein Fließgelenklinienbild zugrunde gelegt wird, das sich mit dem Fließen im Bereich der stärksten Krümmungen deckt. Da die Formänderungen der im elastischen Zustand verbleibenden Plattenteile im Vergleich zu den plastischen Formänderungen höherer Ordnung klein sind, kann der Werkstoff der Platte als ideal plastisch betrachtet werden. Die Fließgelenktheorie stellt ein kinematisches Verfahren zur Ermittlung oberer Eingrenzungen der Grenztragfähigkeit bzw. Grenzlastintensität dar. Die in der Theorie enthaltene, grundlegende Annahme ist, daß quer zu den Fließgelenklinien bei freier Verdrehbarkeit der beiderseitigen Plattenteile ein konstantes Moment $M_0$ übertragen wird. Die in wirklichen plastischen Zuständen eintretende Materialverfestigung wird vernachlässigt. Das Fließgelenkliniensystem wird in erster Linie durch Randbedingungen bestimmt, da die einzelnen Plattenteile sich im Grenzzustand um bestimmte Achsen drehen, deren Lage von den Stützungen abhängig ist. Der Grenzzustand der Tragfähigkeit eines ideal plastischen Plattentragwerks ist erreicht, wenn die plastizierten Gebiete eine solche Ausdehnung und Anordnung zueinander annehmen, daß sich ein kinematisch zulässiges, starr-plastisches Feld der Durchbiegungsgeschwindigkeit einstellt.

Die Bestimmung der oberen Eingrenzungslösungen für die Grenztragfähigkeit der Platte erfordert die Bestimmung kinematisch zulässiger Geschwindigkeitsfelder. Die Schwierigkeit, eine kleinste obere Eingrenzung zu erhalten, besteht darin, die sich der Grenztragfähigkeit nähernde Lösung aus unendlich vielen unabhängigen, zulässigen, kinematischen Lösungen, von denen jede eine obere Eingrenzung bestimmt, auszuwählen. Die praktische Bedeutung der Fließgelenklinientheorie resultiert jedoch daraus, daß das Auffinden der Minimallösung für die kleinste obere Eingrenzung der Tragfähigkeit in der Regel wesentlich einfacher ist, als das Auffinden der Maximallösung für die untere Eingrenzung aus unendlich vielen möglichen, statisch zulässigen Spannungsfeldern. Die Fließgelenklinientheorie gestattet die Berechnung der Grenztragfähigkeit von Platten auch bei komplizierten Randbedingungen und Belastungen im Vergleich zu der Elastizitätstheorie mit verhältnismäßig geringem Aufwand.

### 3.1.4
### Anwendung der Fließgelenklinientheorie auf Platten

*Kreisplatte*

Liest man die auf dem Gebiet der Anwendung der Fließgelenklinientheorie für Platten bisher erschienene Literatur, so stellt man fest, daß sich die meisten Arbeiten auf die Kreisplatte konzentrieren. Zu nennen ist hier die Arbeit von Hopkins und Prager [13], in der die Traglast einer Kreisplatte unter beliebiger Lastverteilung ermittelt wird. Für eine am Rand frei drehbar gelagerte Kreisplatte lautet die Traglast

$$P_\mathrm{T} = \frac{2\pi M_\mathrm{o}}{1 - \frac{2r}{3R}} \,, \tag{3.4}$$

während für eine am Rand eingespannte Platte

$$P_\mathrm{T} = \frac{4\pi M_\mathrm{o}}{1 - \frac{2r}{3R}} \tag{3.5}$$

ist, wobei $r$ und $R$ die Radien der Aufstandsfläche und Kreisplatte sind.

Weiter hat Onat [14] mit Berücksichtigung der Membranwirkung eine Näherungsformel für die Last-Verformungsbeziehung der o. g. Kreisplatte abgeleitet. Für einen frei drehbaren Rand zeigt die $P\text{-}w_\mathrm{o}$ Beziehung

$$\frac{P}{P_\mathrm{T}} = 1 + \frac{4}{3}\frac{w_\mathrm{o}^2}{t^2} \quad \text{für} \quad \frac{w_\mathrm{o}}{t} \leqslant \frac{1}{2} \tag{3.6}$$

und

$$\frac{P}{P_\mathrm{T}} = 2\frac{w_\mathrm{o}}{t} + \frac{1}{6}\frac{t}{w_\mathrm{o}} \quad \text{für} \quad \frac{w_\mathrm{o}}{t} \geqslant \frac{1}{2} \,, \tag{3.7}$$

wobei $w_0$ die bleibende Durchbiegung in der Plattenmitte und $t$ die Plattendicke ist. $P_T$ ist die nach Gl. (3.4) ermittelte Traglast. Der Vergleich von (3.6) und (3.7) mit einem entsprechenden Versuch von Foulkes [15] zeigt eine befriedigende Übereinstimmung.

*Rechteckplatten*

Die im Schiffbau am häufigsten verwendeten Plattenfelder sind rechteckig. Im Vergleich zu Kreisplatten sind Geometrie und Formänderung einer normal belasteten Rechteckplatte komplizierter. Die meisten dazu veröffentlichten Arbeiten erfassen deshalb das Tragverhalten nur unter einer Vollflächenlast. Die erste Lösung wurde von Prager [16] für eine frei drehbar gelagerte quadratische Platte abgeleitet. Wood [17] präsentierte die Traglast mit Johansens Fließbedingung für eine Rechteckplatte mit unterschiedlichen Randbedingungen. Durch Anwendung der Fließgelenklinientheorie haben Sawczuk und Jäger [18] verschiedene Formen von Platten mit Vollflächen- und Punktlasten mit unterschiedlichen Randbedingungen systematisch analysiert.

Der Einfluß der Membranwirkung auf das Tragverhalten einer normal belasteten Platte wurde vor allem von Rzhanitsyn [19], Clarkson [20] [21] und Sawczuk [22] [23] theoretisch und experimentell untersucht. Die Ergebnisse zeigen, daß sich die Tragfähigkeit einer normal belasteten Platte durch das Eintreten der Membranwirkung erheblich erhöhen kann.

Durch die Anwendung der Fließgelenklinientheorie auf das dynamische Tragverhalten wurde von Jones [24] [25] [26] eine theoretische Lösung entwickelt, nach der die $P$-$w_0$-Beziehung für eine durch eine Vollflächenlast beanspruchte Platte mit unterschiedlichen Randbedingungen ermittelt werden kann. Der Vergleich dieser Lösung mit den Versuchsergebnissen von Hooke [27] und Clarkson [20] zeigt eine gute Übereinstimmung.

Die o. g. Untersuchungen befassen sich vor allem mit einer durch Vollflächenlast beanspruchten Platte. Für die Untersuchung einer unter Teilflächenlast stehenden Platte liegt sehr wenig Literatur vor, da der Fließmechanismus in diesem Fall noch komplizierter ist als bei der Vollflächenlast. Für eine unter Radlast befindlichen Platte geht Jones [28] von den Lösungen eines Plattenstreifes aus. Hier muß die Radlast zwischen zwei Grenzfällen liegen, nämlich einer punkt- und einer linienförmigen. Unter dieser Annahme kann aber der Einfluß der Größe der Aufstandsfläche nicht erfaßt werden.

Für relativ kleine Aufstandsflächen ($f/F \leqslant 0{,}6$, $f$: Aufstandsfläche, $F$: ununterstützte Plattenfeldfläche) wurde von Kling [29] die obere plastische Grenzlast durch die Anwendung der Fließgelenklinientheorie für allseitig frei drehbare und eingespannt gelagerte Platten als Funktion der Fließgrenze des Materials und der Platten- und Aufstandsflächenverhältnisse dargestellt. Im Vergleich zu den verschiedenen Entwurfsformeln und Vorschriften der Klassifikationsgesellschaften könnte danach die Plattendicke für Radlasten um 30–50 % verringert werden.

Für das geometrisch nichtlineare Verhalten einer Platte unter Teilflächenbelastung hat Weiß [31], ausgehend von den von Kármánschen Differentialgleichungen [30], also unter Berücksichtigung der geometrischen Nichtlinearität, die belastete Beplattung wie eine elastisch eingespannte Platte untersucht. Mit Hilfe eines verbesserten

Differenzenverfahrens (Mehrstellenverfahren) wurden die größte Durchbiegung im Plattenfeld und die dazugehörenden Spannungen ermittelt. Der Vergleich der numerischen Ergebnisse mit den experimentellen Ergebnissen von einem Aluminium-Lukendeckel sowie zwei Stahldeckeln zeigt im Bereich bis $w/t \approx 1{,}0$ ($w$: Durchbiegung in Plattenfeldmitte, $t$: Plattendicke) eine gute Übereinstimmung.

Weiter hat Sandvik [32] im Maßstab 1 : 1 das nichtlineare Verhalten von ausgesteiften Platten mit zwei Versuchsmodellen unter Radlasten mit realen Gabelstaplern untersucht. Anstelle der quadratischen Aufstandsfläche, wie von Haslum [9] verwendet, wurde die Aufstandsfläche hier mit variabler Breite und Länge parametrisch untersucht. Bei der experimentellen Untersuchung wurden die Versuchsmodelle so weit belastet, bis die bleibende Verformung die Größenordnung der Plattendicke erreichte. Die Meßergebnisse zeigen, daß die nach der elastischen Theorie ermittelten Entwurfswerte zu konservativ sind. Der Grund dafür ist die positive Wirkung der Membranspannung, die bei der größer werdenden Durchbiegung in der Plattenmitte eine große Rolle spielt. Deshalb wurde in der Arbeit vorgeschlagen, die Plattendicke nach der bleibenden Verformung, die nicht größer als die Schweißverformung sein sollte, zu bestimmen. Die zulässige Spannung sollte etwa dem 2-fachen Betrag der Fließgrenze entsprechen. Durch eine Regressionsanalyse der Versuchsergebnisse wurde eine einfache Entwurfsformel ermittelt. Im Vergleich zur Bauvorschrift des Det norske Veritas (DnV) [33] ergibt diese Formel bei großen Radlasten eine relativ kleine Plattendicke.

Von Soreide [34] wurde eine rechnerische Untersuchung für das Tragverhalten von ausgesteiften Platten mit einem nichtlinearen FE-Programm durchgeführt. Als Beispiel wurde eine mit einer Radlast versehene Beplattung simuliert. Die Rechenergebnisse zeigen, daß die realen horizontalen Randbedingungen von ausgesteiften Platten zwischen frei und eingespannt liegen. Für die Verdrehung am Rand wurde vorgeschlagen, daß man für eine durch Teilflächenlast beanspruchte Platte die Ränder als frei drehbar betrachten kann, während für eine mit Vollflächenlast versehene Platte eine volle Einspannung vorzusehen ist.

Von Jackson und Frieze [35] wurden nach dem Entwurfskonzept der bleibenden Verformung insgesamt 24 Untersuchungen an Plattenfeldern mit unterschiedlichen Platten- und Aufstandsflächenverhältnissen durchgeführt. Durch den Vergleich von Meßergebnissen und den mittels der Methode der dynamischen Relaxation ermittelten numerischen Ergebnissen wurden Entwurfskurven nach verschiedenen Parametern bestimmt. Die Plattendicke sollte nach diesem Konzept nicht nur nach den Belastungs- und Aufstandsflächenverhältnissen, sondern auch nach den entsprechenden bleibenden Verformungen bestimmt werden.

Weiterhin wurden von Hughes [36], ausgehend von der Lösung von Kling [29], unter Berücksichtigung der Meßergebnisse von Jackson [35], diese Kurven näherungsweise mit einer einfachen Formel dargestellt. Außerdem hat Hughes vorgeschlagen, das Rechenmodell einer normal belasteten, ausgesteiften Platte nach den Belastungsarten „einzel-" oder „mehrpunktförmig" zu teilen. Für das „einzelpunktförmige" Modell lassen sich die o. g. Kurven benutzen, um die bleibende Verformung des Plattenfelds zu ermitteln. Zur Bestimmung der bleibenden Verformung von „mehrpunktförmigen" Modellen sollte die Formel, die unter der Annahme einer Vollflächenlast des Plattenfelds von Hughes [37] abgeleitet wurde, unter Berücksichtigung einer Aufstandsflächenkorrektur verwendet werden.

## 3.2 Allgemeine Theorie zur Bestimmung der Traglasten von Platten

### 3.2.1 Allgemeines

Die Bestimmung einer oberen Eingrenzung für die Grenztragfähigkeit einer Platte gestaltet sich vielfach bei Verwendung des Prinzips der virtuellen Geschwindigkeiten einfacher, als bei der Verwendung der Gleichgewichtsbedingungen. Es entfällt die gesonderte Betrachtung jedes einzelnen Plattenteils sowie die Notwendigkeit der Bestimmung der Knotenkräfte. Bei der Anwendung des Prinzips der Gleichgewichtsbedingungen müssen diese berücksichtigt werden, während sie bei der Benutzung des Prinzips der virtuellen Geschwindigkeit nicht in der Darstellung der inneren Energiedissipation vorkommen.

Bei Annahme eines durch bestimmte Parameter definierten, kinematisch zulässigen, virtuellen Geschwindigkeitsfelds in einer Platte aus ideal plastischem Material sind sowohl die Lage der Drehachsen als auch die Verhältnisse zwischen den Verdrehungsgeschwindigkeiten für die einzelnen Plattenteile bekannt. Erteilt man einem beliebigen Punkt des von Fließgelenklinien in kinematisch zulässiger Weise zerlegten Flächentragwerks eine virtuelle Geschwindigkeit senkrecht zur Plattenebene, so treten nur in den Fließgelenklinien entsprechende Verdrehungsgeschwindigkeiten auf. Die virtuelle Leistung der inneren Kräfte (innere dissipierte Energie) kann durch das Produkt aus den Grenzmomenten (oder Fließmoment $M_0$) in den Fließgelenklinien und den Verdrehungsgeschwindigkeiten der einzelnen Plattenteile ausgedrückt werden, und es gilt

$$D = \sum_{i=1}^{n} l_i M_0 \dot{\vartheta}_i \, , \tag{3.8}$$

wobei $D$ als innere dissipierte Energie, $l_i$ und $\dot{\vartheta}_i$ als die Länge der einzelnen Fließgelenklinien und der entsprechenden Verdrehungsgeschwindigkeit bezeichnet sind.

Für die Leistung der äußeren Belastung $q$ bei der Durchbiegungsgeschwindigkeit $\dot{w}(x, y)$, die der virtuellen Verdrehungsgeschwindigkeit $\dot{\vartheta}_i$ an dem Punkt $(x, y)$ entspricht, erhält man

$$L = \int\!\!\int_f q(x, y) \dot{w}(x, y) dx dy \, , \tag{3.9}$$

wobei $q(x, y)$ die äußere Lastintensität und $f$ die entsprechende Lastaufstandsfläche ist. Da die Reaktionskräfte am Rand durch die Drehachsen der Fließgelenklinien gehen, geben sie keinen Beitrag zu den äußeren Leistungen. Nach dem Prinzip der virtuellen Geschwindigkeiten gilt

$$L = D \, . \tag{3.10}$$

Für ein Flächentragwerk mit der Lastintensität $q(x, y)$ auf der Fläche $f$, in dem $n$ Fließgelenklinien im Grenzzustand gebildet werden, gilt

$$\int\int_f q(x, y)\dot{w}(x, y)\,dxdy = M_o \sum_{i=1}^n l_i \dot{\vartheta}_i \ . \tag{3.11}$$

Aus dieser Gleichung kann entweder das erforderliche Grenzmoment bei gegebener Lastintensität oder die Grenzlastintensität für ein gegebenes Grenzmoment bestimmt werden.

Ein kinematisch zulässiges virtuelles Geschwindigkeitsfeld, für (3.11) die Energiegleichung wiedergibt, wird durch eine Anzahl unabhängiger Parameter $l = \sum_{i=1}^n l_i$ definiert. Die kleinste obere Eingrenzung der Traglast entspricht der kürzesten Fließgelenklinienlänge, die durch die Minimierung der äußeren Kraft $P$ unter Berücksichtigung von $l$ ermittelt werden kann

$$\frac{\partial P}{\partial l} = 0 \quad \text{oder} \quad \frac{\partial q}{\partial l} = 0 \ . \tag{3.12}$$

### 3.2.2
### Lösung für die frei drehbar gelagerte Platte

Für die Anwendung des Prinzips der virtuellen Geschwindigkeit wird zuerst eine frei drehbar gelagerte Rechteckplatte mit einem Seitenverhältnis $a/b \geqslant 1{,}0$ mit einer konstanten Lastintensität $q$ auf einer Lastaufstandsfläche $f = u \cdot v$ $(u/v \geqslant 1{,}0)$ in der Plattenmitte betrachtet. Abb. 3.4 zeigt den Zustand beim Erreichen der Grenztragfähigkeit der Platte.

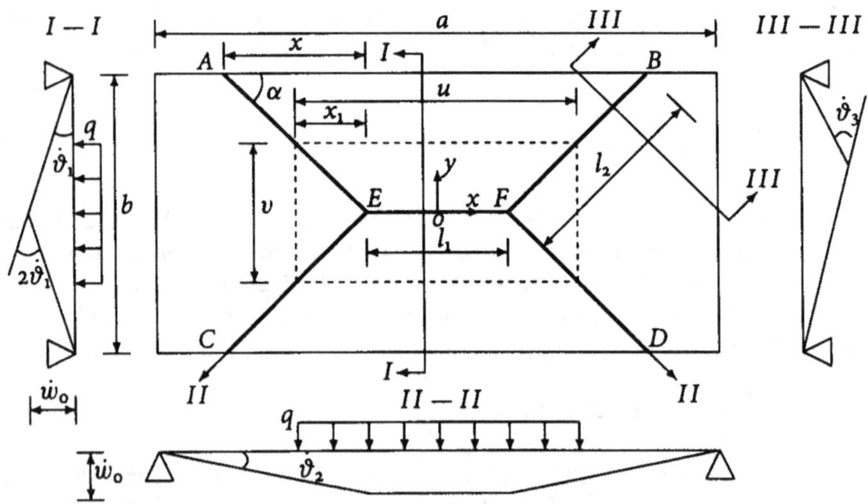


**Abb. 3.4.** Fließmechanismus einer frei drehbar gelagerten Rechteckplatte mit Teilflächenlast

Der Fließmechanismus wird so angenommen, daß sich eine im Mittelabschnitt der Platte entlang der längeren Achse verlaufende Fließgelenklinie $\overline{EF}$ in den Endpunkten $E$ und $F$ in je zwei durch die Ecken der Lastaufstandsfläche zu den längeren Rändern hin verlaufende Fließgelenklinien teilt. Ebenso wird angenommen, daß diese Fließgelenklinien in den Punkten $A$, $B$, $C$ und $D$ auf die längeren Ränder der Platte stoßen. Die außerhalb der Fließgelenklinien liegenden Flächen des Plattenfelds werden als elastisch angenommen. Diese Plattenteile werden bei der Verwendung des Prinzips der virtuellen Geschwindigkeit nicht betrachtet. Es bildet sich ein symmetrisches Geschwindigkeitsfeld aus, das von den Parametern $x$ und $x_1$ oder dem Winkel $\alpha$ abhängt. Bei einer Durchbiegungsgeschwindigkeit der Fließgelenklinie $\overline{EF}$ um den virtuellen Betrag $\dot{w}_0$ ergibt sich nach dem Prinzip der virtuellen Geschwindigkeiten die innere dissipierte Energie

$$D = M_0(l_1 \cdot 2\dot{\vartheta}_1 + 4l_2 \cdot \dot{\vartheta}_3) \, , \tag{3.13}$$

wobei man $M_0$ nach Gl. (3.3) als das plastische Fließmoment der Platte je Längeneinheit der Fließgelenklinie bezeichnet. Die Verdrehungsgeschwindigkeiten $\dot{\vartheta}_1$ und $\dot{\vartheta}_3$ entsprechen den Fließgelenklinien $l_1$ und $l_2$. Ausgehend von den geometrischen Bedingungen nach Abb. 3.4 erhält man

$$l_1 = u - 2x_1 \, , \quad \dot{\vartheta}_1 = \frac{2\dot{w}_0}{b} \quad \text{und} \quad \dot{\vartheta}_3 = \frac{\dot{w}_0}{l_2}(\cot(\alpha) + \tan(\alpha)) \, . \tag{3.14}$$

Setzt man die obigen Werte in (3.13) ein, ergibt sich die innere dissipierte Energie der Platte zu

$$D = 4M_0\dot{w}_0 \left( \frac{u - 2x_1}{b} + \frac{2x}{b} + \frac{b}{2x} \right) \, . \tag{3.15}$$

Die Leistung der äußeren Last ist gleich dem Integral der Lastintensität $q$ und der entsprechenden Durchbiegungsgeschwindigkeit $\dot{w}(x, y)$ innerhalb der Lastaufstandsfläche $u \cdot v$. Für eine konstante Lastintensität $q$ ergibt sich diese Leistung zu

$$L = q \int_u \int_v \dot{w}(x, y)dxdy \, . \tag{3.16}$$

Integriert man (3.16) unter Beachtung des in Abb. 3.4 dargestellten Durchbiegungsgeschwindigkeitsfelds, dann erhält man die äußere Leistung

$$L = quv\dot{w}_0 \left( 1 - \frac{v}{2b} - \frac{x_1 v}{3ub} \right) \, . \tag{3.17}$$

Nach dem Prinzip der virtuellen Geschwindigkeit errechnet sich die Traglast für eine frei drehbar gelagerte Rechteckplatte mit einer Teilflächenlast von $P_\mathrm{T} = q_\mathrm{T} \cdot u \cdot v$ mit

$$P_\mathrm{T} = 4M_0 \frac{\dfrac{u - 2x_1}{b} + \dfrac{b}{2x} + \dfrac{2x}{b}}{1 - \dfrac{v}{2b} - \dfrac{x_1 v}{3ub}} \, , \tag{3.18}$$

wobei

$$x = \frac{b}{2\tan(\alpha)} \quad \text{und} \quad x_1 = \frac{v}{2\tan(\alpha)} \tag{3.19}$$

ist (Abb. 3.4). Setzt man (3.19) in (3.18) ein, erhält man

$$P_T = 4M_0 \frac{\dfrac{u}{b} - \dfrac{v}{b \cdot \tan(\alpha)} + \dfrac{1}{\tan(\alpha)} + \tan(\alpha)}{1 - \dfrac{v}{2b} - \dfrac{v^2}{6ub \cdot \tan(\alpha)}}. \tag{3.20}$$

Aus Gl. (3.20) erkennt man, daß die Traglast $P_T$ für die angegebenen Abmessungen der Platte und der Lastaufstandsfläche nur vom Parameter $\alpha$ abhängt. Damit kann die kleinste obere Eingrenzung der Traglast durch die Minimierung von $P_T$

$$\frac{\partial P_T}{\partial \alpha} = 0 \tag{3.21}$$

ermittelt werden. Der optimale Winkel $\alpha$ lautet

$$\tan(\alpha) = \frac{\dfrac{v^2}{3ub} + \sqrt{\left(\dfrac{v^2}{3ub}\right)^2 + 2\left(2 - \dfrac{v}{b}\right)\left(1 - \dfrac{3v}{2b} + \dfrac{2v^2}{3b^2}\right)}}{2 - \dfrac{v}{b}}. \tag{3.22}$$

Setzt man (3.22) in (3.20) ein, ergibt sich endgültig die Traglast $P_T$.

Für den Fall, daß $u = a$ und $v = b$ ist, wird $\tan(\alpha) = \frac{1}{\xi}$ mit $\xi = -\beta_1 + \sqrt{3 + \beta_1^2}$ und $\beta_1 = \frac{b}{a}$. Aus Gl. (3.20) ergibt sich die Traglastintensität

$$q_T = \frac{P}{ab} = \frac{24M_0}{b^2\xi^2}. \tag{3.23}$$

Diese Lösung entspricht der Traglast einer frei drehbar gelagerten Platte mit homogener Belastung, wie sie von Wood [17] abgeleitet wurde.

Wenn weiterhin $a = b$ ist, wird $\beta_1 = 1{,}0$, $\xi = 1{,}0$ und $\tan(\alpha) = 1{,}0$. Die entsprechende Traglastintensität wird

$$q_T = \frac{24M_0}{b^2} \tag{3.24}$$

für eine frei drehbar gelagerte, quadratische Platte mit verteilter Belastung, die von Prager [16] untersucht wurde.

Für den Grenzfall, daß $u = a \longrightarrow \infty$ ist, kann das Tragverhalten der Platte als zylindrische Biegung betrachtet werden. Unter dieser Voraussetzung kann man die Traglast eines Plattenstreifens mit Anwendung der plastischen Balkentheorie bestimmen. Man erhält aber auch mit Gl. (3.20) die gleiche Lösung.

Setzt man $u = a \longrightarrow \infty$ in (3.20) ein, erhält man die Traglast eines frei drehbar gelagerten Plattenstreifens mit der Einheitsbreite

$$P_T = q_T v = \frac{4M_0}{b} \frac{1}{1 - \dfrac{v}{2b}}. \tag{3.25}$$

Diese Lösung stellt die Traglast für einen frei drehbar gelagerten Plattenstreifen mit einer Teilstreckenlast dar und stimmt mit der Lösung der plastischen Balkentheorie überein.

Setzt man $v = 0$ in (3.25) ein, ergibt sich die Traglast

$$P_T = \frac{4M_0}{b} \tag{3.26}$$

für einen durch Punktlast beanspruchten Plattenstreifen, und mit $v = b$ ergibt sich die Traglastintensität

$$q_T = \frac{8M_0}{b^2} \tag{3.27}$$

für einen durch Strecklast beanspruchten Plattenstreifen.

Für den Fall mit $v = 0$ wird $\tan(\alpha) = 1{,}0$, $x = b/2$ und $x_1 = 0$. Dann ergibt sich die Traglast aus (3.20) mit

$$P_T = 4M_0\left(\frac{u}{b} + 2\right). \tag{3.28}$$

Wenn eine Punktlast in der Mitte der Platte wirkt ($u = 0$), dann ergibt sich die Traglast aus (3.28) mit

$$P_T = 8M_0 . \tag{3.29}$$

Gleichung (3.29) ist identisch mit der Lösung von Sawczuk [18] für eine frei drehbar gelagerte Platte mit einer Punktlast in der Mitte der Platte.


### 3.2.3
### Lösung für die allseitig eingespannte Platte

Als zweites Beispiel für die Anwendung des Prinzips der virtuellen Geschwindigkeit wird eine allseitig eingespannte Rechteckplatte mit einem Seitenverhältnis $a/b \geqslant 1{,}0$ mit einer Lastaufstandsfläche $u \cdot v$ ($u/v \geqslant 1{,}0$) in der Plattenmitte betrachtet. Abb. 3.5 zeigt den Zustand beim Erreichen der Grenztragfähigkeit.

Bei einer eingespannten Platte bildet sich im Grenzzustand der Tragfähigkeit nicht nur ein inneres System von Fließgelenklinien, sondern auch eine geschlossene Fließgelenklinie entlang des eingespannten Plattenrands aus. Die Form des Plattenrands und die Größe der Lastaufstandsfläche sind dafür entscheidend, ob die entlang des Plattenrands verlaufende plastische Fließgelenklinie dem ganzen eingespannten Plattenrand folgt, oder ob sie zum Platteninneren hin abweicht. Bei der in Abb. 3.5 dargestellten Platte wird die Umfangsfließgelenklinie so angenommen, daß sie an der kürzeren Seite bis zum Erreichen der inneren Fließgelenklinien verläuft und an der längeren Seite die beiden inneren Fließgelenklinien miteinander verbindet (Abb. 3.5 $\overline{AC}$ bzw. $\overline{BD}$). Die nicht von den Umfangsfließgelenklinien eingeschlossenen Plattenteile werden als elastisch betrachtet. Da die Einspannung an der Fließgelenklinie $l_3$ wegen der benachbarten elastischen Teile nicht so groß ist, wird angenommen, daß

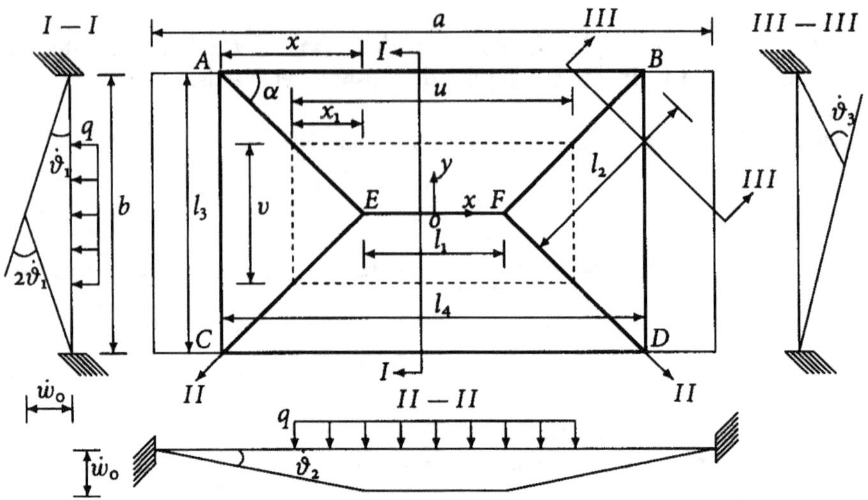

**Abb. 3.5.** Fließmechanismus einer allseitig eingespannten Rechteckplatte mit Teilflächenlast

das Grenzmoment an der Fließgelenklinie $l_3$ kleiner als das Fließmoment $M_0$ wird. Das Grenzmoment an diesen Fließgelenklinien wird mit

$$M_0' = mM_0 \tag{3.30}$$

definiert, wobei $m$ den Einspanngrad bezeichnet. Aus der Geometrie der Platte und der Lastaufstandsfläche wird $m$ als

$$m = \frac{u}{a} \tag{3.31}$$

definiert. Ausgehend von diesem Fließmechanismus ist die Traglast einer allseitig eingespannten Platte durch Anwendung der virtuellen Geschwindigkeit bestimmbar. Bei einer Durchbiegungsgeschwindigkeit der Fließgelenklinie $\overline{EF}$ um den virtuellen Betrag $\dot{w}_0$ ergibt sich nach dem Prinzip der virtuellen Geschwindigkeiten die innere Leistung zu

$$D = M_0(l_1 \cdot 2\dot{\vartheta}_1 + 4l_2 \cdot \dot{\vartheta}_3 + 2l_3 \cdot m\dot{\vartheta}_2 + 2l_4 \cdot \dot{\vartheta}_1) \,. \tag{3.32}$$

Mit Berücksichtigung von $l_3 = b$, $l_4 = u + 2(x - x_1)$, $\dot{\vartheta}_2 = \frac{\dot{w}_0}{x}$ und Gl. (3.14) erhält man

$$D = 8M_0\dot{w}_0 \left( \frac{u - 2x_1}{b} + \frac{2x}{b} + \frac{1+m}{2} \frac{b}{2x} \right) \,. \tag{3.33}$$

Die Darstellung der äußeren Leistung $L$ bleibt unverändert wie in Gl. (3.17). Nach dem Prinzip der virtuellen Geschwindigkeit erhält man die Traglast für eine allseitig eingespannte Rechteckplatte dann zu

$$P_\mathrm{T} = 8M_0 \frac{\dfrac{u - 2x_1}{b} + \dfrac{1+m}{2} \dfrac{b}{2x} + \dfrac{2x}{b}}{1 - \dfrac{v}{2b} - \dfrac{x_1 v}{3ub}} \,, \tag{3.34}$$

wobei wiederum für $x$ und $x_1$ die Definitionen nach (3.19) einzusetzen sind. Die kleinste obere Eingrenzung der Traglast kann durch die Minimierung von $P_T$ unter der Berücksichtigung von $\alpha$ aus (3.21) ermittelt werden. Der optimale Winkel $\alpha$ lautet

$$\tan(\alpha) = \frac{(m+1)\dfrac{v^2}{6ub} + \sqrt{\left[(m+1)\dfrac{v^2}{6ub}\right]^2 + (m+1)\left(2 - \dfrac{v}{b}\right)\left(1 - \dfrac{3v}{2b} + \dfrac{2v^2}{3b^2}\right)}}{(m+1)\left(1 - \dfrac{v}{2b}\right)}.$$

(3.35)

Setzt man den optimalen Winkel $\alpha$ in (3.34) ein, erhält man die Traglast einer allseitig eingespannten Rechteckplatte mit Teilflächenlast

$$P_T = 8M_o \frac{\dfrac{u}{b} - \dfrac{v}{b \cdot \tan(\alpha)} + \dfrac{1+m}{2}\tan(\alpha) + \dfrac{1}{\tan(\alpha)}}{1 - \dfrac{v}{2b} - \dfrac{v^2}{6ub \cdot \tan(\alpha)}}.$$

(3.36)

Für den Fall, daß $u = a$ und $v = b$ ist, wird $m = 1{,}0$ und $\tan(\alpha) = \frac{1}{\xi}$, $\beta_1 = \frac{b}{a}$ und $\xi = -\beta_1 + \sqrt{3 + \beta_1{}^2}$.

Aus (3.36) erhält man dann die Traglastintensität zu

$$q_T = \frac{P_T}{ab} = \frac{48M_o}{b^2\xi^2}.$$

(3.37)

Dieses Ergebnis stimmt mit der Lösung von Wood [17] für eine allseitig eingespannte Platte überein. Wenn $a = b$ ist, wird $m = 1{,}0$, $\beta_1 = 1{,}0$, $\xi = 1{,}0$ und $\tan(\alpha) = 1{,}0$. Die entsprechende Traglastintensität beträgt dann

$$q_T = \frac{48M_o}{b^2}.$$

(3.38)

Für den Grenzfall, daß $u = a \longrightarrow \infty$ ist, wird $m = 1{,}0$. Aus (3.36) ergibt sich die Traglast eines eingespannten Plattenstreifens mit einer Teilstreckenlast

$$P_T = q_T v = \frac{8M_o}{b}\frac{1}{1 - \dfrac{v}{2b}}.$$

(3.39)

Setzt man $v = 0$ in (3.39) ein, erhält man die Traglast eines eingespannten Plattenstreifens mit einer Punktlast zu

$$P_T = \frac{8M_o}{b},$$

(3.40)

und mit $v = b$ ergibt sich die Traglastintensität eines eingespannten Plattenstreifens mit einer Streckenlast zu

$$q_T = \frac{16M_o}{b^2}.$$

(3.41)

Gleichung (3.40) und (3.41) sind identisch mit der bekannten Lösung nach der plastischen Balkentheorie.

Wenn eine Punktlast in der Mitte der Platte wirkt ($u = v = 0$ und $m = 0$), ermittelt man aus Gl. (3.2.3) $\tan(\alpha) = \sqrt{2}$. Mit Gl. (3.36) ergibt sich die Traglast zu

$$P_T = 8\sqrt{2}M_0 \approx 11{,}31 M_0 \; . \tag{3.42}$$

### 3.2.4
### Berücksichtigung der Membranwirkung für eine frei drehbar gelagerte Platte

Zahlreiche Versuchsergebnisse von Clarkson [21], Hooke [27], Weiß [31], Sandvik [32] und Jackson [35] zeigen, daß eine normal belastete Platte oberhalb der von der Fließgelenktheorie berechneten Traglast eine zusätzliche Tragfähigkeitsreserve besitzt, die in erster Linie von der Ausbildung eines stabilen Membranspannungszustands herrührt und dementsprechend von den Randbedingungen, der Plattendicke und der Lastaufstandsfläche abhängig ist. Daneben spielt auch der Verfestigungseinfluß des Werkstoffs eine Rolle.

Clarkson [20] hat bei seinen Untersuchungen festgestellt, daß die Beanspruchung bei einer Durchbiegung bis zu 20 % der Plattendicke nur von den Biegespannungen herrührt, während die Membranwirkung bei einer Durchbiegung, die größer als 70 % der Plattendicke ist, nicht mehr vernachlässigt werden darf. In diesem Fall besteht die gesamte innere dissipierte Energie aus zwei Teilen. Ein Teil rührt von der Biegung her, der andere von der Membranwirkung. Sawczuk [22] behauptete, daß eine Membranwirkung für ideal plastischen Werkstoff nur entsteht, wenn die nach der Fließgelenktheorie berechnete Traglast überschritten wird.

Für eine durch eine Punktlast beanspruchte, frei drehbar gelagerte Platte bei einer Durchbiegung von $\frac{w}{t} \leqslant \frac{1}{2}$ nimmt Rzhanitsyn [19] an, daß sich die durch die Membranwirkung beeinflußte dissipierte Energie in der Fließgelenklinie $i$ wie folgt abschätzen läßt

$$D_i = \left(1 + \frac{w^2}{t^2}\right) M_0 \dot{\vartheta}_i \quad \text{mit} \quad \frac{w}{t} \leqslant \frac{1}{2} \; . \tag{3.43}$$

Für eine durch eine verteilte Belastung beanspruchte, frei drehbar gelagerte Platte wird die durch Membranwirkung beeinflußte dissipierte Energie von Jones [25] mit

$$D_i = \left(1 + \frac{4w^2}{t^2}\right) M_0 \dot{\vartheta}_i \quad \text{mit} \quad \frac{w}{t} \leqslant \frac{1}{2} \tag{3.44}$$

und

$$D_i = \frac{4w}{t} M_0 \dot{\vartheta}_i \quad \text{mit} \quad \frac{w}{t} > \frac{1}{2} \tag{3.45}$$

vorgeschlagen. Da der durch die Membranwirkung beeinflußte dissipierte Energieanteil neben der Abhängigkeit von der Plattengeometrie, den Randbedingungen und dem Werkstoffverhalten auch von der Lastaufstandsfläche abhängt, wird die dissipierte Energie bei einer durch Teilflächenlast beanspruchten, frei drehbar gelagerten

Platte wie folgt angenommen

$$D_i = \left(1 + \frac{cw^2}{t^2}\right) M_0 \dot{\vartheta}_i \quad \text{mit} \quad \frac{w}{t} \leqslant \frac{1}{2} \tag{3.46}$$

und

$$D_i = \frac{c_1 w}{t} M_0 \dot{\vartheta}_i \quad \text{mit} \quad \frac{w}{t} > \frac{1}{2}, \tag{3.47}$$

wobei $c$ und $c_1$ mit

$$c = 3\sqrt{\frac{u^2 + v^2}{a_1^2 + b^2} + 1} \quad \text{und} \quad c_1 = 2 + \frac{c}{2} \tag{3.48}$$

angenommen werden. Dabei ist $a_1 = u + 2(x - x_1)$ die im Fließfeld beteiligte Plattenlänge. Mit dieser Annahme werden die Grenzfälle Punktlast nach Rzhanitsyn [19] und Flächenlast nach Jones [25] erfaßt, und an der Stelle, wo die Durchbiegung $\frac{w}{t} = \frac{1}{2}$ ist, können (3.46) und (3.47) übereinstimmen. Die Parameter $c$ und $c_1$ stellen den Membraneinfluß der Lastaufstandsflächen dar. Es wird auch angenommen, daß der grundlegende Fließmechanismus so ist, wie er aus der Fließgelenklinientheorie folgt, und keine Wechselwirkung zwischen Momenten und Membrankräften eintritt.

Aus diesen Annahmen ergibt sich für den Fall $\frac{w_0}{t} \leqslant \frac{1}{2}$ die innere Energiedissipation zu

$$\begin{aligned} D &= \int_l D_i ds \\ &= \int_0^{l_1} \left(1 + \frac{cw_0^2}{t^2}\right) M_0 2\dot{\vartheta}_1 ds + 4\int_0^{l_2} \left(1 + \frac{cw^2}{t^2}\right) M_0 \dot{\vartheta}_3 ds . \end{aligned} \tag{3.49}$$

Integriert man (3.49) unter Berücksichtigung der geometrischen Bedingung $w = \frac{s}{l_2} w_0$, so erhält man

$$D = 4M_0 \dot{w}_0 \left[\frac{u - 2x_1}{b}\left(1 + \frac{cw_0^2}{t^2}\right) + \left(\frac{b}{2x} + \frac{2x}{b}\right)\left(1 + \frac{cw_0^2}{3t^2}\right)\right], \tag{3.50}$$

wobei $s$ die Koordinate entlang der entsprechenden Fließgelenklinie ist. Die Darstellung der äußeren Leistung hat sich nach Gl. (3.17) nach wie vor nicht geändert. Nach dem Prinzip der virtuellen Geschwindigkeit (Gl. (3.11)) erhält man die Last-Durchbiegungsbeziehung

$$P = 4M_0 \frac{\dfrac{u - 2x_1}{b}\left(1 + \dfrac{cw_0^2}{t^2}\right) + \left(\dfrac{b}{2x} + \dfrac{2x}{b}\right)\left(1 + \dfrac{cw_0^2}{3t^2}\right)}{1 - \dfrac{v}{2b} - \dfrac{x_1 v}{3ub}} \quad \text{für} \quad \frac{w_0}{t} \leqslant \frac{1}{2} . \tag{3.51}$$

Auf eine Indizierung von $P$ wird verzichtet, da die Last stetig mit der maximal bleibenden Durchbiegung $w_0$ ansteigt.

Für den Fall $\frac{w_0}{t} > \frac{1}{2}$ ergibt sich die innere dissipierte Energie

$$
\begin{aligned}
D &= \int_l D_i \, ds \\
&= \int_0^{l_1} \frac{c_1 w_0}{t} M_0 2\dot{\vartheta}_1 \, ds + 4 \int_0^{s_1} \left(1 + \frac{cw^2}{t^2}\right) M_0 \dot{\vartheta}_3 \, ds \\
&\quad + 4 \int_{s_1}^{l_2} \frac{c_1 w}{t} M_0 \dot{\vartheta}_3 \, ds \; .
\end{aligned}
\tag{3.52}
$$

Integriert man (3.52) unter Berücksichtigung der geometrischen Bedingung $w = \frac{s}{l_2} w_0$ und der Integrationsgrenze $s_1 = \frac{t}{2w_0} l_2$ bei $w = \frac{t}{2}$, ergibt sich

$$
D = 4M_0 \dot{w}_0 \left\{ \frac{u - 2x_1}{b} \frac{c_1 w_0}{t} + \left(\frac{b}{2x} + \frac{2x}{b}\right) \left[\left(\frac{1}{2} + \frac{c}{24}\right) \frac{t}{w_0} + \frac{c_1}{2}\left(\frac{w_0}{t} - \frac{t}{4w_0}\right)\right] \right\}
\tag{3.53}
$$

Die äußere Leistung $L$ ist nach Gl. (3.17) zu bestimmen. Nach dem Prinzip der virtuellen Geschwindigkeit erhält man die Last-Durchbiegungsbeziehung

$$
P = 4M_0 \frac{\dfrac{u - 2x_1}{b} \dfrac{c_1 w_0}{t} + \left(\dfrac{b}{2x} + \dfrac{2x}{b}\right) \left[\left(\dfrac{1}{2} + \dfrac{c}{24}\right) \dfrac{t}{w_0} + \dfrac{c_1}{2}\left(\dfrac{w_0}{t} - \dfrac{t}{4w_0}\right)\right]}{1 - \dfrac{v}{2b} - \dfrac{x_1 v}{3ub}}
\tag{3.54}
$$

für $\frac{w_0}{t} > \frac{1}{2}$.

Mit der Annahme, daß die Durchbiegung $w_0$ keinen Einfluß auf den in Abb. 3.4 dargestellten Fließmechanismus hat, kann man anhand der Gl. (3.22) $\tan(\alpha)$ bestimmen, und mit diesem optimierten Winkel $\alpha$ die Koordinaten $x$ und $x_1$ ersetzen. Es sei erneut darauf hingewiesen, daß die Traglast $P_T$ ohne Berücksichtigung der Membranwirkung unabhängig von der Durchbiegung der Platte ist.

Für den Fall, daß $u = a$ und $v = b$ ist, wird $\tan(\alpha) = \frac{1}{\xi}$, $x = x_1 = \frac{b\xi}{2}$, $c = 4$ und $c_1 = 4$. Als entsprechende Lastintensität-Durchbiegungsbeziehung erhält man dann

$$
q = \frac{P}{ab} = \frac{24M_0}{b^2 \xi^2} \left[1 + \frac{(3 - 2\zeta)^2 + \zeta}{3 - \zeta} \frac{4w_0^2}{3t^2}\right] \quad \text{für} \quad \frac{w_0}{t} \leqslant \frac{1}{2}
\tag{3.55}
$$

und

$$
q = \frac{P}{ab} = \frac{24M_0}{b^2 \xi^2} \left[1 + \frac{\zeta(\zeta - 2)}{3 - \zeta} \left(1 - \frac{t^2}{12w_0^2}\right) \frac{4w_0}{t}\right] \quad \text{für} \quad \frac{w_0}{t} > \frac{1}{2} \; ,
\tag{3.56}
$$

wobei $\zeta = \beta_1 \xi$ ist.

Gleichung (3.55) und (3.56) sind identisch mit den Lösungen von Jones [26] für eine frei drehbar gelagerte Rechteckplatte mit einer Vollflächenlast. Weiterhin gilt:

Wenn $a = b$ ist, dann ist $\beta_1 = 1{,}0$ und $\xi = 1{,}0$. Die Lastintensität-Durchbiegungsbeziehung wird damit

$$q = \frac{24M_0}{b^2}\left(1 + \frac{4w_0^2}{3t^2}\right) \quad \text{für} \quad \frac{w_0}{t} \leqslant \frac{1}{2} \tag{3.57}$$

und

$$q = \frac{24M_0}{b^2}\left(\frac{2w_0}{t} + \frac{t}{6w_0}\right) \quad \text{für} \quad \frac{w_0}{t} > \frac{1}{2}. \tag{3.58}$$

Für den Grenzfall, daß $a \to \infty$ ist, wird $\beta_1 = 0$, $\xi = \sqrt{3}$ und $\tan\alpha = \frac{\sqrt{3}}{3}$. Die entsprechende Lastintensität-Durchbiegungsbeziehung wird

$$q = \frac{8M_0}{b^2}\left(1 + \frac{4w_0^2}{t^2}\right) \quad \text{für} \quad \frac{w_0}{t} \leqslant \frac{1}{2} \tag{3.59}$$

und

$$q = \frac{8M_0}{b^2}\frac{4w_0}{t} \quad \text{für} \quad \frac{w_0}{t} > \frac{1}{2}. \tag{3.60}$$

Gleichung (3.59) und (3.60) entsprechen den Lösungen für einen frei drehbar gelagerten Plattenstreifen mit einer Vollflächenlast.

Für den Fall, daß $u = a \to \infty$ ist, wird $c = 4$ und $c_1 = 4$. Die Belastung-Durchbiegungsbeziehung lautet dann

$$P = \frac{8M_0}{b}\frac{1 + \dfrac{4w_0^2}{t^2}}{2 - \dfrac{v}{b}} \quad \text{für} \quad \frac{w_0}{t} \leqslant \frac{1}{2} \tag{3.61}$$

und

$$P = \frac{8M_0}{b}\frac{\dfrac{4w_0}{t}}{2 - \dfrac{v}{b}} \quad \text{für} \quad \frac{w_0}{t} > \frac{1}{2}. \tag{3.62}$$

Gleichung (3.61) und (3.62) entsprechen den Lösungen eines unter Teilflächenbelastung stehenden, frei drehbar gelagerten Plattenstreifens unter Berücksichtigung der Membranwirkung.

Für den anderen Grenzfall mit $v = 0$ erhält man die Lösungen für einen unter einer Linienbelastung frei drehbar gelagerten Plattenstreifen mit

$$P = \frac{4M_0}{b}\left(1 + \frac{4w_0^2}{t^2}\right) \quad \text{für} \quad \frac{w_0}{t} \leqslant \frac{1}{2} \tag{3.63}$$

und

$$P = \frac{4M_0}{b}\frac{4w_0}{t} \quad \text{für} \quad \frac{w_0}{t} > \frac{1}{2}. \tag{3.64}$$

Wenn eine Punktlast auf eine Rechteckplatte wirkt ($u = v = 0$), dann wird $c = 1{,}0$, $c_1 = \frac{1}{2}$, $\tan \alpha = 1{,}0$, $x_1 = 0$ und $x = b/2$. Die entsprechende Last-Durchbiegungsbeziehung lautet dann

$$P = 8M_0 \left(1 + \frac{w_0^2}{3t^2}\right) \quad \text{für} \quad \frac{w_0}{t} \leqslant \frac{1}{2} \tag{3.65}$$

und

$$P = 8M_0 \left(\frac{5w_0}{4t} + \frac{11t}{48w_0}\right) \quad \text{für} \quad \frac{w_0}{t} > \frac{1}{2} \, . \tag{3.66}$$

### 3.2.5
### Berücksichtigung der Membranwirkung für eine allseitig eingespannten Platte

Für eine durch eine Vollflächenbelastung beanspruchte, allseitig eingespannte Platte wurde die durch die Membranwirkung dissipierte einheitliche Energie in der Fließgelenklinie $i$ innerhalb der Platte von Jones [26] wie folgt vorgeschlagen:

$$D_i = \left(1 + \frac{3w^2}{t^2}\right) M_0 \dot{\vartheta}_i \quad \text{mit} \quad \frac{w}{t} \leqslant 1 \tag{3.67}$$

und

$$D_i = \frac{4w}{t} M_0 \dot{\vartheta}_i \quad \text{mit} \quad \frac{w}{t} > 1 \, . \tag{3.68}$$

Um den Einfluß der Lastaufstandsflächen zu berücksichtigen, wird die dissipierte Energie wie folgt angenommen:

$$D_i = \left(1 + \frac{cw^2}{t^2}\right) M_0 \dot{\vartheta}_i \quad \text{mit} \quad \frac{w}{t} \leqslant 1 \tag{3.69}$$

und

$$D_i = \frac{c_1 w}{t} M_0 \dot{\vartheta}_i \quad \text{mit} \quad \frac{w}{t} > 1 \, , \tag{3.70}$$

wobei

$$c = 2\sqrt{\frac{u^2 + v^2}{a_1^2 + b^2} + 1} \quad \text{und} \quad c_1 = 2\left(1 + \frac{c}{3}\right) \tag{3.71}$$

ist. Für den Fall $\frac{w_0}{t} \leqslant 1$ erhält man die dissipierte Energie innerhalb der Platte zu

$$D_{\text{In}} = 2\int_0^{l_1} \left(1 + \frac{cw_0^2}{t^2}\right) M_0 \dot{\vartheta}_1 ds + 4\int_0^{l_2} \left(1 + \frac{cw^2}{t^2}\right) M_0 \dot{\vartheta}_3 ds \, , \tag{3.72}$$

wobei $w = \frac{sw_0}{l_2}$ ist. Diese Integration liefert

$$D_{\text{In}} = 4M_0 \dot{w}_0 \left[\frac{u - 2x_1}{b}\left(1 + \frac{cw_0^2}{t^2}\right) + \left(\frac{b}{2x} + \frac{2x}{b}\right)\left(1 + \frac{cw_0^2}{3t^2}\right)\right] \, . \tag{3.73}$$

Für die Berechnung der dissipierten Energie der Umfangsfließgelenklinien am Rand einer durch eine Vollflächenbelastung beanspruchten Platte schlägt Jones [26] vor, daß dieser Energieanteil nur in dem Plattenbereich berücksichtigt werden soll, in dem die Durchbiegung $w/t \leqslant 1{,}0$ ist. Im Bereich, in dem $w/t > 1{,}0$ ist, wird angenommen, daß nur die Membranwirkung eine Bedeutung hat. Entsprechend wird dieser Energieanteil bei einer unter Teilflächenbelastung stehenden eingespannten Platte wie folgt angenommen:

$$D_i = \left(1 - \frac{cw^2}{3t^2}\right) M_0 \dot{\vartheta}_i \quad \text{mit} \quad \frac{w}{t} \leqslant 1 \,. \tag{3.74}$$

Nach dem in Abb. 3.5 dargestellten Fließmechanismus lautet die an den Randfließgelenklinien $\overline{AB}$, $\overline{CD}$, $\overline{AC}$ und $\overline{BD}$ dissipierte Energie

$$D_\mathrm{R} = 4\int_0^{\frac{b}{2}} D_1 dy + 4\int_0^x D_2 dx' + 4\int_0^{\frac{u-2x_1}{2}} D_3 dx' \,. \tag{3.75}$$

Dabei ist

$$D_1 = mM_0\dot{\vartheta}_2\left(1 - \frac{cw_1{}^2}{3t^2}\right) \quad \text{mit} \quad w_1 = \frac{2w_0 y}{b}$$

$$\text{für} \quad x = \pm\frac{u + 2x - 2x_1}{2}$$

$$\text{und} \quad 0 < y < \frac{b}{2} \,; \tag{3.76}$$

$$D_2 = M_0\dot{\vartheta}_1\left(1 - \frac{cw_2{}^2}{3t^2}\right) \quad \text{mit} \quad w_2 = \frac{w_0 x'}{x}$$

$$\text{für} \quad y = \pm\frac{b}{2}$$

$$\text{und} \quad 0 < x' < x \,; \tag{3.77}$$

$$D_3 = M_0\dot{\vartheta}_1\left(1 - \frac{cw_0{}^2}{3t^2}\right) \quad \text{für} \quad y = \pm\frac{b}{2}$$

$$\text{und} \quad -\frac{u - 2x_1}{2} < x' < \frac{u - 2x_1}{2} \,. \tag{3.78}$$

Setzt man (3.76), (3.77) und (3.78) in (3.75) ein und integriert diese, ergibt sich

$$D_\mathrm{R} = 4M_0\dot{w}_0\left[\frac{u - 2x_1}{b}\left(1 - \frac{cw_0{}^2}{3t^2}\right) + \left(\frac{mb}{2x} + \frac{2x}{b}\right)\left(1 - \frac{cw_0{}^2}{9t^2}\right)\right] \,. \tag{3.79}$$

Addiert man (3.73) und (3.79), erhält man die gesamte innere dissipierte Energie

$$\begin{aligned}
D \;=\;& D_\mathrm{In} + D_\mathrm{R} \\[2mm]
=\;& 8M_0\dot{w}_0\left[\frac{u - 2x_1}{b}\left(1 + \frac{cw_0{}^2}{3t^2}\right) + \frac{b}{2x}\left(\frac{m+1}{2} + \frac{3-m}{6}\frac{cw_0{}^2}{3t^2}\right)\right. \\[2mm]
& \left. + \frac{2x}{b}\left(1 + \frac{cw_0{}^2}{9t^2}\right)\right] \,. 
\end{aligned} \tag{3.80}$$

Die äußere Leistung $L$ ist nach (3.17) nach wie vor zu bestimmen. Nach dem Prinzip der virtuellen Geschwindigkeit erhält man die Last-Durchbiegungsbeziehung in der Form

$$P = \frac{8M_0}{1 - \frac{v}{2b} - \frac{x_1 v}{3ub}} \left[ \frac{u - 2x_1}{b}\left(1 + \frac{cw_0{}^2}{3t^2}\right) \right.$$

$$\left. + \frac{b}{2x}\left(\frac{m+1}{2} + \frac{3-m}{6}\frac{cw_0{}^2}{3t^2}\right) + \frac{2x}{b}\left(1 + \frac{cw_0{}^2}{9t^2}\right)\right] \quad \text{für} \quad \frac{w_0}{t} \leqslant 1 .$$

$$(3.81)$$

Für den Fall $\frac{w_0}{t} > 1$ wird das Geschwindigkeitsfeld auf $\frac{w}{t} \leqslant 1$ und $\frac{w}{t} > 1$ verteilt. Damit ergibt sich die dissipierte Energie innerhalb der Platte zu

$$D_{\text{In}} = 2\int_0^{l_1} \frac{c_1 w_0}{t} M_0 \dot{\vartheta}_1 ds + 4\int_0^{s_1}\left(1 + \frac{cw^2}{t^2}\right) M_0 \dot{\vartheta}_3 ds$$

$$+ 4\int_{s_1}^{l_2} \frac{c_1 w}{t} M_0 \dot{\vartheta}_3 ds .$$

$$(3.82)$$

Integriert man (3.82) unter Berücksichtigung der geometrischen Bedingung $w = \frac{s}{l_2}w_0$ und der Integrationsgrenze $s_1 = \frac{t}{w_0}l_2$ bei $w = t$, ergibt sich

$$D_{\text{In}} = 8M_0 \dot{w}_0 \left[\frac{u - 2x_1}{b}\frac{c_1 w_0}{2t} + \left(\frac{b}{2x} + \frac{2x}{b}\right)\left(\frac{t}{2w_0} + \frac{ct}{6w_0} + \frac{c_1 w_0}{4t} + \frac{c_1 t}{4w_0}\right)\right] .$$

$$(3.83)$$

Da die an den Umfangsfließgelenklinien dissipierte Energie nur innerhalb des Bereichs, in dem die Durchbiegung $\frac{w}{t} \leqslant 1$ ist, berücksichtigt wurde, erhält man in diesem Bereich

$$D_{\text{R}} = 4\int_0^{y_t} D_1 dy + 4\int_0^{x_t} D_2 dx' .$$

$$(3.84)$$

Dabei sind

$$D_1 = mM_0\dot{\vartheta}_2\left(1 - \frac{cw_1{}^2}{3t^2}\right) \quad \text{mit} \quad w_1 = \frac{2w_0 y}{b}$$

$$\text{für} \quad x = \pm\frac{u + 2x - 2x_1}{2}$$

$$\text{und} \quad 0 < y < \frac{b}{2} ; \qquad (3.85)$$

$$D_2 = M_0\dot{\vartheta}_1\left(1 - \frac{cw_2{}^2}{3t^2}\right) \quad \text{mit} \quad w_2 = \frac{w_0 x'}{x}$$

$$\text{für} \quad y = \pm\frac{b}{2}$$

$$\text{und} \quad 0 < x' < x . \qquad (3.86)$$

$x_t = \frac{xt}{w_0}$ und $y_t = \frac{bt}{2w_0}$ sind die Integrationsgrenzen, bei denen die Durchbiegung $\frac{w}{t} = 1$ wird. Setzt man (3.85) und (3.86) in (3.84) ein und integriert, so ergibt sich

$$D_R = 8M_0\dot{w}_0 \left(\frac{mb}{2x} + \frac{2x}{b}\right)\left(1 - \frac{c}{9}\right)\frac{t}{2w_0} \cdot \tag{3.87}$$

Die gesamte innere dissipierte Energie der Platte ergibt sich dann zu

$$\begin{aligned}
D &= D_{\text{In}} + D_R \\
&= 8M_0\dot{w}_0 \left\{ \frac{u - 2x_1}{b}\frac{c_1 w_0}{2t} + \frac{b}{2x}\left[\left(\frac{1+m}{2} + \frac{3-m}{6}\frac{c}{3}\right)\frac{t}{w_0}\right.\right. \\
&\quad \left.\left. + \frac{c_1}{4}\left(\frac{w_0}{t} - \frac{t}{w_0}\right)\right] + \frac{2x}{b}\left[\left(1 + \frac{c}{9}\right)\frac{t}{w_0} + \frac{c_1}{4}\left(\frac{w_0}{t} - \frac{t}{w_0}\right)\right] \right\} \cdot
\end{aligned} \tag{3.88}$$

Die äußere Leistung $L$ ist nach Gl. (3.17) nach wie vor zu bestimmen. Nach dem Prinzip der virtuellen Geschwindigkeit erhält man die Last-Durchbiegungsbeziehung in der Form

$$\begin{aligned}
P &= \frac{8M_0}{1 - \frac{v}{2b} - \frac{x_1 v}{3ub}}\left\{ \frac{u - 2x_1}{b}\frac{c_1 w_0}{2t} + \frac{b}{2x}\left[\left(\frac{1+m}{2} + \frac{3-m}{6}\frac{c}{3}\right)\frac{t}{w_0}\right.\right. \\
&\quad \left.\left. + \frac{c_1}{4}\left(\frac{w_0}{t} - \frac{t}{w_0}\right)\right] + \frac{2x}{b}\left[\left(1 + \frac{c}{9}\right)\frac{t}{w_0} + \frac{c_1}{4}\left(\frac{w_0}{t} - \frac{t}{w_0}\right)\right] \right\}
\end{aligned} \tag{3.89}$$

für $\frac{w_0}{t} > 1$.

Mit der Annahme, daß die Durchbiegung $w$ keinen Einfluß auf den in Abb. 3.5 dargestellten Fließmechanismus hat, kann man anhand von Gl. (3.2.3) $\tan(\alpha)$ bestimmen, und damit die Koordinaten $x$ und $x_1$ ersetzen.

Für den Fall, daß $u = a$ und $v = b$ ist, wird $m = 1{,}0$, $\tan(\alpha) = \frac{1}{\xi}$, $x = x_1 = 0{,}5b\xi$, $c = 3$ und $c_1 = 4$. Die entsprechende Lastintensität-Durchbiegungsbeziehung ist dann

$$q = \frac{P}{ab} = \frac{48M_0}{b^2\xi^2}\left[1 + \frac{w_0^2}{3t^2}\frac{\zeta + (3 - 2\zeta)^2)}{3 - \zeta}\right] \quad \text{für} \quad \frac{w_0}{t} \leqslant 1 \tag{3.90}$$

und

$$q = \frac{P}{ab} = \frac{48M_0}{b^2\xi^2}\frac{2w_0}{t}\left[1 + \frac{\zeta(2 - \zeta)}{3 - \zeta}\left(\frac{t^2}{3w_0^2} - 1\right)\right] \quad \text{für} \quad \frac{w_0}{t} > 1 \,. \tag{3.91}$$

Gleichung (3.90) und (3.91) stimmen mit der Lösung von Jones [26] für eine allseitig eingespannte Rechteckplatte unter einer Vollflächenlast überein. Wenn $a = b$ ist, wird $\beta_1 = 1{,}0$, $\xi = 1{,}0$, $\zeta = 1{,}0$ und $m = 1{,}0$. Die Lastintensität-Durchbiegungsbeziehung lautet dann

$$q = \frac{48M_0}{b^2}\left(1 + \frac{w_0^2}{3t^2}\right) \quad \text{für} \quad \frac{w_0}{t} \leqslant 1 \tag{3.92}$$

und

$$q = \frac{48M_0}{b^2}\frac{2w_0}{t}\left(1 + \frac{t^2}{6w_0^2}\right) \quad \text{für} \quad \frac{w_0}{t} > 1 \,. \tag{3.93}$$

Gleichung (3.92) und (3.93) stellen die Lastintensität-Durchbiegungsbeziehungen für eine allseitig eingespannte, quadratische Platte mit einer Vollflächenlast dar.

Für den Grenzfall, daß $a \to \infty$ ist, wird $\beta_1 = 0$, $\xi = \sqrt{3}$, $\zeta = 0$ und $m = 1{,}0$. Die entsprechende Lastintensität-Durchbiegungsbeziehung lautet dann

$$q = \frac{16M_0}{b^2}\left(1 + \frac{w_0^2}{t^2}\right) \quad \text{für} \quad \frac{w_0}{t} \leqslant 1 \tag{3.94}$$

und

$$q = \frac{16M_0}{b^2}\frac{2w_0}{t} \quad \text{für} \quad \frac{w_0}{t} > 1 \,. \tag{3.95}$$

Gleichung (3.94) und (3.95) entsprechen den Lösungen für einen allseitig eingespannten Plattenstreifen mit einer Vollflächenlast.

Für den Fall, daß $u = a \to \infty$ ist, wird $m = 1{,}0$, $c = 3{,}0$ und $c_1 = 4{,}0$. Die Belastung-Durchbiegungsbeziehung lautet

$$P = \frac{16M_0}{b}\frac{1 + \dfrac{w_0^2}{t^2}}{2 - \dfrac{v}{b}} \quad \text{für} \quad \frac{w_0}{t} \leqslant 1 \tag{3.96}$$

und

$$P = \frac{16M_0}{b}\frac{\dfrac{2w_0}{t}}{2 - \dfrac{v}{b}} \quad \text{für} \quad \frac{w_0}{t} > 1 \,. \tag{3.97}$$

Gleichung (3.96) und (3.97) entsprechen den Lösungen eines unter Teilflächenbelastung stehenden, allseitig eingespannten Plattenstreifens unter Berücksichtigung der Membranwirkung.

Für den anderen Grenzfall mit $v = 0$ erhält man die Lösungen für einen mit einer Linienbelastung stehenden allseitig eingespannten Plattenstreifen mit

$$P = \frac{8M_0}{b}\left(1 + \frac{w_0^2}{t^2}\right) \quad \text{für} \quad \frac{w_0}{t} \leqslant 1 \tag{3.98}$$

und

$$P = \frac{8M_0}{b}\frac{2w_0}{t} \quad \text{für} \quad \frac{w_0}{t} > 1 \,. \tag{3.99}$$

Wenn eine Punktlast wirkt ($u = v = 0$), wird $c = 1{,}0$, $c_1 = 8/3$, $\tan(\alpha) = \sqrt{2}$, $x_1 = 0$ und $x = \frac{b}{2\sqrt{2}}$. Die entsprechende Last-Durchbiegungsbeziehung lautet dann

$$P = 8\sqrt{2}M_0\left(1 + \frac{2}{9}\frac{w_0^2}{t^2}\right) \quad \text{für} \quad \frac{w_0}{t} \leqslant 1 \tag{3.100}$$

und

$$P = 8\sqrt{2}M_0 \left( \frac{w_0}{t} + \frac{2}{9}\frac{t}{w_0} \right) \quad \text{für} \quad \frac{w_0}{t} > 1 \,. \tag{3.101}$$

### 3.2.6
**Der Fall $a/b > 1{,}0$ und $u/v < 1{,}0$**

Unter den Bedingungen $a/b > 1{,}0$ und $u/v < 1{,}0$ ergibt sich ein anderer Fließmechanismus, als der in Abb. 3.4 bzw. Abb. 3.5 dargestellt. Die in der Plattenmitte eintretende Fließgelenklinie sollte nicht mehr parallel zur längeren Seite $a$, sondern parallel zur kürzeren Seite $b$ der Platte sein. In diesem Fall kann man näherungsweise einen ähnlichen Fließmechanismus wie in den o. g. Fällen aufbauen, indem angenommen wird, daß die Fließgelenklinien nur innerhalb einer quadratischen Fläche $b \cdot b$ entstehen. Abb. 3.6 bzw. Abb. 3.7 zeigt den in diesem Fall angenommenen Fließmechanismus. Aus beiden Bildern können die oben beschriebenen Verfahren wiederholt und die entsprechenden Gleichungen abgeleitet werden, indem die in Tabelle 3.1 stehenden Parameter substituiert werden.

**Tabelle 3.1.** Parametersubstitution bei unterschiedlichen Lastarten

| Seitenverhältnis | $\frac{a}{b} \geqslant 1{,}0$ | |
|---|---|---|
| Aufstandsfläche | $\frac{u}{v} \geqslant 1{,}0$ | $\frac{u}{v} < 1{,}0$ |
| Fließmechanismus | Abb. 3.4 bzw. Abb. 3.5 | Abb. 3.6 bzw. Abb. 3.7 |
| Parameter | $x$ | $y$ |
| | $x_1$ | $y_1$ |
| | $\tan(\alpha)$ | $\tan(\gamma)$ |
| | $u$ | $v$ |
| | $v$ | $u$ |
| | $m = \frac{u}{a}$ | $m = \frac{u}{b}$ |

### 3.2.7
**Anmerkung**

Die in diesem Abschnitt nach der Fließgelenklinientheorie entwickelten Formeln für eine mit Teilflächenlast beanspruchte Platte mit unterschiedlichen Randbedingungen bieten folgende Vorteile:

- Das Fließgelenklinienmodell kommt der Wirklichkeit sehr nahe, da es für die beiden Grenzfälle (Vollflächen- und Punktbelastung) mit bisher bekannten Modellen übereinstimmt.
- Die Formeln erfassen die meisten Lastfälle (Punkt-, Linien-, Teil- und Vollflächenbelastung) einer Rechteckplatte mit der frei drehbar gelagerten oder der allseitig

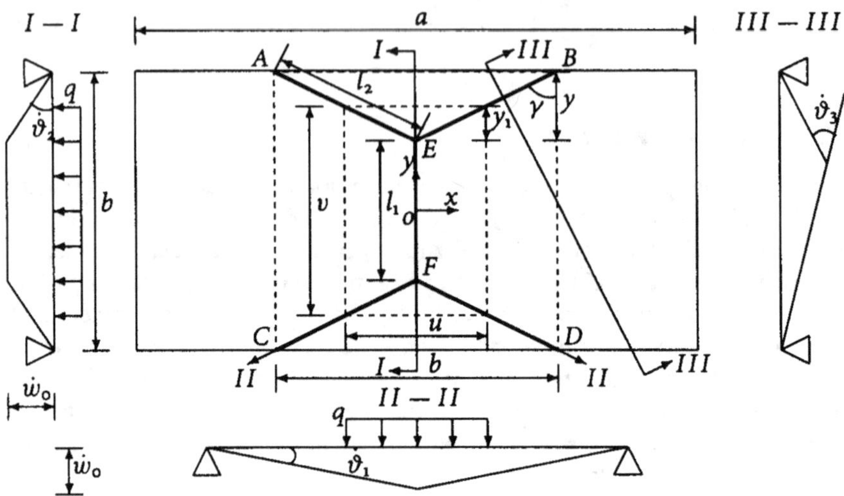

**Abb. 3.6.** Fließmechanismus einer Rechteckplatte, frei drehbar gelagert

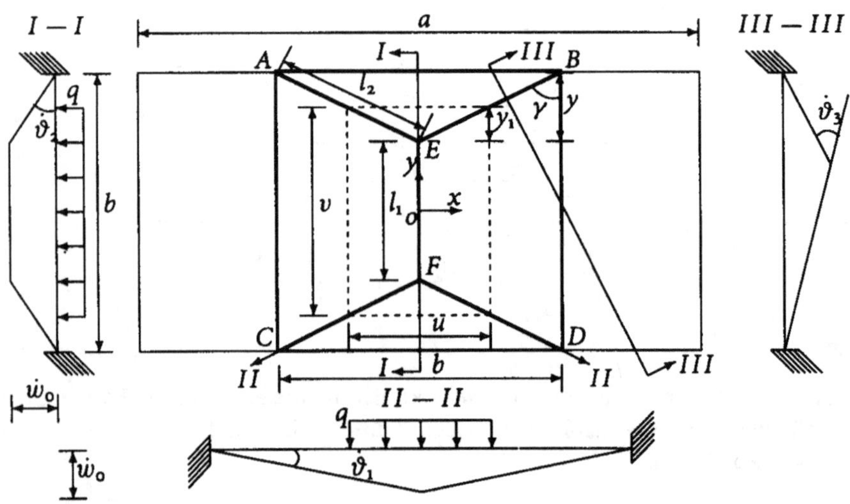

**Abb. 3.7.** Fließmechanismus einer Rechteckplatte, allseitig eingespannt

eingespannten Randbedingung. Wichtige Parameter, z. B. geometrische Parameter wie $\alpha$, $t$, $v/b$ und $u/v$ und werkstoffliche Parameter wie $R_{eH}$, sind in den Formeln berücksichtigt.

– Die Formeln sind verhältnismäßig einfach anzuwenden. Man kann davon ausgehen, daß die parametrische Untersuchung verschiedener Platten- und Aufstandsflächengeometrien ohne Rechnereinsatz durchgeführt werden kann.

## 3.3
## Vergleich zwischen Traglastrechnung und nichtlinearer FE-Rechnung

### 3.3.1
### Allgemeines

Da das Tragverhalten einer mit Teilflächenlast beanspruchten Rechteckplatte durch mehrere Parameter beeinflußt wird, ist die Überprüfung der in Abschnitt 3.2 entwickelten Lösung durch systematische, experimentelle Untersuchungen sehr zeit- und kostenaufwendig. Mit den vielseitigen Analyse- und Rechenmöglichkeiten werden in zunehmendem Maße Festigkeitsprobleme unter Erfassung nichtlinearer Effekte durch die Anwendung der Finite-Elemente-Methode untersucht. Dafür stehen heute vielseitige FE-Programmpakete zur Verfügung. Um die Richtigkeit der o. g. analytischen Lösung zu überprüfen, wurden entsprechend parametrisierte, nichtlineare FE-Rechnungen durchgeführt. Es wurde das Programmpaket MARC in der Version K4 verwendet. Mit Hilfe des Programms kann das Tragverhalten eines FE-Modells unter Berücksichtigung der werkstofflichen und geometrischen Nichtlinearitäten untersucht werden.

### 3.3.2
### Erstellung der FE-Modelle

Beim Aufbau der FE-Modelle wurden Vierknoten-Schalenelemente (Typ 75) verwendet. Jeder Knoten hat 6 Freiheitsgrade. Für die Berechnungen wurden 3 FE-Modelle erstellt. Die Modelle besitzen die Abmessungen $b = 600\,\text{mm}$, $t = 12\,\text{mm}$ und $a = 600$, 1200 und 1800 mm, die den Seitenverhältnissen von $a/b = 1{,}0$, $2{,}0$ und $3{,}0$ entsprechen. Dies sind typische Abmessungen der im Schiffbau eingesetzten, ausgesteiften Plattenfelder. Für die Werkstoffkennwerte wurde normalfester Schiffbaustahl mit einer Fließgrenze von $235\,\text{N/mm}^2$ und einem Elastizitätsmodul von $2{,}1{\cdot}10^5\,\text{N/mm}^2$ eingesetzt. Es wurde mit der Fließbedingung nach von Mises gerechnet. Aufgrund der doppelten Symmetrie genügt es, für jedes Modell nur ein Viertel einer Platte zu idealisieren (Abb. 3.8–3.10). Neben den in den Symmetrieebenen gültigen Randbedingungen wurden am Rand der Platte zwei unterschiedliche Randbedingungen, frei drehbar gelagert und eingespannt, simuliert. Die Verschiebungen in der Plattenebene am Rand sind unterdrückt. Ausgewählt wurden die Lastfälle durch die Änderung der Parameter $v/b$ oder $u/a$ mit konstanten Verhältnissen von $u/v$ und konstanten Teilflächenbelastungen $P = q \cdot u \cdot v$.

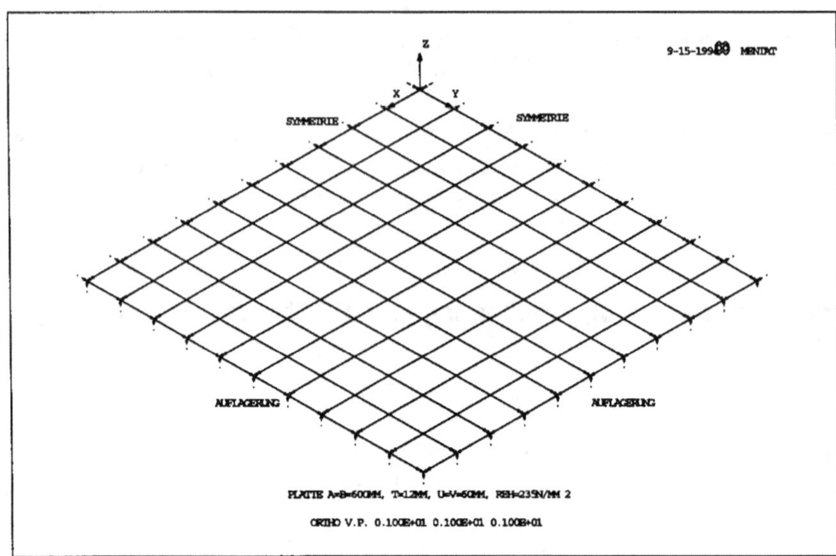

**Abb. 3.8.** FE-Modelle, $a/b = 1{,}0$

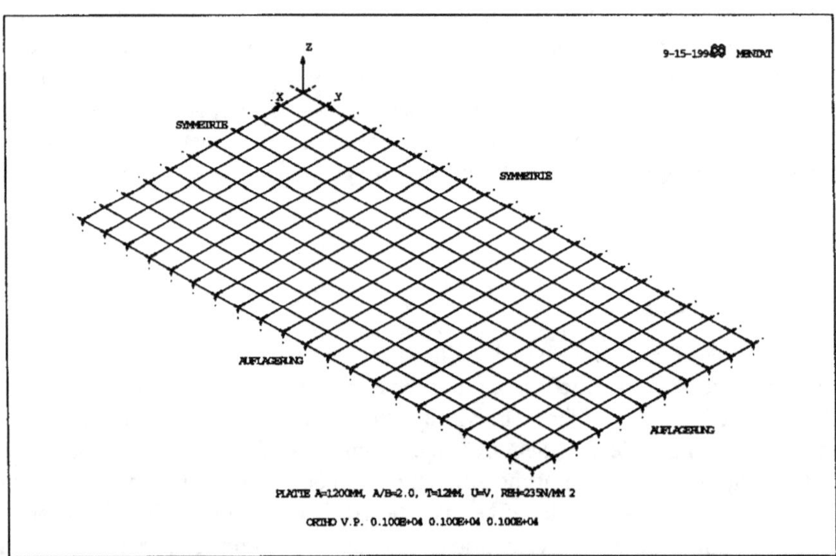

**Abb. 3.9.** FE-Modelle, $a/b = 2{,}0$

### 3.3.3
### Vergleich zwischen der FE-Rechnung und der geschlossenen Lösung nach Navier im elastischen Bereich

Um die Genauigkeit der FE-Rechnung zu überprüfen, wurde die FE-Rechnung zuerst im elastischen Bereich mit frei drehbar gelagerten Rändern durchgeführt. Ermittelt

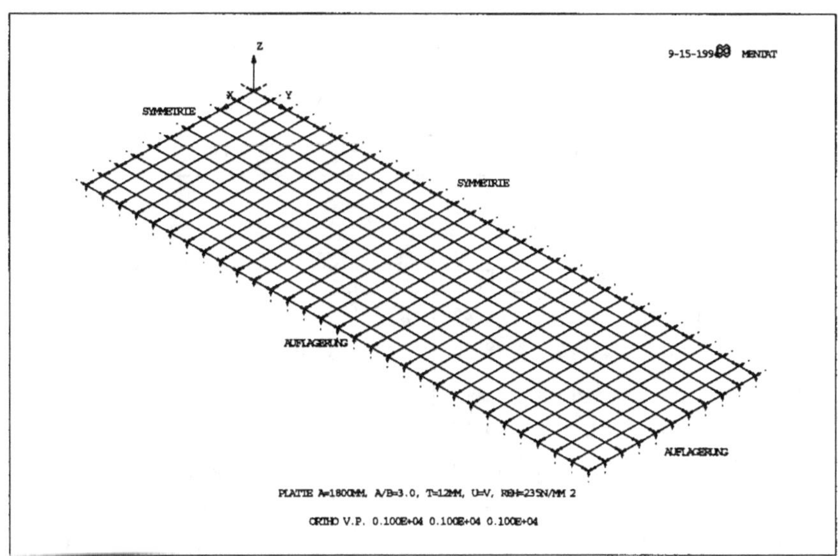


**Abb. 3.10.** FE-Modelle, $a/b = 3{,}0$

wurden die elastischen Grenzlasten, bei denen die maximale Vergleichsspannung $\sigma_v$ die Fließgrenze $R_{eH}$ erreicht. Die entsprechende analytische Lösung wurde durch Einsetzen der bekannten Navierschen Doppelreihenansätze in die Differentialgleichung nach der elastischen Kirchhoffschen Plattentheorie ermittelt. In Tabelle 3.2 sind die elastischen Grenzlasten $P_{e_{max}}$ und die entsprechenden maximalen Durchbiegungen $w_{e_{max}}$ in der Plattenmitte dargestellt. Für die Abmessungen der Platten- und Aufstandsflächen wurden beispielhaft die Verhältnisse von $a/b = u/v = 2{,}0$ bzw. $3{,}0$ und $v/b$ von 0,1 bis 1,0 ausgewählt. Es ist zu erkennen, daß die Abweichungen beider Verfahren in den meisten Fällen vernachlässigbar klein sind. Nur bei relativ kleinen Aufstandsflächen von $v/b \leqslant 0{,}2$ scheinen die FE-Modelle etwas steifer zu sein. Dies ist auf die relativ grobe FE-Vernetzung zurückzuführen.

### 3.3.4
### Vergleich der analytischen Lösung ohne Berücksichtigung der Membranwirkung

Da Gleichung (3.20) und (3.36) nur für die biegebeanspruchte Platte gelten, wurde die FE-Rechnung in diesem Abschnitt ohne Berücksichtigung der Membranwirkung, also ohne Berücksichtigung der geometrischen Änderung der belasteten Beplattung durchgeführt. Abb. 3.11 zeigt das Last-Durchbiegungsverhalten mit $a/b = u/v = 1{,}0$ und $v/b = 0{,}0$ bis 1,0 bei frei drehbar gelagerten Plattenrändern.

Man kann deutlich erkennen, daß sich die Steifigkeit der Platte nach dem Überschreiten der elastischen Grenzlast $P_{e_{max}}$ reduziert. Da die Last $P$ nach $w/t = 3{,}0$ mit weiter steigenden Durchbiegungen fast konstant bleibt, wird hier akzeptiert, daß die Last bei $w/t \approx 5{,}0$ als Traglast $P_T$ bezeichnet wird. Man erkennt, daß diese Traglast durch Änderung der Aufstandsfläche sehr stark beeinflußt wurde.

**Tabelle 3.2.** Vergleich der elastischen FE-Rechnung mit der Navierschen Lösung

| $v/b$ | $w_{e_{max}}$ [mm] | | $P_{e_{max}}$ [kN] | | $w_{e_{max}}$ [mm] | | $P_{e_{max}}$ [kN] | |
|---|---|---|---|---|---|---|---|---|
| | \multicolumn{4}{c}{$a/b = 2,0,\ u/v = 2,0$} | | | \multicolumn{4}{c}{$a/b = 3,0,\ u/v = 3,0$} | |
| | FE | Nav. | FE | Nav. | FE | Nav. | FE | Nav. |
| 0,1 | 3,93 | 3,70 | 22,70 | 21,27 | 4,33 | 4,11 | 24,82 | 23,51 |
| 0,2 | 4,79 | 4,70 | 29,36 | 28,76 | 5,27 | 5,19 | 33,20 | 32,60 |
| 0,3 | 5,46 | 5,41 | 36,42 | 36,01 | 5,92 | 5,87 | 42,08 | 41,64 |
| 0,4 | 5,97 | 5,94 | 44,04 | 43,70 | 6,36 | 6,33 | 51,84 | 51,46 |
| 0,5 | 6,35 | 6,32 | 52,54 | 52,24 | 6,66 | 6,63 | 62,99 | 62,61 |
| 0,6 | 6,62 | 6,60 | 62,35 | 62,06 | 6,86 | 6,84 | 76,04 | 75,65 |
| 0,7 | 6,82 | 6,80 | 73,99 | 73,69 | 7,00 | 6,98 | 91,60 | 91,16 |
| 0,8 | 6,94 | 6,92 | 88,14 | 87,82 | 7,09 | 7,07 | 110,41 | 109,91 |
| 0,9 | 7,01 | 7,00 | 105,80 | 105,43 | 7,14 | 7,13 | 133,51 | 132,92 |
| 1,0 | 7,03 | 7,02 | 128,37 | 127,93 | 7,16 | 7,14 | 162,40 | 161,70 |

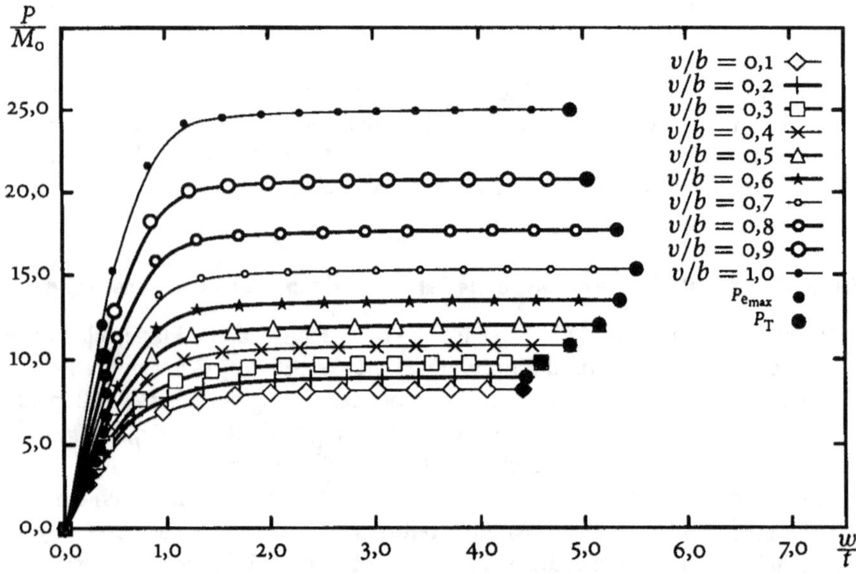


**Abb. 3.11.** Nichtlineare FE-Rechnungen, $P$-$w$ Kurven, $a/b = u/v = 1,0$

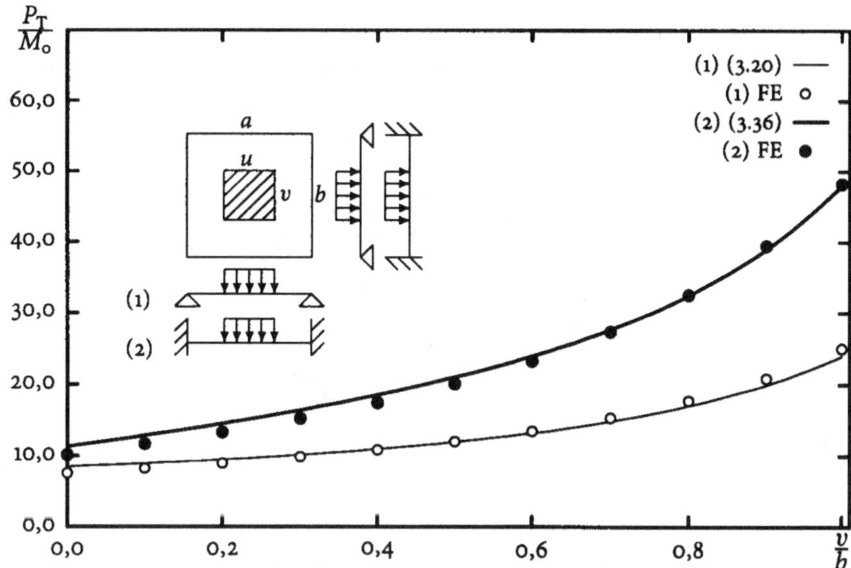

**Abb. 3.12.** Vergleich mit der nichtlinearen FE-Rechnung, $a/b = u/v = 1{,}0$

Die Abbildungen 3.12–3.19 geben den Vergleich zwischen der analytischen Lösung und der nichtlinearen FE-Rechnung mit verschiedenen $a/b$-, $u/v$- und $v/b$-Verhältnissen sowie mit frei drehbar gelagerten und eingespannten Rändern wieder, wobei die dimensionslose Traglast $P_T/M_0$ in Abhängigkeit von den Verhältnissen der Aufstandsflächen $v/b$ dargestellt ist.

Für den Fall $a/b = u/v$ (Abb. 3.12–3.14) ist zu erkennen, daß die nach Gl. (3.20) berechnete Kurve die FE-Ergebnisse sehr gut erfaßt, während die mit Gl. (3.36) ermittelten Traglasten mit relativ kleinen Aufstandsflächen ($v/b \leqslant 0{,}5$) ca. 5 % höher sind als die FE-Ergebnisse. Es ist auch zu erkennen, daß die Traglast für eingespannte Plattenränder unter einer Punktlast in der Plattenmitte ca. 50 % höher ist als die mit frei drehbar gelagerten Plattenrändern, während sie sich unter gleichmäßig verteilter Belastung verdoppelt im Vergleich zu den frei drehbar gelagerten Rändern, obwohl die Seitenverhältnisse der Platten unterschiedlich sind. Verläuft die Zunahme der Traglast mit vergrößerten Aufstandsflächen $v/b$ innerhalb des Bereichs $v/b \leqslant 0{,}5$ etwa linear, nimmt sie im Bereich $v/b > 0{,}5$ schnell zu.

In Abb. 3.15 und 3.16 ist das Tragverhalten der Platten mit quadratischen Aufstandsflächen ($u/v = 1{,}0$) mit $a/b = 2{,}0$ und $3{,}0$ dargestellt. In diesem Fall stimmen die Traglastrechnungen mit den FE-Ergebnissen gut überein. Nur bei größeren Aufstandsflächen mit der eingespannten Randbedingung sind die mit Gl. (3.36) ermittelten Traglasten ca. 10 % höher als die entsprechenden FE-Ergebnisse. Vergleicht man Abb. 3.15 mit Abb. 3.12, kann man erkennen, daß die Traglast einer quadratischen Platte bei gleichen Aufstandsflächen ca. 20 % höher ist als die der Platte mit dem Seitenverhältnis $a/b = 2{,}0$, wenn $v/b = 1{,}0$ wird. Für den Grenzfall $v = 0{,}0$

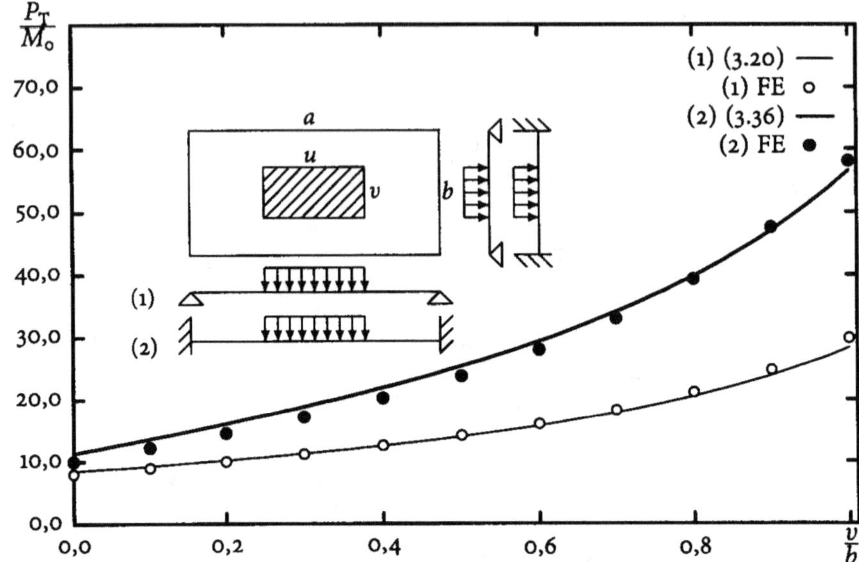

**Abb. 3.13.** Vergleich mit der nichtlinearen FE-Rechnung, $u/v = a/b = 2{,}0$

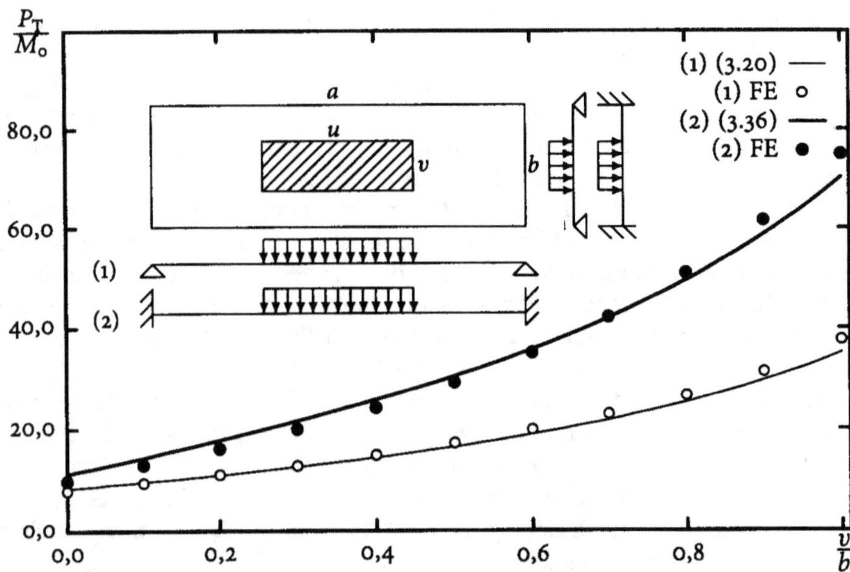

**Abb. 3.14.** Vergleich mit der nichtlinearen FE-Rechnung, $u/v = a/b = 3{,}0$

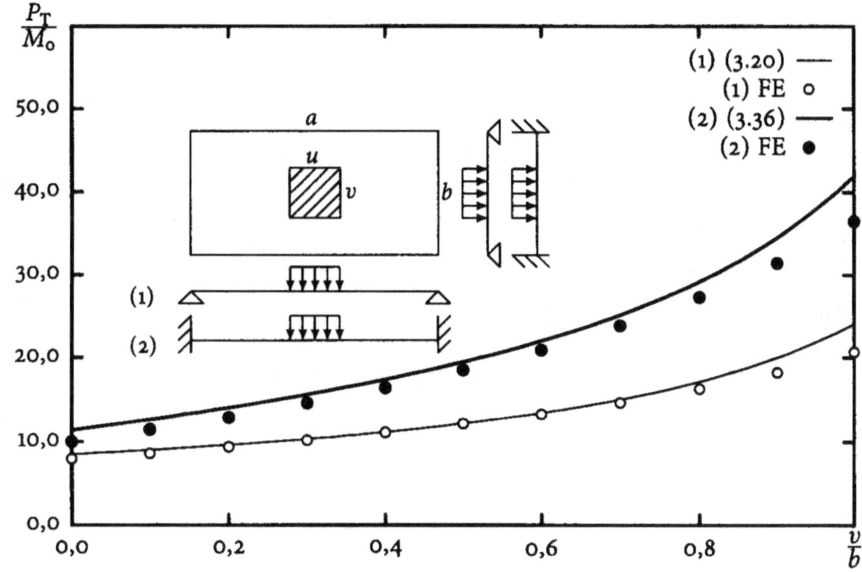

**Abb. 3.15.** Vergleich mit der nichtlinearen FE-Rechnung, $a/b = 2{,}0$, $u = v$

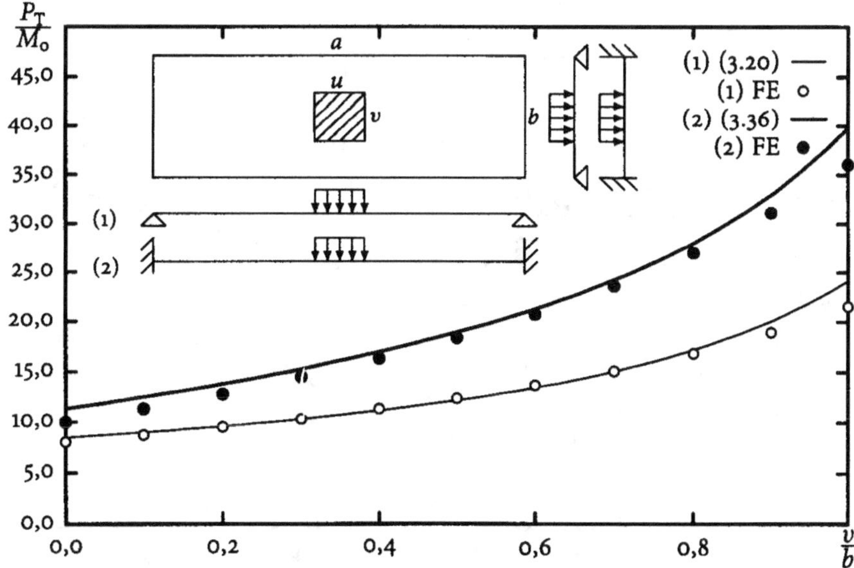

**Abb. 3.16.** Vergleich mit der nichtlinearen FE-Rechnung, $a/b = 3{,}0$, $u = v$

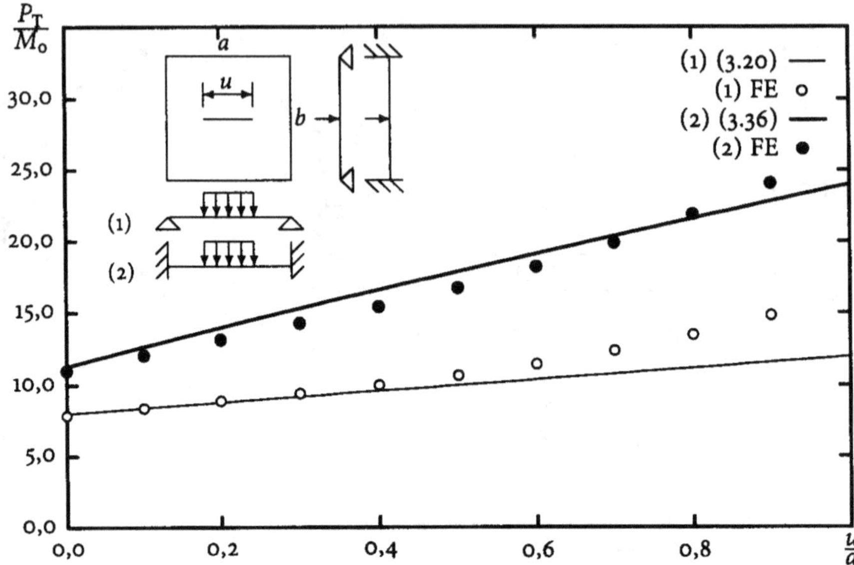

**Abb. 3.17.** Vergleich mit der nichtlinearen FE-Rechnung, $a/b = 1{,}0$, $v = 0{,}0$

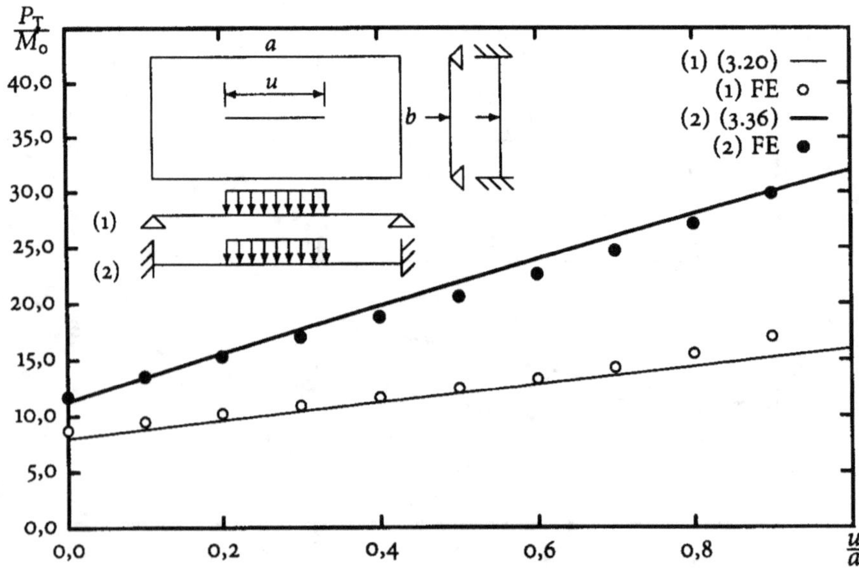

**Abb. 3.18.** Vergleich mit der nichtlinearen FE-Rechnung, $a/b = 2{,}0$, $v = 0{,}0$

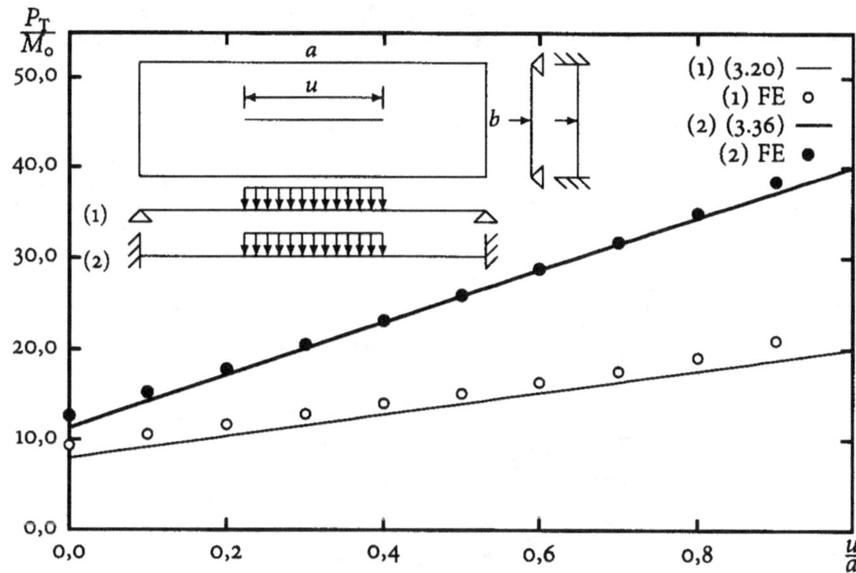

**Abb. 3.19.** Vergleich mit der nichtlinearen FE-Rechnung, $a/b = 3{,}0$, $v = 0{,}0$

werden die Platten mit einer parallel zur längeren Seite der Platte linienförmigen Belastung beansprucht. Nach Gleichung (3.28) und (3.34) steigt die Traglast mit länger werdender Linienlast linear (Abb. 3.17–3.19). Für die Platten mit den Seitenverhältnissen $a/b = 2{,}0$ und $3{,}0$ erfassen die Gleichungen das FE-Ergebnis gut. Für die quadratische Platte bei größeren $u/a$-Verhältnissen sind die nach Gl. (3.28) ermittelten Traglasten ca. 20 % niedriger als die FE-Ergebnisse.

### 3.3.5
### Vergleich der Traglastrechnungen unter Berücksichtigung der Membranwirkung

Werden bei einer normal belasteten Platte die Verschiebungen in der Plattenebene beschränkt und nähert sich die Durchbiegung der Plattendicke an, treten nicht vernachlässigbare Membranspannungen in der Plattenebene auf. Diese Membranwirkung erhöht mit weiter steigender Belastung die Tragfähigkeit der Platte bis zum Erreichen der Zugfestigkeit des Werkstoffs oder bis zum Durchstanzversagen, wenn die Aufstandsfläche im Vergleich zum Plattenfeld relativ klein ist. Zur Beschreibung des Tragverhaltens einer Platte in diesem Zustand lassen sich Beziehungen zwischen der Belastung und der nach der Entlastung bleibenden Durchbiegung ($P$-$w_0$ Kurven) aufstellen.

Durch die Verwendung der Updated Lagrange Methode kann das FE-Programm MARC die geometrische Änderung der belasteten Platte berücksichtigen und die entsprechenden Membranspannungen bestimmen. Für die im letzten Abschnitt genannten 3 Lastfälle ($a/b = u/v$, $u = v$ und $v = 0{,}0$) wurden jeweils die Parameter

$a/b = 1{,}0$, $2{,}0$, $3{,}0$ und $v/b = 0{,}1$, $0{,}5$, $1{,}0$ eingesetzt. Die bleibende Durchbiegung $w_0$ in der Plattenmitte wurde durch stufenweises Be- und Entlasten ermittelt.

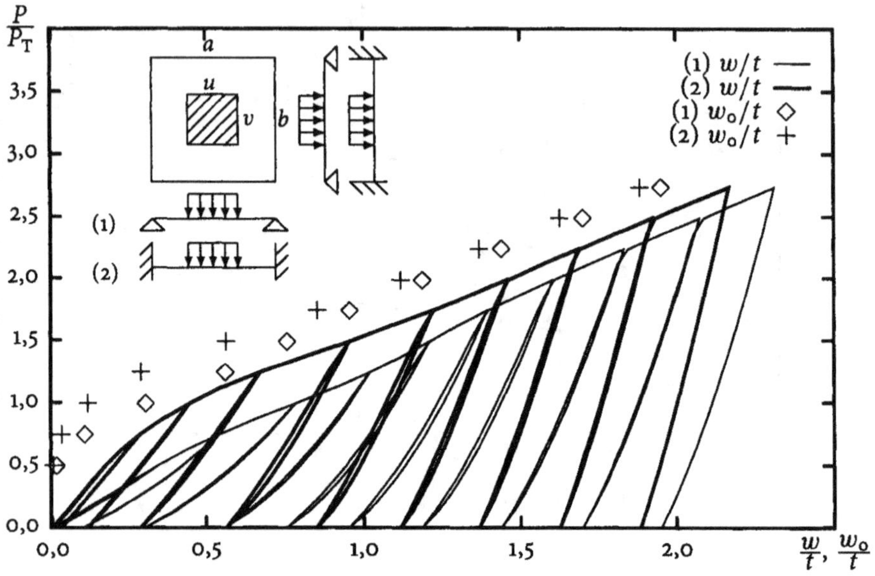

**Abb. 3.20.** Nichtlineare FE-Rechnungen, Be- und Entlastungszyklus

In Abb. 3.20 sind beispielsweise die Be- und Entlastungskurven gegenüber der maximalen Durchbiegung $w$ in der Plattenmitte unter der frei drehbar gelagerten und der eingespannten Randbedingung dargestellt. Hier wurden die Parameter $a/b = 1{,}0$, $u/v = 1{,}0$ und $v/b = 0{,}1$ eingesetzt. In Abb. 3.21 wurden sie unter Vollflächenbelastung ($v/b = 1{,}0$) eingetragen. Die bleibenden Durchbiegungen $w_0$ in der Plattenmitte nach jedem Entlastungsvorgang sind ebenfalls in den Abbildungen wiedergegeben.

Aus Abb. 3.20 ist deutlich zu erkennen, daß die Durchbiegungen $w$ und $w_0$ bei relativ kleiner Belastung in dem am Rand eingespannten Fall nur die Hälfte der in dem am Rand frei drehbar gelagerten Fall betragen. Bei größerer Belastung ($w/t \geqslant 1{,}5$ oder $w_0/t \geqslant 1{,}0$) werden sie annähernd gleich groß. Bis dahin wird ein plastischer Membranzustand im Plattenfeld aufgebaut, wobei die eingespannten Ränder durch die Plastizierung frei drehbar werden. Die Steigung der Kurven bleibt danach fast konstant.

Bemerkenswert ist auch, daß die Steigung der Entlastungs- und Belastungskurven mit der frei drehbaren Randbedingung vor dem plastischen Membranzustand eindeutig kleiner ist als mit der eingespannten Randbedingung. Eine Erklärung dafür ist, daß sich die eingespannten Ränder in dieser Phase in einem elastoplastischen Zustand befinden, während die anderen noch frei drehbar sind. So tragen die eingespannten Ränder beim Entlastungsvorgang durch die Behinderung der Verdrehung am Rand dazu bei, die elastische Verformung im Plattenfeld zurückzunehmen. Dadurch wird das Verhältnis $w/w_0$ mit frei drehbar gelagerten Rändern wesentlich größer als mit

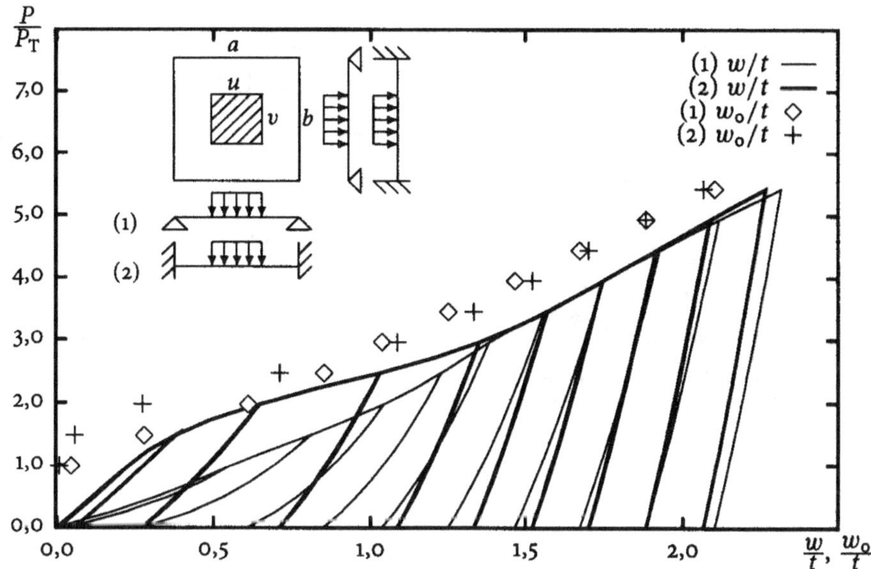

**Abb. 3.21.** Nichtlineare FE-Rechnungen, Be- und Entlastungszyklus

eingespannten, bis es zur Durchplastizierung der am Rand befindlichen Plattenquerschnitte (rein plastischer Membranzustand) kommt.

Im Gegensatz zu der kleinen Teilflächenlast wird die Platte unter Vollflächenbelastung bei gleichen Durchbiegungen mit einer wesentlich höheren Last beansprucht (Abb. 3.21). Der Beitrag durch die Teilplastizierung der eingespannten Ränder ist noch deutlicher zu sehen. Zu bemerken ist hier, daß der plastische Membranzustand bei einer fast gleichen Durchbiegung $w/t \approx 1{,}5$ oder $w_0/t \approx 1{,}0$ eingetreten ist wie in der Platte mit kleiner Teilflächenlast (Abb. 3.20). Das bedeutet also, daß das Eintreten des reinen plastischen Membranzustands nicht von der Aufstandsfläche, sondern von der Durchbiegung $w/t$ oder $w_0/t$ abhängt.

Die in Abb. 3.22–3.29 eingetragenden $P/P_T$-$w_0/t$-Verläufe zeigen den Vergleich zwischen den nichtlinearen FE-Rechnungen und den durch die abgeleiteten Formeln errechneten Ergebnisse, wobei $P_T$ die nach Gl. (3.20) ermittelte Traglast bei frei drehbarer Randbedingung ist.

Allgemein kann man aus den Vergleichsrechnungen erkennen, daß beide Rechenergebnisse im Bereich $w_0/t \leqslant 2{,}0$ befriedigend übereinstimmen. Die FE-Ergebnisse liegen in den meisten Fällen zwischen dem frei drehbar gelagerten und dem eingespannten Fall. Sie zeigen, daß der Unterschied in den bleibenden Durchbiegungen zwischen beiden Randbedingungen unter kleiner Teilflächenlast nur innerhalb von $w_0/t \leqslant 1{,}0$ erkennbar größer ist, während dies unter Vollflächenlast bei $w_0/t \leqslant 2{,}0$ von Bedeutung ist. Mit weiter steigender Belastung befinden sich die Platten in einem plastischen Membranzustand, in dem die Steigungen der Kurven konstant bleiben und das Tragverhalten der Platten unter den beiden Randbedingungen fast gleich ist.

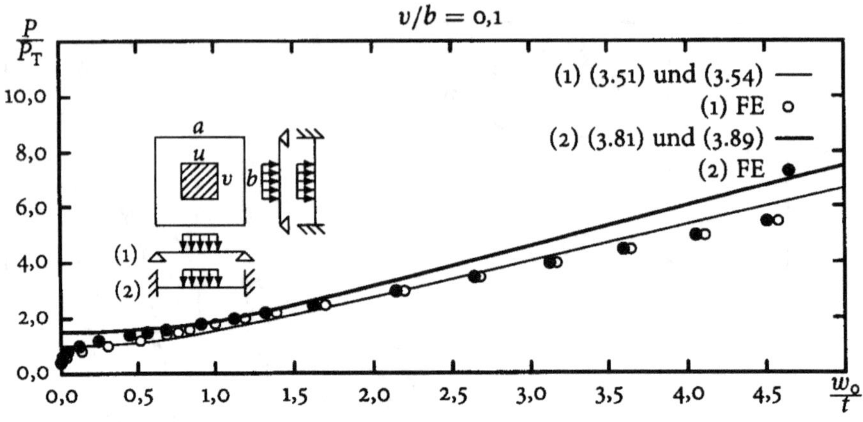


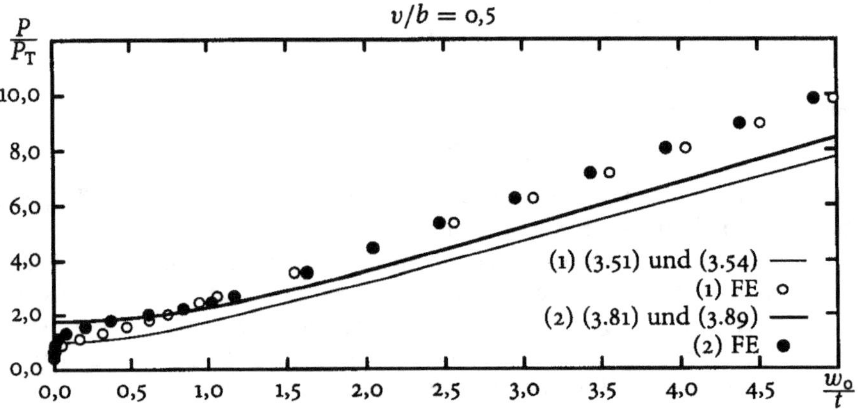


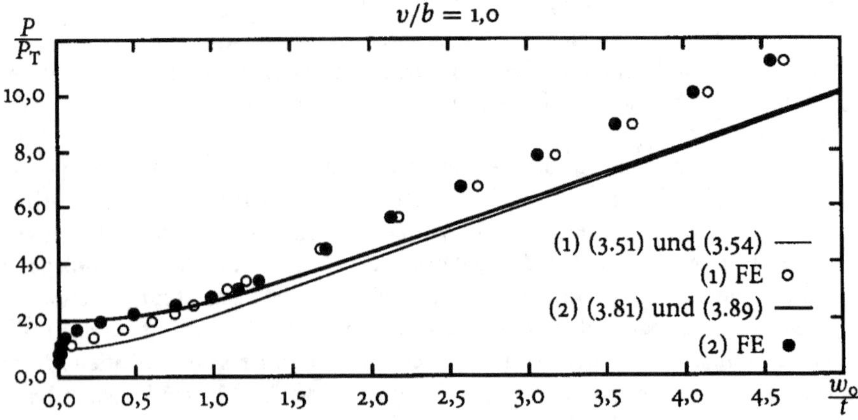


**Abb. 3.22.** $P/P_{\mathrm{T}}$-$w_0/t$ Verhalten, $a/b = u/v = 1{,}0$

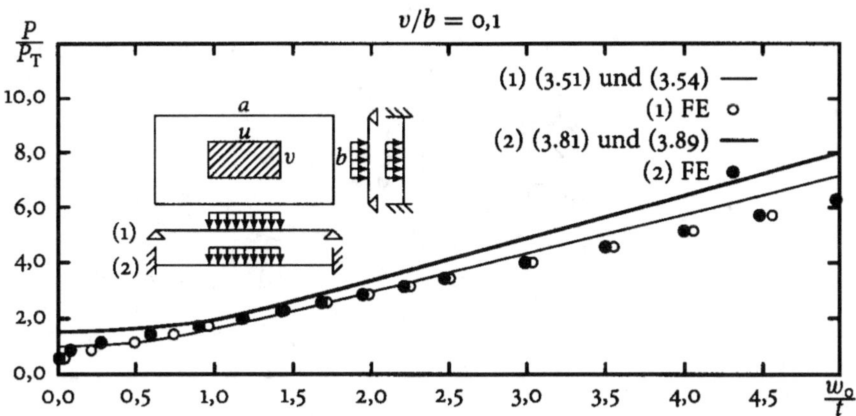


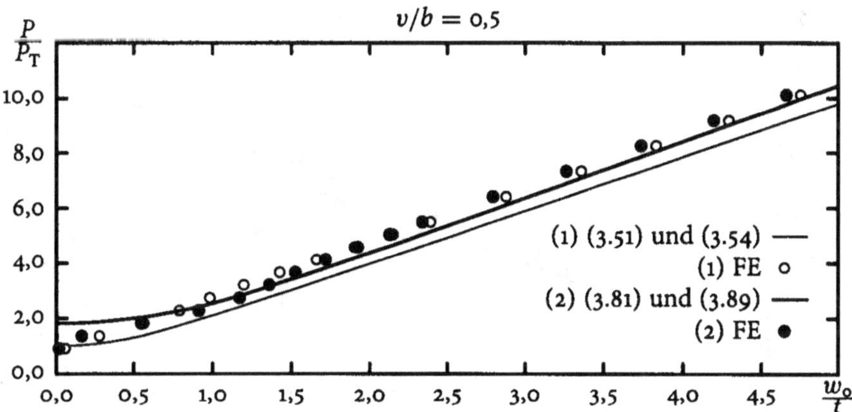


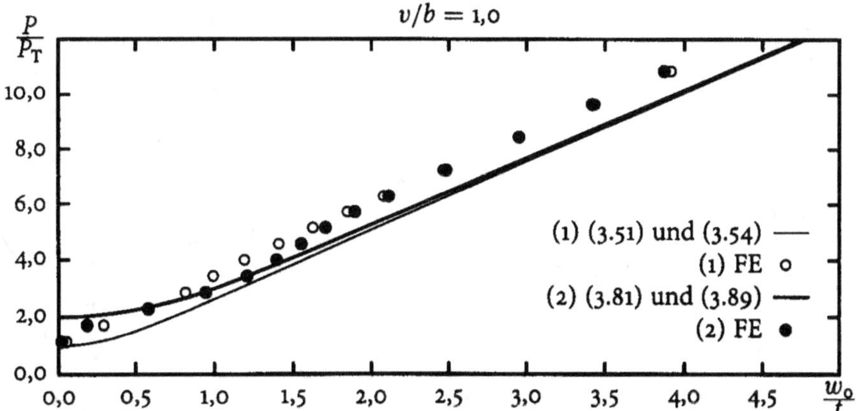


**Abb. 3.23.** $P/P_\mathrm{T}$-$w_0/t$ Verhalten, $a/b = u/v = 2{,}0$

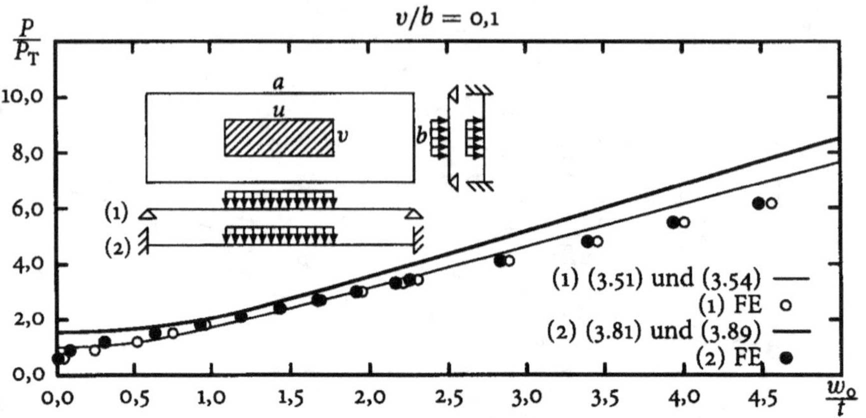


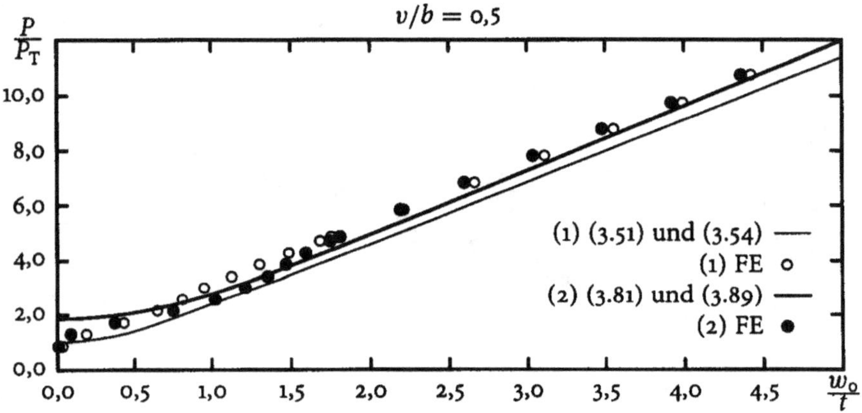


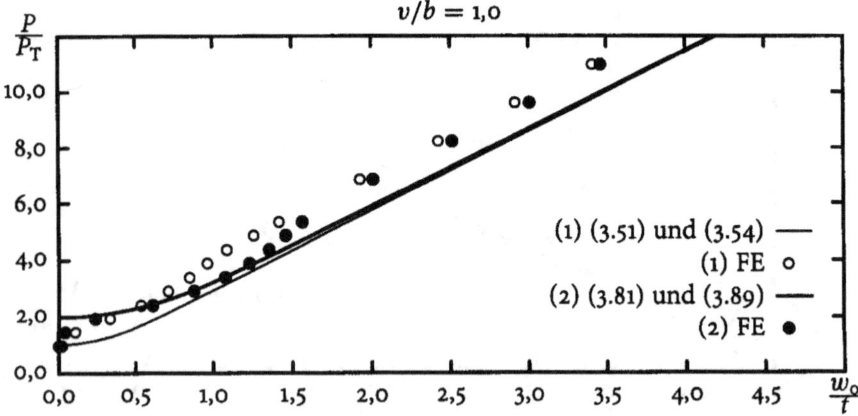


**Abb. 3.24.** $P/P_T$-$w_0/t$ Verhalten, $a/b = u/v = 3,0$

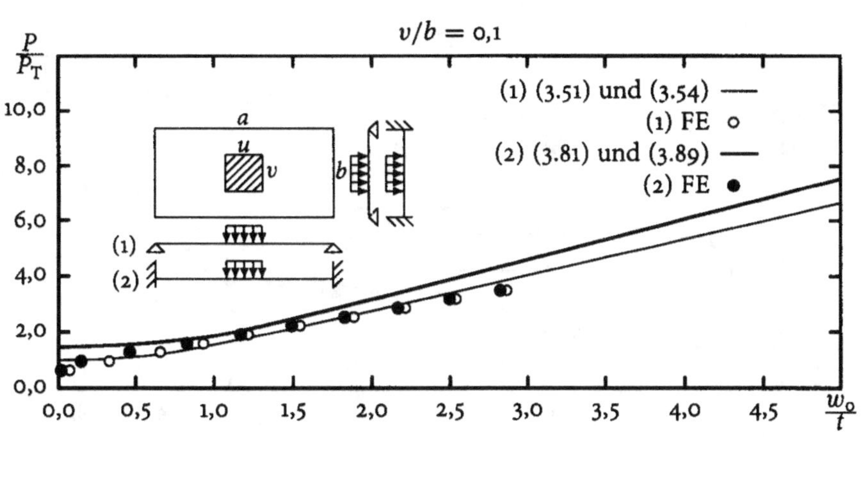


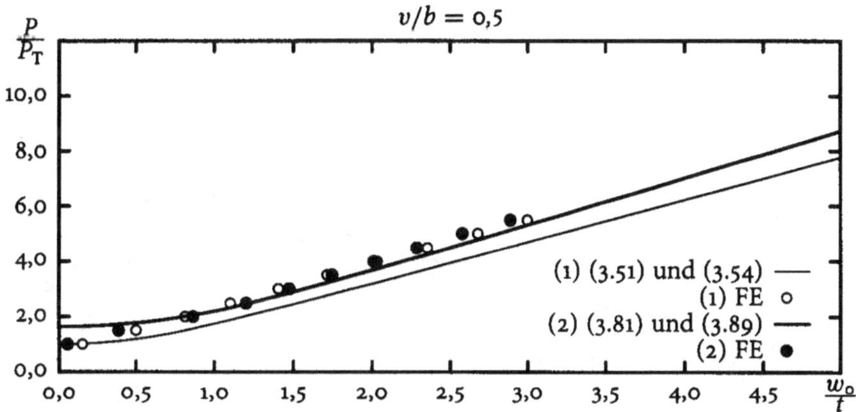


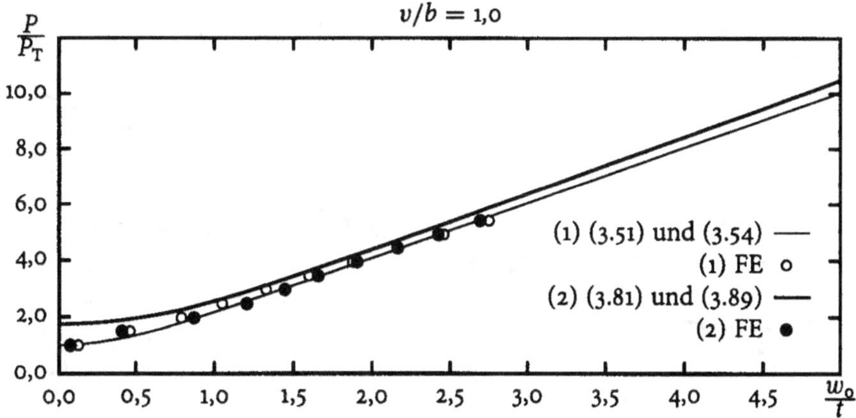


**Abb. 3.25.** $P/P_T$-$w_0/t$ Verhalten, $a/b = 2{,}0$, $u = v$

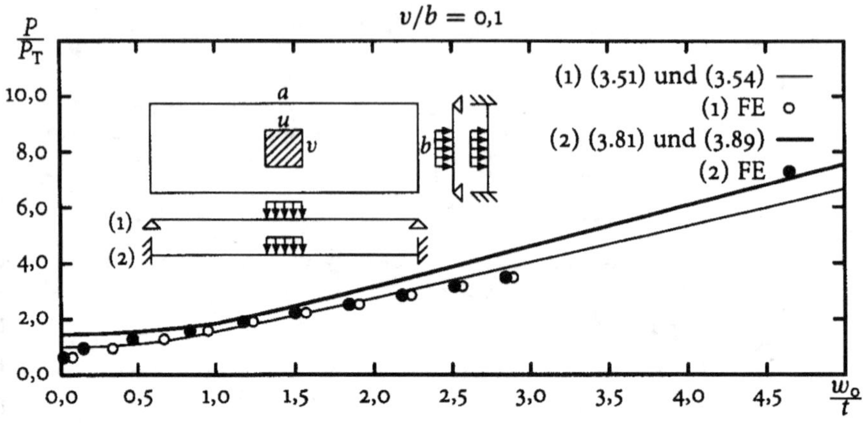

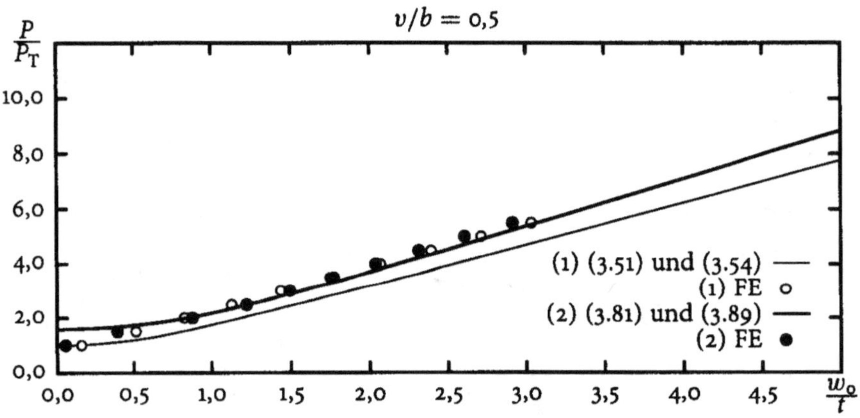

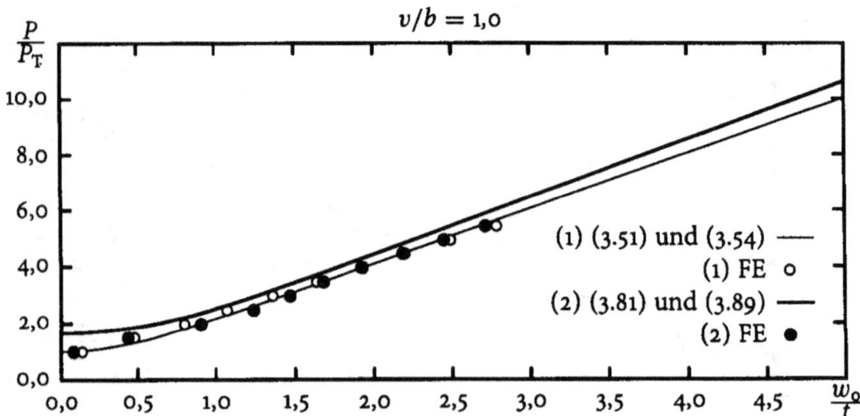

**Abb. 3.26.** $P/P_\mathrm{T}$-$w_0/t$ Verhalten, $a/b = 3{,}0$, $u = v$

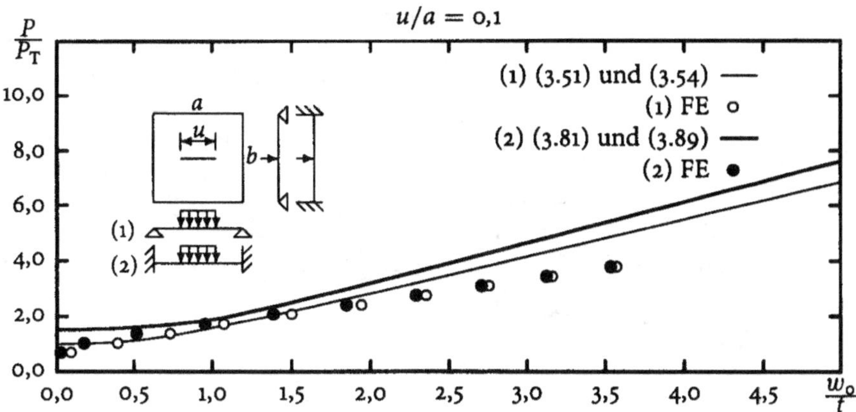



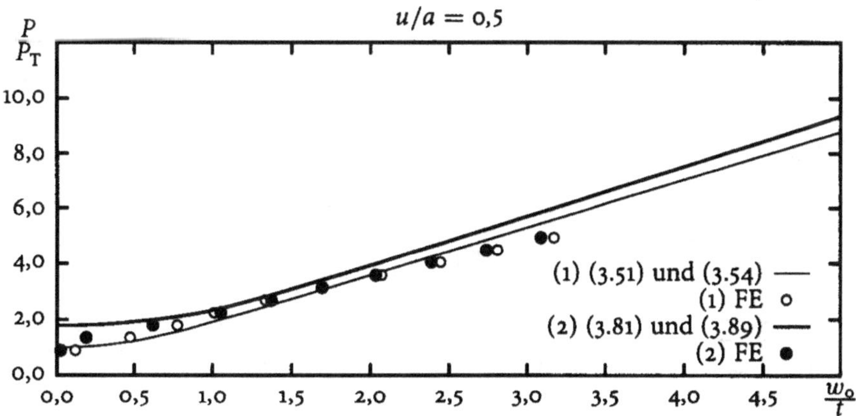



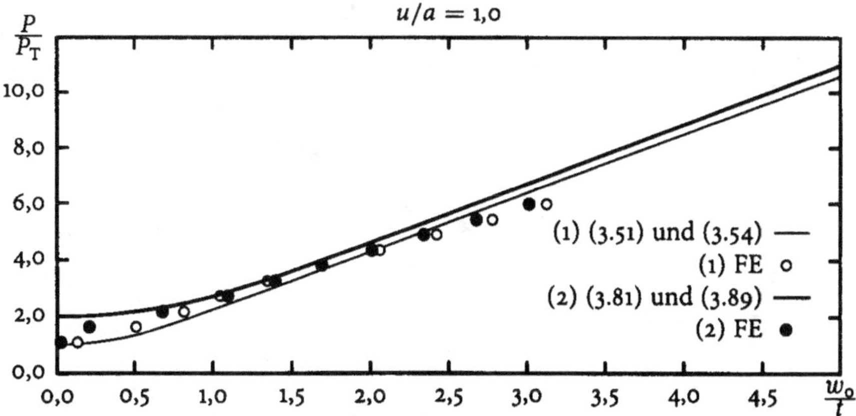



**Abb. 3.27.** $P/P_T$-$w_0/t$ Verhalten, $a/b = 1{,}0$, $v = 0{,}0$

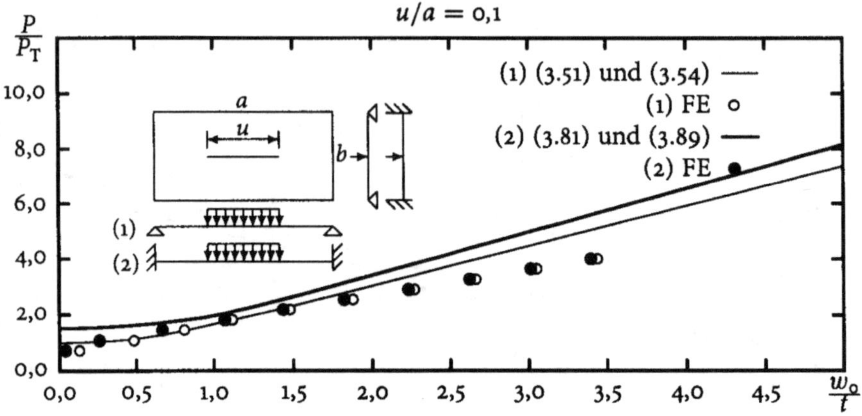


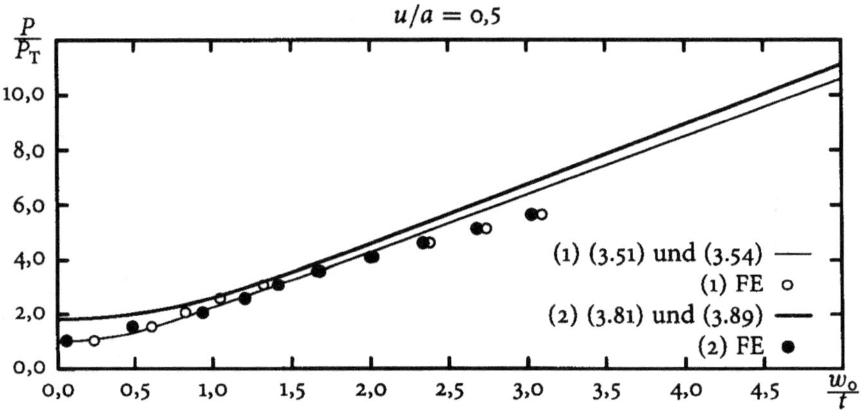


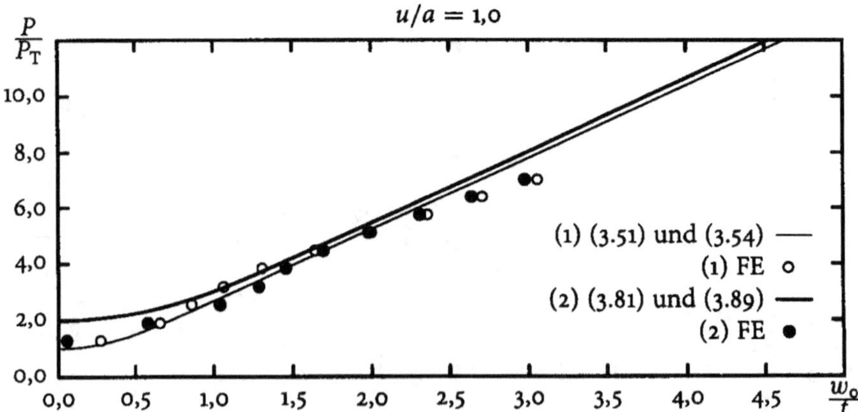


**Abb. 3.28.** $P/P_\mathrm{T}$-$w_0/t$ Verhalten, $a/b = 2{,}0$, $v = 0{,}0$

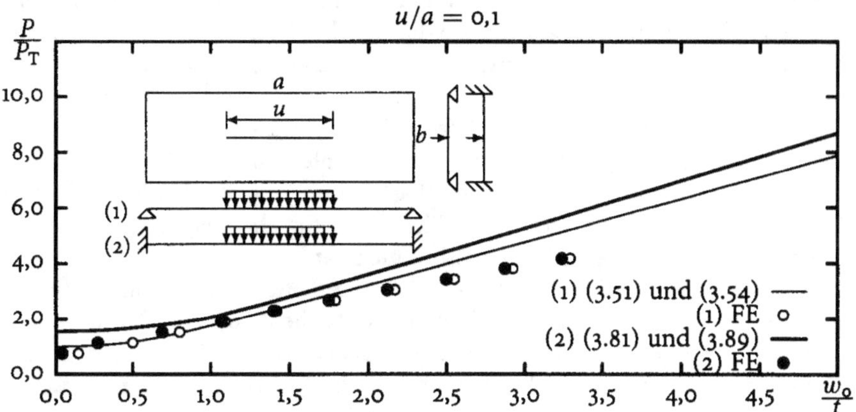

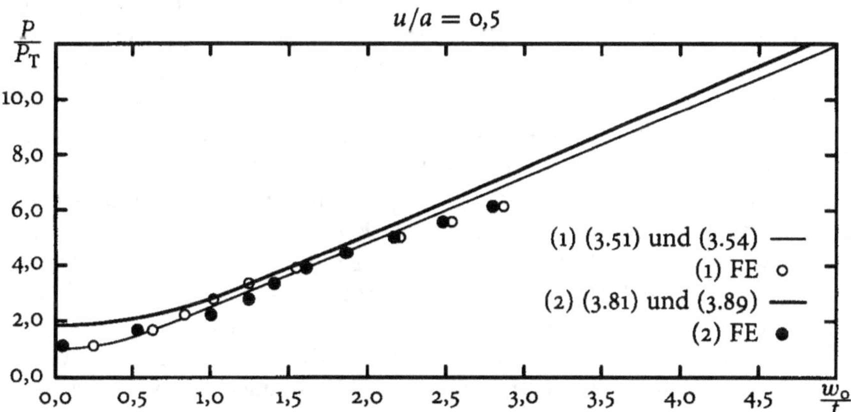

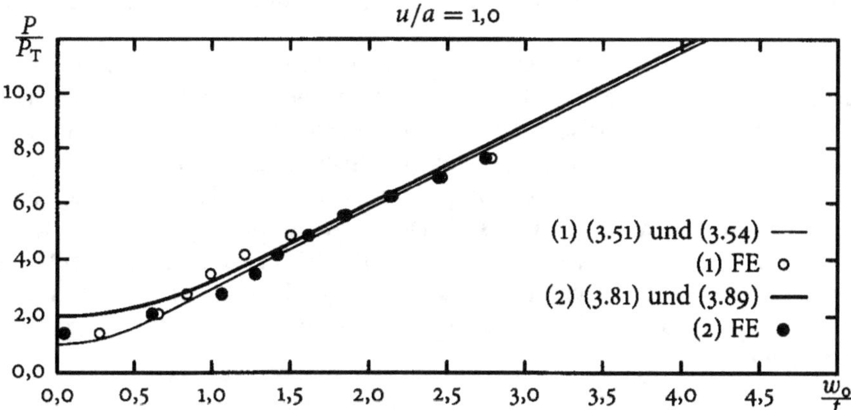

**Abb. 3.29.** $P/P_\mathrm{T}$-$w_0/t$ Verhalten, $a/b = 3{,}0$, $v = 0{,}0$

In Abb. 3.22–3.24 sind für die Platten mit den Seiten- und Aufstandsflächenverhältnissen $a/b = u/v = 1{,}0$, $2{,}0$ und $3{,}0$ die Durchbiegungen $w_0/t$ in Abhängigkeit von den Belastungen $P/P_T$ dargestellt. Es ist zu sehen, daß die mit den einfachen Formeln ermittelten Ergebnisse in den meisten Fällen die FE-Rechnungen gut erfassen. Unter einer Vollflächenlast bei größeren Durchbiegungen ($w_0/t > 1{,}5$) liegen die nach den Formeln berechneten Kurven ca. 20 % unterhalb der FE-Rechnungen. Der Grund dafür ist wahrscheinlich, daß die Lastübertragung auf den Randknoten der FE-Modelle, die vor allem von der FE-Elementierung abhängig ist, zu einer relativ kleinen Gesamtbelastung im Plattenfeld geführt hat.

In Abb. 3.25 und 3.26 ist das Tragverhalten der Platten mit zunehmenden Seitenverhältnissen ($a/b = 2{,}0$ und $3{,}0$) bei einem gleichen Aufstandsflächenverhältnis $u/v = 1{,}0$ für $v/b = 0{,}1$, $0{,}5$ und $1{,}0$ aufgetragen. In diesem Fall werden die analytischen Ergebnisse durch die FE-Rechnungen sehr gut wiedergegeben. Obwohl das Seitenverhältnis der Platte in beiden Abbildungen unterschiedlich ist, liefern beide Rechnungen fast gleiche Ergebnisse. Es ist festzustellen, daß das Seitenverhältnis der Platte nur einen geringfügigen Einfluß auf das Tragverhalten hat. Diese Feststellung ist auch durch die experimentelle Untersuchung von Jackson [35] bestätigt worden.

Als ein Grenzfall ist das Tragverhalten der Platten unter einer Linienlast ($v = 0{,}0$) für unterschiedliche Seitenverhältnisse $a/b = 1{,}0$, $2{,}0$ und $3{,}0$ und verschiedene Längen der Lastlinien $u/a = 0{,}1$, $0{,}5$ und $1{,}0$ in Abb. 3.27–3.29 dargestellt. Selbst in diesem Fall konnten die nach der Fließgelenklinientheorie ermittelten $P/P_T$-$w_0/t$ Verläufe den FE-Ergebnissen innerhalb von $w_0/t \leqslant 2{,}0$ sehr gut folgen. Die Abweichungen beider Ergebnisse werden mit weiter steigenden Belastungen größer. Die Steigungen der nach der Fließgelenktheorie gerechneten Kurven im plastischen Membranzustand scheinen größer zu sein als die mit der FE-Methode gerechneten.

Anhand der o. g. Ergebnisse ist die Bedeutung der Traglast $P_T$ zu erkennen. Die zu $P_T$ gehörigen bleibenden Durchbiegungen in der Plattenmitte bei sehr kleiner Aufstandsfläche $v/b = 0{,}1$ liegen nach den FE-Rechnungen in einem Bereich von $w_0/t \leqslant 0{,}3$, während sie bei größeren Aufstandsflächen $v/b = 0{,}5$ und $1{,}0$ vernachlässigbar klein sind. Man kann davon ausgehen, daß die Traglast $P_T$ eine Grenze bezeichnet, bei der die bleibenden Verformungen beginnen, wie es Sawczuk [23] erläutert hat.

Zahlreiche Versuchs- und Rechenergebnisse weisen darauf hin, daß die Plattendicke $t$ einen großen Einfluß auf die Tragfähigkeit einer normal belasteten Platte hat, da die durch die geometrische Änderung der Platte verursachte Membranwirkung bei einer dünneren Platte wesentlich früher eintritt. In Abb. 3.30 sind die Vergleiche zwischen den analytischen Lösungen und den nichtlinearen FE-Rechnungen für unterschiedliche Plattendicken $t$ dargestellt. Die Übereinstimmung der Ergebnisse ist als befriedigend anzusehen. Nach Gleichung (3.36) erhöht sich die Traglast mit zunehmender Plattendicke $t$ quadratisch. Das bedeutet, daß das Eintreten der bleibenden Verformung bei dünneren Platten bei einer wesentlich kleineren Last als bei dicken Platten eintritt.

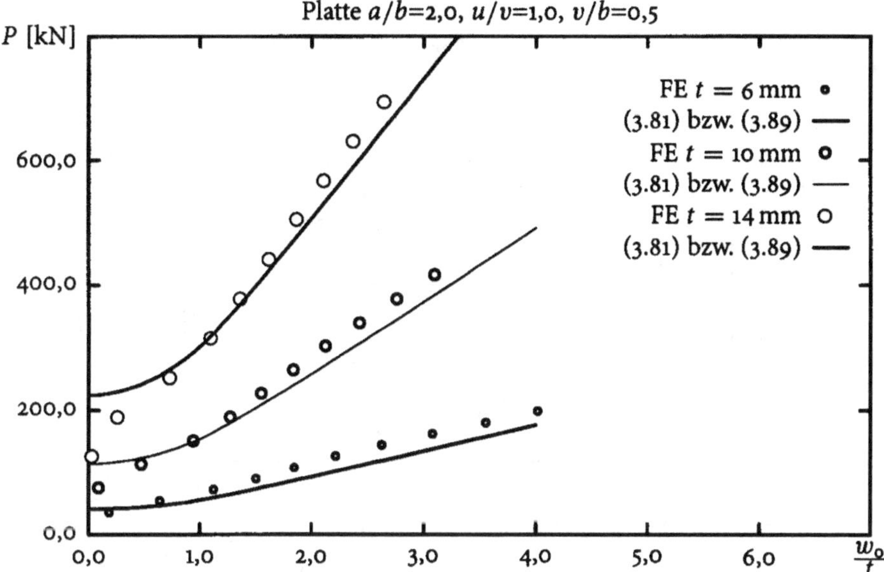


**Abb. 3.30.** FE und analytische Lösung, Einfluß von Plattendicke $t$

# 3.4
# Vergleich mit anderen Lösungen und Versuchen

In diesem Abschitt wird der Vergleich der theoretischen Ansätze zur Bestimmung der Traglasten aus Abschnitt 3 mit den Lösungen und Versuchsergebnissen aus den in Abschnitt 2 erwähnten Arbeiten verschiedener Autoren durchgeführt.

### 3.4.1
### Vergleich mit anderen theoretischen Lösungen

*Die Traglast in bezug auf die elastische Lösung nach Navier*

Anhand der elastischen Plattentheorie kann man die elastische Grenzlast für eine frei drehbar gelagerte Platte mit Teilflächenlast durch Lösung der Navierschen Doppelreihenansätze ermitteln.

Anhand von Abb. 3.31 lautet nach diesen Ansätzen die Lastfunktion

$$q(x,y) = \sum_{m}^{\infty} \sum_{n}^{\infty} a_{mn} \sin\frac{m\pi x}{a} \sin\frac{n\pi y}{b} \quad , \quad (m, n = 1, 3, 5, \ldots) \, , \qquad (3.102)$$

wobei

$$a_{mn} = \frac{16q_0}{\pi^2 mn} \sin\frac{m\pi}{2} \sin\frac{n\pi}{2} \sin\frac{m\pi u}{2a} \sin\frac{n\pi v}{2b} \quad , \quad (m, n = 1, 3, 5, \ldots)$$

$$(3.103)$$

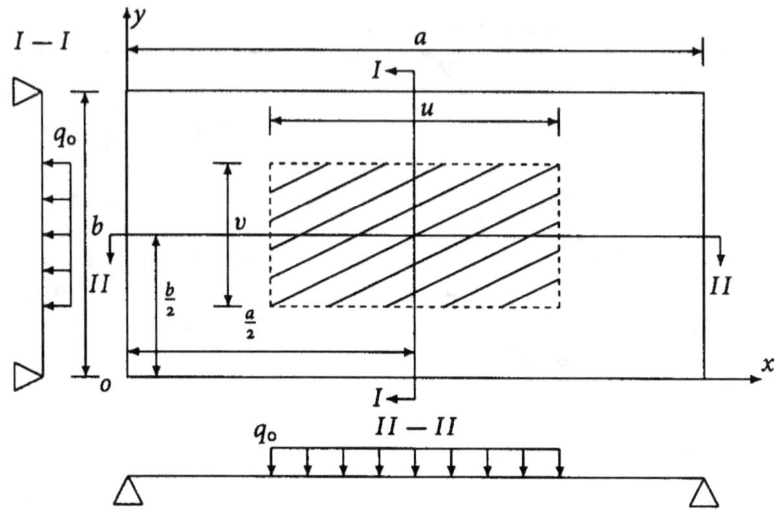

**Abb. 3.31.** Durch Teilflächenlast beanspruchte Platte, frei drehbar gelagert

die Beiwerte sind. Die entsprechende Durchbiegungsfunktion lautet

$$w(x, y) = \sum_{m}^{\infty} \sum_{n}^{\infty} w_{mn} \sin \frac{m\pi x}{a} \sin \frac{n\pi y}{b} \quad , \quad (m, n = 1, 3, 5, \ldots) \, . \qquad (3.104)$$

Durch Einsetzen von Gleichung (3.102) und (3.104) in die Differentialgleichung erhält man die Durchbiegungsbeiwerte

$$w_{mn} = \frac{a_{mn}}{D\pi^4 \left( \dfrac{m^2}{a^2} + \dfrac{n^2}{b^2} \right)^2} \quad , \quad (m, n = 1, 3, 5, \ldots) \, , \qquad (3.105)$$

wobei

$$D = \frac{Et^3}{12(1 - \nu^2)} \qquad (3.106)$$

als Biegesteifigkeit der Platte bezeichnet wird. $E$ ist das Elastizitätsmodul und $\nu$ die Querdehnungszahl des Werkstoffs. Durch zweimalige Ableitung der Gleichung (3.104) lassen sich die Spannungen berechnen. Nach der Elastizitätstheorie lauten die Spannungen

$$\sigma_x = -\frac{Ez}{1 - \nu^2} \left( \frac{\partial^2 w}{\partial x^2} + \nu \frac{\partial^2 w}{\partial y^2} \right) \qquad (3.107)$$

$$\sigma_y = -\frac{Ez}{1 - \nu^2} \left( \frac{\partial^2 w}{\partial y^2} + \nu \frac{\partial^2 w}{\partial x^2} \right) \qquad (3.108)$$

$$\tau_{xy} = -\frac{Ez}{1 + \nu} \frac{\partial^2 w}{\partial x \partial y} \, . \qquad (3.109)$$

Für o. g. Lastfall tritt die maximale Normalspannung in der Plattenmitte auf, und zwar in der oberen und unteren Faser des Querschnitts. Dies entspricht $x = \frac{a}{2}$, $y = \frac{b}{2}$ und $z = \frac{t}{2}$. Da sich die Belastung zu den Spannungen im elastischen Bereich linear verhält, ist die elastische Grenzlast, bei der die maximale Vergleichsspannung die Fließgrenze erreicht, nach beliebigen Fließbedingungen zu bestimmen. Für den zweiachsigen Spannungszustand ist es bei Verwendung der elastischen Plattentheorie möglich, die Fließbedingung nach von Mises aufzunehmen. Die Belastung erreicht die elastische Grenze, wenn in der oberen und unteren Seite der Platte die Bedingung

$$\sigma_v = \sqrt{\sigma_x{}^2 + \sigma_y{}^2 - \sigma_x\sigma_y + 3\tau_{xy}{}^2} = R_{eH} \ . \tag{3.110}$$

erfüllt wird.

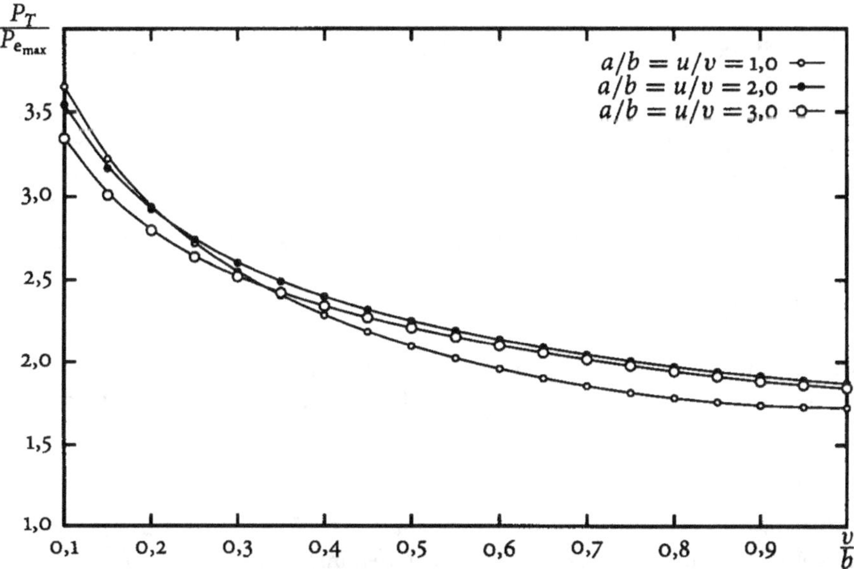


**Abb. 3.32.** Auf die elastische Grenzlast bezogene Traglast ohne Berücksichtigung von Membranwirkungen in Abhängigkeit des Verhältnisses $v/b$.

In Abb. 3.32 ist das Verhältnis der Traglast $P_T$ zu der elastischen Lösung $P_{e_{max}}$ in Abhängigkeit zum Verhältnis der Aufstandsfläche $v/b$ dargestellt. Für die Seitenverhältnisse der Platten und der Aufstandsflächen wurden $a/b = u/v = 1{,}0$, $2{,}0$ und $3{,}0$ ausgewählt. Es ist zu erkennen, daß die Verhältnisse $P_T/P_{e_{max}}$ in den Bereichen von $v/b = 0{,}1$ bis $1{,}0$ zwischen ca. $3{,}5$ bis ca. $1{,}75$ liegen, während die Veränderung der Seitenverhältnisse $a/b$ nur einen geringfügigen Einfluß auf das Tragverhalten der Platten hat.

*Vergleich mit der elastischen Lösung von Böckenhauer und Schultz*

1965 wurde von Böckenhauer und Schultz [7] ein Bemessungskonzept für eine unter Radlast befindliche Decksbeplattung mit Seitenverhältnissen von $a/b \geqslant 3{,}0$ vorgeschlagen.

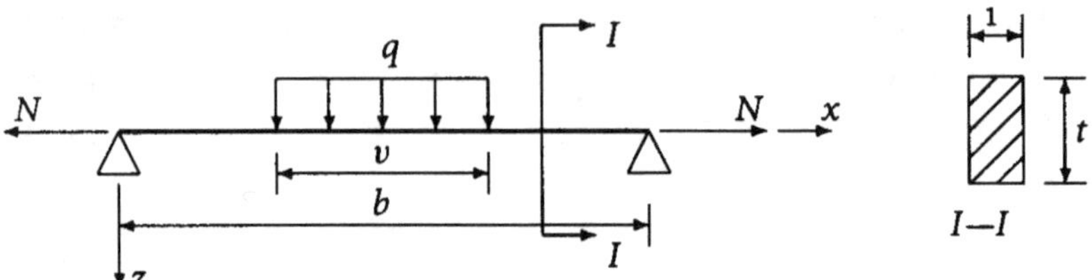

**Abb. 3.33.** Ein durch Radlast beanspruchter Plattenstreifen

Für das Tragverhalten der Beplattung wurde zylindrische Biegung angenommen. Unter dieser Voraussetzung wurde die Platte als ein elementarer Plattenstreifen der Breite „1" und der Länge $b$ betrachtet (Abb. 3.33), wobei die Membrankraft $N$, die durch die Durchbiegung des Plattenstreifens entsteht, berücksichtigt wurde. Für die Durchbiegungsfunktion wurde näherungsweise folgender Ausdruck angesetzt:

$$w = \frac{w_0}{1+\alpha} \sin \frac{\pi x}{b} . \tag{3.111}$$

In Gl. 3.111 ist $w_0$ die Durchbiegung auf Mitte Streifen ($x = \frac{b}{2}$) allein aufgrund der Lastintensität $q$. Der Faktor $\alpha$, der die Membranwirkung andeuten soll, ist durch

$$\alpha = \frac{Nb^2}{D\pi^2} \tag{3.112}$$

definiert, worin $D$ die Biegesteifigkeit des Plattenstreifens ist (Gl. (3.106)). Unter der Annahme, daß die Dehnungen im Plattenstreifen infolge der Membrankraft $N$ gleich sind, kann man durch Integration der Längung von $b$

$$\frac{Nb(1 - \nu^2)}{tE} = \frac{1}{2} \int_0^b \left(\frac{dw}{dx}\right)^2 dx$$

eine Beziehung zwischen $\alpha$ und der Durchbiegung $w_0$ ermitteln:

$$\alpha(1 + \alpha)^2 = \frac{3w_0^2}{t^2} . \tag{3.113}$$

Die gesamte Spannung in dem Plattenstreifen läßt sich in zwei Komponenten teilen. Der Membrananteil ist durch $\alpha$ bzw. durch die Durchbiegung $w_0$ nach Gl. (3.113) bestimmt. Für den Biegeanteil wurde nach der elastischen Plattentheorie die Lösung von Levy [8] angenommen, in der die Platte als unendlich langer, frei drehbar gelagerter Plattenstreifen ($a/b \longrightarrow \infty$) behandelt wird. Für die Durchbiegung $w_0$ und die Biegespannung $\sigma_{bx}$ lauten die Ergebnisse [8] für $x = \frac{b}{2}$

$$w_0 = q\frac{12(1-\nu^2)}{E\pi^2}\frac{b^4}{t^3}\gamma \;,$$

(3.114)

mit

$$\gamma = \frac{4}{\pi^3}\sum_m^\infty \frac{1}{m^5}\left[1 - \left(1 + \frac{m\pi u}{4b}\right)e^{-\frac{m\pi u}{2b}}\right]\sin\frac{m\pi v}{2b} \quad, \quad m = 1, 3, 5, \ldots ,$$

(3.115)

und

$$\sigma_{bx} = 6q\left(\frac{b}{t}\right)^2 \beta_1 \;,$$

(3.116)

mit

$$\beta_1 = \frac{4}{\pi^3}\sum_m^\infty \frac{1}{m^3}\left\{1 - \left[1 + (1-\nu)\frac{m\pi u}{4b}\right]e^{-\frac{m\pi u}{2b}}\right\}\sin\frac{m\pi v}{2b} \quad, \quad m = 1, 3, 5, \ldots$$

(3.117)

Die gesamte maximale Spannung in der Mitte des Plattenstreifens ergibt sich dann aus

$$\begin{aligned}\sigma_{\text{ges}} &= \sigma_b + \sigma_m \\ &= 6q\left(\beta_1 - \gamma\frac{\alpha}{1+\alpha}\right)\left(\frac{b}{t}\right)^2 + \frac{E\pi^2\alpha}{12(1-\nu^2)}\left(\frac{t}{b}\right)^2 \;.\end{aligned}$$

(3.118)

Der Einfluß der Membranwirkung auf das Tragverhalten ist aus Gl. (3.118) zu erkennen. Einerseits reduziert sich die gesamte Biegespannung $\sigma_b$ in der Mitte des Plattenstreifens durch das Eintreten der Membrankraft, andererseits führt die Membranspannung $\sigma_m$ zu einer Erhöhung der gesamten Spannung $\sigma_{\text{ges}}$ an dieser Stelle.

Aus Gl. (3.113) und (3.114) erhält man die entsprechende Lastintensität zu

$$q = \frac{E\pi^2}{12(1-\nu^2)}\left(\frac{t}{b}\right)^4\frac{1+\alpha}{\gamma}\sqrt{\frac{\alpha}{3}} \;.$$

(3.119)

Aus Gl. (3.118) und (3.119) ergibt sich dann

$$q = \frac{12(1-\nu^2)}{E\pi^2}\frac{\sigma_{\text{ges}}^2}{c^4 A^2} \;,$$

(3.120)

wobei die Parameter $c$ und $A$ wie folgt ermittelt werden können:

$$c^4 = \frac{\gamma}{1+\alpha}\sqrt{\frac{3}{\alpha}} \;,$$

(3.121)

und

$$A = \alpha + 6\left[\frac{\beta_1}{\gamma}(1+\alpha) - \alpha\right]\sqrt{\frac{\alpha}{3}} \;.$$

(3.122)

Setzt man die Fließgrenze $R_{eH}$ in (3.120) ein, ergibt sich die elastische Grenzlast

$$P_{e_{max}} = quv = uv \frac{12(1-\nu^2)}{E\pi^2} \frac{R_{eH}^2}{c^4 A^2} \, . \tag{3.123}$$

Um den Einfluß der Membranwirkung zu erkennen, sind die dimensionslosen Biege- bzw. Membranspannungen ($\frac{\sigma_b}{R_{eH}}$ und $\frac{\sigma_m}{R_{eH}}$) und die Durchbiegungen $\frac{w_{e_{max}}}{t}$ in Abhängigkeit von $v/b$ in Abb. 3.34 für die elastische Grenzlast dargestellt.

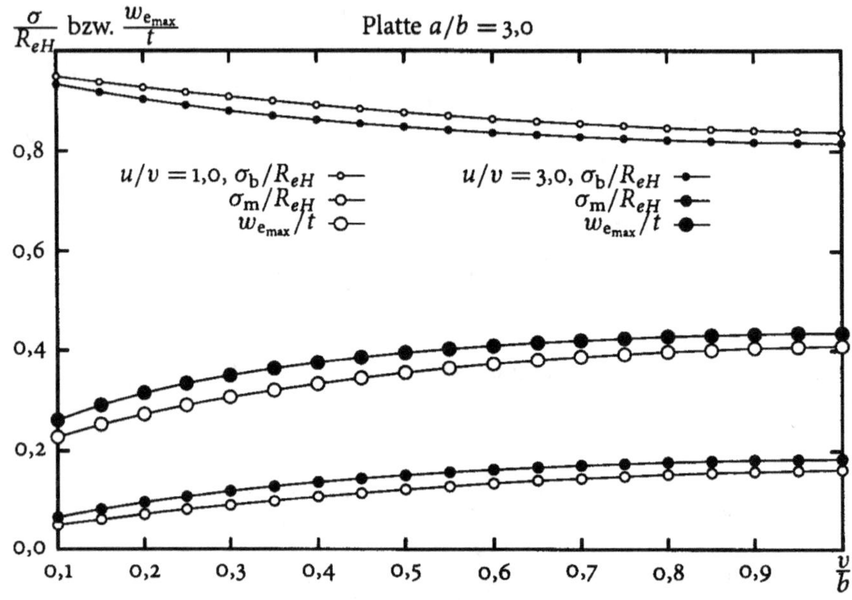


**Abb. 3.34.** Maximale Spannungen bzw. Durchbiegungen nach Böckenhauer

Man kann deutlich erkennen, daß die Membranspannungen, obwohl sie mit zunehmender Aufstandsfläche $v/b$ leicht ansteigen, unter 20 % der gesamten Spannung liegen, während die Biegespannungen für das Tragverhalten des Plattenstreifens eine entscheidende Rolle spielen. Das bedeutet, daß der Einfluß der Membranwirkung auf die gesamten Spannungen im elastischen Bereich sehr klein ist. Im Gegensatz dazu ist die maximale Durchbiegung in der Mitte des Plattenstreifens durch das Auftreten der Membrankraft stark reduziert (Vergleich mit Tabelle 3.2). Dies kann auf die Reduzierung der Gesamtmomente zurückgeführt werden. Die Änderung der Verhältnisse der Aufstandsflächen $u/v$ hat nur geringfügigen Einfluß auf die Spannungen bzw. die Durchbiegungen in der Mitte des Plattenstreifens (Abb. 3.34).

Das Verhältnis der Traglast (Gl. (3.20)) zu der elastischen Lösung von Böckenhauer und Schultz in Abhängigkeit der Aufstandsflächen in Abb. 3.35 zeigt eine fast gleiche Tendenz wie die Ergebnisse aus der elastischen Plattentheorie (Abb. 3.32), bei der keine Membraneffekte berücksichtigt werden.

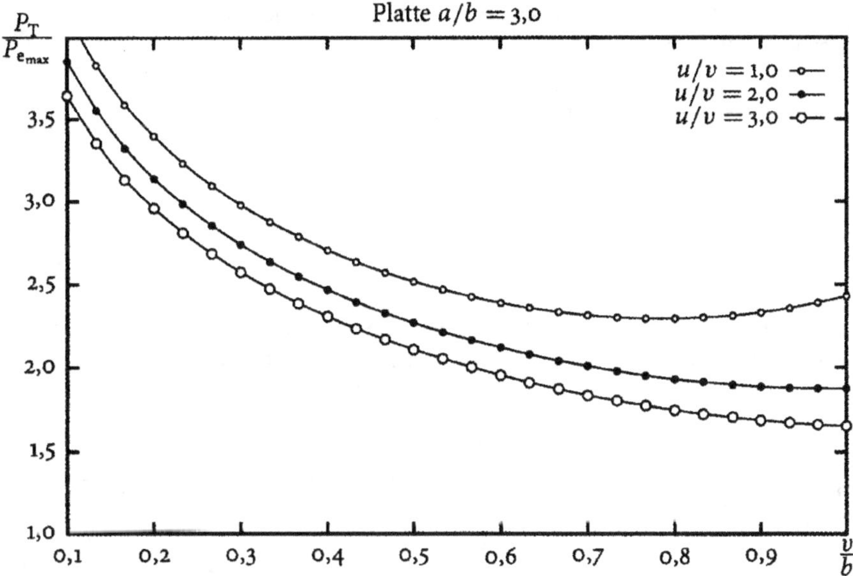



**Abb. 3.35.** Auf die elastische Grenzlast bezogene Traglast unter Berücksichtigung von Membranwirkungen nach Böckenhauer und Schultz in Abhängigkeit des Verhältnisses $v/b$

### Vergleich mit dem Vorschlag von Sandvik

Obwohl das Tragverhalten einer unter Teilflächenlast beanspruchten Platte im elastischen und plastischen Bereich sehr unterschiedlich ist, kann man doch auf der nach der elastischen Plattentheorie abgeleiteten Lösung ein Bemessungskonzept für den plastischen Bereich aufbauen.

Sandvik [32] ist bei der Auswertung seiner experimentellen Untersuchungen auf zwei ausgesteiften Plattenmodellen unter Radlasten davon ausgegangen, daß die zulässige Radlast aus den bleibenden Verformungen im Plattenfeld nach der Entlastung bestimmt werden könnte. Die Größe der Verformung sollte die maximal mögliche, bautechnische Verformung nicht überschreiten. Da diese Verformung von Schiff zu Schiff unterschiedlich ist, schlägt er vor, die zulässige Radlast so zu bestimmen, daß die im Plattenfeld auftretende maximale, elastisch gerechnete Spannung den 2-fachen Wert der Fließgrenze des Werkstoffs nicht überschreiten darf. In diesem Zusammenhang hat er durch Linearisierung einer Entwurfskurve, die Haslum [9] nach der Elastizitätstheorie unter Berücksichtigung des Einspannmoments am Rand des Plattenfelds vorgeschlagen hat, folgende dimensionslose Entwurfsformel entwickelt:

$$t\sqrt{\frac{\sigma}{P}} = 0{,}2b\sqrt{\frac{q}{P}} + 0{,}43 \quad \text{für} \quad 0{,}8 \leqslant b\sqrt{\frac{q}{P}} \leqslant 1{,}8 , \tag{3.124}$$

wobei $t$ die Plattendicke, $P$ die gesamte Radlast, $q$ der Reifendruck und $\sigma$ die nach der elastischen Theorie errechnete maximale Spannung ist. Wird der Zusammenhang von $q = P/uv$ und das Kriterium $\sigma = 2 \cdot R_{eH}$ berücksichtigt, erhält man die entsprechende Traglast

$$P_T = \frac{8M_0}{\left(\frac{0{,}2}{u_m} + 0{,}43\right)^2} \quad \text{für} \quad 0{,}56 \leqslant u_m \leqslant 1{,}25 \,, \tag{3.125}$$

wobei

$$u_m = \frac{\sqrt{uv}}{b} \tag{3.126}$$

als Parameter der Radlastkonzentration betrachtet wird. Der Vergleich zwischen der analytischen Lösung (Gl. (3.20)) und dieser Entwurfsformel (Gl. (3.126)) ist in Abb. 3.36 dargestellt worden.

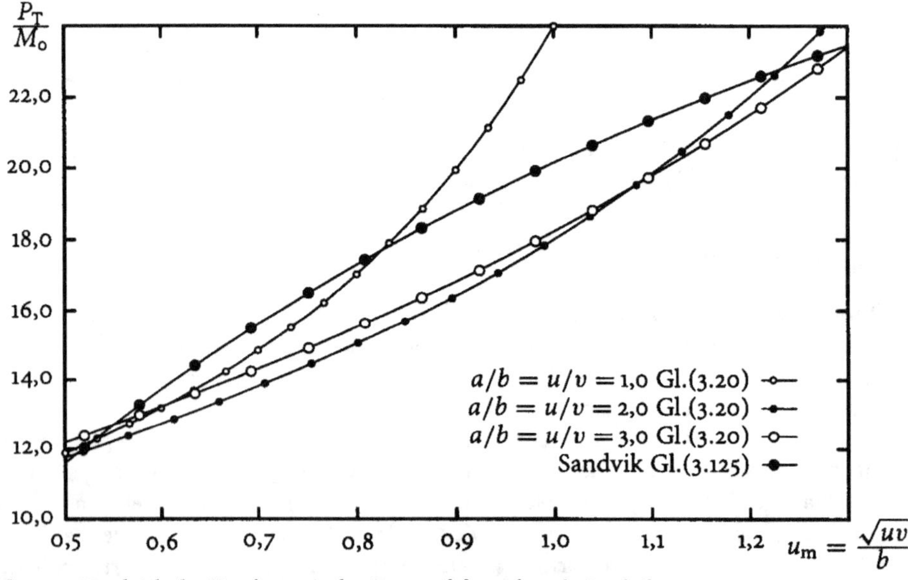


**Abb. 3.36.** Vergleich der Traglast mit der Entwurfsformel nach Sandvik

Es zeigt sich, daß der Vorschlag von Sandvik an den Anwendungsgrenzen ($u_m = 0{,}56$ und $u_m = 1{,}25$) nahe der analytischen Lösung liegt. Innerhalb dieses Bereichs liefert der Vorschlag leicht höhere Traglasten als die analytische Lösung, bei der die Seitenverhältnisse der Platten und der Aufstandsflächen $a/b = u/v = 2{,}0$ und $a/b = u/v = 3{,}0$ entsprechen. Die maximale Erhöhung der Traglast beträgt ca. 13 %. Für den Fall der quadratischen Platten ($a/b = 1{,}0$) und Aufstandsflächenverhältnis $u/v = 1{,}0$ ergibt sich bei größeren Aufstandsflächen ($u_m > 0{,}9$) eine wesentlich höhere Traglast aus Gl. (3.20) als nach Sandvik.

*Eingrenzung durch die Lösung von Jones*

Von Jones [28] wurde ein Bemessungskonzept für unter Radlast befindliche Platten mit relativ großen Seitenverhältnissen $(a/b)$ vorgeschlagen. Ausgehend von den Lösungen einer unter Vollflächenlast beanspruchten Platte nach Jones [26] und einer durch Streckenlast beanspruchten Platte [38] wurde ein durch Radlast beanspruchtes Plattenfeld als ein am Rand eingespannter Balken betrachtet (Abb. 3.37).

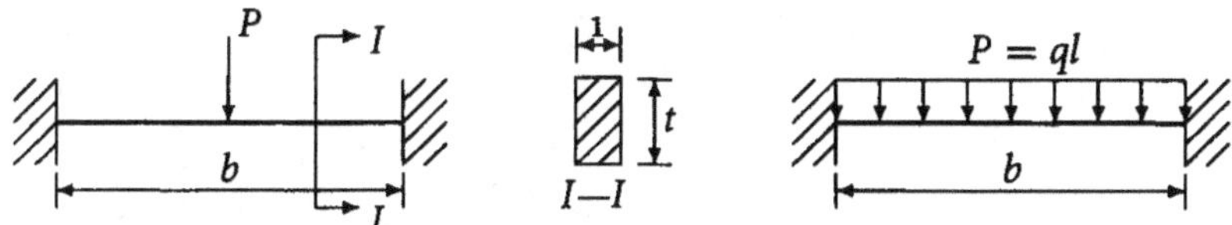

**Abb. 3.37.** Traglastmodell von Jones, untere und obere Eingrenzungen

Die Länge des Balkens entspricht der Breite der Platte $b$. Die Radlast wurde durch eine in der Plattenmitte wirkende Punktlast vereinfacht. Jones [38] gibt die Last-Durchbiegungsbeziehung wie folgt an:

$$\frac{P}{P_T} = 1 + \left(\frac{w_0}{t}\right)^2 \quad \text{für} \quad \frac{w_0}{t} \leqslant 1,0 \,, \tag{3.127}$$

und

$$\frac{P}{P_T} = 2\frac{w_0}{t} \quad \text{für} \quad \frac{w_0}{t} \geqslant 1,0 \,, \tag{3.128}$$

wobei als untere Grenze

$$P_T = 8\frac{M_0}{b} \tag{3.129}$$

die Traglast eines durch eine Punktlast beanspruchten, eingespannten Balkens für $w_0 = 0$ ist, während als obere Grenze

$$P_T = 16\frac{M_0}{b} \tag{3.130}$$

die Traglast eines durch eine Streckenlast beanspruchten, eingespannten Balkens für $w_0 = 0$ entspricht. Unter Berücksichtigung der Lastaufstandsfläche erhält man die vereinfachte Radlast

$$P = \frac{P_{\text{Radlast}}}{u} = qv \,, \tag{3.131}$$

wobei $q$ der Reifendruck ist.

Vergleicht man Gl. (3.127) und (3.128) mit Gl. (3.96) und (3.97), erkennt man, daß Gl. (3.127) und (3.128) den beiden Extremfällen $v = 0$ und $v = b$ der Gl. (3.96) und (3.97) entsprechen.

In Abb. 3.38 wurde $P/P_T$ in Abhängigkeit von $w_0/t$ nach Gl. (3.96) bzw. (3.97) aufgetragen. Die Kurven $v/b = 0,0$ und $v/b = 1,0$ entsprechen den unteren und oberen Grenzen (Gl. (3.127) bzw. (3.128)) von Jones [28].

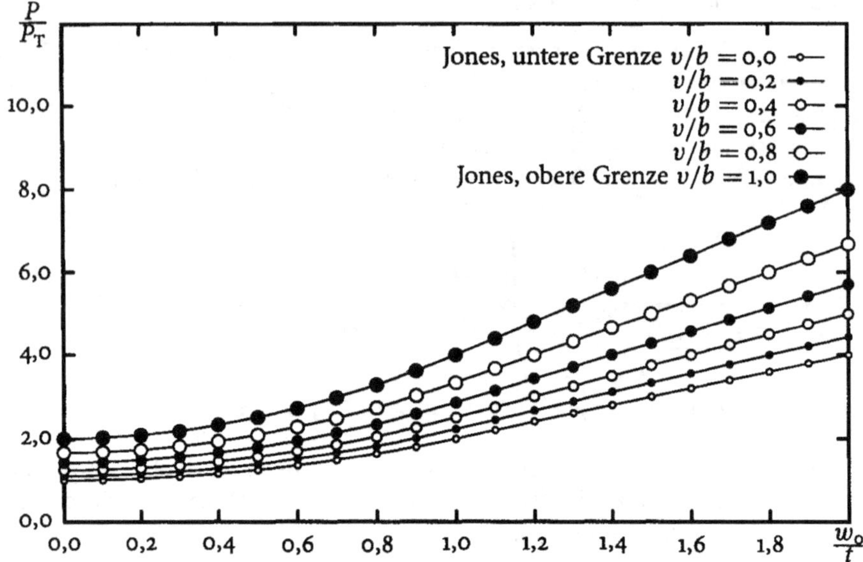

**Abb. 3.38.** Vergleich mit den Lösungen von Jones

*Vergleich mit der Lösung von Kling*

Anhand einer experimentellen Untersuchung einer durch Teilflächenlast beanspruchten, am Rand eingespannten Rechteckplatte entwickelte Kling [29] ein Traglastmodell (Abb. 3.39).

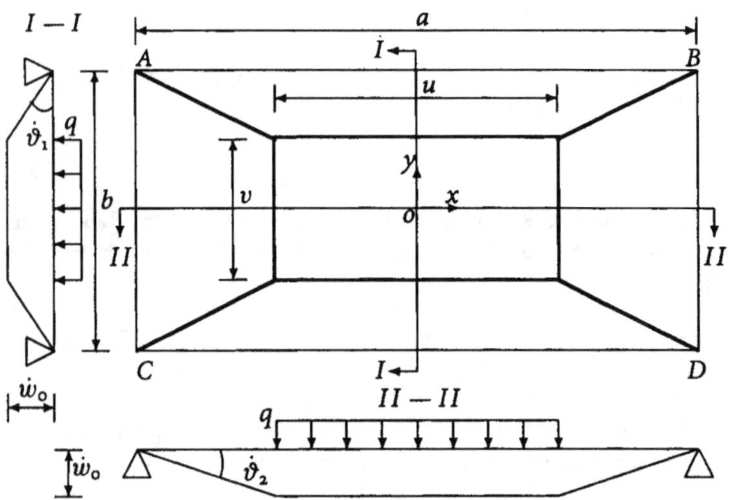

**Abb. 3.39.** Traglastmodell von Kling, frei drehbar gelagert

Nach dem in Abb. 3.39 dargestellten Fließmechanismus wird das Plattenfeld im kinematischen Zustand durch Fließgelenklinien in 5 Teile unterteilt. Die inneren Fließgelenklinien liegen am Rand der belasteten Fläche. Die Durchbiegungen innerhalb dieser Fläche werden als konstant betrachtet. An jeder Ecke der belasteten rechteckigen Fläche entsteht eine Fließgelenklinie, die mit der entsprechenden Plattenecke zusammenstößt. Unter dieser Annahme ist die Länge der gesamten Fließgelenklinien allein durch die Abmessungen der Platte ($a$ und $b$) und der Aufstandsfläche ($u$ und $v$) zu bestimmen.

Durch die Anwendung des Prinzips der virtuellen Geschwindigkeit wurde die Traglast für eine frei drehbare Randbedingung ohne Berücksichtigung der Membranwirkung wie folgt abgeleitet:

$$P_\mathrm{T} = 4M_0 \left( \frac{b}{a-u} + \frac{a}{b-v} \right) . \tag{3.132}$$

Für die eingespannten Plattenränder wird angenommen, daß die zusätzlichen Fließgelenklinien am Plattenrand entstehen und das gesamte Plattenfeld einschließen (Abb. 3.40).

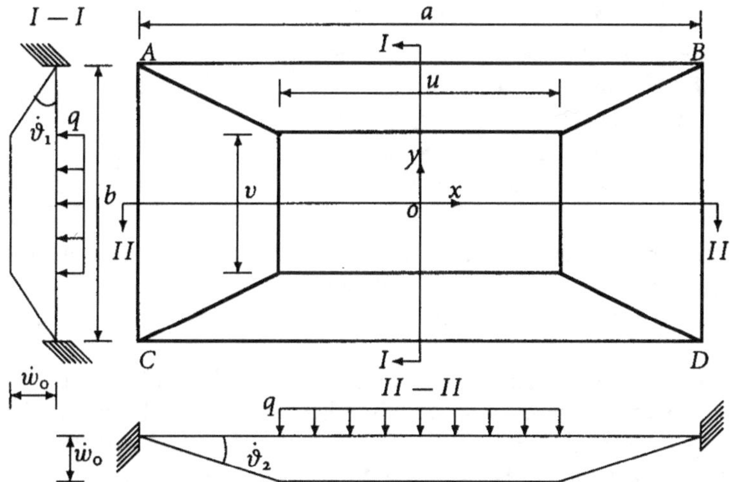

Abb. 3.40. Traglastmodell von Kling, am Rand eingespannt

Das Einspannmoment, das in den am Rand verlaufenden Fließgelenklinien entsteht, wird gleich dem Fließmoment $M_0$ gesetzt. Aus diesem Fließmechanismus erhält man die Traglast für die eingespannte Randbedingung mit

$$P_\mathrm{T} = 8M_0 \left( \frac{b}{a-u} + \frac{a}{b-v} \right) . \tag{3.133}$$

Diese Traglast entspricht genau einer Verdopplung des Wertes der frei drehbar gelagerten Platte (Gl. (3.132)).

Der Vergleich zwischen dieser Lösung und der in Abschnitt 3 abgeleiteten ist in Tabelle 3.3 und 3.4 aufgelistet. Dargestellt sind auch die entsprechenden nichtlinearen FE-Ergebnisse.

**Tabelle 3.3.** Vergleich mit der plastischen Lösung von Kling, frei drehbar gelagert

| | $a/b = u/v = 1{,}0$ | | | $a/b = u/v = 2{,}0$ | | | $a/b = u/v = 3{,}0$ | | |
|---|---|---|---|---|---|---|---|---|---|
| | $P/M_0$ | | | $P/M_0$ | | | $P/M_0$ | | |
| $v/b$ | FE | Gl. (3.20) | Kling Gl. (3.132) | FE | Gl. (3.20) | Kling Gl. (3.132) | FE | Gl. (3.20) | Kling Gl. (3.132) |
| 0,0 | 7,57 | 8,00 | 8,00 | 7,95 | 8,00 | 10,00 | 8,05 | 8,00 | 13,33 |
| 0,1 | 8,24 | 8,93 | 8,89 | 8,95 | 9,27 | 11,11 | 9,50 | 9,67 | 14,81 |
| 0,2 | 8,97 | 9,47 | 10,00 | 10,01 | 10,19 | 12,50 | 11,09 | 11,03 | 16,67 |
| 0,3 | 9,84 | 10,14 | 11,43 | 11,21 | 11,26 | 14,29 | 12,81 | 12,58 | 19,05 |
| 0,4 | 10,85 | 10,96 | 13,33 | 12,55 | 12,51 | 16,67 | 14,81 | 14,37 | 22,22 |
| 0,5 | 12,04 | 11,97 | 16,00 | 14,12 | 13,98 | 20,00 | 17,11 | 16,44 | 26,67 |
| 0,6 | 13,50 | 13,24 | 20,00 | 15,99 | 15,73 | 25,00 | 19,76 | 18,86 | 33,33 |
| 0,7 | 15,33 | 14,87 | 26,67 | 18,24 | 17,85 | 33,33 | 22,87 | 21,75 | 44,44 |
| 0,8 | 17,69 | 17,02 | 40,00 | 21,08 | 20,49 | 50,00 | 26,60 | 25,25 | 66,67 |
| 0,9 | 20,81 | 19,94 | 80,00 | 24,77 | 23,85 | 100,00 | 31,31 | 29,61 | 133,33 |
| 1,0 | 25,08 | 24,00 | $\infty$ | 29,84 | 28,28 | $\infty$ | 37,69 | 35,18 | $\infty$ |

Aus beiden Tabellen ist zu erkennen, daß die Abweichungen zwischen den nach Gl. (3.20) bzw. (3.36) errechneten Traglasten und den nichtlinearen FE-Ergebnissen nur geringfügig sind, während die Gl. (3.132) bzw. (3.133) von Kling wesentlich höhere Traglasten liefert.

Der kritische Punkt dieses Fließmechanismus besteht darin, daß die gesamte Länge der Fließlinien im kinematischen Zustand allein durch die Geometrie der Platte und der Aufstandsfläche bestimmt werden. Da die Ermittlung der Traglast nach dem Prinzip der virtuellen Geschwindigkeit durch die Integration der in den gesamten Fließgelenklinien dissipierten Energie möglich ist, bedeutet dies, daß die nach Gl. (3.132) und (3.133) ermittelte Traglast nicht die kleinste obere Grenze, sondern die Last ist, die allein durch die Geometrie der Platte und der Aufstandsfläche bestimmt wird. Die Anwendbarkeit von Gl. (3.132) und (3.133) wird deshalb durch die Begrenzung der Größe der Aufstandsfläche beschränkt. Wie in Tabelle 3.3 und 3.4 dargestellt ist, wird die Traglast für $u \longrightarrow a$ oder $v \longrightarrow b$ unendlich. Außerdem liefern die Gl. (3.132) und (3.133) für den Fall $a \longrightarrow \infty$ unrealistische Ergebnisse.

**Tabelle 3.4.** Vergleich mit der plastischen Lösung von Kling, eingespannt

| $v/b$ | $a/b = u/v = 1{,}0$ | | | $a/b = u/v = 2{,}0$ | | | $a/b = u/v = 3{,}0$ | | |
| | $P/M_0$ | | | $P/M_0$ | | | $P/M_0$ | | |
| | FE | Gl. (3.36) | Kling Gl. (3.133) | FE | Gl. (3.36) | Kling Gl. (3.133) | FE | Gl. (3.36) | Kling Gl. (3.133) |
|---|---|---|---|---|---|---|---|---|---|
| 0,0 | 10,15 | 11,31 | 16,00 | 9,98 | 11,31 | 20,00 | 10,01 | 11,31 | 26,67 |
| 0,1 | 11,73 | 12,87 | 17,78 | 12,21 | 13,63 | 22,22 | 12,98 | 14,44 | 29,63 |
| 0,2 | 13,34 | 14,55 | 20,00 | 14,54 | 16,13 | 25,00 | 16,21 | 17,84 | 33,33 |
| 0,3 | 15,25 | 16,42 | 22,86 | 17,19 | 18,87 | 28,57 | 19,87 | 21,57 | 38,10 |
| 0,4 | 17,45 | 18,53 | 26,67 | 20,22 | 21,91 | 33,33 | 24,10 | 25,71 | 44,44 |
| 0,5 | 20,08 | 21,00 | 32,00 | 23,75 | 25,35 | 40,00 | 29,08 | 30,38 | 53,33 |
| 0,6 | 23,29 | 23,95 | 40,00 | 27,93 | 29,33 | 50,00 | 35,09 | 35,72 | 66,67 |
| 0,7 | 27,34 | 27,65 | 53,33 | 33,00 | 34,03 | 66,67 | 42,20 | 41,96 | 88,89 |
| 0,8 | 32,57 | 32,44 | 80,00 | 39,33 | 39,78 | 100,00 | 50,80 | 49,43 | 133,33 |
| 0,9 | 39,47 | 38,92 | 160,00 | 47,57 | 47,04 | 200,00 | 61,52 | 58,64 | 266,67 |
| 1,0 | 48,21 | 48,00 | $\infty$ | 58,03 | 56,56 | $\infty$ | 75,05 | 70,37 | $\infty$ |

### *Vergleich mit der Lösung von Hughes*

Durch Regression der Meßergebnisse von Jackson [35] und unter Berücksichtigung von Klings Lösung gibt Hughes [37] folgenden Bemessungsvorschlag:

$$Q_\mathrm{p} = \Phi \left\{ \frac{5{,}0}{\beta^2 (\sqrt{2} - u_\mathrm{m})} + \left[ 0{,}34 + \frac{3{,}56}{\beta^{1{,}6}} + 0{,}23 \left( \frac{u_\mathrm{m}}{1 - u_\mathrm{m}} \right)^{0{,}8} \right] \left( \frac{w_0}{\beta t} \right)^{1{,}1} \right\} ,$$

$$(3.134)$$

wobei

$$Q_\mathrm{p} = \frac{PE}{R_{eH}^2 b^2}$$

$$(3.135)$$

als Radlastparameter bezeichnet wird, und $u_\mathrm{m}$ der Parameter der Radlastkonzentration (Gl. (3.126)) ist. Der Parameter $\Phi$ stellt den Einfluß vom Verhältnis der Aufstandsfläche dar und lautet

$$\Phi = 1 - 0{,}8 \left( \frac{uv}{u^2 + v^2} \right)^2 .$$

$$(3.136)$$

Der Parameter $\beta$ ist der Schlankheitsgrad der Platte, der von Clarkson [20] erstmalig eingeführt wurde

$$\beta = \frac{b}{t} \sqrt{\frac{R_{eH}}{E}} .$$

$$(3.137)$$

Die Verwendung von Gl. (3.134) ist durch die Bedingungen der experimentellen Untersuchung von Jackson [35] beschränkt. So sollte z. B. der Parameter $u_m$ nach diesem Versuch innerhalb des Bereichs von $0{,}24 < u_m < 0{,}80$ liegen. Die grundsätzliche Überlegung bei der Regression ist, daß sich der Parameter $Q_p$ zu der bleibenden Durchbiegung in der Plattenmitte $w_0$ linear verhält. Die Verhältnisse der Plattenfelder und der Aufstandsflächen wurden im o. g. Versuch mit $a/b = 3{,}5$ bzw. $u/v = 2{,}0$ eingesetzt.

In Abb. 3.41 sind die Vergleichsrechnungen unter der o. g. Voraussetzung nach Gl. (3.134) und (3.81) bzw. (3.89) dargestellt. Im Vergleich zur vorliegenden Arbeit stimmen die nach Gl. (3.134) errechneten Werte bei relativ großer Aufstandsfläche $u_m = 0{,}56$ annähernd mit der Lösung einer eingespannten Platte (Gl. (3.81) bzw. (3.89)) überein (Abb. 3.41b), während die Lösung von Hughes bei kleiner Aufstandsfläche $u_m = 0{,}28$ eine bis zu 20 % höhere Last $P$ liefert als die nach (Gl. (3.81) bzw. (3.89)) errechnete (Abb. 3.41a).

## 3.4.2
### Vergleich mit anderen Versuchsergebnissen

*Versuche von Sandvik*

Von Sandvik [32] wurden zwei Prototypenmodelle mit üblichen Abmessungen eines Ro-Ro-Decks unter Radlasten getestet. Die Werkstoffkennwerte und die Geometrie der Plattenfelder sind in Tabelle 3.5 zusammengestellt. Die Belastungen wurden durch Fahren mit einem Gabelstapler in der Plattenmitte bzw. auf einer der Aussteifungen in zwei Richtungen (parallel und quer zu den Aussteifungen) aufgebracht. Gemessen wurden die Dehnungen und Durchbiegungen an den belasteten Stellen bei der Be- bzw. nach der Entlastung.

**Tabelle 3.5.** Werkstoffkennwerte und Geometrie der Versuchsmodelle von Sandvik

| Modell | $R_{eH}$ [N/mm²] | $a$ [mm] | $b$ [mm] | $t$ [mm] | Aussteifungen |
|--------|------------------|----------|----------|----------|---------------|
| 1 | 259 | 1750 | 700 | 11,5 | $HP230 \times 13$ |
| 2 | 277 | 1750 | 350 | 7,0 | $HP200 \times 9$ |

Um die Messungen und die analytischen Lösungen vergleichen zu können, sind hier 8 Lastfälle, bei denen die Radlast in der Mitte der Plattenfelder wirkt, ausgewählt (Täbelle 3.6).

Da die Größe der Aufstandsflächen von Sandvik [32] nicht angegeben wurde, sind die Werte von $u$ und $v$ aus Jones [28] entnommen, wo angenommen wurde, daß $u$ beim Einzelrad der tatsächlich eingesetzten Radbreite von 609,6 mm entspricht. In Tabelle 3.6 sind die gemessenen, bleibenden Verformungen in der Plattenmitte $w_0/t$ sowie die gemessenen und errechneten Radlasten eingetragen, wobei $P_T$ die Traglast nach Gl. (3.20) ist, $P_{w_1}$ und $P_{w_2}$ nach Gl. (3.54) bzw. (3.89). $P_m$ ist die gemessene

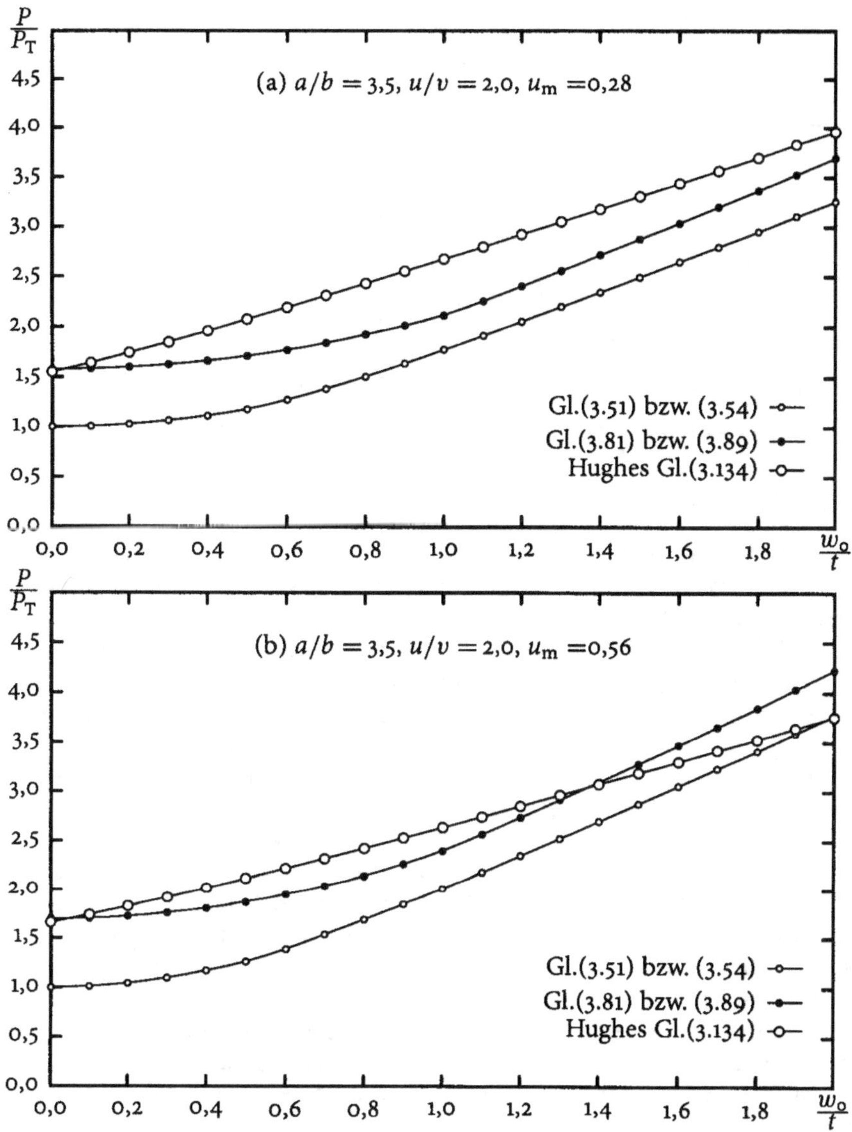

**Abb. 3.41.** Vergleich mit der Lösung von Hughes

Radlast. Bei der Rechnung für die Doppelradbelastung wird angenommen, daß die Radlasten gleichmäßig auf den Aufstandsflächen verteilt sind. Es ist zu erkennen, daß die gemessene Radlast $P_m/P_T$ bei den meisten Lastfällen zwischen den frei drehbaren und eingespannten rechnerischen Radlasten $P_{w_1}$ bzw. $P_{w_2}$ liegen und nur leicht größer sind als $P_{w_1}$.

**Tabelle 3.6.** Vergleich mit den Meßergebnissen von Sandvik

| Nr. | Modell | $u$ [mm] | $v$ [mm] | $\dfrac{w_0}{t}$ | $\dfrac{P_{w_1}}{P_T}$ | $\dfrac{P_m}{P_T}$ | $\dfrac{P_{w_2}}{P_T}$ |
|---|---|---|---|---|---|---|---|
| 1 | 1 | 1219,2 | 164,6 | 0,55 | 1,55 | 1,02 | 2,21 |
| 2 | 1 | 1219,2 | 276,1 | 0,91 | 2,34 | 1,63 | 2,72 |
| 3 | 2 | 465,7 | 149,0 | 0,28 | 1,12 | 0,90 | 1,84 |
| 4 | 2 | 467,3 | 219,6 | 0,31 | 1,14 | 1,19 | 1,85 |
| 5 | 2 | 508,0 | 194,1 | 0,34 | 1,18 | 1,22 | 1,89 |
| 6 | 2 | 1219,2 | 164,6 | 0,39 | 1,39 | 1,57 | 2,15 |
| 7 | 2 | 1219,2 | 218,9 | 0,41 | 1,41 | 1,92 | 2,17 |
| 8 | 2 | 1219,2 | 276,1 | 0,69 | 2,14 | 2,17 | 2,58 |

### Versuche von Jackson und Frieze

Von Jackson und Frieze [35] wurden insgesamt 24 Versuche mit zwei Decksmodellen durchgeführt. Beide Modelle unterschieden sich durch die Werkstoffkennwerte und die Plattendicke (Modell 1: $R_{eH} = 353\,\text{N/mm}^2$ und $t = 7{,}25\,\text{mm}$, Modell 2: $R_{eH} = 399\,\text{N/mm}^2$ und $t = 7{,}08\,\text{mm}$). Die Platten wurden mit T-Profilen in Längs- bzw. in Querrichtung mit unterschiedlichen Abständen ausgesteift. Damit erhielt man verschiedene Verhältnisse der Plattenfelder. Das Verhältnis der Aufstandsfläche $u/v = 2{,}0$ wurde als konstant betrachtet. Die Radlast wurde durch Verwendung mehrerer Zylinder am Rand der Aufstandsfläche simuliert. Gemessen wurden die Durchbiegungen in der Plattenfeldmitte zur entsprechenden Aussteifung beim Be- und Entlastungsvorgang. Das Modell wurde so weit belastet, bis die maximal bleibende Verformung in der Plattenfeldmitte $w_0/t \approx 1{,}2$ erreicht war. In Tabelle 3.7 sind die Abmessungen des Plattenfelds $a$ und $b$, die Aufstandsflächen $u$ und $v$, die maximal bleibenden Verformungen bei jedem Lastfall $w_0/t$ und die gemessenen und errechneten Radlasten $P_m/P_T$ bzw. $P_{w_1}/P_T$ und $P_{w_2}/P_T$ eingetragen.

Die von Jackson und Frieze [35] gemessenen Radlasten $P_m/P_T$ sind doppelt so groß wie die mit frei drehbaren Rändern errechneten Werte $P_{w_1}/P_T$ und sogar noch größer als der Fall einer allseitigen Einspannung ($P_{w_2}/P_T$). Die Ursache ist die bei der Messung verwendete Lastverteilung. Bei den Versuchen wurden die Radlasten nur am Rand entlang der längeren Seite $u$ der Aufstandsfläche konzentriert, während bei der Rechnung die Radlasten innerhalb der Aufstandsfläche gleichmäßig verteilt sind. Dieser Unterschied, wie Jackson [35] erläutert, führt dazu, daß sich die Durchbiegung in der Mitte des Plattenfelds bei gleicher Belastung unter Linienlast gegenüber einer Flächenlast fast verdoppelt. Um dieses Phänomen zu erklären, wurde eine nichtlineare FE-Rechnung durchgeführt. Als Beispiel dient Abb. 3.42, in dem die Belastungen $P/P_T$ in Abhängigkeit der bleibenden Durchbiegungen in der Mitte des Plattenfelds der Messungen Nr. 3 und der FE-Ergebnisse unter Linienlast bzw. unter Flächenlast dargestellt sind.

**Tabelle 3.7.** Vergleich mit den Meßergebnissen von Jackson und Frieze

| Nr. | Modell | $a$ [mm] | $b$ [mm] | $u$ [mm] | $v$ [mm] | $\dfrac{w_0}{t}$ | $\dfrac{P_{w_1}}{P_T}$ | $\dfrac{P_m}{P_T}$ | $\dfrac{P_{w_2}}{P_T}$ |
|---|---|---|---|---|---|---|---|---|---|
| 1 | 1 | 450 | 450 | 250 | 125 | 0,94 | 1,79 | 3,09 | 2,29 |
| 2 | 2 | 450 | 450 | 250 | 125 | 0,60 | 1,32 | 2,89 | 2,00 |
| 3 | 1 | 450 | 450 | 150 | 75 | 1,23 | 2,04 | 3,27 | 2,43 |
| 4 | 2 | 450 | 450 | 150 | 75 | 1,22 | 2,03 | 3,34 | 2,42 |
| 5 | 1 | 450 | 225 | 250 | 125 | 0,04 | 1,00 | 2,25 | 1,85 |
| 6 | 2 | 450 | 225 | 250 | 125 | 0,03 | 1,00 | 2,09 | 1,85 |
| 7 | 1 | 450 | 225 | 150 | 75 | 0,37 | 1,13 | 1,99 | 1,81 |
| 8 | 2 | 450 | 225 | 150 | 75 | 0,47 | 1,21 | 2,37 | 1,87 |
| 9 | 1 | 900 | 450 | 250 | 125 | 0,95 | 1,79 | 3,09 | 2,21 |
| 10 | 2 | 900 | 450 | 250 | 125 | 0,74 | 1,50 | 3,12 | 2,01 |
| 11 | 1 | 900 | 450 | 150 | 75 | 1,06 | 1,81 | 2,98 | 2,16 |
| 12 | 2 | 900 | 450 | 150 | 75 | 1,01 | 1,74 | 3,21 | 2,10 |
| 13 | 1 | 900 | 225 | 250 | 125 | 0,09 | 1,01 | 2,23 | 1,75 |
| 14 | 2 | 900 | 225 | 250 | 125 | 0,08 | 1,01 | 2,09 | 1,75 |
| 15 | 1 | 900 | 225 | 150 | 75 | 0,46 | 1,20 | 2,17 | 1,79 |
| 16 | 2 | 900 | 225 | 150 | 75 | 0,26 | 1,06 | 2,05 | 1,69 |
| 17 | 1 | 1800 | 450 | 250 | 125 | 0,90 | 1,73 | 3,08 | 2,12 |
| 18 | 2 | 1800 | 450 | 250 | 125 | 0,79 | 1,57 | 2,86 | 2,00 |
| 19 | 1 | 1800 | 450 | 150 | 75 | 0,98 | 1,70 | 2,35 | 2,03 |
| 20 | 2 | 1800 | 450 | 150 | 75 | 1,01 | 1,74 | 3,05 | 2,07 |
| 21 | 1 | 1800 | 225 | 250 | 125 | 0,10 | 1,01 | 2,25 | 1,70 |
| 22 | 2 | 1800 | 225 | 250 | 125 | 0,10 | 1,01 | 2,09 | 1,70 |
| 23 | 1 | 1800 | 225 | 150 | 75 | 0,38 | 1,14 | 2,17 | 1,71 |
| 24 | 2 | 1800 | 225 | 150 | 75 | 0,38 | 1,14 | 2,27 | 1,71 |

Es zeigt sich, daß die FE-Rechnung unter einer Linienlast die Messung von Jackson und Frieze [35] sehr gut nachvollzieht, während die FE-Rechnung bei der gleichen bleibenden Durchbiegung kleinere Flächenlasten ergibt.

Man kann also feststellen, daß die vorgeschlagenen Lösungen durch die in der Literatur angegebenen Versuche und Abschätzungen abgesichert sind. Wo Abweichungen vorhanden sind, lassen sich diese erklären.

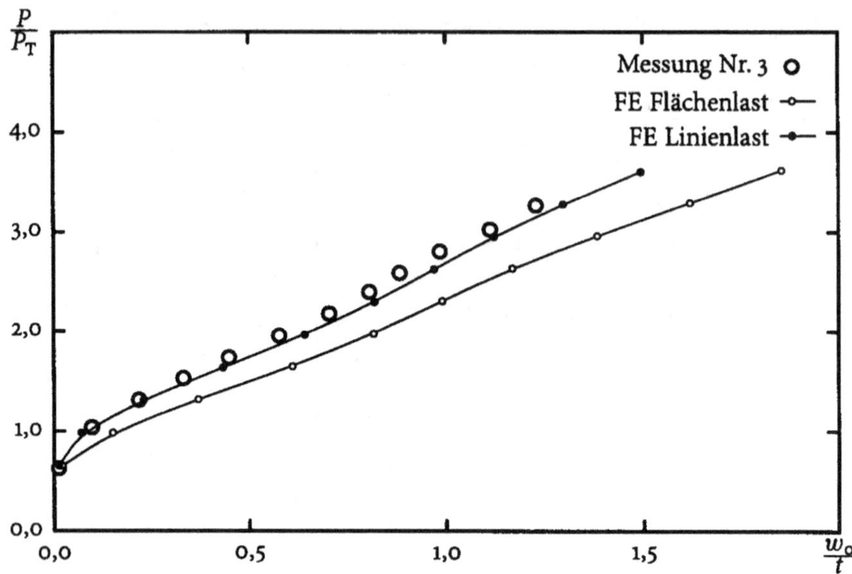



**Abb. 3.42.** Unterschied zwischen Linienlast und Flächenlast, Messung nach Jackson und Frieze und FE-Rechnung

# 3.5
# Schiffbauliche Anwendung

### 3.5.1
### Allgemeines

Wie in Abschnitt 3.2 erläutert, ist die Tragfähigkeit eines Flächentragwerks unter einer Teilflächenlast von mehreren geometrischen und werkstofflichen Parametern abhängig. Dabei spielen die Plattendicke $t$ und das Verhältnis der Aufstandsfläche zur Plattenbreite $v/b$ eine große Rolle (Gl. (3.20) und (3.36)). Um die Tragfähigkeit solcher Konstruktionen zu erhöhen, werden entweder verstärkte Plattendicken oder kleinere Abstände zwischen den Aussteifungen benötigt. Da der Materialverbrauch bei der Beplattung wesentlich größer ist als bei den Aussteifungen, ist die letzte Maßnahme in diesem Zusammenhang günstiger. Um dies genauer zu erfassen, ist die Erhöhung der Traglast $P_T$ in Abhängigkeit der Reduzierung der Plattenbreite $b$ nach Gl. (3.20) bzw. (3.36) in Abb. 3.43 und 3.44 eingetragen, wobei $P_{T_0}$ der Ausgangsplattenbreite $b_0$ entspricht.

Man sieht, daß die Zunahme der Traglast neben der Abhängigkeit von der Reduzierung der Plattenbreite $b/b_0$ auch mit dem Verhältnis $v/b_0$ zusammenhängt. Je größer das Verhältnis $v/b_0$ ist, desto bedeutender ist die Reduzierung von $b/b_0$. So führt z. B. bei einer kleinen Aufstandsfläche ($v/b_0 = 0{,}1$) die Reduzierung $b/b_0 = 0{,}5$ zu einer Erhöhung der Traglast $P_T$ um ca. 16 % bei frei drehbaren bzw. um ca. 24 % bei

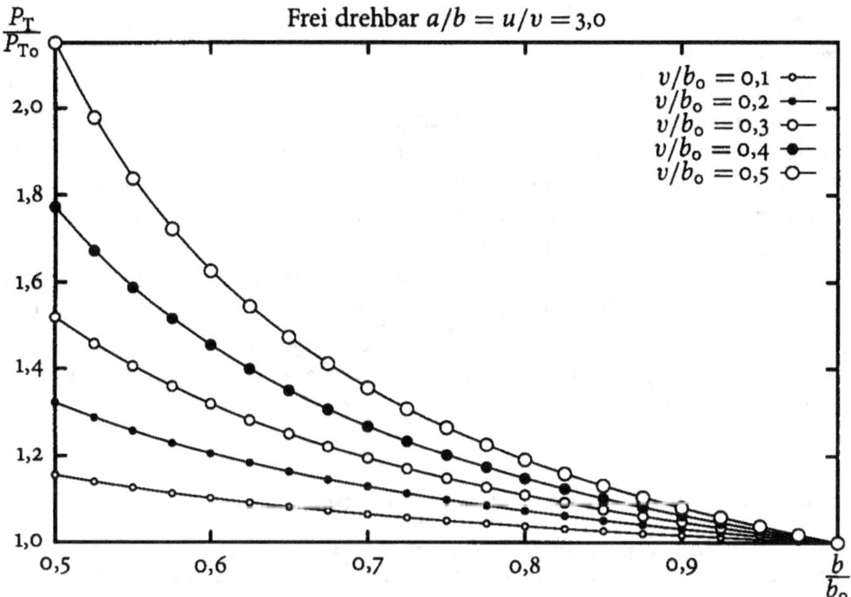

**Abb. 3.43.** Erhöhung der Traglast durch eine Reduzierung der Plattenbreite

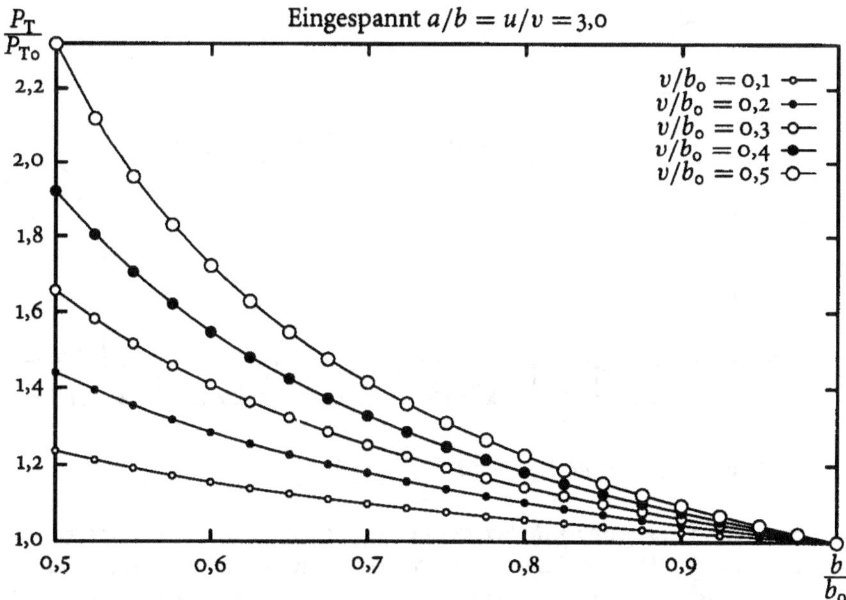

**Abb. 3.44.** Erhöhung der Traglast durch eine Reduzierung der Plattenbreite

allseitig eingespannten Rändern. Für eine Vollflächenlast ($v/b_0 = 0{,}5$) bei $b/b_0 = 0{,}5$ beträgt diese Erhöhung ca. 115 % mit der frei drehbaren bzw. ca. 132 % mit der allseitig eingespannten Randbedingung.

Um zu einer leichteren und fertigungsmäßig günstigeren Konstruktion zu kommen, wird von Lehmann [41] eine mit Trapezhohlprofilen ausgesteifte Decksstruktur vorgeschlagen (Abb. 3.45). Unter dem Begriff Trapezhohlprofil versteht man ein Profil, dessen zwei Seiten an die Beplattung angeschlossen sind. Dies führt zu einer erheblichen Abminderung der Breite des Plattenfelds. Außerdem bewirkt die höhere Torsionssteifigkeit dieser geschlossenen Profile im Vergleich zu herkömmlichen offenen Profilen eine bessere Verteilung der örtlichen Belastung. Wegen der größeren Biegesteifigkeit des Profils kann der Querträgerabstand größer sein als bei offenen Längsaussteifungen. Damit kann die Anzahl der Kreuzungspunkte zwischen Längs- und Querträgern gegenüber einer Ausführung mit offenen Profilen um bis zu 20 % gesenkt werden [43].

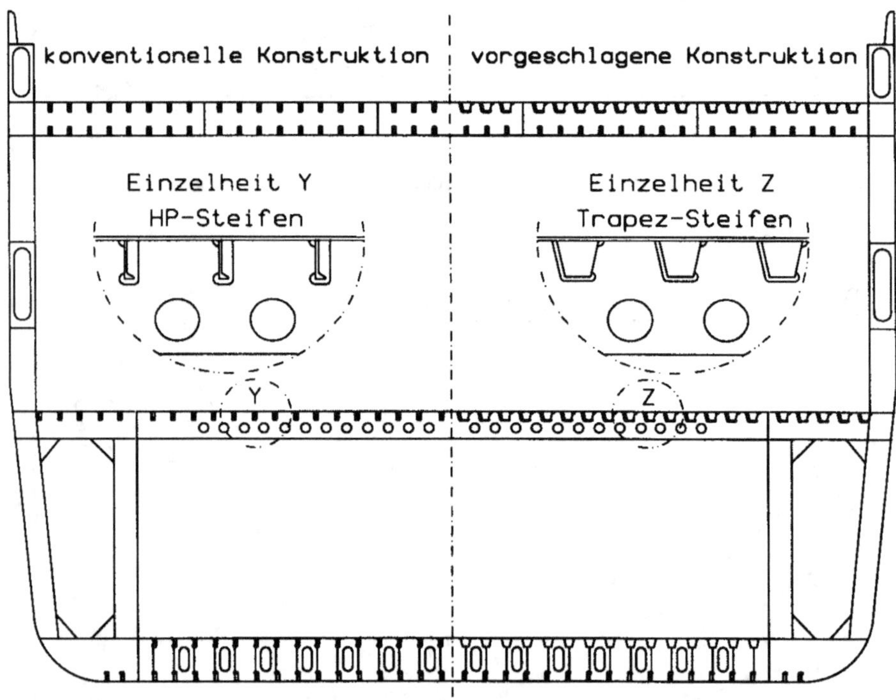


**Abb. 3.45.** Hauptspant eines Ro-Ro-Schiffs

Von der Konservierungsmöglichkeit her ist die Benutzung von Trapezhohlprofilen auch günstiger. Denn bei der heute üblichen Bauweise (Platten mit durchlaufenden Längsaussteifungen) ist die Herstellung der kompliziert wirkenden Durchbrüche in den Querträgern mit den heute üblichen NC-Brennschneidanlagen unproblematisch. Bei der Verschweißung der Längssteifen mit der Decksbeplattung können die heute verfügbaren automatisierten Schweißeinrichtungen eingesetzt werden.

Seit 1954 werden die Trapezhohlprofile als Längsaussteifung von orthotropen Fahrbahnplatten in Brücken angewendet.

Dieser Profiltyp wird heute nahezu ausnahmslos bei stählernen Straßenbrücken eingesetzt, wie z. B. von Wagner [42] beschrieben. Für Brückenkonstruktionen mit Trapezhohlprofilaussteifungen sind heute bereits Bemessungsgrundlagen vorhanden (Stahlbauhandbuch [44]). Für die Anwendung dieses Profils auf Schiffen liegt noch keine Vorschrift vor.

In einer rechnerischen Untersuchung für eine Zwischendeckskonstruktion eines Ro-Ro-Schiffs, die mit Hilfe des FE-Programms SAP IV im elastischen Bereich durchgeführt wurde, hat Leger [40] festgestellt, daß durch den Einsatz von Trapezhohlprofilen als Längssteifen eines Decks im Vergleich zu konventionellen Wulstprofilen die Dicke der Decksbeplattung um 20 % reduziert werden kann.

Um das nichtlineare Tragverhalten eines Flächentragwerks unter Teilflächenlast, insbesondere das Tragverhalten von mit Trapezhohlprofilen ausgesteiften Deckskonstruktionen zu erkennen, wurden experimentelle und rechnerische Untersuchungen durchgeführt.

## 3.5.2
## Experimentelle Untersuchung

### Beschreibung der Versuchsmodelle

Für die Untersuchung standen zwei Versuchsmodelle zur Verfügung. Ausgehend von einem mittleren Ro-Ro-Deck üblicher Größe wurden die beiden Modelle im Maßstab 1 : 1 in schiffbaulicher Weise konstruiert.

Die beiden Modelle unterschieden sich wesentlich in den Längsaussteifungen. Um den Bezug zur traditionellen Konstruktion zu erhalten, ist Modell B mit schiffbaulichen Wulstprofilen HP 280 × 12 mm und Modell A mit Trapezhohlprofilen 275 × 200 × 300 × 6 mm, wie sie üblicherweise im Brückenbau angewendet werden, ausgerüstet worden (Abb. 3.46). Die Trapezhohlprofile sind mit zwei Kehlnähten an die Decksbeplattung angeschlossen. Bei der Auswahl der Profilgrößen wurde davon ausgegangen, daß die Querschnittsflächen und die Trägheitsmomente beider Profiltypen ungefähr gleich sein sollten. Damit wird der Materialeinsatz vergleichbar. In den Anschlußbereichen zwischen Längsversteifungen und Beplattung wurde bei Modell B beidseitig, bei Modell A nur einseitig geschweißt. Die Dicken der Decksbeplattungen, die aus normalfestem Stahl GL A bestanden, betrugen 12,4 mm. Die Längsaussteifungen wurden beidseitig durch zwei Querträger, die aus Stegblechen 2650 × 750 × 10 mm und Untergurten 2910 × 300 × 20 mm bestanden, abgeschlossen. Zwei seitliche Längsträger mit einem Steg von 750 × 10 mm und einem Gurt von 300 × 20 mm waren mit den zwei Querträgern verbunden.

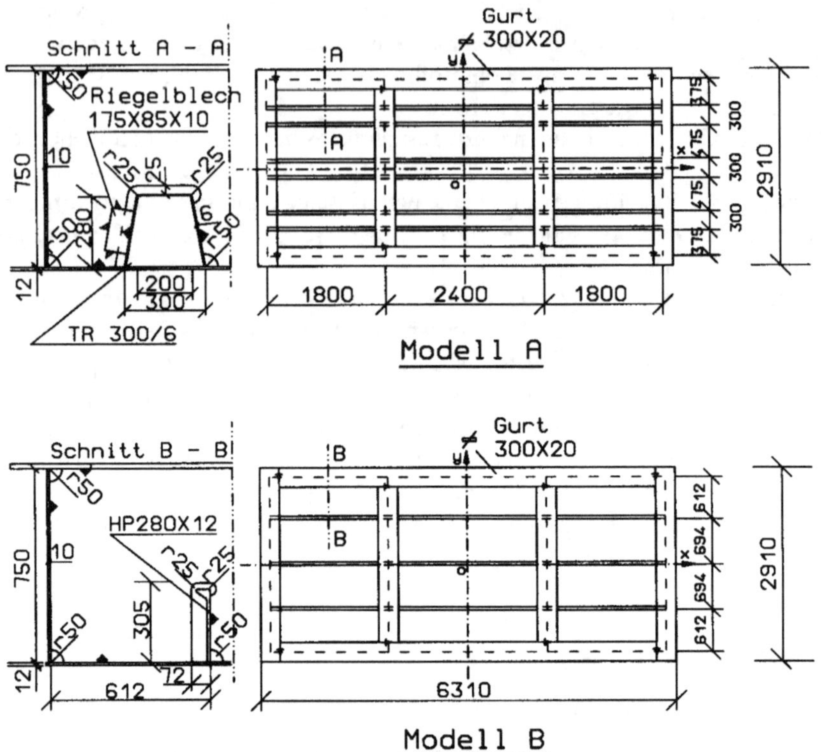





**Abb. 3.46.** Aufmaße der Versuchsmodelle

### *Versuchsaufbau und Belastungseinrichtung*

Um die Kosten für die Krafteinleitungen zu reduzieren, wurden bei den Untersuchungen beide Modelle durch 4 Winkelprofile $200 \times 200 \times 15$ mm und 8 Kniebleche $300 \times 300 \times 15$ mm so miteinander verbunden, daß die Decksoberseiten einander zugewandt waren. Dadurch diente bei der Belastung des einen Modells das andere als Widerlager (Abb. 3.47). Für die Lastaufbringung wurden zwei kraftgesteuerte hydraulische Zylinder, die an einem quergelagerten IPB 300 durch Ketten gehalten wurden, zwischen beiden Modellen angesetzt. Während der Lastaufbringung wurden die Ketten gelöst.

Bei den elastischen Vorversuchen und den Traglastversuchen mit einem einzelnen Rad in den Plattenfeldern wurde der Zylinder mit einer maximalen Druckkraft von 600 kN verwendet. Bei den Traglastversuchen mit einem einzelnen Rad auf den Versteifungen und dem Doppelrad in den Plattenfeldern wurde der Zylinder mit einer maximalen Druckkraft von 1500 kN verwendet (Abb. 3.47).

Um einen zentrischen Kraftangriff zu bekommen, wurde zwischen der Kraftabstützung und dem Zylinder eine Kugelkalottenlagerung eingesetzt. Mit Hilfe von zwei

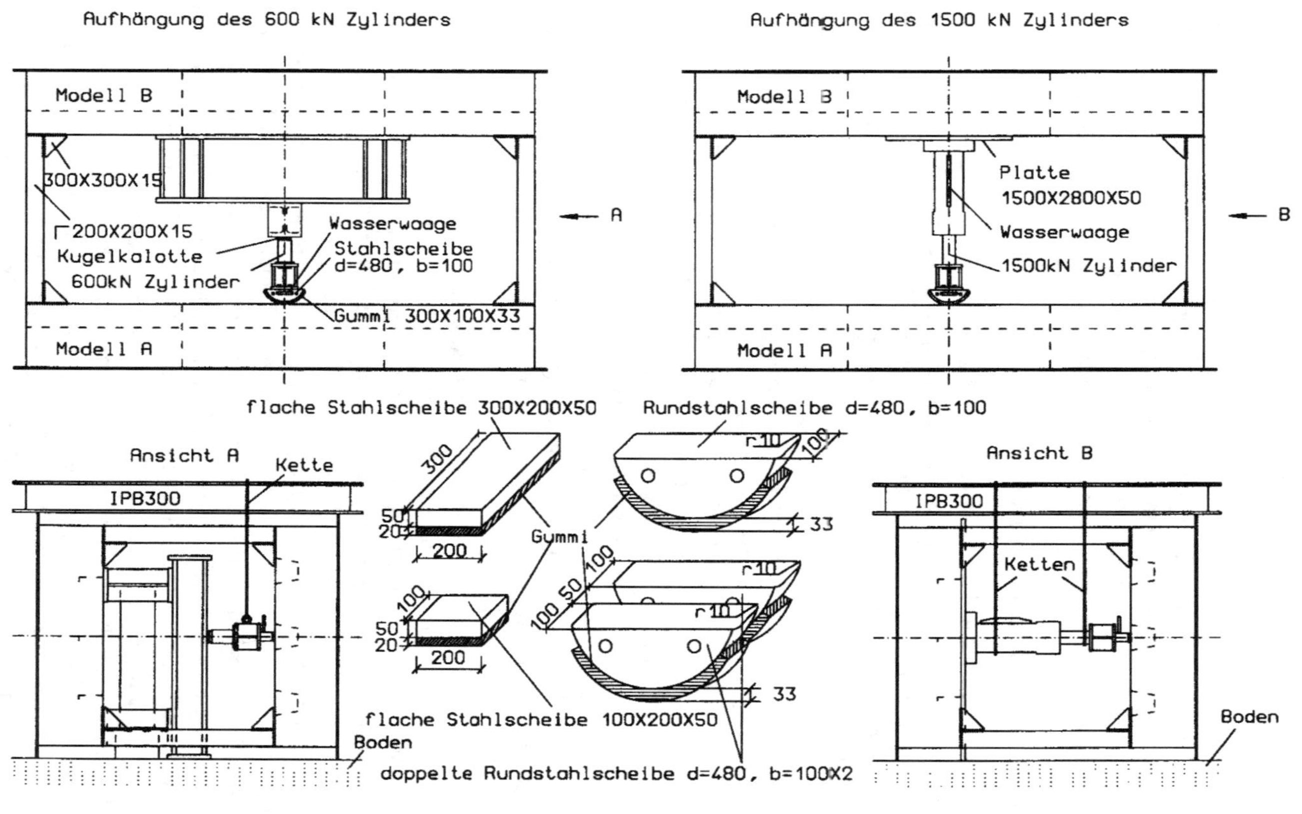


Abb. 3.47. Versuchsaufbau und Aufstandsflächen

Wasserwaagen wurde die horizontale und vertikale Ausrichtung des Zylinders kontrolliert.

Um die örtlichen Radlasten realisieren zu können, wurden verschiedene Radaufstandsflächen eingesetzt. Bei den elastischen Vorversuchen wurden eine flache Stahlscheibe 300 × 200 × 50 mm mit einem 20 mm dicken Gummi und eine flache Stahlscheibe 100 × 200 × 50 mm mit einem 20 mm dicken Gummi verwendet. Die Simulierung eines Einzelrads bzw. eines Doppelrads erfolgte mit zwei runden Stahlscheiben (Durchmesser = 480 mm, Breite = 100 mm) mit einem 33 mm dicken Vollgummi (Abb. 3.47). Diese wurden ebenfalls bei den Traglastversuchen eingesetzt.

### Kraft-, Dehnungs- und Durchbiegungsmessung

Der Zylinderdruck wurde elektrisch mit einem Druckaufnehmer (Genauigkeit 1 %) in bar aufgenommen. Außerdem wurden die Belastungen im Versuchsprotokoll mitgeschrieben, um die Stufen der Lastschritte kontrollieren zu können. Die Durchbiegung in der Plattenfeldmitte bzw. auf dem Profil wurde mit potentiometrischen Wegaufnehmern gemessen.

Da die Untergurtkreuzungspunkte zwischen Längs- und Querträgern Bezugspunkte waren, konnten so die relativen Verschiebungen der Meßpunkte gegenüber den Längs- und Querträgern gemessen werden. Zur Ermittlung der Spannungszustände wurden im Plattenfeld bzw. auf den Profilen die Dehnungsmeßstreifen FLA-6 (Linear), FCA-6 (Kreuze) und FRA-6 (Rosette) geklebt, die bis zu einem Maximalwert von ca. 3 % Dehnung meßtechnisch zuverlässig sind.

Alle Dehnungen wurden, zusammen mit den Durchbiegungen und Belastungsdrücken, mit einer digitalen Vielstellenmeßanlage OPTILOG 200 gemessen und auf dem dazugehörenden Rechner HP 9217 gespeichert. Die gespeicherten Meßwerte wurden mit einer Auswertungssoftware nach den entsprechenden Gesichtspunkten aufbereitet und graphisch dargestellt.

Aus den elastischen Berechnungen zur Bemessung der Versuchskörper wurden wichtige Hinweise zur Anordnung der Meßstreifen gewonnen. So mußten in den Blechfeldern wegen des zu erwartenden zweiachsigen Spannungszustands aus Biege- und Membranspannungen die Rosetten und Kreuze auf beide Plattenseiten geklebt werden. Um eine Kontrolle zu ermöglichen, wurden auch in angrenzenden Blechfeldern DMS appliziert. Diese Art der Applizierung erfaßt in ausreichender Weise den Dehnungszustand, ist aber auch sehr aufwendig. Daher wurden in Bereichen, in denen der Spannungszustand in befriedigender Weise durch die Dehnungen in einer Richtung beschrieben wird, lineare DMS vorgesehen. Dies erfolgte besonders im Stegbereich der Profile. Bei den unsymmetrischen Wulstprofilen muß wegen der Sekundärbiegung auf beiden Seiten der Stege appliziert werden.

Um die großen nichtlinearen Verformungen messen zu können, wurden induktive Wegaufnehmer für große Wege verwendet, und zwar sowohl für die Plattendurchbiegung als auch für das Verhalten der Aussteifung. Während der einzelnen Versuche ergaben sich Situationen, bei denen eine Korrektur bzw. Ergänzung der Meßstellenanordnung erforderlich wurde.

*Werkstoffkennwerte*

Die Versuchsmodelle bestanden aus normalfestem Schiffbaustahl. Um die tatsächliche Streckgrenze und den Elastizitätsmodul zu ermitteln, wurden dehnungsgeregelte Zugproben nach DIN 50145 durchgeführt. Hierbei wurden Längsproben aus den Wulst- und Trapezhohlprofilen und Längs- und Querproben aus der Beplattung untersucht. Im Mittel ergaben sich die in Tabelle 3.8 zusammengestellten Ergebnisse. Bemerkenswert ist, daß die Streckgrenzen $R_{eH}$ der Wulstprofile 27 % höher als die der Trapezhohlprofile sind.

**Tabelle 3.8.** Ergebnisse der Zugversuche nach DIN 50145

| N° | Zugprobe Name | Dicke [mm] | $R_{eH}$ [N/mm²] | $R_m$ [N/mm²] | Bruch- dehn. [%] | E-Modul [N/mm²] |
|---|---|---|---|---|---|---|
| 1 | Platte längs. 1 | 12,4 | 298 | 406 | 71 | 208200 |
| 2 | Platte längs. 2 | 12,4 | 292 | 404 | 69 | 205000 |
| 3 | Platte quer. 1 | 12,4 | 300 | 411 | 70 | 202700 |
| 4 | Platte quer. 2 | 12,4 | 314 | 406 | 69 | 201900 |
|  | Mittelwerte | 12,4 | 301 | 407 | 69 | 201950 |
| 5 | Wulstprofil 1 | 11,7 | 427 | 595 | 66 | 208600 |
| 6 | Wulstprofil 2 | 11,7 | 428 | 595 | 66 | 201000 |
|  | Mittelwerte | 11,7 | 427 | 595 | 66 | 204800 |
| 7 | Trapezprofil 1 | 6,4 | 317 | 416 | 76 | 195300 |
| 8 | Trapezprofil 2 | 6,4 | 306 | 427 | 73 | 200000 |
|  | Mittelwerte | 6,4 | 312 | 421 | 75 | 197700 |

*Vorversuche im elastischen Bereich*

Bevor die nichtwiederholbaren Traglastversuche durchgeführt wurden, fanden Vorversuchsreihen für beide Modelle statt. Die Ziele der Vorversuche waren:

- den Meßaufbau und die Meßstreifen zu testen;
- die Übereinstimmung zwischen elastischer Messung und linearer FE-Rechnung zu überprüfen;
- die elastische Grenzlast bei verschiedenen Aufstandsflächen und Kraftangriffsstellen zu ermitteln.

Es wurden folgende Lastfälle ausgewählt:

- Lastfall 1: Belastung mittig auf einem Profil (VA11, VA21, VB11, VB21)
- Lastfall 2: Belastung in der Plattenfeldmitte zwischen zwei Profilen (VA12, VA22, VB12, VB22)
- Lastfall 3: Belastung auf einer Profilkante (VA13, VA23, VB13, VB23).

Bei jedem der genannten Lastfälle wurden die flachen Aufstandsflächen verwendet. Außerdem wurde am Modell A eine Rundstahlscheibe eingesetzt, um die unterschiedlichen Einflüsse beider Aufstandsflächenarten zu vergleichen (VA31, VA32, VA33). Die Zusammenstellung der Versuche ist in Abb. 3.48 dargestellt.

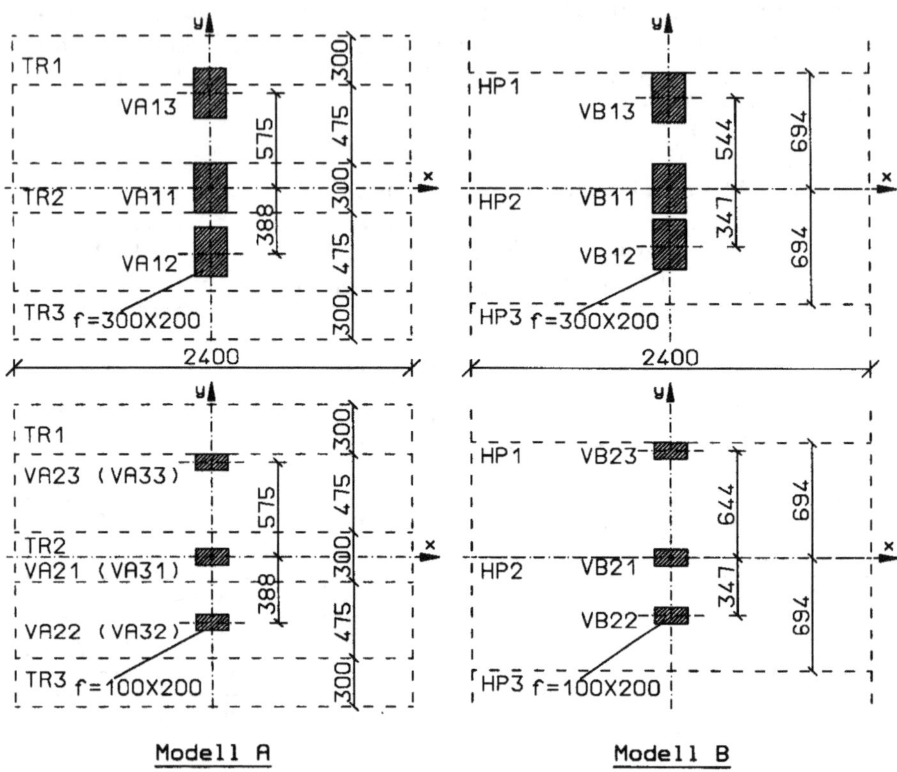

Abb. 3.48. Anordnung der elastischen Versuche

Vor den Messungen wurden die Modelle bei jedem Lastfall mehrmals im elastischen Bereich be- und entlastet, um die Schweißeigenspannungen zu vermindern. Die maximale Belastung war so gewählt, daß die gemessenen Dehnungen eines jeden Lastfalls im elastischen Bereich bleiben und die Spannungen der beiden Modelle verglichen werden konnten. Bei der stufenweise aufgebrachten Belastung wurden die Dehnungen und Durchbiegungen gemessen und überwacht, um in allen Meßstellenbereichen Teilplastizierungen zu vermeiden. In Tabelle 3.9 ist eine Zusammenstellung der wichtigsten Ergebnisse der elastischen Vorversuche gezeigt.

Darin ist zu erkennen, daß im elastischen Bereich die kritische Lastangriffsstelle erwartungsgemäß in der Plattenmitte liegt (VA12, VA22, VB12, VB22). Die Aufstandsfläche, insbesondere ihre Ausdehnung in Querrichtung $v$, hat einen großen Einfluß auf die maximalen Spannungen $\sigma_v$.

**Tabelle 3.9.** Meßergebnisse der elastischen Vorversuche

| Vers. Name | $P$ [kN] | $\sigma_{x\_max}$ [N/mm²] | $\sigma_{y\_max}$ [N/mm²] | $\sigma_{v\_max}$ [N/mm²] | $w_{max}$ [mm] |
|---|---|---|---|---|---|
| VA11 | 135 | 26 | 217 | 205 | 1,26 |
| VA12 | 79 | 244 | 292 | 271 | 4,30 |
| VA13 | 124 | 135 | 201 | 177 | 3,00 |
| VA21 | 78 | −50 | −227 | 207 | 0,75 |
| VA22 | 40 | 203 | 289 | 257 | 2,81 |
| VA23 | 46 | 81 | 131 | 115 | 1,31 |
| VB11 | 147 | 92 | 164 | 143 | 2,57 |
| VB12 | 65 | 252 | 322 | 293 | 6,83 |
| VB13 | 94 | 205 | 256 | 235 | 4,89 |
| VB21 | 95 | 88 | — | — | 1,32 |
| VB22 | 30 | 204 | 284 | 254 | 4,19 |
| VB23 | 66 | 144 | 257 | 223 | 4,00 |

**Tabelle 3.10.** Vergleich der elastischen Vorversuche für Modell A und B

| Versuch Name | | $P$ [kN] | $\sigma_{x\_max}$ [N/mm²] | | $\sigma_{y\_max}$ [N/mm²] | | $\sigma_{v\_max}$ [N/mm²] | | $P_{el}$ [kN] | | $w_{max}$ [mm] | |
|---|---|---|---|---|---|---|---|---|---|---|---|---|
| VA12 | VB12 | 65 | 201 | 252 | 241 | 322 | 223 | 293 | 88 | 67 | 3,56 | 6,83 |
| VA22 | VB22 | 30 | 144 | 204 | 205 | 284 | 183 | 254 | 49 | 36 | 2,02 | 4,19 |

In Tabelle 3.10 sind die elastischen Spannungen und Verformungen von Modell A und B unter gleicher Belastung gegenübergestellt, wobei $P_{el}$ die nach den Messungen umgerechnete elastische Grenzlast ist. Das Verhalten im elastischen Bereich beider Modelle läßt sich wie folgt zusammenfassen:

- Die maximale Spannung in der mit Trapezhohlprofilen ausgesteiften Platte beträgt nur ca. 75 % der maximalen Spannung in der mit Wulstprofilen ausgesteiften Platte. Die maximal gemessene Durchbiegung beträgt sogar nur die Hälfte. Dies führt zu einer Erhöhung der elastischen Grenzlast $P_{el}$ um 24 % (VA12 zu VB12) bzw. 27 % (VA22 und VB22).
- Das Verhältnis $v/b$ hat einen wesentlichen Einfluß auf die elastische Grenzlast $P_{el}$. Man erkennt, daß $v/b$ von 0,144 bis 0,432 (VB12 und VB22) bzw. von 0,211 bis 0,631 (VA12 und VA22) zu einer fast doppelten elastischen Grenzlast $P_{el}$ führt. Das bedeutet, daß eine Verminderung des Steifenabstands $b$ für die elastische Grenzlast $P_{el}$ eine große Bedeutung hat.

- Unabhängig vom Verhältnis $v/u$ sind die quer zu den Steifen laufenden Spannungen $\sigma_{y_{max}}$ im Vergleich zu den Spannungen in Steifenrichtung $\sigma_{x_{max}}$ ca. 25 % höher. Dieses ist vor allem durch die Verhältnisse $v/b$ und $u/a$ zu erklären. Da das Verhältnis $u/a$ bei den Versuchen im Vergleich zu $v/b$ wesentlich kleiner ist, hängt die gesamte Spannung vor allem von $v/b$ ab.

Beim Vergleich der Aufstandsflächen mit flacher und runder Scheibe bei gleicher Belastung und Angriffsstelle (Tabelle 3.11) ist der Unterschied der Durchbiegungen in allen Lastfällen unter 7 % geblieben. Dagegen ist die Vergleichsspannung bei VA32 17 % niedriger als bei VA22. Der Grund dafür liegt in der kleineren Länge der Berührungsfläche der Rundscheibe bei einer so geringen Belastung. Diese gemessenen Längen bei VA31, VA32 und VA33 waren 58 %, 38 % und 51 % kleiner als bei der entsprechenden Aufstandsflächenlänge der flachen Scheibe von 200 mm. Trotzdem ist zu sehen, daß die Änderung der Abmessung $u$ auf die maximalen Spannungen und insbesondere auf die maximalen Durchbiegungen nur wenig Einfluß hat. Ein ausführlicher Vergleich zwischen Messungen und Rechnungen erfolgt im Abschnitt 3.5.3.

**Tabelle 3.11.** Vergleich der Spannungen bei unterschiedlichen Längen $u$

| Versuch | Name | $P$ [kN] | $u$ [mm] | | $\sigma_{x\_max}$ [N/mm²] | | $\sigma_{y\_max}$ [N/mm²] | | $\sigma_{v\_max}$ [N/mm²] | | $w_{max}$ [mm] | |
|---|---|---|---|---|---|---|---|---|---|---|---|---|
| VA21 | VA31 | 66 | 200 | 86 | 28 | 28 | 173 | 183 | 161 | 170 | 0,67 | 0,67 |
| VA22 | VA32 | 35 | 200 | 124 | 191 | 262 | 272 | 302 | 242 | 284 | 2,45 | 2,61 |
| VA23 | VA33 | 46 | 200 | 97 | 81 | 112 | 131 | 135 | 115 | 125 | 1,31 | 1,41 |

*Traglastversuche*

Es wurde insgesamt 7 Traglastuntersuchungen durchgeführt:

- Einzelrad in Plattenfeldmitte (TA1 und TB1);
- Einzelrad auf der Stegoberkante eines Trapezhohlprofils (TA21);
- Einzelrad auf der Obergurtmitte eines Trapezhohlprofils (TA22);
- Einzelrad auf der Obergurtmitte eines Wulstprofils (TB2);
- Doppelrad in Plattenfeldmitte (TA3 und TB3).

Für die Aufstandsflächen wurde die in Abschnitt 3.5.2 beschriebene Rundstahlscheibe benutzt. Die Radachse ist quer zur Längsversteifung angeordnet. Die Anordnung der Einzel- bzw. Doppelräder ist in Abb. 3.49 zusammengestellt. Für die Lastaufbringung wurde bei TA1 und TB1 der 600 kN Zylinder eingesetzt. Bei allen anderen Versuchen wurde der 1500 kN Zylinder verwendet. Im folgenden wird über die einzelnen Traglastversuche detailliert berichtet.

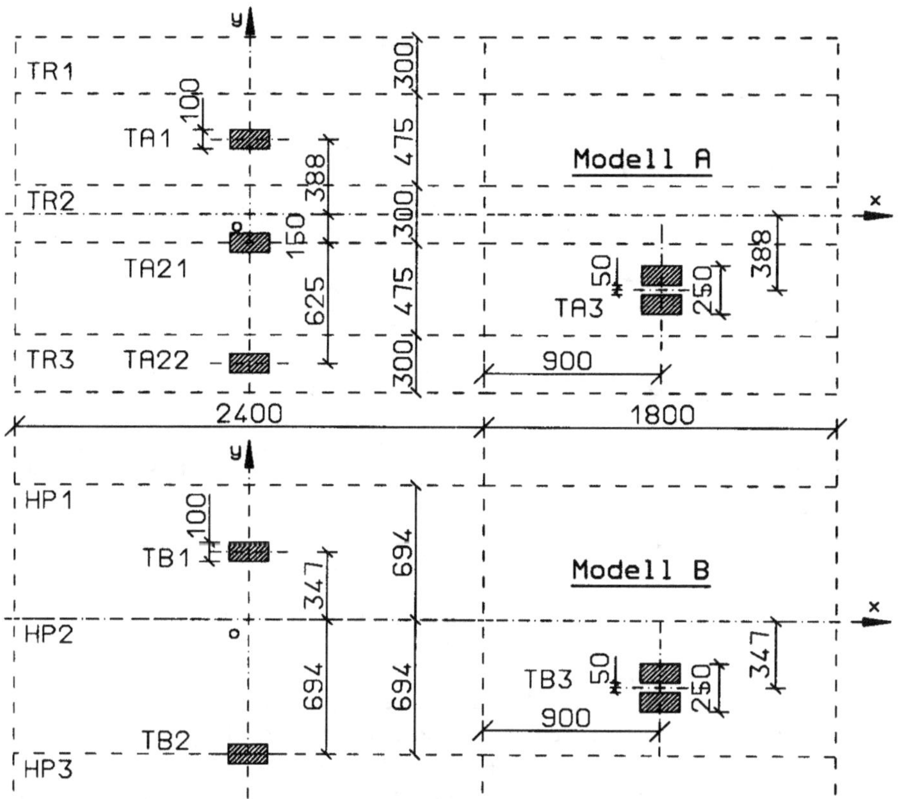


**Abb. 3.49.** Anordnung der Traglastversuche

### *TA1, TB1 (Einzelrad auf Plattenmitte)*

Bei diesen Versuchen wurde das Tragverhalten der Plattenfelder beider Modelle unter einzelnen Radlasten untersucht (TA1 für Modell A, TB1 für Modell B). Die gemessenen Dehnungen und Durchbiegungen sind in Abb. 3.50 bis 3.52 dargestellt. In Abb. 3.50 sind die Dehnungen der Meßstreifen TA1 MS21, TA1 MS22, TB1 MS26 und TB1 MS27, die sich an der Unterseite des Plattenfelds direkt unter der Aufstandsfläche befinden, in Abhängigkeit von der Radlast aufgezeichnet. TA1 MS21 und TB1 MS26 sind in der Versteifungsrichtung und TA1 MS22 bzw. TB1 MS27 quer zur Versteifungsrichtung angeordnet. Da die Radlast im Plattenfeld eine in Quer- und Längsrichtung unterschiedliche Krümmung erzeugt, zeigen die einzelnen Meßstreifen einen unterschiedlichen Fließbeginn, wobei die Dehnungen $\varepsilon_x$ oder $\varepsilon_y \approx 0{,}2\,\%$ sind, und zwar in Querrichtung deutlich niedriger als in Längsrichtung. Beim Versuch TA1 plastiziert MS22 unter der Last von ca. 50 kN und MS21 bei ca. 60 kN. Bei Versuch TB1 liegt diese Last bei ca. 37 kN in Querrichtung (MS27) bzw. bei 52 kN in Längsrichtung (MS26), damit um ca. 26 % bzw. 13 % niedriger als beim Versuch TA1.

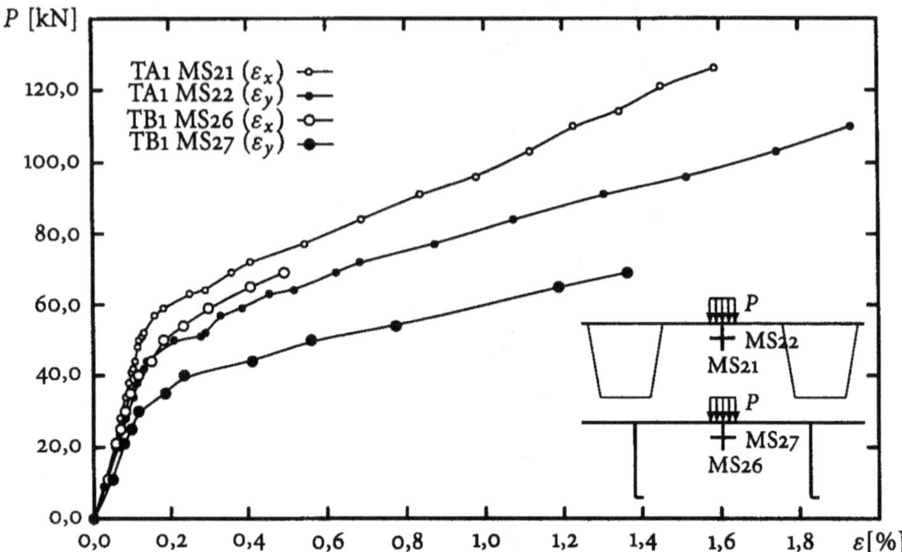



**Abb. 3.50.** Dehnungen der Unterseite in Plattenfeldmitte, Versuche TA1, TB1

Der Unterschied im Tragverhalten der beiden unterschiedlichen Aussteifungsarten ist besser aus den Dehnungen der Meßstellen TA1 MS4, MS93 sowie TB1 MS92 und MS37 in Abb. 3.51 und 3.52 zu erkennen. Die Meßstellen liegen am Rand des belasteten Plattenfelds quer zu den Stegen des Trapezhohlprofils bzw. des Wulstprofils. Sie korrespondieren gewissermaßen mit den Meßstellen TA1 MS22 bzw. TB1 MS27 (Abb. 3.50). Da die Meßstreifen TA1 MS93 bzw. TB1 MS92 die Dehnungen an der Oberseite der Beplattung quer zu den Steifen und TA1 MS4 bzw. TB1 MS37 an der Unterseite angeben, lassen sich Biegedehnung ($\varepsilon_b$) und Membrandehnung ($\varepsilon_m$) trennen, wobei

$$\varepsilon_b = 0{,}5 \cdot (\varepsilon_{y_{ob}} - \varepsilon_{y_{un}}) \tag{3.138}$$

und

$$\varepsilon_m = 0{,}5 \cdot (\varepsilon_{y_{ob}} + \varepsilon_{y_{un}}) \tag{3.139}$$

ist.

Zunächst erkennt man, daß ein Fließen des Plattenrands bei wesentlich höheren Radlasten erfolgt als im Bereich des Plattenfelds (ca. 102 kN bei TA1 und ca. 120 kN bei TB1). Die starke Zunahme des Membranteils ($\varepsilon_m$) erfolgt mit einer Last von ca. 150 kN bei beiden Versuchen. Gleichzeitig ist zu erkennen, daß die Membrandehnungen bei großen Radlasten das Tragverhalten erheblich beeinflussen.

Der Verlauf der Durchbiegung über der Radlast ist in Abb. 3.53 zusammengestellt. Die Meßstellen TA1 MS138 bzw. TB1 MS136 sind induktive Wegaufnehmer. Ab einer Last von ca. 250 kN (TA1) bzw. 300 kN (TB1) verlaufen die Last-Verformungskurven

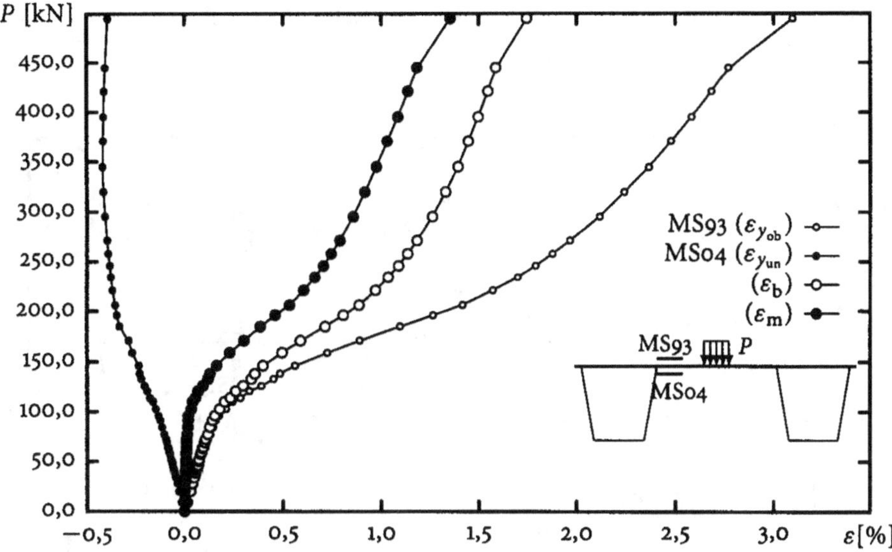


**Abb. 3.51.** Dehnungen am Plattenfeldrand, Versuche TA1

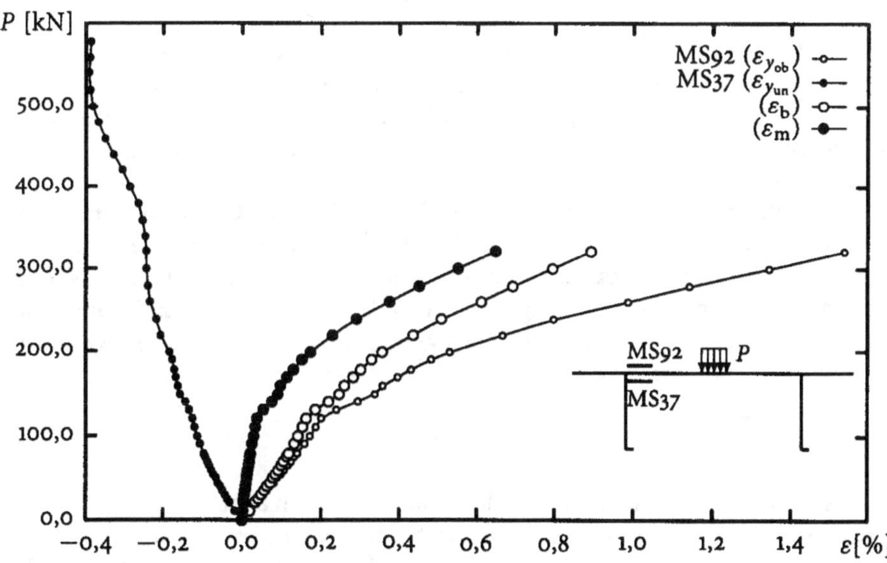


**Abb. 3.52.** Dehnungen am Plattenfeldrand, Versuche TB1

in etwa linear (Abb. 3.53). Nur die Steigung ist geringfügig verändert. Diese Erscheinung läßt sich damit erklären, daß die Belastung im Plattenfeld bei immer größer werdender Membranwirkung mehr von der Dehnsteifigkeit abgetragen wird als von der Biegesteifigkeit.

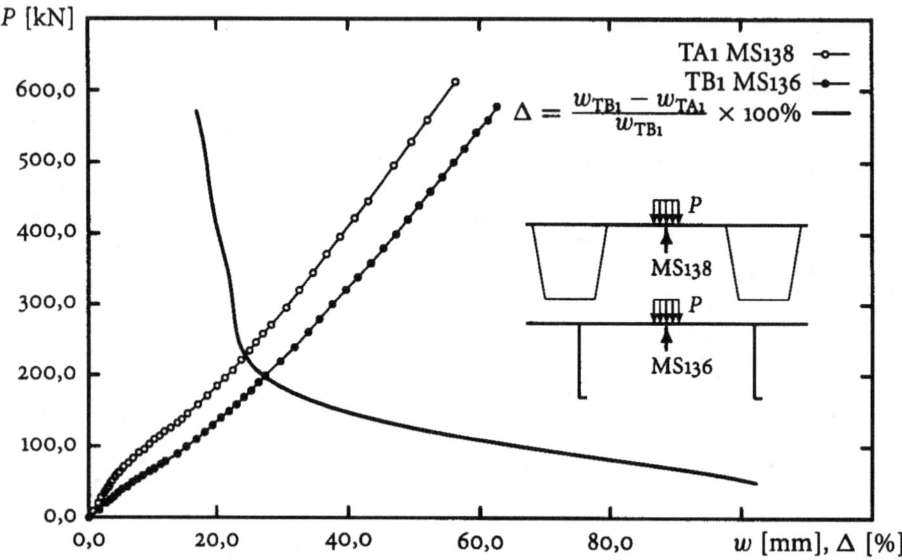


**Abb. 3.53.** Durchbiegungen in Plattenfeldmitte, Versuch TA1, TB1

Der Versuch TA1 wurde bei einer Last von ca. 580 kN wegen des Versagens eines Ventils unterbrochen. Nach der Reparatur des Ventils wurde der Versuch an der gleichen Stelle ohne Rißerscheinung bis 612 kN weitergeführt. Die größte gemessene Durchbiegung in der Plattenmitte betrug 56,36 mm, was etwa der 5-fachen Plattendicke entspricht.

Die bleibende Verformung an der gleichen Stelle beträgt nach der Entlastung 43,96 mm. Der Versuch TB1 wurde bei $P \approx$ 578 kN mit der maximalen Durchbiegung in der Plattenmitte von 62,64 mm beendet. Die gemessene maximal bleibende Verformung betrug 47,05 mm. In Abb. 3.53 ist das Verhältnis der Durchbiegungen der beiden Versuche TA1 und TB1 in Abhängigkeit von der Radlast aufgetragen. Man kann deutlich erkennen, daß der Wert

$$\Delta = \frac{w_{TB1} - w_{TA1}}{w_{TB1}} \times 100\,\%  \tag{3.140}$$

im elastischen Bereich bis zu 100 % wächst, während er im elastoplastischen Bereich kleiner wird. Im membrandominierten Zustand, in dem die Kurven wieder linear verlaufen, bleibt der Wert $\Delta$ bei ca. 20 %. Das Tragverhalten unterscheidet sich also im elastischen und elastoplastischen Bereich viel stärker als im reinen plastischen Bereich.

### TA3, TB3 (Doppelrad auf Plattenmitte)

Bei den Versuchen TA3 und TB3 wurde die Doppelradbelastung in Plattenmitte simuliert. Der Abstand zwischen beiden Rädern betrug 50 mm. Bei diesen Versuchen wurde besonderer Wert auf die Untersuchung der bleibenden Verformungen im Plattenfeld gelegt. Die Lastaufbringung wurde so gewählt, daß oberhalb des elastischen Bereichs nach je ca. 25 kN Lasterhöhung einmal ganz entlastet, nach ca. 4 min gemessen und dann wieder belastet wurde. Die Anpassung der Aufstandsflächen gegenüber der letzten Entlastung wurde durch die vor der Entlastung markierte Aufstandsfläche auf dem Plattenfeld sichtbar gemacht.

Der Versuch TA3 wurde bei $P \approx 1141$ kN mit großen Beulen in den beiden Profilstegen beendet. Die maximale bleibende Beulentiefe betrug 17 mm bzw. 16 mm und lag etwa 60 mm von der Oberkante des Profils entfernt. Der Versuch TB3 wurde bei $P \approx 1038$ kN wegen der knappen Meßreserve der Wegaufnehmer MS10 und MS11 abgebrochen, ohne daß eine Versagenserscheinung zu beobachten war.

Abb. 3.54 zeigt die Dehnungen in der Beplattung zwischen den Doppelrädern in Plattenmitte: MS4 und MS5 auf der Unterseite sowie MS6 und MS7 auf der Oberseite, MS5 und MS7 in Steifenrichtung sowie MS4 und MS6 in Querrichtung.

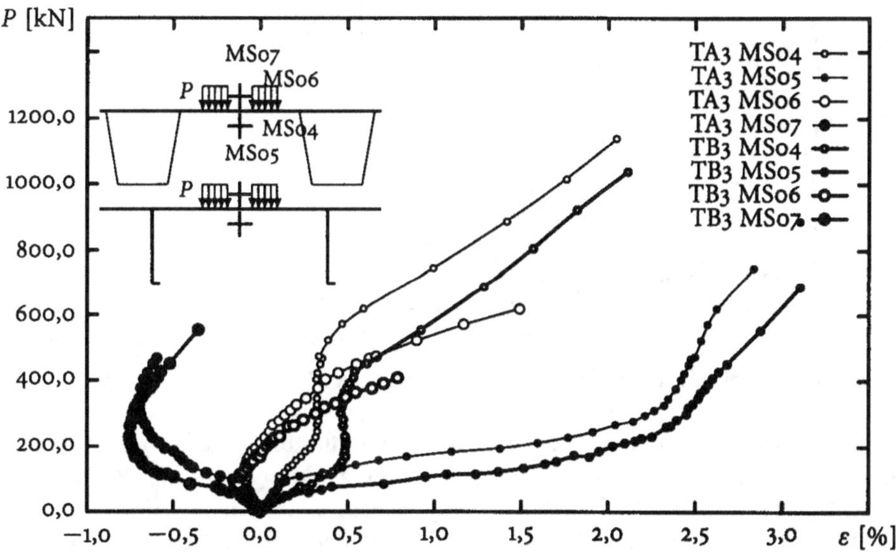


**Abb. 3.54.** Dehnungen in Plattenfeldmitte, Versuch TA3, TB3

Beide Versuchsmodelle zeigen den gleichen Charakter in den Dehnungsverläufen, obwohl die Belastungen bei gleichen Dehnungen im Versuch TA3 höher liegen als die im Versuch TB3. Zunächst erkennt man, daß das Tragverhalten des Plattenfelds in beiden Richtungen durch Biegung dominiert wird. Nach dem Fließen wächst der Membranteil mit zunehmender Belastung. Dadurch reduzieren sich die Dehnungen in Querrichtung an der Druckseite (bzw. Oberseite des Plattenfelds). Herrscht auf beiden Seiten die gleiche Zugdehnung, befindet sich der Querschnitt in einem plastischen Membranzustand. Dies ist beim Versuch TA3 unter einer Last von ca. 400 kN und beim Versuch TB3 bei ca. 360 kN (MS06 und MS04) der Fall. Unter der örtlichen Radlast wirkt im Plattenfeld der elastische Teil als Unterstützung des plastizierten Bereichs. Da die Verhältnisse $v/b$ bzw. $u/a$ sich unterscheiden, ist auch die stützende Wirkung unterschiedlich. Das bedeutet, daß die Membraneffekte in Längs- und Querrichtung unterschiedlich verteilt sind.

In Abb. 3.55 sind die Last-Verformungskurven für die beiden Modelle einschl. der Ent- und Belastungszyklen aufgetragen. Die größte ermittelte Durchbiegung in der Plattenmitte betrug beim Modell A 71,8 mm, und beim Modell B 73,6 mm. Hierzu waren Radlasten von 1141 kN bzw. 1038 kN notwendig.

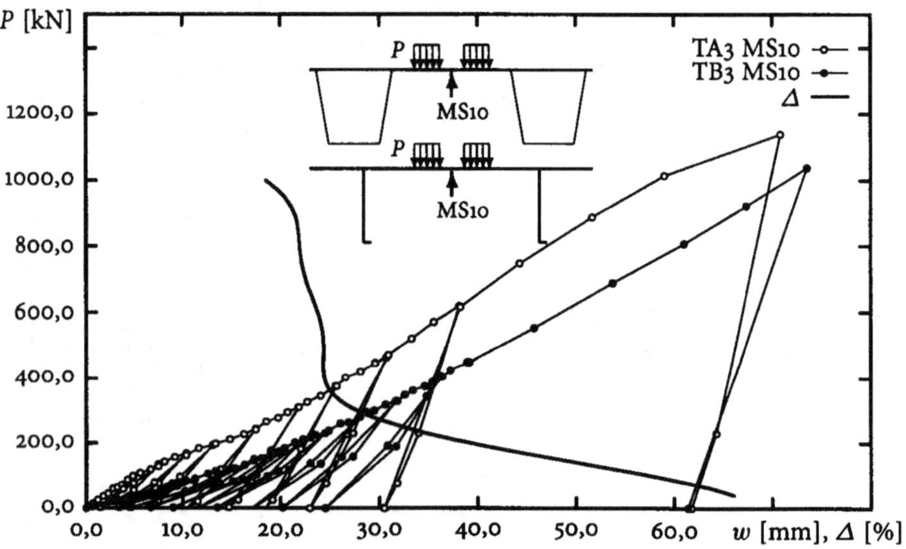


**Abb. 3.55.** Durchbiegungen in Plattenfeldmitte, Versuch TA3, TB3

Zu bemerken ist, daß sich die Steigung der Entlastungsgeraden im Laufe der einzelnen Lastschritte verändert und nicht der Steigung im elastischen Bereich entspricht. Dies ist vor allem auf die Entwicklung des plastizierten Bereichs im Plattenfeld zurückzuführen. Da der plastizierte Bereich mit zunehmenden Belastungen immer größer geworden ist, ist die Stützwirkung des elastischen Anteils immer weiter von der belasteten Stelle entfernt. Damit wird die Steigung der Be- und Entlastungskurven immer steiler. Die Differenz der Durchbiegungen beider Modelle ist auch in Abb. 3.55 eingetragen. Sie entspricht Gl. (3.140). Diese Differenz beläuft sich auf ca. 65 % im elastischen und ca. 25 % im plastischen Bereich.

In Abb. 3.56 sind die bleibenden Verformungen nach jedem Entlastungsvorgang für beide Modelle dargestellt. Sie sind bei dem Modell mit den Trapezhohlprofilen (TA3) kleiner als bei dem Modell mit den Wulstprofilen (TB3). Der Unterschied der

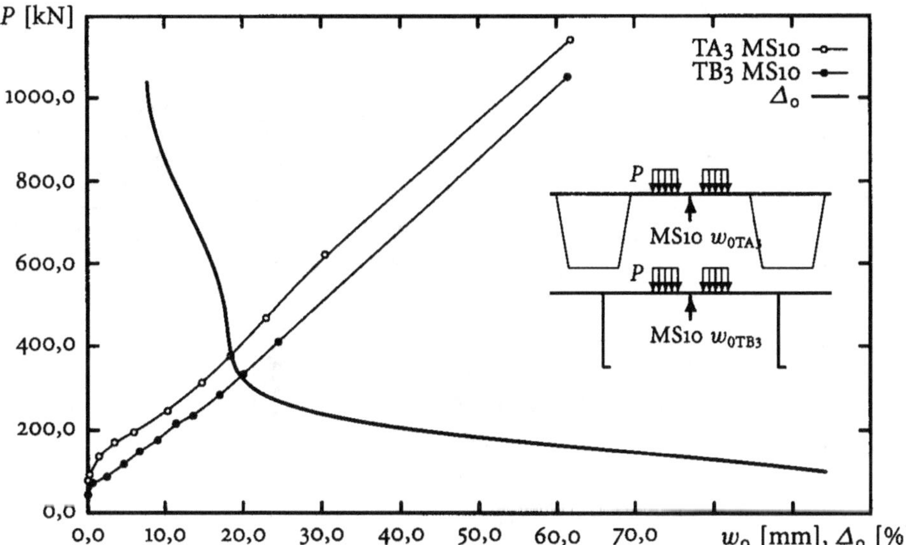


**Abb. 3.56.** Bleibende Durchbiegungen in Plattenfeldmitte, Versuch TA3, TB3

bleibenden Verformungen ist durch den Wert

$$\Delta_0 = \frac{w_{0TB3} - w_{0TA3}}{w_{0TB3}} \times 100\,\% \tag{3.141}$$

ebenfalls in Abb. 3.56 dargestellt. Dieser Wert liegt im plastischen Zustand bei ca. 20 %.

Anhand der beschriebenen Versuche kann festgestellt werden, daß bei einer in Plattenmitte wirkenden örtlichen Querbelastung aufgrund der mit steigender Durchbiegung immer größer werdenden Membranspannung die tatsächliche Traglast bis zum Erreichen der Bruchgrenze sehr groß sein kann. Normalerweise ist daher die Tragfähigkeit der Versteifung geringer als die der Beplattung.

### TA21, TA22 (Einzelrad auf Trapezhohlprofil)

Zwei kritische Lastfälle auf den Trapezhohlprofilen wurden untersucht. Beim Traglastversuch TA21 wurde das simulierte Einzelrad direkt auf die Oberkante einer der Stege des Trapezhohlprofils gesetzt. Beim Traglastversuch TA22 wurde der Obergurt zwischen den beiden Trapezhohlprofilstegen belastet.

**Versuch TA21:** In Abb. 3.57 sind die Dehnungen für die Meßstreifen in Umfangsrichtung des belasteten Steifenquerschnitts aufgetragen. Der Meßstreifen MS6 direkt unter der Halsnaht am Steg des Trapezhohlprofils zeigt eine ausgeprägte Dehnung. Es handelt sich also um eine örtlich begrenzte Lasteinleitung in den Steg, die sich schnell abbaut.

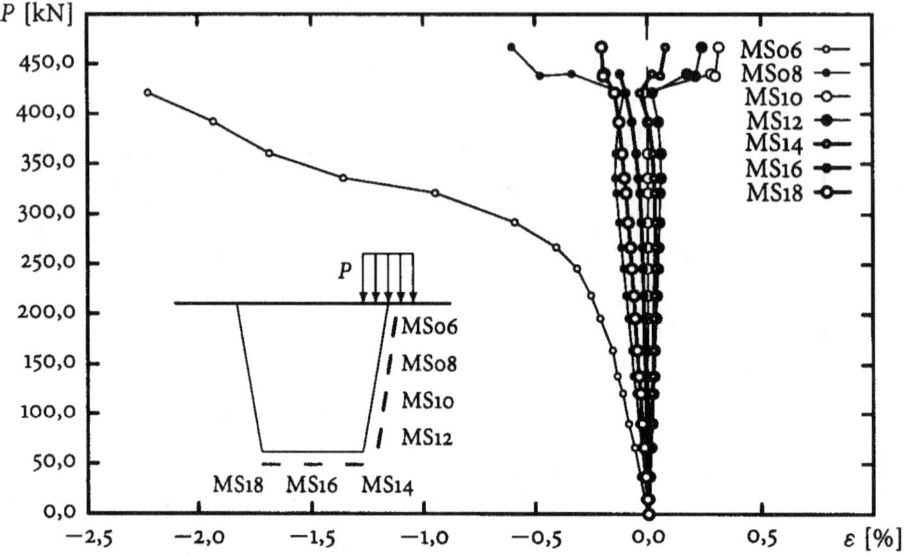

**Abb. 3.57.** Dehnungen des Trapezhohlprofils in Umfangsrichtung, Versuch TA21

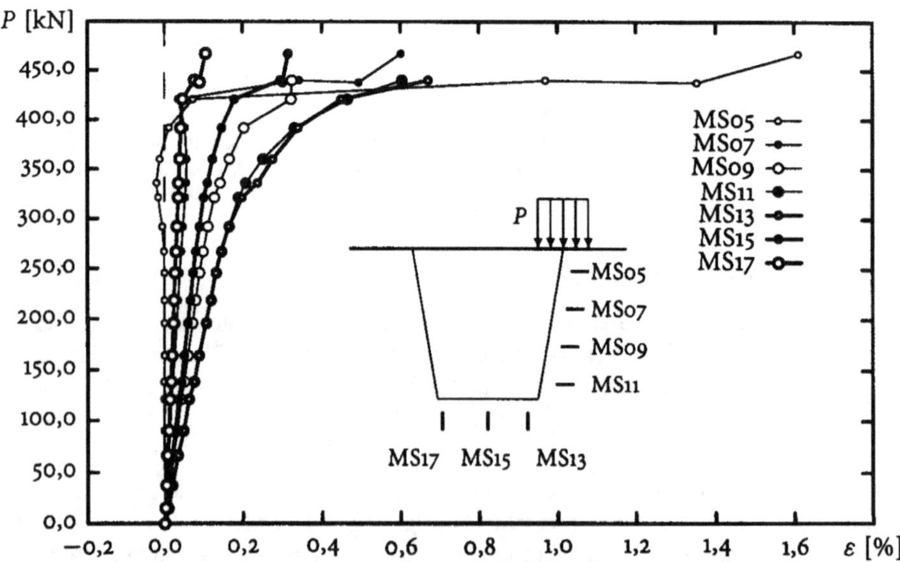

**Abb. 3.58.** Dehnungen des Trapezhohlprofils in Längsrichtung, Versuch TA21

In Abb. 3.58 sind die Dehnungen der Meßstreifen in Steifenrichtung aufgetragen.
Sie sind an den gleichen Stellen wie die in Abb. 3.57 ausgewerteten Meßstreifen angebracht, aber zeigen in erster Linie die Dehnungen der globalen Biegung. Auch hier
reagiert der Meßstreifen MS5 direkt unterhalb der Last besonders stark. Man kann
daher von einer Traglast von 421 kN ausgehen, bei der ein Krüppelversagen des Stegs
gemessen wurde. Dabei kommt es auch zu einer Plastizierung großer Teile des belasteten Stegs, die durch globale Biegung verursacht wurde (Abb. 3.58 MS05, MS07,
MS09 und MS11). Ganz deutlich wird dies an der Aufzeichnung der Wegaufnehmer
in Abb. 3.59. Der Wegaufnehmer MS51 saß direkt unter der Last vertikal auf dem
Obergurt des Trapezhohlprofils und zeigt deutlich das lokale Krüppeln des Stegs. Die
nach der Entlastung ausgemessene maximale Beulverformung des Profilstegs betrug
33 mm und befand sich 60 mm unter der Oberkante des Profilstegs.

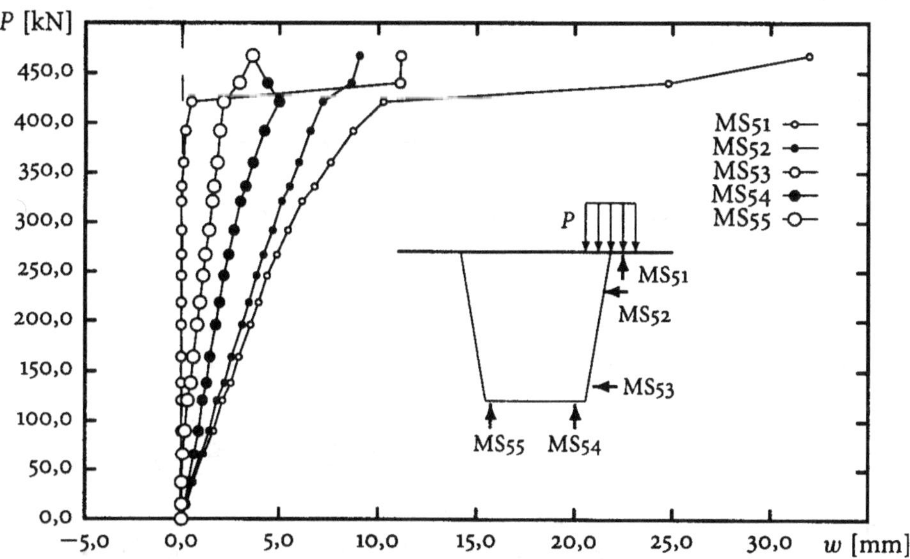



**Abb. 3.59.** Verformungen des Trapezhohlprofils, Versuch TA21

**Versuch TA22:** Beim Traglastversuch TA22 wirkt die Radlast direkt auf die Mitte
des Obergurts eines Trapezhohlprofils. Man kann das Tragverhalten durch die Deh-
nungsänderung an der Oberkante eines Stegs beobachten. An den in Abb. 3.60 dargestellten Dehnungen erkennt man, daß sich das erste Fließen in der Platte über der
Oberkante des Stegs bei einer Belastung von ca. 140 kN bildet (Abb. 3.60 MS20). Bei
$P \approx 450$ kN beginnt die Profilunterkante durch die globale Biegung in Längsrichtung
(Abb. 3.61 MS1, MS3, MS5) zu plastizieren. Eine deutliche Reduzierung der Steifigkeit
des Profils erfolgt durch lokale Biegung in Umfangsrichtung des Profilquerschnitts
(Abb. 3.62 MS2, MS4, MS6) bei $P \approx 650$ kN. Danach nimmt die Verformung des

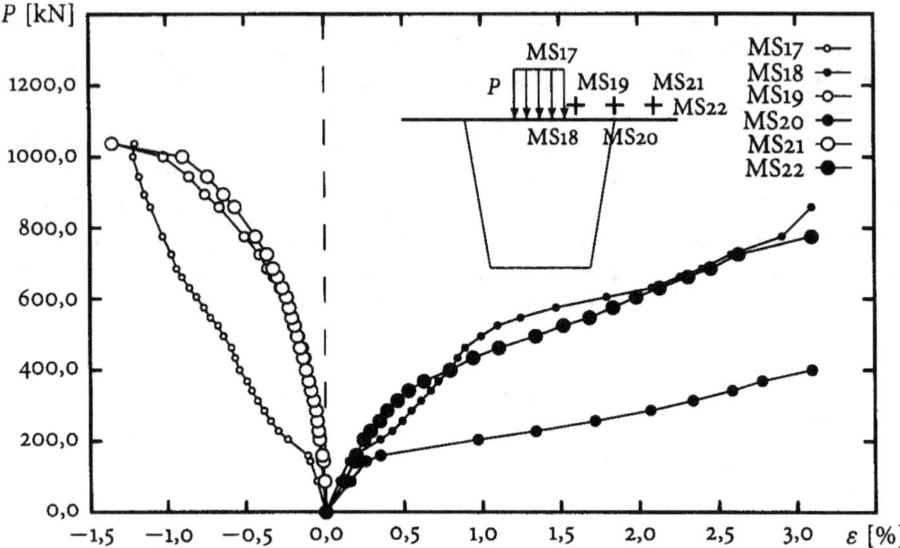



**Abb. 3.60.** Dehnungen des Obergurts des Trapezhohlprofils, Versuch TA22

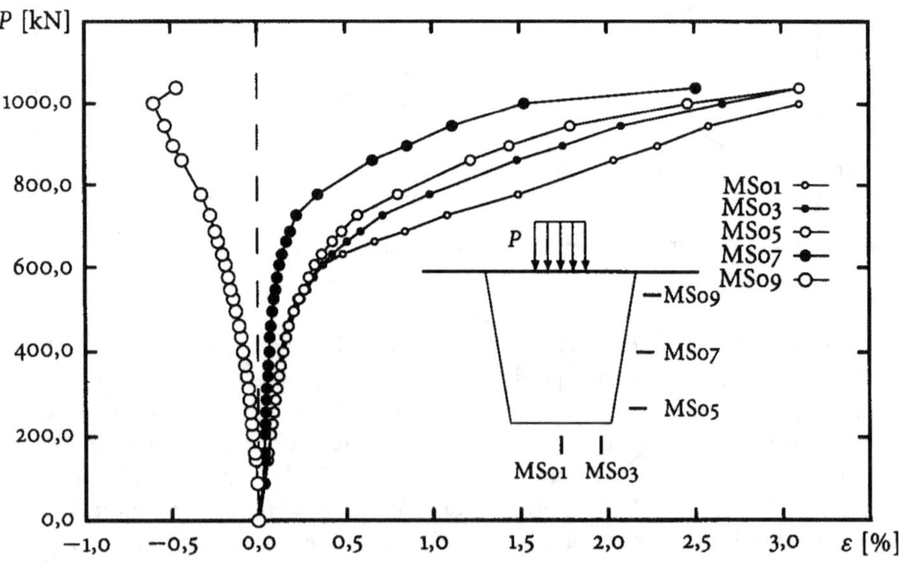



**Abb. 3.61.** Dehnungen des Trapezhohlprofils in Längsrichtung, Versuch TA22

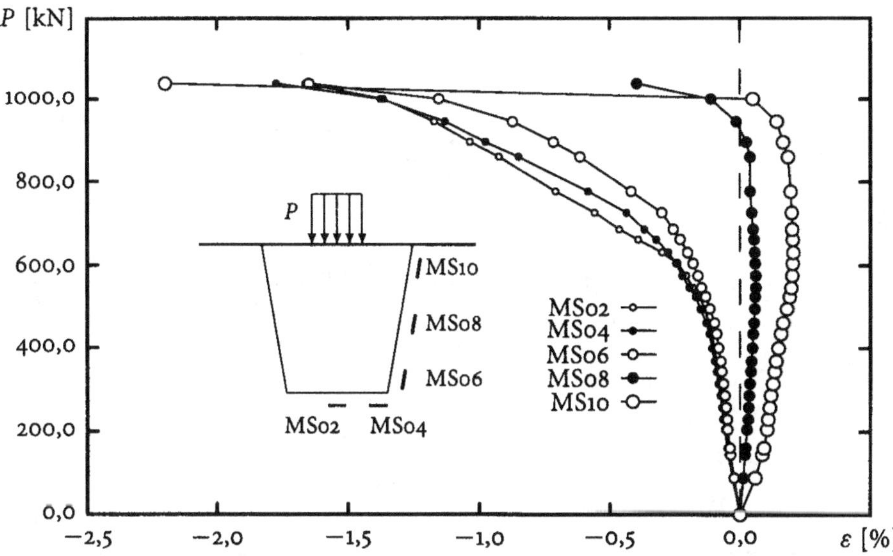


**Abb. 3.62.** Dehnungen des Trapezhohlprofils in Umfangsrichtung, Versuch TA22

gesamten Profils, begleitet durch weitere Plastizierung der Profilstege, mit leicht steigenden Belastungen schnell zu (Abb. 3.63 MS23, MS25). Im Gegensatz zum TA21 beulen die beiden Profilstege bei ca. 1000 kN plötzlich seitlich nach außen (Abb. 3.63 MS24). Kurz danach wird bei $P \approx 1038$ kN die Traglast erreicht. Bei dieser Belastung sind nicht nur sehr große Verformungen im belasteten Querschnitt aufgetreten, sondern auch sehr deutliche Beulen in den Untergurten des Trapezhohlprofils an den beiden Stützpunkten der Querträger.

### TB2 (Einzelrad auf Wulstprofil)

Durch den Versuch TB2 sollte die Traglast ermittelt werden, die sich einstellt, wenn die Last direkt auf das Wulstprofil wirkt. Es wurde zuerst der 600 kN-Zylinder eingesetzt. Bei $P \approx 401$ kN plastiziert zuerst die Unterkante des Profilstegs. Bis zur maximalen Belastungsfähigkeit des Zylinders ist ein Versagen der Struktur nicht aufgetreten. Dann wurde an der gleichen Kraftangriffsstelle der 1500 kN Zylinder eingesetzt.

In Abb. 3.64 und 3.65 ist zu sehen, daß ab $P \approx 603$ kN der Profilsteg vom Wulst her durch die globale Biegung in Längsrichtung zu fließen beginnt (Meßstellen MS8, MS9, MS10, MS11 und MS12). Bei ca. 650 kN beginnt das Plattenfeld direkt unter dem Lastangriffspunkt zu plastizieren (Abb. 3.66 MS2, MS4). Mit weitergehendem Fließen im Bereich des Profilstegs fängt der Steg bei $P \approx 803$ kN an, durch stark gestiegene Sekundärbiegung von der glatten Seite zur Wulstseite hin auszuknicken (Abb. 3.67 MS5, MS13). Dies hat zur Folge, daß die Biegesteifigkeit des Profils stark abgebaut wird. Danach nehmen die Verformungen und Dehnungen bei leichter Lasterhöhung schnell zu. Bei $P \approx 1171$ kN tritt das globale Versagen des Profils ein. Dabei entsteht

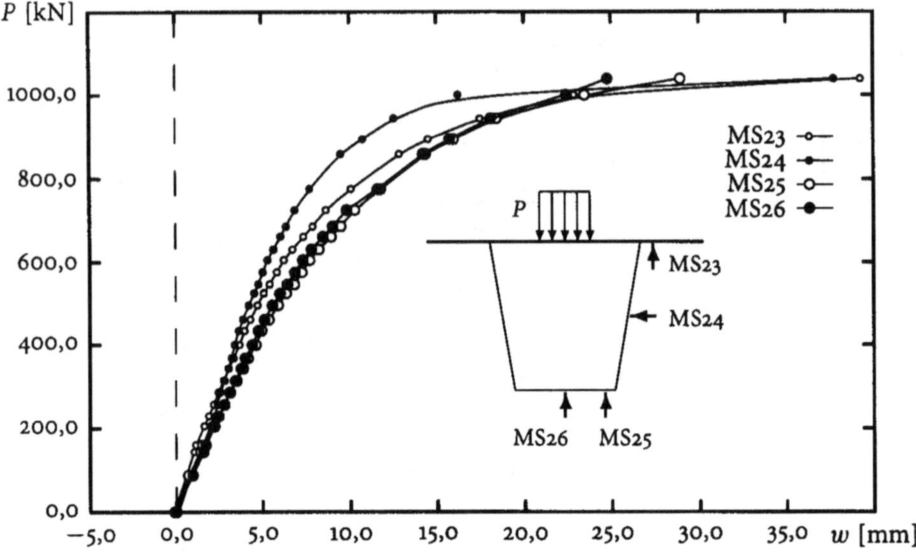



**Abb. 3.63.** Verformungen des Trapezhohlprofils, Versuch TA22

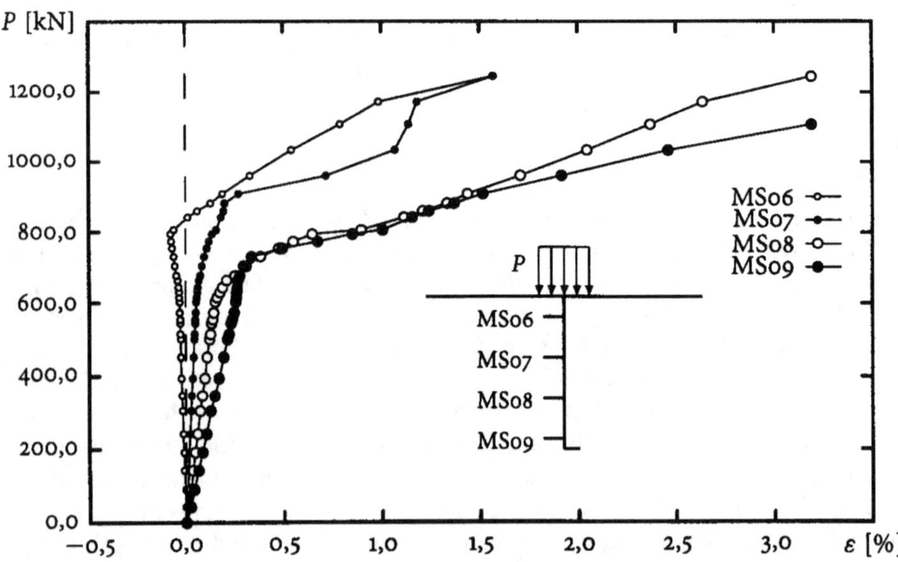



**Abb. 3.64.** Dehnungen der glatten Seite des Wulstprofils in Längsrichtung, Versuch TB2

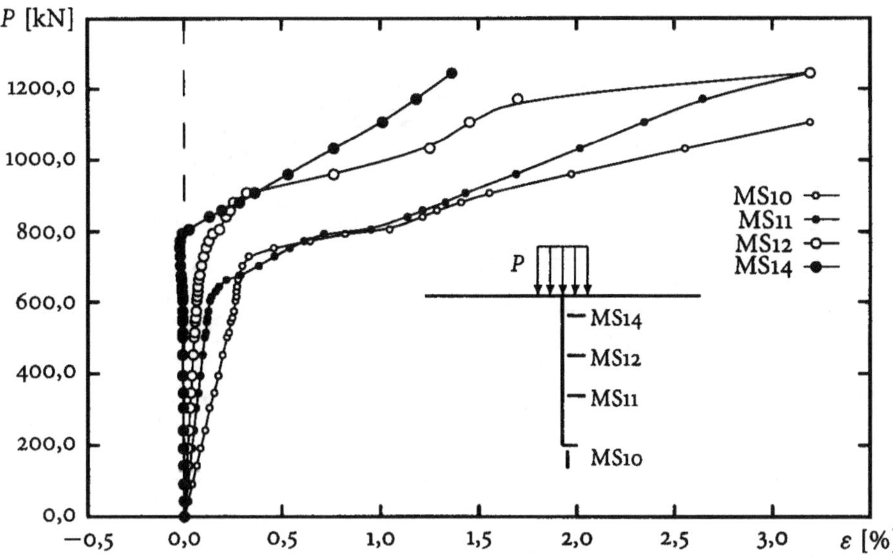

**Abb. 3.65.** Dehnungen der Wulstseite des Wulstprofils in Längsrichtung, Versuch TB2

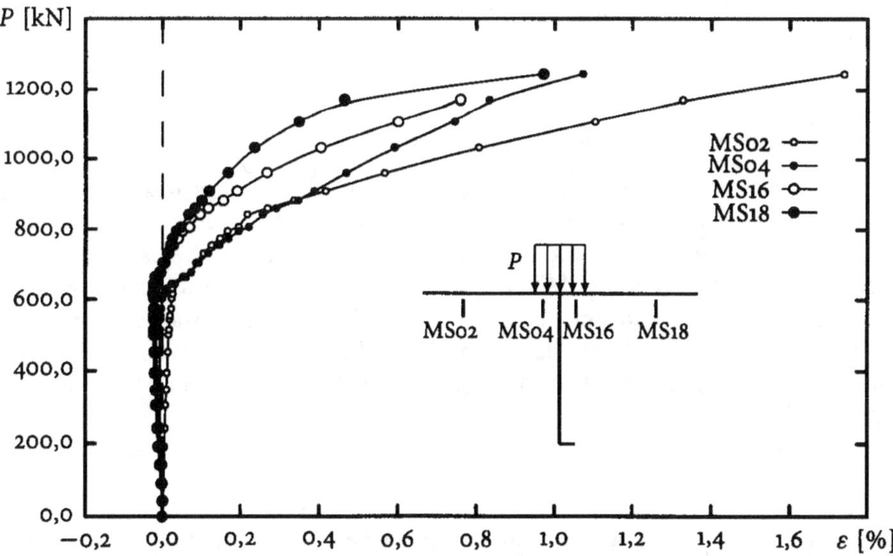

**Abb. 3.66.** Dehnungen der Unterseite der Platte in Längsrichtung, Versuch TB2

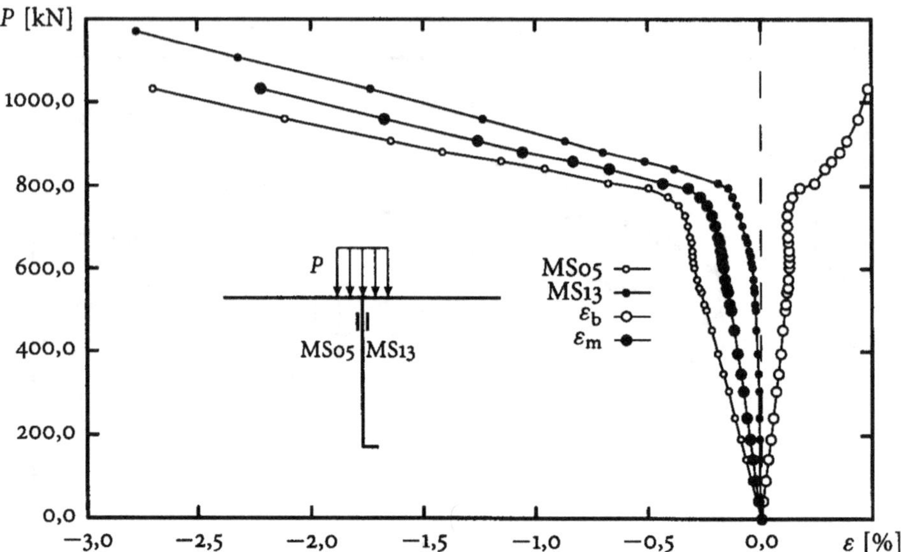


**Abb. 3.67.** Dehnungen des Wulstprofils in Vertikalrichtung, Versuch TB2

eine deutliche Krüppelung im Profilsteg, die sich 80 mm unter der Oberkante des Profilstegs befindet. Außerdem sind in den Stegen der unterstützenden Querträger und der daneben liegenden Längsträger ebenfalls große Beulen entstanden. Die nach der Entlastung ausgemessene bleibende Verformung an der Kraftangriffsstelle beträgt 61 mm.

### 3.5.3
### Vergleichsrechnung mit der Finite-Element-Methode

Die rechnerischen Untersuchungen für die o. g. Experimente wurden zuerst mit dem FE-Programmsystem MSC/NASTRAN, Version 65A [46], welches am Rechenzentrum der TU Hamburg-Harburg implementiert war, ausgeführt. Dieses System, ähnlich wie das Programmpaket MARC, kann sowohl geometrische als auch werkstoffbedingte nichtlineare Berechnungen von Konstruktionen unter statischen und dynamischen Belastungen durchführen. Um die Rechenergebnisse zu sichern, wurden die FE-Berechnungen durch Verwendung von MARC K4 mit gleichen FE-Modellen nachgerechnet.

### FE-Modellierung

Das Ziel der FE-Rechnung ist es, die experimentelle Untersuchung nachzuvollziehen, um weitere Parameteruntersuchungen mit der FEM durchführen zu können. Die Rechenmodelle sollten möglichst genau den entsprechenden Versuchsmodellen angepaßt werden, so daß die Meßergebnisse gut mit der Rechnung vergleichbar sind.

Die Erstellung der FE-Modelle erfolgte mit dem entsprechenden Pre- und Postprozeßpaket PATRAN. Unter der punktförmigen Belastung sind die Verformungen und die Spannungsverteilungen stark konzentriert. Deshalb wurde bei der FE-Modellierung die Fläche in der Nähe der Lastangriffsstelle besonders fein unterteilt. Um das nichtlineare Teilmodell zu bestimmen, wurde zuerst eine lineare Rechnung durchgeführt. Nach dieser Spannungsverteilung wurde der mögliche Plastizierungsbereich als nichtlineares Teilmodell definiert.

Zur Beschreibung dünnwandiger Bauteile wurde von den verfügbaren Elementtypen das vier- bzw. dreiknotige, räumliche Schalenelement (QUAD4, TRIA3 in NASTRAN Element Typ 75 in MARC ) ausgewählt. Unter Belastung befindet sich das Element in einem ebenen Spannungszustand, jedoch bleiben die auf die Knoten bezogenen Verformungen räumlich, d. h. jeder Knoten besitzt 6 Freiheitsgrade. Dieser Elementtyp kann sowohl Membran- als auch Biegespannungen aufnehmen. Für die Lastaufnahme können einzelne Kräfte und Momente bzw. verteilte Lateralbelastungen in der Elementebene eingesetzt werden. Modelliert wurden mit diesem Elementtyp die Bauteile Decksbeplattung, Stege und Gurte von Längs- und Querträgern, Trapezhohlprofile und Wulstprofile. Aufgrund der Struktur- und Belastungssymmetrie wurde nur die Hälfte des Versuchskörpers idealisiert. An den Freiheitsgraden in der Symmetrieebene sind entsprechende Randbedingungen eingesetzt. Die mit Winkelstahl verbundenen 4 Stützpunkte wurden bei den FE-Modellen in Vertikalrichtung festgelegt und davon zwei in Querrichtung unterdrückt, um die Starrkörperbewegung zu vermeiden.

Zur Realisierung der Radlast wurde die gleichmäßig verteilte Flächenlast ausgewählt. Die Breite der Fläche entspricht der Breite der flachen Stahlscheibe oder der Dicke der eingesetzten Rundstahlscheibe. Die reale Abmessung $u$ der Aufstandsfläche beim Einsetzen der Rundstahlscheibe ist eine Funktion, die sich mit der Zunahme der Belastung vergrößert. Durch die Messungen bei den Versuchen wurde festgestellt, daß diese Abmessung bei kleineren Belastungen rasch zunahm, bis sie ab ca. 200 mm fast konstant blieb. Außerdem hat der Vergleich zwischen Flachen- und Rundstahlscheibe gezeigt (Tabelle 3.11), daß diese Abmessung nur wenig Einfluß auf die Spannung und Durchbiegung im Plattenfeld hat. Aus diesen Gründen wurde für die Abmessung $u$ bei den Berechnungen 200 mm eingesetzt.

Zur Simulierung des Werkstoffverhaltens wurde das ideal elastoplastische Materialgesetz eingesetzt. Für den ebenen Spannungszustand wurde die Fließbedingung nach von Mises in Verbindung mit dem Gesetz nach Prandtl-Reusz zugrunde gelegt. Dies wird häufig bei der plastischen Analyse von Baustahl angewendet.

Bei der FE-Modellierung wurden für die Fließgrenze und die Plattenelementdicken der wichtigsten Bauteile, z. B. Beplattung, Trapezhohlprofile und Wulstprofile, die an den Modellen gemessenen Daten eingesetzt (Tabelle 3.8). Bei allen anderen Bauteilen wurden die Nennabmessungen angenommen.

*Vergleich zwischen FE-Rechnung und Messung im elastischen Bereich*

Zuerst wurde eine FE-Rechnung im elastischen Bereich durchgeführt, um die Richtigkeit des FE-Modells anhand der Vorversuchsergebnisse zu überprüfen. In

Abb. 3.68 und 3.69 werden beispielsweise die Spannungsvergleiche in Längsrichtung ($\sigma_x$) und Quer- bzw. Umfangsrichtung auf dem Profil ($\sigma_y$) zwischen Messung und FE-Rechnung für die untersuchten Lastfälle VA12 und VA22 bzw. VB12 und VB22 dargestellt. Die Spannungen im Plattenfeld entsprechen denen an der Unterseite der Beplattung und der Außenseite des Profils.

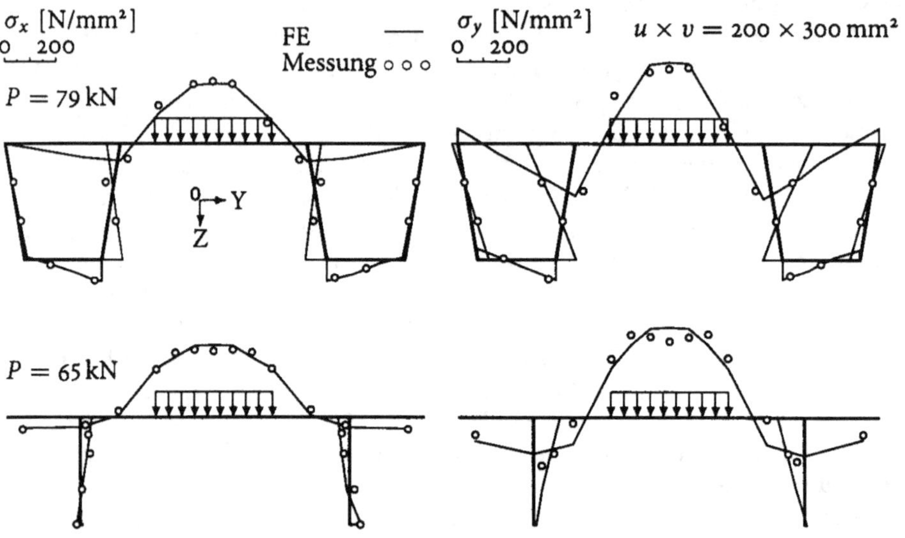



**Abb. 3.68.** Spannungsverteilungen, FE und Messung, Versuche VA12 und VB12

Allgemein ergab sich im elastischen Bereich eine gute Übereinstimmung zwischen gemessenen und berechneten Spannungen. Die merklichen Abweichungen im Bereich der Lastangriffsflächen sind dadurch zu erklären, daß mit der breiteren, flachen Stahlscheibe ($v = 300$ mm) bei relativ großen Durchbiegungen eine Kantenpressung aufgetreten ist, durch die die Belastung mehr an den Rand der Aufstandsfläche verteilt wurde. Das hat hauptsächlich Auswirkungen auf die Querspannung $\sigma_y$. Der Wert in Plattenmitte ist kleiner als an der Aufstandsflächenkante.

Man erkennt, daß die Spannungen in Längsrichtung ($\sigma_x$) im Vergleich zu den Spannungen in Querrichtung ($\sigma_y$) kleiner und nur innerhalb des Plattenfelds von Bedeutung sind. Dagegen wird die starke Änderung der Spannungen in Querrichtung deutlich. In dieser Richtung treten die maximalen Zugspannungen erwartungsgemäß in der Mitte des Plattenfelds auf, während der Rand der kürzeren Seite bzw. der Oberkante der angrenzenden Steifen stark druckbeansprucht wird. Die mittragende Wirkung der Steifen hängt vor allem von der Breite des Plattenfelds $b$ bzw. von dem Verhältnis $v/b$ ab. Außerdem spielt die Torsionssteifigkeit der Steifen beim Vergleich der beiden Modelle eine wichtige Rolle.

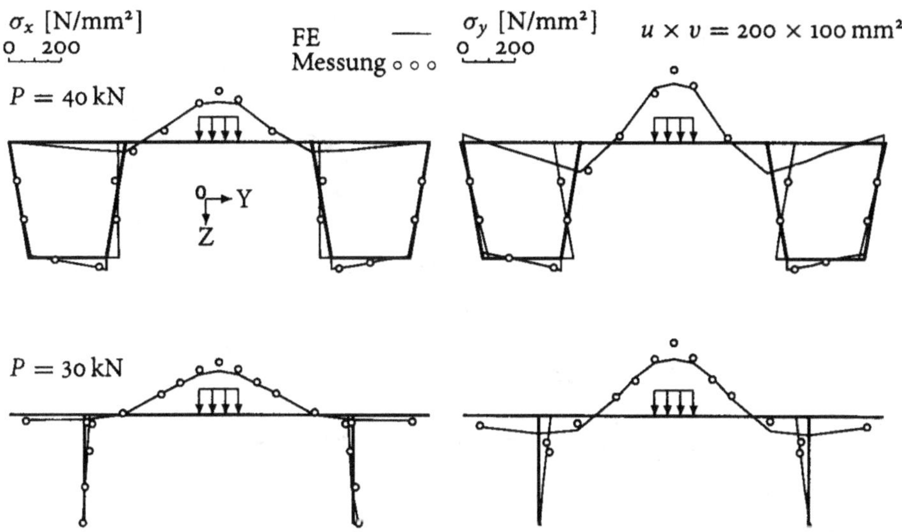


**Abb. 3.69.** Spannungsverteilungen, FE und Messung, Versuche VA22 und VB22

*Vergleich zwischen FE-Rechnung und Messung im nichtlinearen Bereich*

Zur Beschreibung des nichtlinearen Tragverhaltens der o. g. Versuche benötigt man die Verformungsverläufe der belasteten Stellen gegenüber der aufgebrachten Belastung. Die in Abb. 3.70 und 3.71 dargestellten berechneten und gemessenen Durchbiegungen in der Plattenmitte bei TA1 und TB1 zeigen das Verformungsverhalten der Modelle. Der Einfluß auf das nichtlineare Tragverhalten der Struktur liegt hauptsächlich an der werkstoffbedingten und der geometrisch bedingten Nichtlinearität. Die werkstoffbedingte Nichtlinearität führt dazu, daß das Werkstoffverhalten nach dem Erreichen der Fließgrenze plastisch wird. Die Auswirkung der geometrisch bedingten Nichtlinearität ist vor allem auf die Umlagerung der Spannungen aufgrund der geometrische Änderung der Konstruktion zurückzuführen. Daher ist bei der FE-Rechnung möglich, beide Einflüsse beliebig darzustellen (Ansätze FE geometrisch nichtlinear und FE werkstofflich nichtlinear). Die entsprechenden Traglasten für das Plattenfeld aus Gl. (3.20) unter der unverschieblich frei drehbaren Randbedingung bzw. Gl. (3.36) unter der unverschiebbar eingespannten Randbedingung sind ebenfalls in den Bildern eingetragen.

Man erkennt zuerst, daß die Verformungsverläufe der FE-Rechnungen bis zum ersten Fließen, wobei die Belastung $P = 57{,}7$ kN (TA1) bzw. $P = 42{,}1$ kN (TB1) der Durchbiegung $w = 3{,}96$ mm (TA1) bzw. $w = 5{,}94$ mm entspricht, mit der Messung nahezu identisch sind. Bei der Erfassung der nach dem Fließen in der Plattenmitte auftretenden örtlichen Verformung scheint das FE-Modell, insbesondere bei Versuch TA1, etwas steifer zu sein. Vermutlich liegt dies an der örtlichen Verteilung der Belastung und der relativ groben Elementierung des FE-Modells. Jedoch ist die

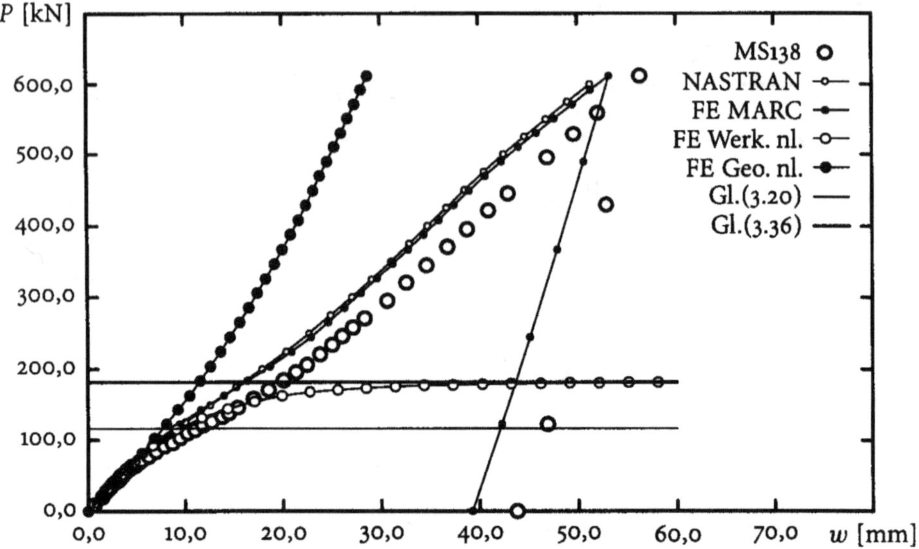

**Abb. 3.70.** Durchbiegungen in Plattenmitte, FE und Messung, Versuch TA1

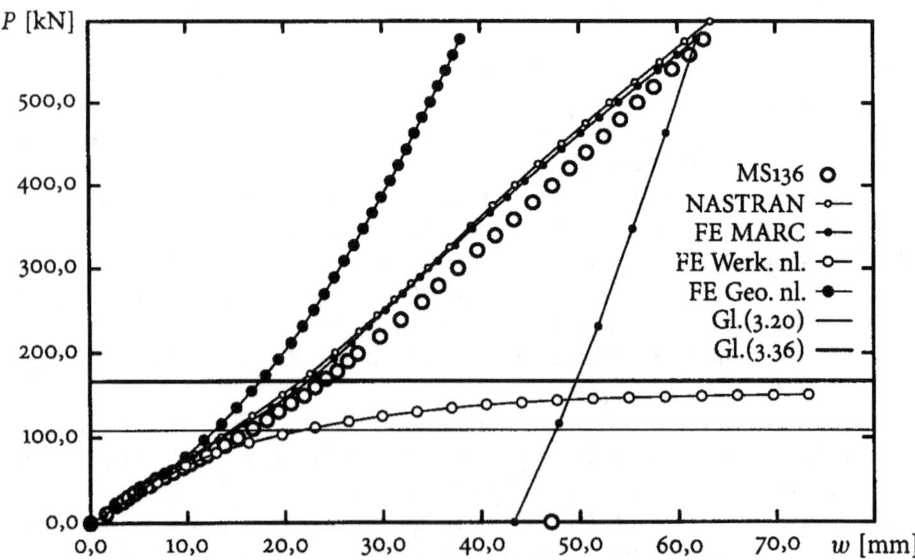

**Abb. 3.71.** Durchbiegungen in Plattenmitte, FE und Messung, Versuch TB1

Übereinstimmung zwischen FE-Rechnung und Messung als ausreichend anzusehen. Die Differenz der bleibenden Durchbiegungen in der Plattenmitte nach der Entlastung zwischen FE-Rechnung und Messung liegt beim Versuch TA1 bei ca. 11 % und beim Versuch TB1 nur 6 %. Das Verformungsverhalten mit den unterschiedlichen FE-Programmen zeigt in diesem Fall kaum Unterschiede.

Die geometrisch und werkstofflich nichtlinearen Einflüsse führen vorwiegend unter Laststeigerung von $P = 100$ kN bei TA1 und $P = 80$ kN bei TB1 zu unterschiedlichen Last-Verformungsverläufen. Die geometrische Änderung der Struktur (Ansatz FE Geo. nl.) zeigt gegenüber dem Fließen des Materials (Ansatz FE Werk. nl.) einen Zuwachs an Systemsteifigkeit und damit geringere Verformungen. Dieser Steifigkeitszuwachs liegt vor allem an den in der Plattenebene eintretenden Membranspannungen. Im Gegenteil dazu reduziert sich die Biegesteifigkeit durch Verbreiterung des plastizierten Bereichs rapide, wenn man nur die werkstoffliche Nichtlinearität berücksichtigt (Ansatz FE Werk. nl.). Damit entsteht eine Traglast, bei der die Biegesteifigkeit vernachlässigbar klein wird. Oberhalb dieser Traglast ($P = 182$ kN bei TA1 und $P = 150$ kN bei TB1) befindet sich die Umgebung der belasteten Zone in einem reinen plastischen Membranzustand, wobei die Steigung der Durchbiegungen gegenüber den Radlasten konstant bleibt. Dieser plastische Membranzustand kann zu einer erheblichen Traglastreserve führen. Die entsprechende entgültige Traglast kann entweder durch Versagen der angrenzenden Steifen oder durch Durchstanzen der Beplattung erreicht werden.

Im Vergleich zu den Meßergebnissen entsprechen die Traglasten aus Gl. (3.20) ($P_T = 116$ kN bei TA1 und $P_T = 108$ kN bei TB1) unter einer unverschiebbar frei drehbaren Randbedingung den Durchbiegungen von ca. $w/t = 1{,}0$ bei TA1 und $w/t = 1{,}2$ bei TB1, wobei die Biegesteifigkeit auf das Tragverhalten großen Einfluß hat. Die Voraussetzung einer eingespannten Randbedingung (Gl. (3.36)) ergibt eine Traglast ($P_T = 182$ kN bei TA1 und $P_T = 166$ kN bei TB1), bei der die Membranwirkung oberhalb dieses Lastniveaus eine entscheidende Rolle spielt. Zu bemerken ist, daß die mit FE berechnete Traglast (FE Werk. nl. $P = 182$ kN) bei TA1 eher mit der Traglast der analytischen Lösung (Gl. (3.36)) übereinstimmt, während diese bei TB1 (FE Werk. nl. $P = 150$ kN) zwischen den Traglasten aus Gl. (3.20) und (3.36) liegt. Diesen Unterschied kann man auf die Torsionssteifigkeit der Steifen zurückführen. Da das Trapezhohlprofil gegenüber dem Wulstprofil durch seinen geschlossenen Querschnitt eine wesentlich höhere Torsionssteifigkeit besitzt, wirkt es als Unterstützung für das Plattenfeld wie ein eingespannter Rand.

In Abb. 3.72 und Abb. 3.73 sind die experimentell ermittelten und die berechneten Durchbiegungen des belasteten Plattenfelds der Versuche TA3 und TB3 in Abhängigkeit zur Belastung dargestellt. Die Übereinstimmungen der Durchbiegungen bzw. der bleibenden Durchbiegungen nach der Entlastung in der Plattenmitte zwischen Messungen und FE-Rechnungen ist als exzellent anzusehen. Die numerisch berechnete Traglast (FE Werk. nl.) und die entsprechenden analytischen Lösungen sind ebenfalls in den Abbildungen eingetragen. Zur Bestimmung der Abmessung $v$ der Aufstandsfläche bei Anwendung der theoretischen Ansätze wurde die Fläche zwischen beiden Rädern als Aufstandsfläche angenommen. Damit betragen in diesem Fall $u = 200$ mm und $v = 250$ mm, also $u/v < 1{,}0$. Bei Anwendung der Gl. (3.20)

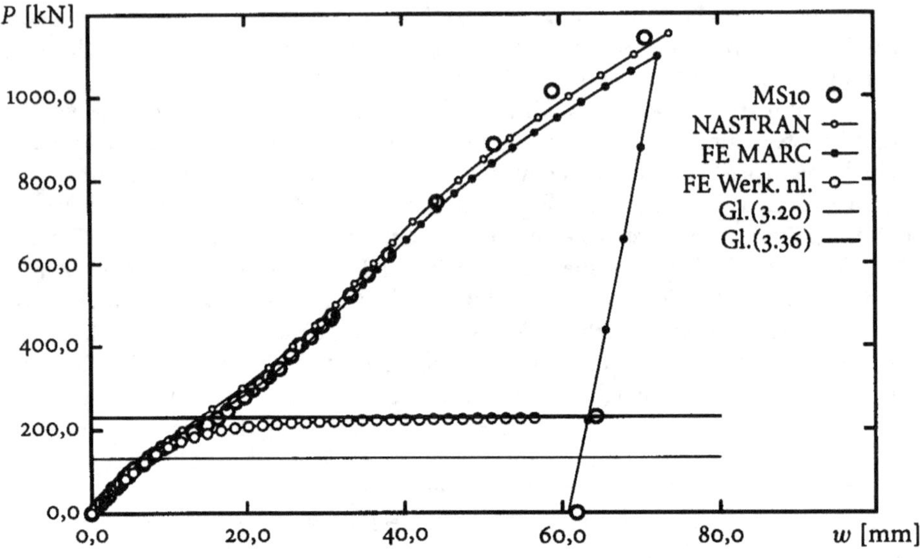

**Abb. 3.72.** Durchbiegungen in Plattenmitte, FE und Messung, Versuch TA3

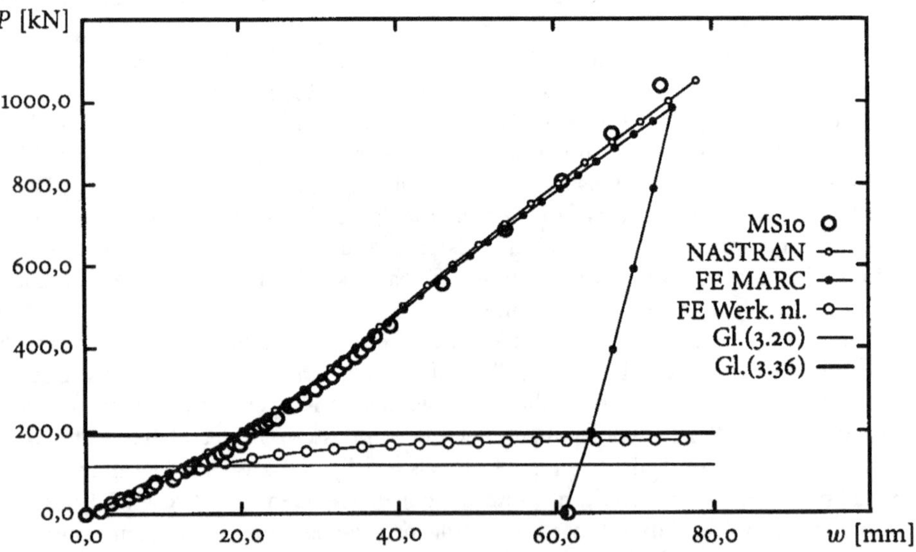

**Abb. 3.73.** Durchbiegungen in Plattenmitte, FE und Messung, Versuch TB3

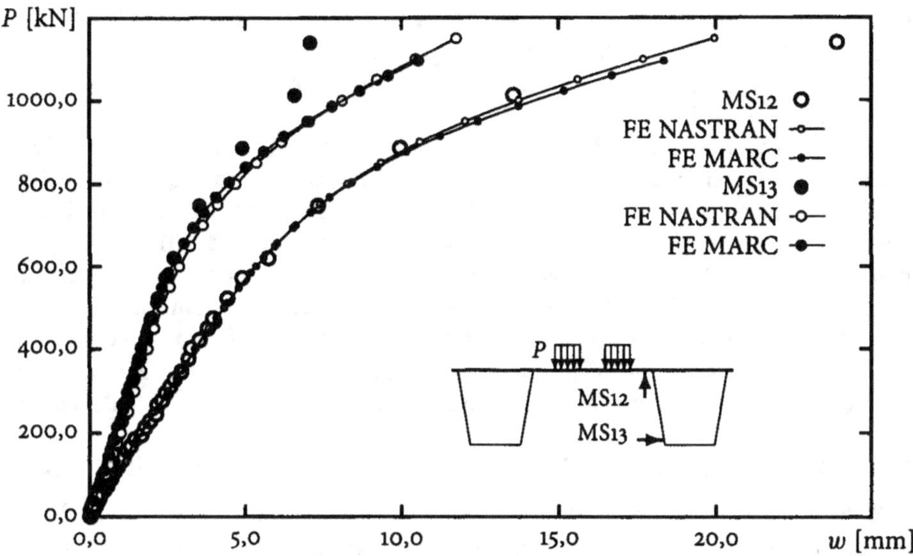



**Abb. 3.74.** Verformungen des Trapezhohlprofils, FE und Messung, Versuch TA3

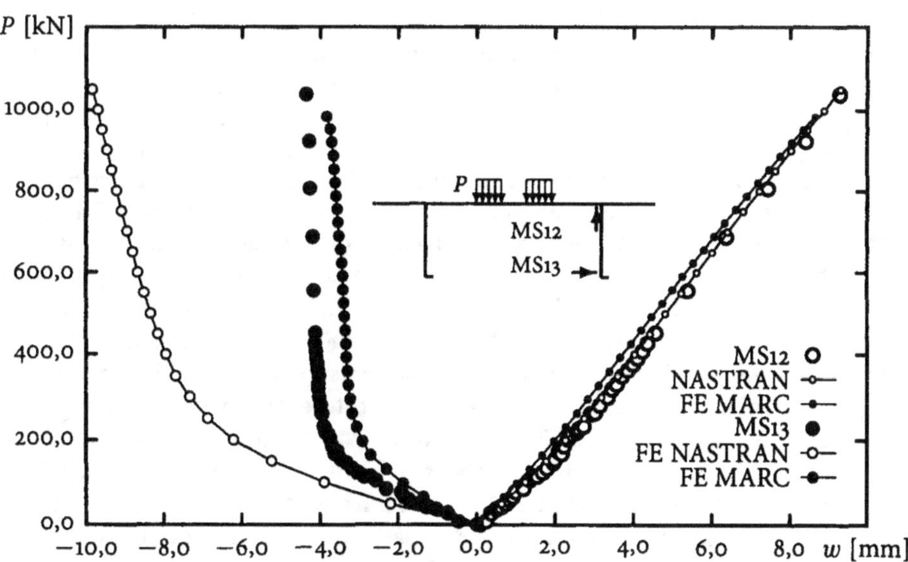



**Abb. 3.75.** Verformungen des Wulstprofils, FE und Messung, Versuch TB3

bzw. (3.36) wurden die entsprechenden Abmessungen nach Tabelle 3.1 geändert. Selbst in diesem Fall liegt die analytisch errechnete Traglast ($P = 229$ kN bei TA3) mit einer eingespannten Randbedingung ziemlich genau an der mit FE berechneten (FE Werk. nl. $P = 226$ kN). Die durch FE ermittelte Traglast bei TB3 (FE Werk. nl. $P = 150$ kN) liegt zwischen der analytischen Lösung von frei drehbarer und eingespannter Randbedingung ($P = 117$ kN bzw. $P = 194$ kN).

Da im Vergleich zu den Versuchen mit einem Einzelrad (TA1 und TB1) im Fall der Doppelräder eine wesentlich höhere Belastung aufgebracht und eine größere Abmessung $v$ eingesetzt wurde, erfolgte die Plastizierung bei Versuch TA3 oberhalb der Laststeigerung von ca. $P = 600$ kN an den angrenzenden Stegen der Trapezhohlprofile, wo sehr hohe Druckspannungen angetroffen wurden. Dies führte zu einer Reduzierung der Systemsteifigkeit (Abb. 3.72). Noch deutlicher kann man diese Erscheinung durch das Verformungsverhalten des angrenzenden Trapezhohlprofils erkennen (Abb. 3.74 MS12), wobei sich die Durchsenkung des Plattenrands ab ca. $P = 600$ kN offensichtlich nichtlinear verhält. Dieses nichtlineare Verhalten wurde auch durch die FE-Rechnung gut erfaßt.

Im Vergleich zum Trapezhohlprofil besitzt das Wulstprofil eine wesentlich größere Stegdicke ($\frac{t_{HP}}{t_{TR}} = 1{,}83$) und eine wesentlich höhere Streckgrenze ($\frac{R_{eH_{HP}}}{R_{eH_{TR}}} = 1{,}37$). Außerdem nimmt es wegen der geringeren Torsionssteifigkeit wenig Moment auf. Dies hat zur Folge, daß sich die Plattenranddurchsenkung (Abb. 3.75 MS12) fast linear verhält. Die Verdrehung des Wulstprofils ist nur bis zu einer Belastung von ca. $P = 200$ kN deutlich zu sehen. Nach der Ausbildung des Fließgelenks am Plattenrand bleibt der Drehwinkel fast unverändert (Abb. 3.75 MS13). Dieser Abknickpunkt ist in der FE-Rechnung mit MARC ausgeprägter als mit NASTRAN. Erklärt wird dies dadurch, daß der Wulstteil bei der FE-Modellierung zuerst als elastischer Balken simuliert wurde. Der Mittelpunkt des Balkenquerschnitts liegt auf der Mittellinie des Stegs. Mit diesem Modell wurde die FE-Rechnung mit NASTRAN durchgeführt. Bei der Rechnung mit MARC wurde der Wulstteil als Schalenelement idealisiert. Diese Änderung hat einen wesentlichen Einfluß auf das Verdrehungsverhalten.

Als Bemessungsgrundlage zur Bestimmung der Brauchbarkeit einer Decksbeplattung unter Radlast sind mehrere Autoren von der maximalen bleibenden Verformung der Beplattung nach der Entlastung ausgegangen. In diesem Zusammenhang wurden FE-Rechnungen mit den bei den Versuchen TA3 und TB3 ermittelten bleibenden Verformungen durchgeführt, wobei die FE Modelle mehrfach be- und entlastet und die bleibenden Verformungen in der Plattenmitte nach jeder Entlastung errechnet wurden. In Abb. 3.76 sind die Messungen und die entsprechenden Rechenergebnisse eingetragen. Allgemein erkennt man eine zufriedenstellende Übereinstimmung zwischen den Messungen und den FE-Rechnungen. Nur bei relativ kleinen Belastungen scheinen die rechnerischen Werte etwas zu klein zu sein. Dies liegt möglicherweise an der konzentrierten örtlichen Lastverteilung bei den Versuchen, während in den FE-Rechnungen die Belastungen gleichmäßig auf der Aufstandsfläche verteilt wurden.

Wie in Abb. 3.57 und 3.58 dargestellt ist, endet der Versuch TA21 mit einem Versagen des belasteten Stegs des Trapezhohlprofils. Anders als der Lastfall, bei dem

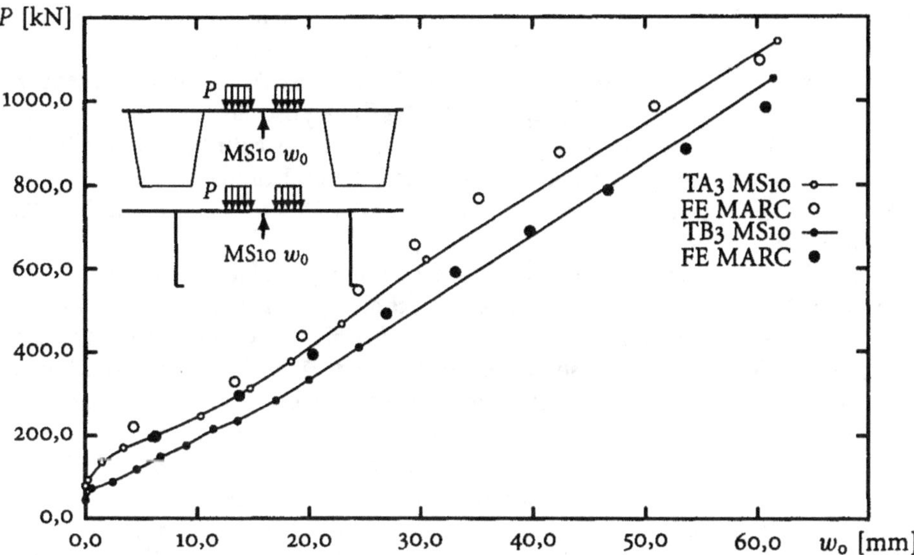



**Abb. 3.76.** Bleibende Verformungen in Plattenmitte, FE und Messung, Versuch TA3 und TB3

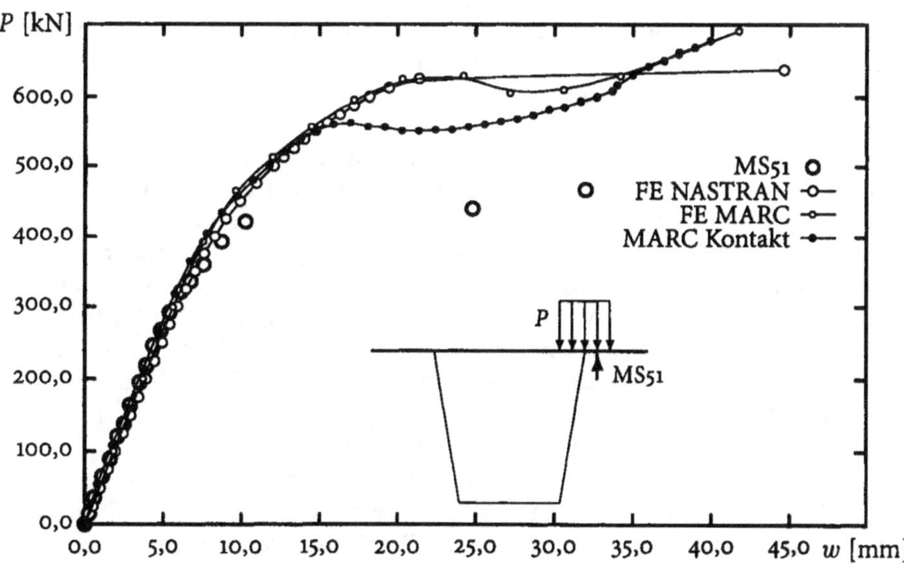



**Abb. 3.77.** Verformung des Trapezhohlprofils, FE und Messung, Versuch TA21

die Radlast in der Mitte des Plattenfelds wirkt, wurde dieser Versagensmechanismus wesentlich durch die Länge der Aufstandsfläche $u$ beeinflußt. Da diese Abmessung, wie bereits erwähnt wurde, von mehreren Parametern abhängig ist, wurden die entsprechenden FE-Rechnungen mit einer festeingesetzten Aufstandsflächenlänge $u = 200$ mm durchgeführt. Abb. 3.77 stellt den Vergleich der Verformungen unter der belasteten Stelle aus der Messung und der FE-Rechnung dar. Bis zur Laststeigerung von $P = 425$ kN, wobei ein Krüppeln des belasteten Stegs auftritt, stimmen beide Ergebnisse gut überein. Nur bei der Erfassung dieser Krüppellast liefern beide FE-Rechnungen wesentlich höhere Werte (NASTRAN $P = 625$ kN und MARC $P = 629$ kN).

Um diese Erscheinung besser zu erfassen, benötigt man eine andere Rechentechnik. Im MARC K4 steht eine Kontaktrechentechnik zur Verfügung, wobei das Verhalten während der Berührung mehrerer Körper simuliert werden kann. Anstelle der gleichmäßig verteilten Belastung auf der Aufstandsfläche wurde ein Starrkörper, dessen Abmessungen der beim Versuch verwendeten Stahlrundscheibe entsprechen, in die Kontaktrechnung eingesetzt. Dadurch sollten Lastverteilung bzw. die Abmessungen der Aufstandsfläche Versuchsnähe bekommen. Bei der Rechnung kontaktiert der Starrkörper mit einem oder mehreren Knoten des FE-Modells. Darüber hinaus wurden die Reaktionskraft des Starrkörpers, Verformungen und Spannungen des FE-Modells mit der Berücksichtigung der geometrischen und werkstofflichen Nichtlinearität errechnet. In Abb. 3.77 ist das Verformungsverhalten des FE-Modells gegenüber der Kontaktkraft eingetragen. Man erkennt, daß eine eindeutige Abnahme der Belastung bei $P = 562$ kN eintritt und sich unter dieser Belastung die Krüppelerscheinung im Steg einstellt. Diese Krüppellast ist aber ca. 24 % höher als die im Versuch ermittelte. Da das Krüppeln erst nach Plastizierung des Stegs eingetreten ist, wird die Krüppellast durch die Größe der plastizierten Zone, die mit der Elementierung des FE-Modells zusammenhängt, beeinflußt. Außerdem spielt die Vorverformung des Stegs, die durch vorher durchgeführte Versuche verursacht wurde, eine gewisse Rolle.

Der Versuch TA22 stellt einen anderen kritischen Lastfall für das mit Trapezhohlprofilen ausgesteifte Modell dar, bei dem die Radlast direkt auf dem Obergurt zwischen beiden Stegen eines Trapezhohlprofils wirkt. Die zufriedenstellende Übereinstimmung des Verformungsverhaltens zwischen Messung und FE-Rechnungen läßt sich aus Abb. 3.78 erkennen. Anders als beim Versuch TA21 zeigt das Verformungsverhalten der FE-Kontaktrechnung beim Versuch TA22 keinen großen Unterschied, wenn man es mit den anderen FE-Rechnungen vergleicht. Das Versagen des Profils wurde durch die Durchplastizierung des ganzen Querschnitts verursacht. Die beim Versuch aufgetretenen Beulen an den beiden Stegen des Profils bei einer Last von $P = 1000$ kN werden von den FE-Rechnungen nicht gut erfaßt.

Das Verformungsverhalten beim Versuch TB2, bei dem die Belastung direkt auf einem Wulstprofil angreift, ist in Abb. 3.79 dargestellt. Die Durchbiegung (MS20) und die Verformung in Querrichtung (MS21) des Profils verhalten sich erst ab einer Belastung von $P = 700$ kN nichtlinear. Bei den FE-Rechnungen wurde festgestellt, daß große Teile des belasteten Querschnitts des Stegs und der Obergurt des Profils unter dieser Last schon plastiziert sind. Bei einer Belastung von $P \approx 950$ kN plastiziert

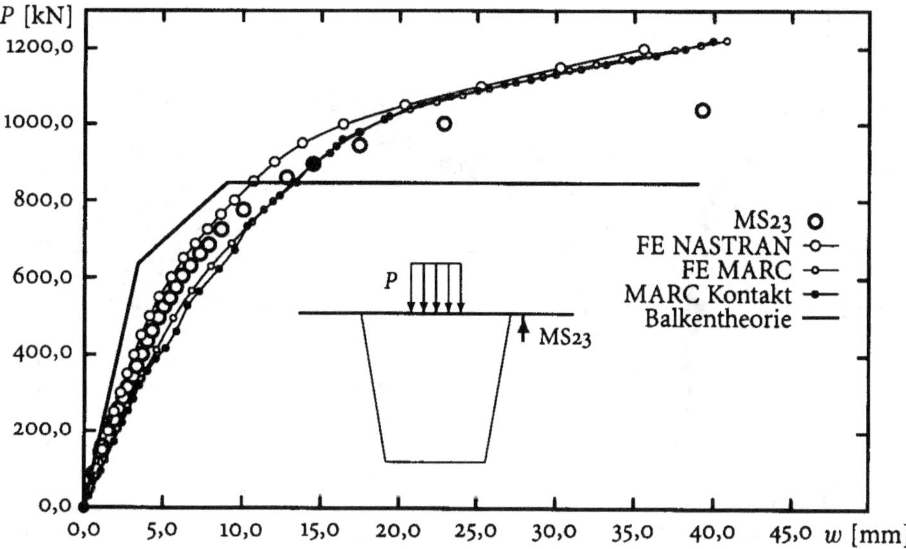



**Abb. 3.78.** Verformung des Trapezhohlprofils, FE und Messung, Versuch TA22

der belastete Querschnitt durch. Anschließend beginnen die Stegquerschnitte an den Stützstellen zu den Querträgern von unten nach oben zu fließen. Die Durchplastizierung beider Stege ist bei einer Belastung von $P \approx 1150\,\text{kN}$ erreicht. Beim Versuch wurde eine Grenzlast von $P = 1171\,\text{kN}$ ermittelt, bei der die Beule am belasteten Steg entsteht und gleichzeitig die Stege beider Stützstellen seitlich abknicken. Bei den FE-Rechnungen ist diese Erscheinung nicht eingetreten.

## 3.5.4
### Traglastabschätzung mit der Traglasttheorie des Balkens

*Traglastrechnung nach der Balkentheorie*

Zur Ermittlung der Traglast der Versuche TA22 und TB2, wobei die Radlast direkt auf eine Steife wirkt, kann die plastische Balkentheorie [49] herangezogen werden.

Für das Rechenmodell wurden die Profile unter Berücksichtigung der mittragenden Plattenbreite als Durchlaufträger auf 4 Stützen angenommen (Abb. 3.80).

Die mittragende Breite $b_{m_{HP}}$ des Wulstprofils wurde nach den Vorschriften des Germanischen Lloyd [3] angenommen. Für das Trapezhohlprofil ist die mittragende Breite $b_{m_{TR}}$ nach DIN 18809 zu bestimmen

$$b_{m_{TR}} = 0{,}5(b_{TR} + b)\,, \tag{3.142}$$

wobei $b_{TR}$ die Obergurtbreite des Trapezhohlprofils ist und $b$ der nicht unterstützte Abstand des Plattenfelds. Für die Fließgrenze wurden die Werte aus Tabelle 3.8 eingesetzt.

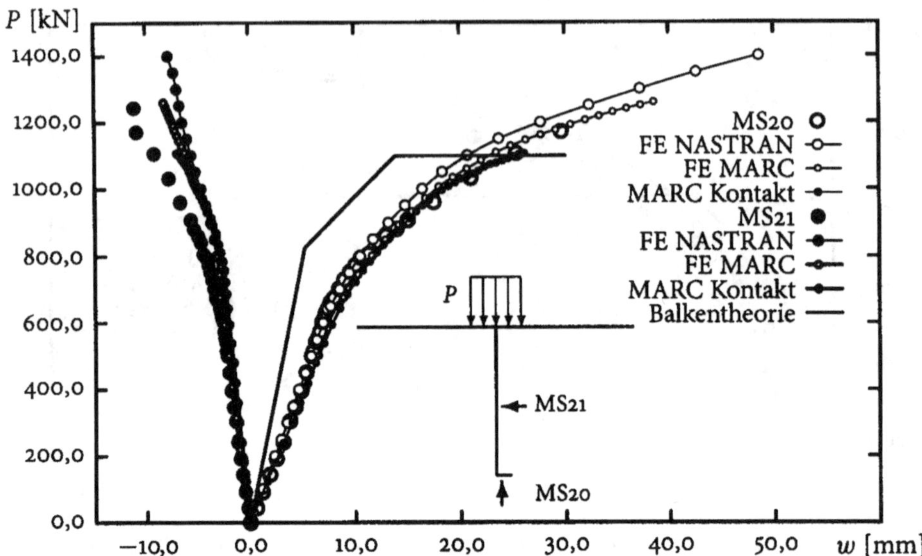

Abb. 3.79. Verformungen, FE und Messung, Versuch TB2

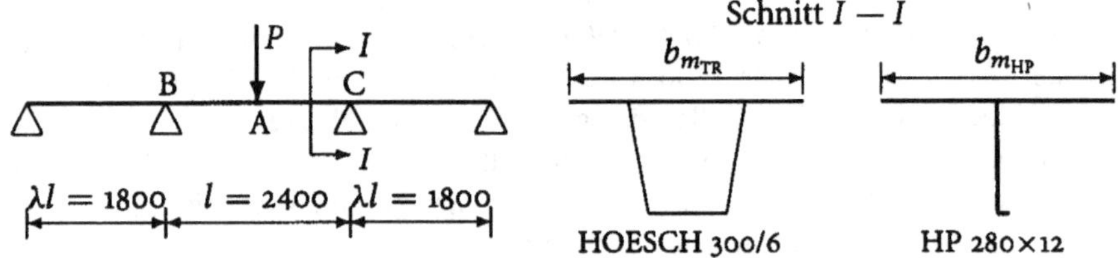

Abb. 3.80. Rechenmodell nach der plastischen Balkentheorie zu TA22 und TB2

Die Krafteinleitung der Radlast wurde als Punktlast betrachtet.
Das in den Obergurten des Trapezhohlprofils beim Traglastversuch TA22 aufgetretene lokale Fließen wird hier nicht betrachtet.

Die Rechenergebnisse sind in Tabelle 3.12 zusammengestellt.
$P_{el}$ ist die elastische Grenzlast, bei der die maximale Spannung (hier an der Unterkante des Profils) die Fließgrenze erreicht. Sie ist eine Funktion der unbelasteten Trägerteile, hier durch den Faktor $\lambda$ ausgedrückt

$$P_{el} = \frac{4R_{eH}W_{el}}{l} \frac{4\lambda + 6}{4\lambda + 3} \cdot \tag{3.143}$$

Der plastische Formfaktor $\alpha$ errechnet sich aus

$$\alpha = \frac{M_{pl}}{M_{el}} = \frac{W_{pl}}{W_{el}} = \frac{P_{pl}}{P_{el}} \cdot \tag{3.144}$$

**Tabelle 3.12.** Traglastabschätzung nach Fließgelenktheorie

| | TA22 | | TB2 | | Einheit |
|---|---|---|---|---|---|
| $b_\mathrm{m}$ | 775 | | 403 | | [mm] |
| $R_{eH}$ | 312/301 | | 427/301 (312/301) | | [N/mm²] |
| $W_\mathrm{el}$ | $5,96 \times 10^5$ | | $5,52 \times 10^5$ | | [mm³] |
| $\alpha$ | 1,365 | | 1,397 (1,471) | | |
| | Rechnung | Versuch | Rechnung | Versuch | |
| $P_\mathrm{el}$ | 465 | 450 | 589 (431) | 401 | [kN] |
| $P_\mathrm{pl}$ | 635 | 650 | 823 (633) | 803 | [kN] |
| $P_\mathrm{T}$ | 846 | 1038 | 1098 (844) | 1171 | [kN] |

$P_\mathrm{pl}$ bezeichnet die Belastung, unter der sich das erste Fließgelenk im belasteten Querschnitt ausgebildet hat (Abb. 3.80 Punkt A)

$$P_\mathrm{pl} = \alpha \frac{4R_{eH}W_\mathrm{el}}{l} \frac{4\lambda + 6}{4\lambda + 3} = \alpha P_\mathrm{el} \ . \tag{3.145}$$

Unter der Traglast $P_\mathrm{T}$ sind noch zwei weitere Fließgelenke an den beiden Profilstützpunkten entstanden (Abb. 3.80 Punkt B und C). Die Höhe der Traglast ist unabhängig von $\lambda$:

$$P_\mathrm{T} = \alpha \frac{8R_{eH}W_\mathrm{el}}{l} \ . \tag{3.146}$$

Es ist zu erkennen, daß die nach der plastischen Balkentheorie berechnete Traglast bei TB2 dem Versuchsergebnis entspricht. Die in den Klammern in Tabelle 3.12 aufgetragenen Werte sind für die Fließgrenze $R_{eH} = 312\,\mathrm{N/mm^2}$ berechnet, um einen Vergleich beider Modelle zu ermöglichen. Bei der Berechnung der plastischen Widerstandsmomente sind die unterschiedlichen Fließgrenzen in den Profilen und der Beplattung berücksichtigt ($R_{eH} = 301\,\mathrm{N/mm^2}$). Es ist aber festzuhalten, daß man mit Hilfe einfacher Traglastberechnungen nach der plastischen Balkentheorie einen guten Näherungswert für das Tragverhalten solcher Konstruktionen erhält (Abb. 3.79). Dagegen liegt der rechnerische Wert $P_\mathrm{T}$ für TA22 ca. 18 % niedriger als im Versuch. Dies liegt wahrscheinlich daran, daß die Belastung in der Mitte der Obergurte des Trapezhohlprofils angreift. Das Auftreten von Membranspannungen bei größer werdender Belastung wirkt sich positiv auf die Tragfähigkeit des Tragwerks aus. Mit der plastischen Balkentheorie ist dieser Einfluß aber nicht erfaßbar (Abb. 3.78).

### 3.5.5
### Krüppellast

Beim dünnen Stegblech unter konzentrierter Einzellast spricht man häufig vom Krüppeln, um ein isoliertes, örtliches Versagensphänomen zu beschreiben, das durch gleichzeitig wirkende Vertikal- und Biegespannungen verursacht wird. Zur Beurteilung solcher Tragwerke läßt sich dieser Vorgang in zwei Kategorien einteilen:

1. Versagen durch Stegquetschen (Materialversagen bei gedrungenen Querschnitten);
2. Stabilitätsproblem (geometrisches Versagen)

   - Versagen durch Stegbeulen bei mittleren Schlankheitsgraden $\lambda_{st}$ (Steghöhe $h$ zur Stegdicke $t_{st}$) des Stegblechs;

   - Versagen durch Stegkrüppeln bei größeren Schlankheitsgraden.

In der Realität können die beiden Versagensarten auch gemischt auftreten. Nach einer Verminderung des Trägheitsmoments aufgrund der Plastizierung des Stegblechs kann auch geometrisches Versagen entstehen.

Für die Ermittlung der Krüppellast wurden zahlreiche experimentelle und theoretische Untersuchungen durchgeführt, die Ramm und Weimar in [50] zusammengefaßt haben. Zur Ermittlung der Krüppellast für die Traglastversuche TA21 und TB2 wurden folgende Formeln verwendet:

- die von Granholm [51] vorgeschlagene empirische Formel, die aus 8 experimentellen Untersuchungen entstand;
- die von Bergfelt [52] aus der Drei-Gelenk-Theorie abgeleitete Formel, in der der Obergurt als auf dem Stegblech elastisch gebetteter Balken betrachtet wird;
- die von Roberts [53] vorgeschlagenen Formeln, die aus zwei Fließgelenkmechanismen abgeleitet sind, einem im belasteten Flansch und einem im Stegblech;
- die von Herzog [54] aus 164 Versuchsergebnissen durch Regression gewonnene Formel.

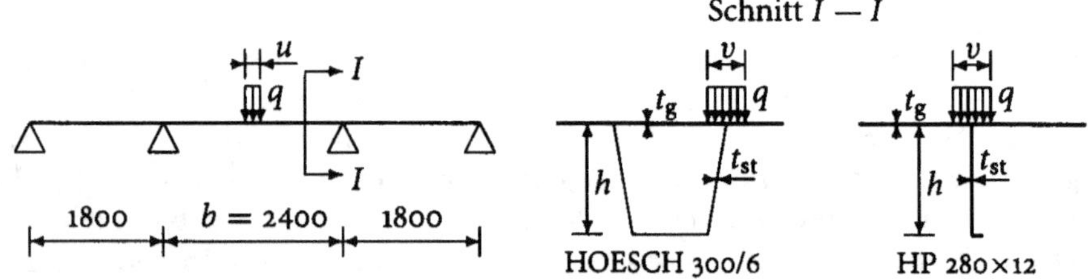


**Abb. 3.81.** Rechenmodell zur Bestimmung der Krüppellast nach verschiedenen Formeln für Versuche TA21 und TB2

In Abb. 3.81 und Tabelle 3.13 sind die entsprechenden Abmessungen, Formeln und berechneten Ergebnisse dargestellt. Mit $t_{st}$ ist die Stegblechdicke und mit $t_g$ die Gurtdicke bezeichnet. Es ist deutlich zu sehen, daß die nach den in der Tabelle 3.13 dargestellten Formeln berechneten Krüppellasten um bis zu 23 % niedriger sind, als die beim Versuch TA21 aufgetretenen. Bemerkenswert ist, daß das Ergebnis mit der Berücksichtigung der Aufstandsflächenlänge $u$, die nach der gemessenen Durchbiegung unter der Lastangriffsstelle umgerechnet wurde, mit dem Versuchsergebnis gut übereinstimmt. Beim Traglastversuch TB2 liefert die von Granholm [51] vorgeschlagene einfache Faustformel ein gutes Ergebnis.

**Tabelle 3.13.** Krüppellastrechnung nach verschiedenen Formeln

| | TA21 | TB2 | Ergebnisse | |
|---|---|---|---|---|
| | $t_{st} = 6{,}4\,\text{mm}$ <br> $t_g = 12{,}4\,\text{mm}$ <br> $h = 275\,\text{mm}$ <br> $u = 148\,\text{mm}$ <br> $b = 2400\,\text{mm}$ <br> $R_{eH} = 312\,\text{N/mm}^2$ <br> $E = 197\,700\,\text{N/mm}^2$ | $t_{st} = 11{,}7\,\text{mm}$ <br> $t_g = 12{,}4\,\text{mm}$ <br> $h = 280\,\text{mm}$ <br> $u = 187\,\text{mm}$ <br> $b = 2400\,\text{mm}$ <br> $R_{eH} = 427\,\text{N/mm}^2$ <br> $E = 204\,800\,\text{N/mm}^2$ | TA21 <br><br><br> [kN] | TB2 <br><br><br> [kN] |
| | Versuche | | 421 | 1171 |
| [51] | $P_k = 8500\,t_{st}^2$ | | 345 | 1154 |
| [52] | $P_k = 0{,}045\,E t_{st}^2$ | | 361 | 1251 |
| [53] | $P_k = 0{,}68\,t_{st}^2 \sqrt{E R_{eH}} \left(\dfrac{t_g}{t_{st}}\right)^{0{,}6}$ | | 323 | 869 |
| [53] | $P_k = 0{,}75\,t_{st}^2 \sqrt{E R_{eH}} \left(\dfrac{t_g}{t_{st}}\right)^{0{,}5}$ | | 334 | 982 |
| [53] | $P_k = 0{,}55\,t_{st}^2 \sqrt{E R_{eH}} \left(\dfrac{t_g}{t_{st}}\right)^{0{,}5} \left(0{,}9 + 1{,}5\dfrac{u}{h}\right)$ | | 418 | 1370 |
| [54] | $P_k = 25\,t_{st}^2 R_{eH} \left(\dfrac{t_g}{t_{st}}\right)^{1/3}$ | | 395 | 1479 |

### 3.5.6
### Vergleich zwischen geschlossenen Lösungen und Messungen

Da, wie in Abschnitt 3.2 erläutert, eine mit Teilflächenlast beanspruchte Platte durch die Zugmembranspannungen eine erhebliche Tragreserve besitzen kann, kann man das Tragverhalten in diesem Fall anhand der Fließgelenklinientheorie nachvollziehen (Gl. (3.51), (3.54) bzw. (3.81) und (3.89)). In diesem Abschnitt wird der Vergleich zwischen den Messungen und den in Abschnitt 3.2 abgeleiteten Formeln bzw. den nichtlinearen FE-Rechnungen ausgeführt. Abb. 3.82 bis 3.85 zeigen die dimensionslosen Radlasten $P/P_T$ gegenüber den bleibenden Durchbiegungen $w_0/t$ in der Plattenfeldmitte in bezug auf die Versuche TA1, TB1 bzw. TA3 und TB3. $P_T$ ist die Traglast bei einer frei drehbaren Randbedingung nach Gl. (3.20), wenn nur die Biegesteifigkeit des Plattenfelds berücksichtigt wird.

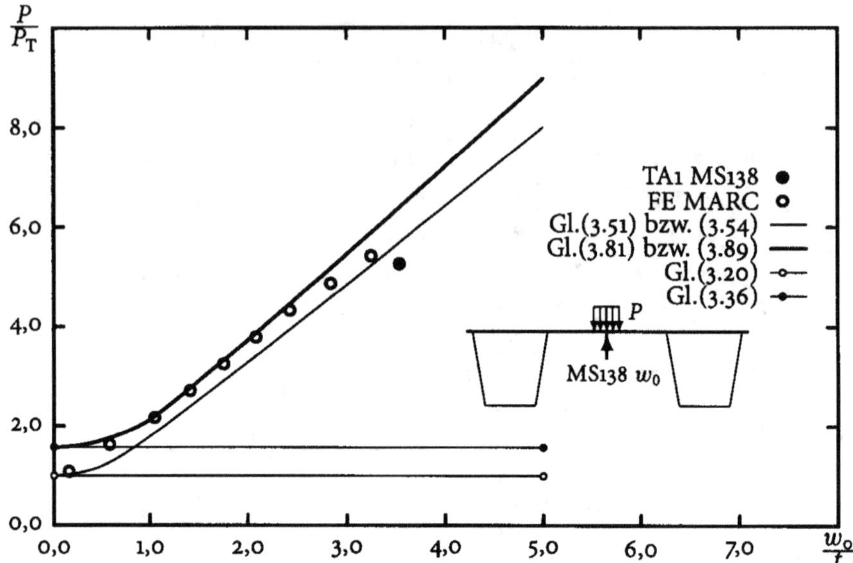



**Abb. 3.82.** Vergleich zwischen analytischer Lösung und Messung, TA1

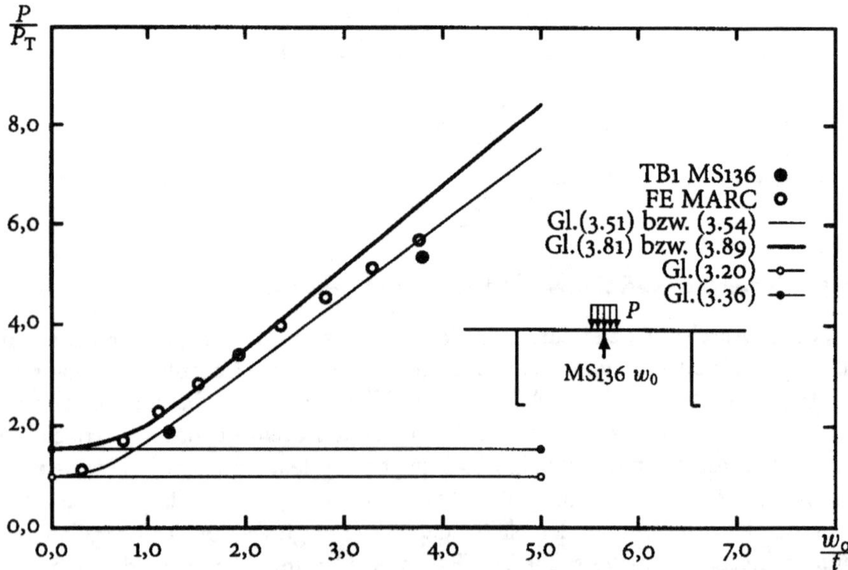



**Abb. 3.83.** Vergleich zwischen analytischer Lösung und Messung, TB1

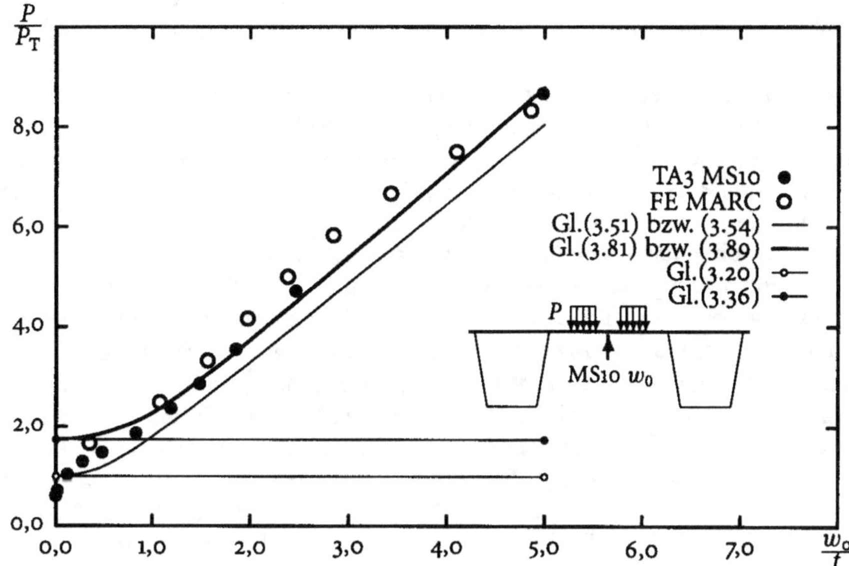



**Abb. 3.84.** Vergleich zwischen analytischer Lösung und Messung, TA3

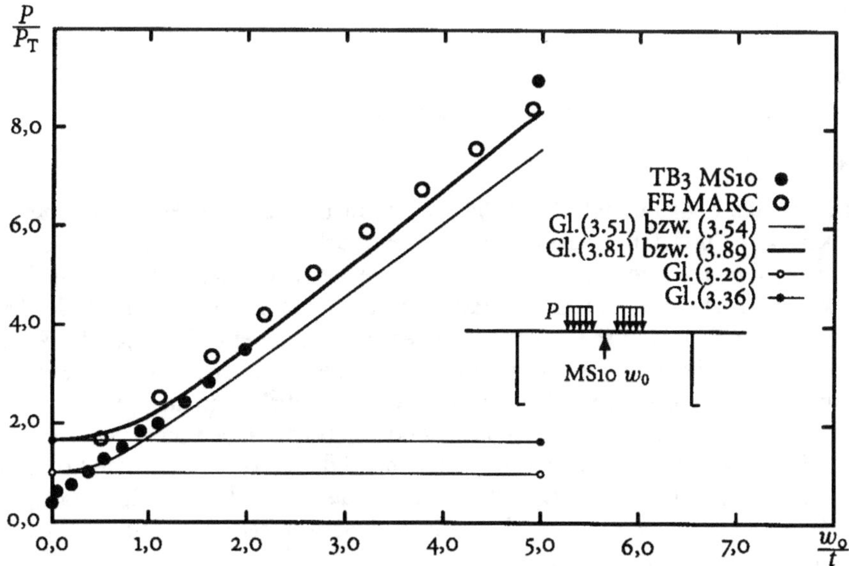



**Abb. 3.85.** Vergleich zwischen analytischer Lösung und Messung, TB3

Für den Fall einer einzelnen Radlast erkennt man, daß die mit der FE-Methode errechneten Werte zwischen den beiden Kurven liegen, die aus den Formeln mit frei drehbaren und eingespannten Rändern ermittelt wurden, während die nach der Entlastung gemessenen bleibenden Durchbiegungen im Vergleich mit der aus Gl. (3.51) bzw. (3.54) errechneten Kurve ca. 7 % kleiner sind (Abb. 3.82 und 3.83). Dies liegt vor allem an der örtlichen Lastverteilung. Für den Fall der Doppelradlast wurden die Abmessungen der Aufstandsfläche bei der Verwendung der analytischen Lösung mit $u = 200\,\text{mm} < v = 250\,\text{mm}$ betrachtet. Dafür müssen die eingesetzten Parameter nach Tabelle 3.1 entsprechend geändert werden. Die gute Übereinstimmung zwischen Messungen und analytischen Lösungen ist aus Abb. 3.84 und 3.85 ersichtlich.

Die Entwicklung der bleibenden Durchbiegung in der Plattenfeldmitte ist für ein Bemessungskonzept sehr wichtig. Der Zuwachs der bleibenden Durchbiegung ist abhängig von den Randbedingungen des Plattenfelds und den Verhältnissen $v/b$. Es ist zu erkennen, daß die Radlast von $P/P_\mathrm{T} = 1{,}0$ für das mit Trapezhohlprofilen ausgesteifte Modell durch die große Torsionssteifigkeit des Profils eine Grenze ist, bei der die bleibende Durchbiegung in der Plattenmitte gerade anfängt (Abb. 3.82 und 3.84), während für das mit Wulstprofilen ausgesteifte Modell bei $P = P_\mathrm{T}$ schon eine bleibende Durchbiegung von $w_0/t \approx 0{,}2$ (Abb. 3.83) bzw. $w_0/t \approx 0{,}3$ (Abb. 3.85) erreicht ist. Nimmt man die Ränder des Plattenfelds als festeingespannt an, geht aus Abb. 3.82 bis 3.85 hervor, daß als obere Grenze für die bleibende Durchbiegung ein Wert von $w_0/t \leqslant 0{,}8$ anzusetzen ist. Man kann also entweder eine untere Grenzlast $P/P_\mathrm{T} = 1{,}0$ angeben, wenn die Ränder als frei drehbar betrachtet werden können und die bleibende Durchbiegung in der Plattenfeldmitte beginnt, oder bei eingespannten Rändern eine bleibende Durchbiegung, die innerhalb einer bestimmten Größenordnung liegt (z. B. $w_0/t < 1{,}0$).

### 3.5.7
### Tragverhalten des Innenbodens eines Bulkcarriers bei stoßartigen Belastungen

*Aufgabenstellung*

Mit erhöhten Entladungsgeschwindigkeiten können Innenbodenkonstruktionen von Bulkcarriern durch fallenden Greifer dynamisch belastet werden. Derartige Belastungen wirken über kurze Zeiten und auf einer sehr kleinen Aufstandsfläche. Die daraus entstehende sehr starke Lastintensität kann in einem begrenzten Bereich des Laderaums zu großen plastischen Verformungen führen, die ein Vielfaches der Plattendicke des Innenbodens betragen können. Um diese plastischen Verformungen zu reduzieren, ist einerseits eine Verstärkung der Plattendicke und andererseits der Einsatz von höherfestem Stahl für die Innenbodenkonstruktionen möglich.

Die Aufgabe dieser Untersuchung ist, anhand der FEM und der analytischen Lösung aus Abschnitt 3.2 das Tragverhalten des Laderaumbodens durch stoßartige Belastungen zu untersuchen, o. g. Alternativen zu vergleichen und optimale Lösungen zu finden.

*FE-Modell*

Die Festigkeitsberechnungen wurde mit dem Programmpaket DYNA3D durchgeführt. Modelliert wurden ein mit HP 370 × 13 ausgesteiften Plattenfeld aus einer Innenbodenkonstruktion. Die Abmessungen des Plattenfeldes betragen $a \times b = 2580 \times 787$ mm und die Dicke der Beplattung entspricht 20 mm.

Das gesamte Modell wurde durch Schalenelemente simuliert. Aus Symmetriegründen genügt es, eine Häfte der Konstruktion zu simulieren. In der Symmetrieebene sind entsprechende Randbedingungen einzusetzen.

Die Verschiebungen des Plattenrandes wurden in Vertikal- und Horizontalrichtung behindert, um die Stützwirkung der Bodenwrange bzw. die Einspannung von Nachbarnfeldern zu idealisieren.

Das Material des FE-Modells wurde als ideal elastoplastisch betrachtet. Der Einfluß der Verfestigung bei großen Dehnungen und die Wirkung der Dehnungsgeschwindigkeit bei einer dynamischen Belastung wurden in dieser Untersuchung nicht berücksichtigt.

*Belastung*

Der Greifer wurde als Starrkörper betrachtet. Die Masse und die Stoßgeschwindigkeit des Starrkörpers sind als Anfangswerte einzugeben, wodurch die kinetische Anfangsenergie definiert wird. Ausgehend vom Leergewicht eines Greifers wurde eine Masse von etwa 5 bzw. 20 t gewählt und die Geschwindigkeiten wurden von 1,0 m/s bis 5,0 m/s variiert. Dabei wurde ein zentraler Stoß in Vertikalrichtung angenommen. Die Aufstandsfläche zwischen Starrkörper und Beplattung wurde linieförmig definiert. Die Länge der Kontaktlinie beträgt 107,5 mm.

Es wurde zwei kritische Lastfälle betrachtet.

- Lastfall 1: Der Stoßvorgang erfolgt in der Plattenfeldmitte;
- Lastfall 2: Die Stoßlast wirkt direkt auf eine Steife.

Beim Lastfall 1 wird die größte plastische Verformung ermittelt. Beim Lastfall 2 entsteht die Gefahr, daß am Steg der belastete Steife eine sog. Krüppelversagenserscheinung eintreten kann.

Die gesamten FE-Rechnungen wurden explizit dynamisch durchgeführt. Die Ergebnisse wurden mit Hilfe des Programmpakets AVS (Application für Visualisierungssystem) ausgewertet.

*Rechenergebnisse*

Abb. 3.86 zeigt die Stoßkraft-Durchbiegungskurven beim Lastfall 1 für normalfesten Stahl ($R_{eH} = 235$ N/mm²) bzw. für höherfesten Stahl ($R_{eH} = 390$ N/mm²) bei unterschiedlichen Stoßgeschwindigkeiten.

Man erkennt nach der Plastizierung bei relativ kleiner Last einen linearen Verlauf der Durchbiegung in der Plattenfeldmitte in Abhängigkeit der Stoßbelastung. Dies ist vor allem durch die Membranwirkung der horizontalen Einspannung des

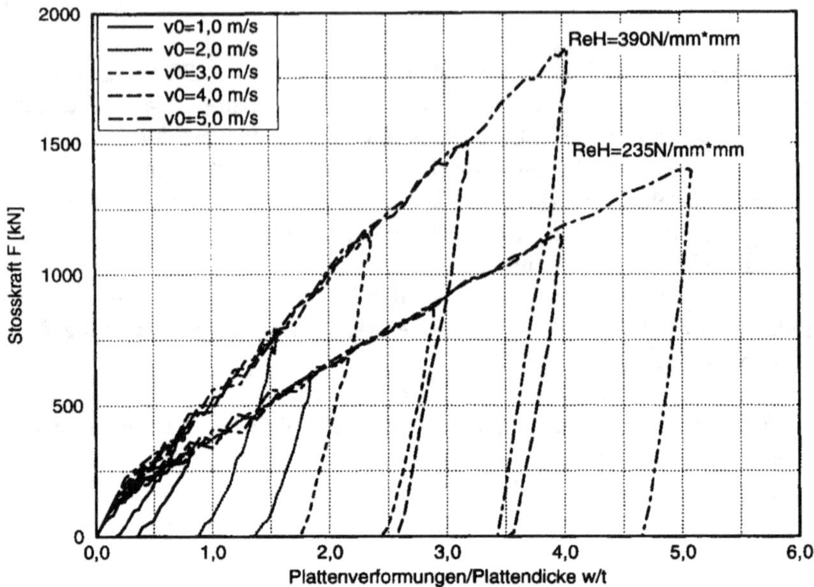



**Abb. 3.86.** $F$-$w$-Kurven, ($m = 5\,\mathrm{t}$, $t = 20\,\mathrm{mm}$)

Nachbarfeldes bedingt. Nach dem Erreichen der max. Last wurde anschließend die Platte entlastet. Am Ende wurde die kinetische Energie des Starrkörpers vollständig in plastische Verformungsenergie des Plattenfeldes umgewandelt.

Durch Ersatz des höherfesten Stahls wird der Widerstand der Beplattung gegen die Stoßlasten verstärkt, wodurch die plastische Verformungen der belasteten Stelle wesentlich reduziert werden. Der Vergleich der beiden Stähle ist in der Tabelle 3.14 detailiert beschrieben.

Abb. 3.87 zeigt die Durchbiegungen in Abhängigkeit von der Stoßkraft für verschiedene Plattendicken ($t = 20$, $25$, $30\,\mathrm{mm}$). Die Starrkörpermasse und Stoßgeschwindigkeit in diesem Fall betragen $m = 5$ bzw. $20\,\mathrm{t}$ und $v_0 = 3{,}0\,\mathrm{m/s}$. Die Reduzierung der plastischen Durchbiegungen durch die erhöhte Plattenstärke ist in der Tabelle 3.15 zu erkennen.

In Abb. 3.88 wurden die FE-Ergebnisse den Lösungen aus 3.2 gegenüber dargestellt (Gl. (3.51) und (3.54) für ein frei aufgelagertes (**statisch ss**) bzw. Gl. (3.81) und (3.89) für ein eingespanntes Plattenfeld (**statisch cc**)). Es ist zu erkennen, daß das Kraft-Verformungsverhalten von den geschlossenen Lösungen gut erfaßt werden kann.

Aus der Tabelle 3.14 erkannt man auch, daß die maximale Stoßlast $F_i$ und die größte plastische Durchbiegung $w_{p_i}$ in der Plattenfeldmitte allein durch die kinetische Anfangsenergie $E_k$ abschätzt werden können, ohne die einzelne Masse und Stoßgeschwindigkeit zu berücksichtigen, wie in Abb. 3.89 dargestellt ist.

Beim Tragverhalten eines relativ schlanken Profils unter einer konzentrierten Last spricht man häufig vom Krüppeln, um ein isoliertes, örtliches Stegversagensphäno-

**Tabelle 3.14.** Vergleich unterschiedlicher Werkstoffe der Innenbodenkonstruktion

| Plattendicke $t = 20$ mm, Stoßmasse $m = 5$ t<br>Index 1: $R_{eH} = 235\,N/mm^2$; 2: $R_{eH} = 390\,N/mm^2$ | | | | | | | |
|---|---|---|---|---|---|---|---|
| $v_0$ [m/s] | $E_k$ [kN·m] | $F_1$ [kN] | $F_2$ [kN] | $\left(\frac{F_2}{F_1} - 1\right)$ ×100 % | $\frac{w_{P_1}}{t}$ | $\frac{w_{P_2}}{t}$ | $\left(1 - \frac{w_{P_2}}{w_{P_1}}\right)$ ×100 % |
| 1,0 | 2,5 | 341 | 410 | 20,2 % | 0,364 | 0,166 | 54,3 % |
| 2,0 | 10,0 | 612 | 780 | 27,5 % | 1,417 | 0,892 | 37,1 % |
| 3,0 | 22,5 | 877 | 1167 | 33,1 % | 2,500 | 1,743 | 30,3 % |
| 4,0 | 40,0 | 1150 | 1497 | 30,2 % | 3,543 | 2,543 | 28,2 % |
| 5,0 | 62,5 | 1401 | 1864 | 33,1 % | 4,661 | 3,376 | 27,6 % |
| Plattendicke $t = 20$ mm, Stoßmasse $m = 20$ t | | | | | | | |
| 1,0 | 10,0 | 612 | 780 | 27,5 % | 1,390 | 0,866 | 37,7 % |
| 2,0 | 40,0 | 1159 | 1515 | 30,7 % | 3,596 | 2,572 | 28,5 % |
| 3,0 | 90,0 | 1646 | 2211 | 34,3 % | 5,840 | 4,276 | 26,8 % |
| 4,0 | 160,0 | 2035 | 2792 | 37,2 % | 8,212 | 6,008 | 26,8 % |
| 5,0 | 250,0 | 2311 | 3294 | 42,5 % | 10,816 | 7,854 | 27,4 % |

$v_0$: Stoßgeschwindigkeit;
$E_k$: kinetische Anfangsenergie;
$F_i$: max. Stoßkraft;
$w_p$: plastische Verformung in der Plattenfeldmitte.

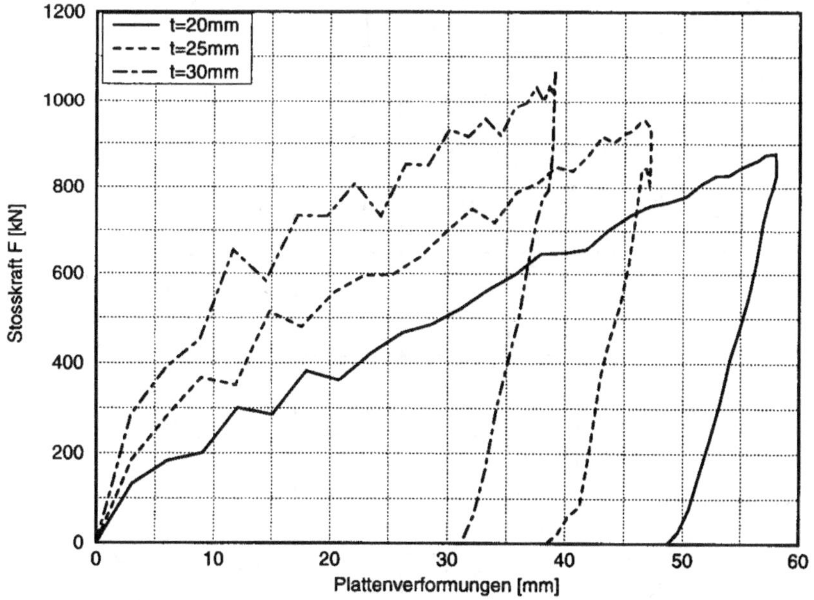


**Abb. 3.87.** $F$-$w$-Kurven, ($m = 5$ t, $v_0 = 3{,}0$ m/s, $R_{eH} = 235\,N/mm^2$)

**Tabelle 3.15.** Vergleich unterschiedlicher Plattendicken der Innenbodenkonstruktion

| $i$ | $t$ [mm] | $F_i$ [kN] | $\left(\frac{F_i}{F_1}-1\right)$ $\times 100\,\%$ | $w_{P_i}$ [mm] | $\left(1-\frac{w_{P_i}}{w_{P_1}}\right)$ $\times 100\,\%$ |
|---|---|---|---|---|---|
| \multicolumn{6}{c}{$m = 5\,\text{t};\ v_0 = 3{,}0\ \text{m/s};\ E_k = \frac{1}{2}\,m\,v_0^2 = 22{,}5\ \text{kN·m};\ R_{eH} = 235\ \text{N/mm}^2.$} | | | | | |
| 1 | 20,0 | 877 | 0,0 % | 49,93 | 0,0 % |
| 2 | 25,0 | 955 | 8,9 % | 39,30 | 21,3 % |
| 3 | 30,0 | 1033 | 17,8 % | 30,87 | 38,2 % |
| \multicolumn{6}{c}{$m = 20\,\text{t};\ v_0 = 3{,}0\ \text{m/s};\ E_k = \frac{1}{2}\,m\,v_0^2 = 90{,}0\ \text{kN·m};\ R_{eH} = 235\ \text{N/mm}^2.$} | | | | | |
| 1 | 20,0 | 1646 | 0,0 % | 116,80 | 0,0 % |
| 2 | 25,0 | 1767 | 7,4 % | 98,49 | 15,7 % |
| 3 | 30,0 | 1870 | 13,6 % | 84,09 | 28,0 % |

**Tabelle 3.16.** Krüppellastrechnung nach verschiedenen Formeln

| Zit. | Abmessungen $t_{st} = 13{,}0$ mm; $t_g = 20{,}0$ mm; $h = 370{,}0$ mm; $u = 103{,}5$ mm. $E = 210000$ N/mm² / Formeln | $R_{eH}$ 235 N/mm² $F_{k_1}$ [kN] | $R_{eH}$ 390 N/mm² $F_{k_2}$ [kN] | $\left(1-\frac{F_{k_2}}{F_{k_1}}\right)$ $\times 100\ \%$ |
|---|---|---|---|---|
| | DYNA3D | 1236 | 1662 | 34,5 % |
| [51] | $F_k = 8500\,t_{st}^2$ | 1437 | 1437 | 0,0 % |
| [52] | $F_k = 0{,}045\,E\,t_{st}^2$ | 1597 | 1597 | 0,0 % |
| [53] | $F_k = 0{,}68\,t_{st}^2\sqrt{E R_{eH}}\left(\dfrac{t_g}{t_{st}}\right)^{0{,}6}$ | 1046 | 1347 | 28,8 % |
| [53] | $F_k = 0{,}75\,t_{st}^2\sqrt{E R_{eH}}\left(\dfrac{t_g}{t_{st}}\right)^{0{,}5}$ | 1104 | 1423 | 28,9 % |
| [53] | $F_k = 0{,}55\,t_{st}^2\sqrt{E R_{eH}}\left(\dfrac{t_g}{t_{st}}\right)^{0{,}5}\times \left(0{,}9 + 1{,}5\dfrac{u}{h}\right)$ | 1082 | 1394 | 28,8 % |
| [54] | $F_k = 25\,t_{st}^2 R_{eH}\left(\dfrac{t_g}{t_{st}}\right)^{\frac{1}{3}}$ | 1146 | 1902 | 66,0 % |

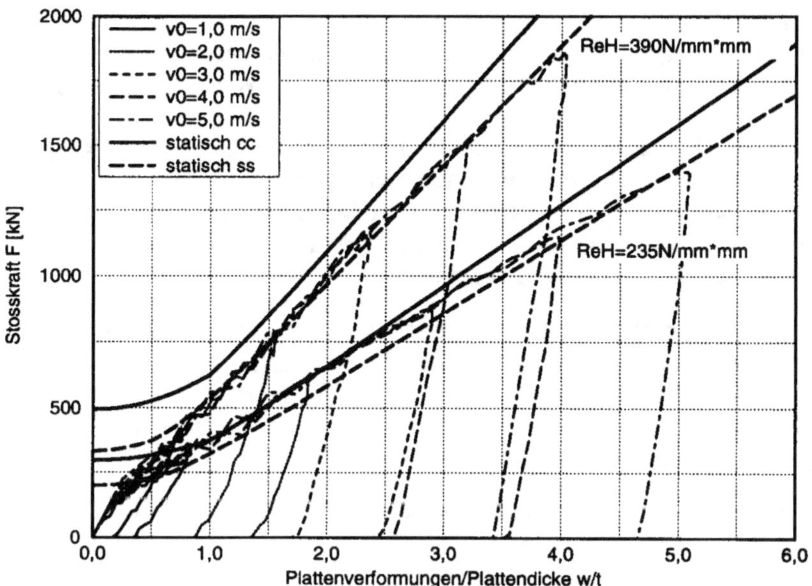


**Abb. 3.88.** Vergleich zwischen analytischen und FE-Lösungen, ($m = 20\,$t, $t = 20\,$mm)

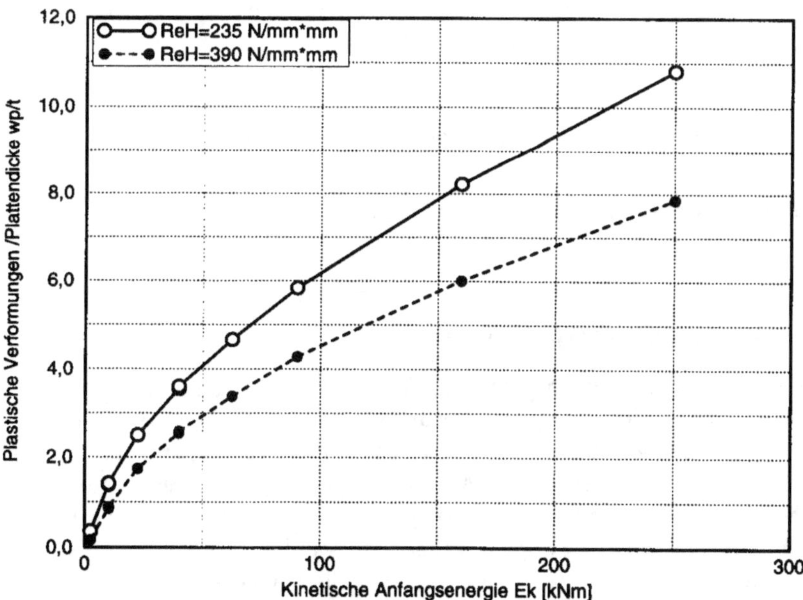


**Abb. 3.89.** $E_\mathrm{k}$-$w_\mathrm{p}$-Kurven, ($t = 20\,$mm)

men zu beschreiben, das durch gleichzeitig wirkende Membran- und Biegespannungen verursacht wird.

Für die Ermittlung der Krüppellast wurden zahlreiche experimentelle und theoretische Untersuchungen durchgeführt, welche Ramm und Weimar in [50] zusammengefaßt haben.

In der Tabelle 3.16 sind die nach verschiedenen Formeln berechneten Krüppellasten den durch DYNA3D ermittelten (Abb. 3.90) gegenübergestellt, wobei $t_{st}$ die Stegdicke, $h$ die Steghöhe, $t_g$ die Plattendicke, $u$ die Länge der Kontaktlinie und $E$ der Elastizitätsmodul ist. Die Erhöhung der Krüppellasten durch Einsatz des höherfesten Stahls betragen nach diesen Angaben ca. 30 %.

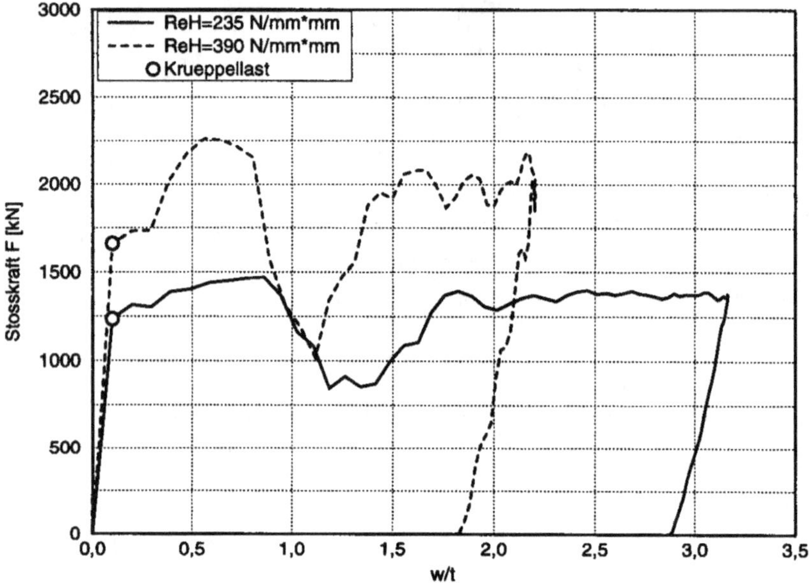


**Abb. 3.90.** $F$-$w$-Kurven für Lastfall 2, ($m = 5\,\mathrm{t}$, $v_0 = 5\,\mathrm{m/s}$, $t = 20\,\mathrm{mm}$)

## 3.5.8
### Verformungsversagen bei einer Platte mit Steifen

Verformungsversagen stellt einen gutartigen Versagensmechanismus dar. Er ist gekennzeichet durch eine mögliche Laststeigerung und zusätzliche Lastaufnahme auch nach dem Erreichen eines ideelen Beulwerts oder einer signifikanten Plastizierung in einem lokal begrenzten Bereich. Es läßt sich keine Traglast im Sinne einer Maximallast bestimmen, da eine weitere Laststeigerung immer mit einer Verformungszunahme einhergeht. Typische Beispiele stellen Tankwände, Schotte und andere versteifte Plattenfelder dar. Daher wurden experimentelle Versuche durchgeführt, um dieses Tragverhalten an realen Strukturen zu untersuchen [58].

Für die Versuche wurde eine Tankkonstruktion entwickelt, die für verschiedene Profilformen mehrfach verwendbar war. Die Tankdecke wurde nach jedem Versuch abgenommen und durch eine neue, mit anderer Steifenanordnung, ersetzt. Der Tank wurde unter Innendruck (Wassersäule) gesetzt, um die entsprechenden Bauteile zu belasten.

Die Abmessungen des Tanks wurden so gewählt, daß Steifen bis zu einer Länge von 2450 mm untersucht werden konnten. Die versteifte Tankdecke war 6 mm dick und 1400 mm breit. Die Seitenwände waren 15 mm dick. Sie wurden überdimensioniert, um eine Teilplastizierung und somit bleibende Verformungen des Versuchstanks zu vermeiden. Die Auslegung der Steifen und der Freischnitte erfolgte nach den Bauvorschriften des Germanischen Lloyd.

Aus einer Reihe von Untersuchungen sind hier zwei Versuche ausgewählt worden:

- Tankdecke mit einem Flachstahl 160 × 8 mm außenversteift.
- Tankdecke mit einem HP-Profil 140 × 8 mm innenversteift.

Diese beiden Lastfälle unterscheiden sich grundsätzlich in dem jeweils vorherrschenden Spannungsniveau. Im ersten Fall ist der freie Rand der (symmetrischen) Steife mit Zugspannungen und im zweiten Fall ist der freie Rand der (unsymmetrischen) Steife mit Druckspannungen beaufschlagt worden. Dadurch ist die Steife knick- und kippgefährdet (Stabilitätsversagen).

Den Tank mit dem aufgesetzten Flachstahl zeigt Abb. 3.91. Er wurde, wie auch alle anderen Versuche, in Schritten von 0,1 bar Tankinnendruck belastet. Abb. 3.92 zeigt die sich ausbreitende Fließzone im Profil. Die Last-Verformungskurve mit dem Vergleich zwischen Versuch und Rechnung zeigt Abb. 3.93.

Die Bilder 3.94 und 3.95 zeigen diese plastischen Zonen für die unter Druckspannung stehende Steife. Um der Geometrie eines HP-Profils gerecht zu werden, wurde in die neutrale Faser des Wulstes eine Reihe von Schalenelementen gelegt. Über eine Option im Ablauf des FE-Programms wurde jedem Knoten in dem Wulst eine eigene Dicke zugeordnet. Damit ist die Geometrie des Querschnitts nahezu vollständig erfaßt. Abb. 3.96 zeigt den Vergleich zwischen gerechnetem und gemessenem Tragverhalten.

Die Last-Verformungskurven beider Versuche zeigen eine erhebliche Tragreserve oberhalb der rechnerischen Traglast der Steife. Diese rechnerische Traglast ist mit dem vollständigen Durchplastizieren des Steifenquerschnitts erreicht. Ist das der Fall, so wird das Tragverhalten bei weiterer Laststeigerung immer mehr durch Membranspannungen gekennzeichnet. Dies zeigt sich in den stetig zunehmenden Verformungen. Das Maß der Tragfähigkeit nach dem Versagen der Steifen ist geometrie- und randbedingungsabhängig, und es kann daher nicht auf allgemeine orthotrop versteife Platten übertragen werden.

Auf jeden Fall kann man erkennen, daß nach Versagen der Steifen das Tragverhalten sich dem Tragverhalten einer nichtausgesteiften Platte sehr annähert. Ein eigentliches Versagen ist erst mit dem Einreißen, d. h. Bersten der Beplattung zu erwarten.

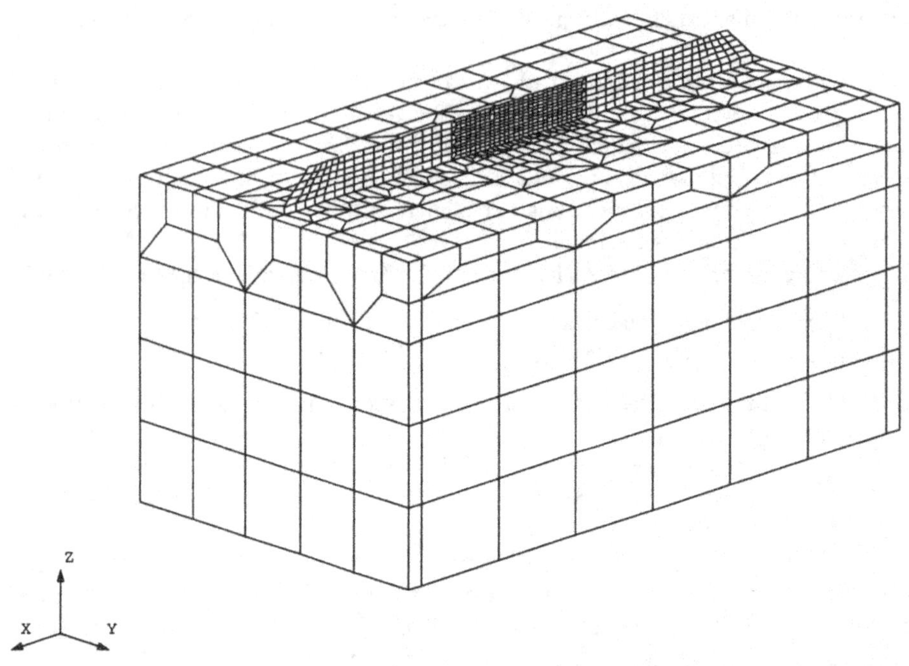

**Abb. 3.91.** FE-Netz, Tank

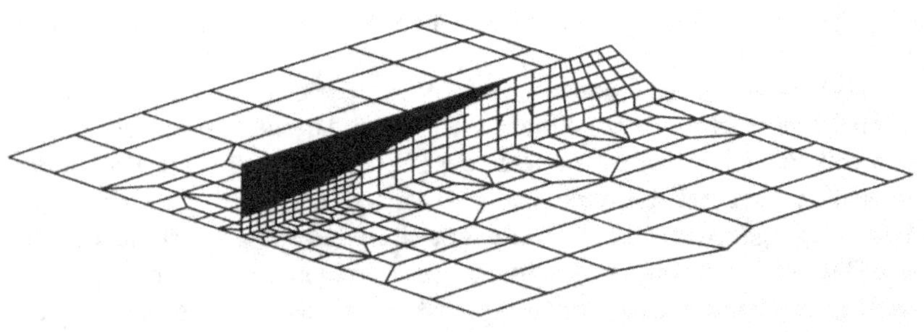

**Abb. 3.92.** Plastische Zone im verformten Modell

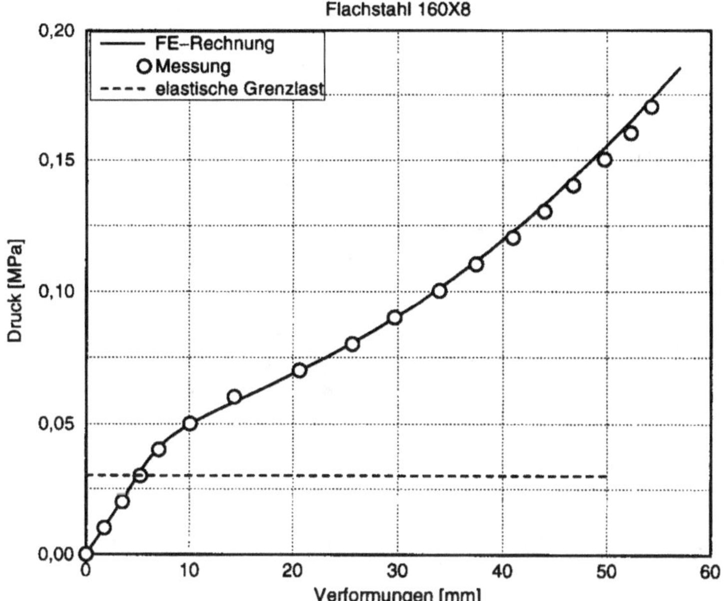



**Abb. 3.93.** Versuchsergebnisse im Vergleich zu den FE-Ergebnissen

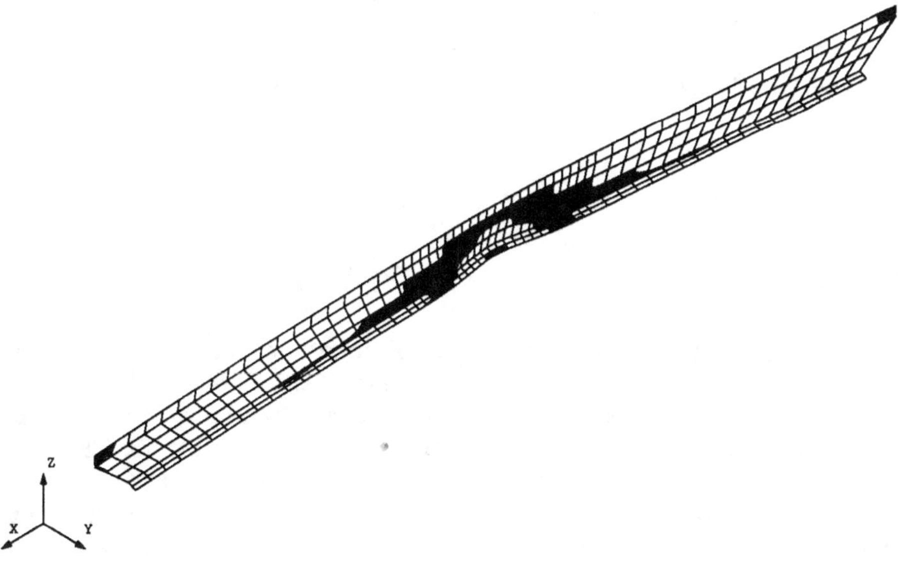



**Abb. 3.94.** Nach innen liegende Steifen, Fließzone

**Abb. 3.95.** Verformte Steife in Stegebene gesehen

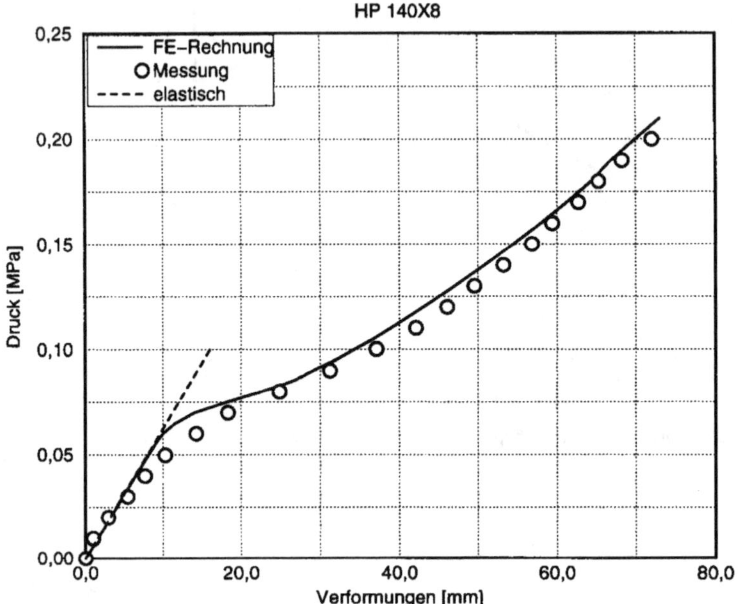

**Abb. 3.96.** Versuchsergebnisse im Vergleich zu den FE-Ergebnissen

# 3.6
# Parameterstudie

## 3.6.1
## Allgemeines

Anhand der oben genannten Untersuchungen kann man feststellen, daß die nichtlineare FE-Rechnung die experimentellen Ergebnisse in befriedigender, teils sehr guter Übereinstimmung nachvollziehen kann, insbesondere in den Fällen, bei denen die Radlast unmittelbar in der Mitte des Plattenfelds wirkt (Versuch TA1 und TB1, bzw. TA3 und TB3). Mit Hilfe der analytischen Lösungen kann man eine untere und eine obere Grenzlast festlegen (Gl. (3.20) bzw. (3.36)), wobei die bleibende Durchbiegung in der Plattenmitte auf eine gewisse Größenordnung beschränkt werden kann. Nun kann man davon ausgehen, daß eine ausführliche, mit nichtlinearen FE-Rechnungen gestaltete Parameterstudie ausreichend genaue Aussagen liefert. Das Ziel der Parameterstudie ist einerseits den Einfluß unterschiedlicher geometrischer Parameter wie

z. B. die Plattendicke $t$, Plattenbreite $b$ bzw. die Verhältnisse $v/b$ und $u/v$ auf das Tragverhalten von mit Wulst- bzw. mit Trapezhohlprofilen ausgesteiften Decks unter Radlasten zu finden, andererseits die Unterschiede der analytischen Lösungen für einfache Platten und reale ausgesteifte Konstruktionen zu erkennen. Mit Hilfe der Ergebnisse soll ein Bemessungskonzept für ausgesteifte Decksstrukturen unter Teilflächenlast aufgestellt werden, um Bemessungsvorschriften von Klassifikationsgesellschaften verbessern zu können.

### 3.6.2
### Erstellung der FE-Modelle

Um einerseits den Unterschied zwischen den mit Wulstprofilen und den mit Trapezhohlprofilen ausgesteiften Deckskonstruktionen zu erkennen, andererseits die im Schiffbau typischen Parameterbereiche möglichst abzudecken, wurden insgesamt 4 FE Modelle aufgebaut, die sich grundsätzlich in den Breiten des Plattenfelds $b$ und den Aussteifungsarten unterscheiden. Die Abmessungen der Steifen entsprechen denen, die in den experimentellen Untersuchungen eingesetzt wurden. Die Länge des Plattenfelds und der Längs- bzw. Querträger sind ebenfalls gleich denen der experimentellen Untersuchungen ($a = 2400$ mm). Die Modelle TR300 und TR600 entsprechen einer Aussteifung von Trapezhohlprofilen und den Plattenfeldbreiten $b = 300$ mm und $b = 600$ mm, während die Modelle HP600 und HP900 durch Wulstprofile ausgesteift sind und den Plattenfeldbreiten $b = 600$ mm und $b = 900$ mm entsprechen. Weiterhin sind die Modelle so aufeinander abgestimmt, daß die zu vergleichenden Varianten (TR300 mit HP600 und TR600 mit HP900) gleichen Materialaufwand, d. h. gleiches Stahlgewicht, besitzen. Für die Werkstoffkennwerte wurde nach GL A eine Fließgrenze mit $R_{eH} = 235$ N/mm$^2$ und ein Elastizitätsmodul von $E = 2{,}1 \times 10^5$ N/mm$^2$ angenommen. Als Variable wurden gewählt: unterschiedliche Plattendicken $t$ und Verhältnisse $u/v$ bzw. $v/b$. Bei der Änderung der Plattendicke $t$ ist das Verhältnis zwischen $t$ und der Dicke des Profilstegs $t_{st}$ so abgestimmt, daß $t/t_{st} = 2{,}0$ für die Trapezhohlprofile und $t/t_{st} = 1{,}0$ für die Wulstprofile konstant geblieben sind. Hieraus ergeben sich die in Tabelle 3.17 und 3.18 zusammengestellten Abmessungen der Plattenfelder und Aufstandsflächen. Durch Änderung der Plattendicken $t$ von 6 mm bis 22 mm liegen die Schlankheitsgrade $\beta$ (Gl. (3.137)) bei dieser Untersuchung zwischen 0,63 und 5,02. Diese Werte entsprechen den Verhältnissen $b/t = 18{,}8$–150.

Bei jeder Variante wurde das Plattenfeld bis zum Erreichen der mit Gl. (3.20) und (3.36) bestimmten Werte belastet und dann wieder entlastet. Die Randbedingungen bei der FE Rechnung sind wie folgt festgelegt: die Plattenebene an den Verbindungslinien zwischen Plattenfeldern und Querträger werden durch Einspannung der angrenzenden Plattenfelder als nicht verschiebbar betrachtet und in der Radlastrichtung nur an den Verbindungspunkten zwischen Längs- und Querträgern festgehalten. Aus Symmetriegründen von Struktur und Belastung wurde nur ein Viertel jedes Modells simuliert. Abb. 3.97–3.100 zeigen die Zusammenstellung der einzelnen Modelle mit den entsprechenden Randbedingungen.

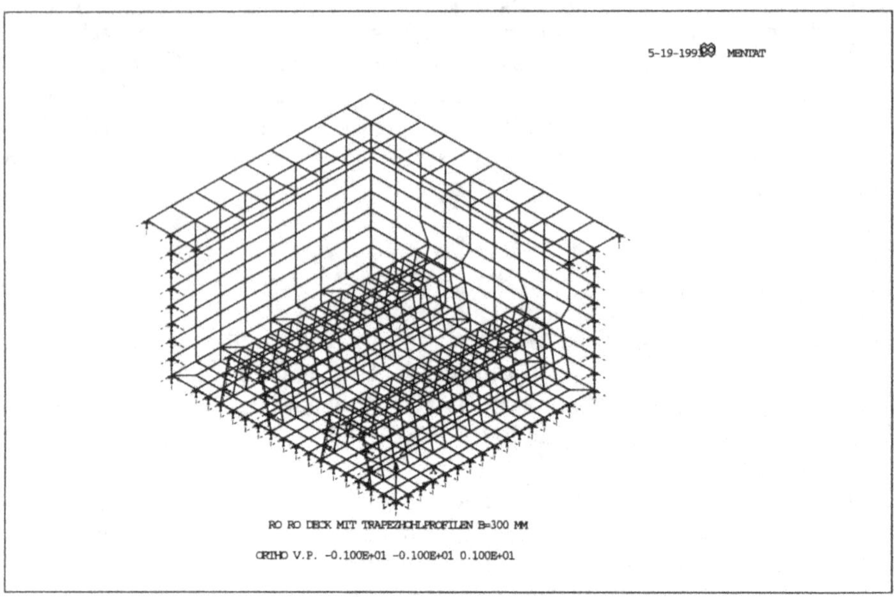

**Abb. 3.97.** FE Modell: TR300

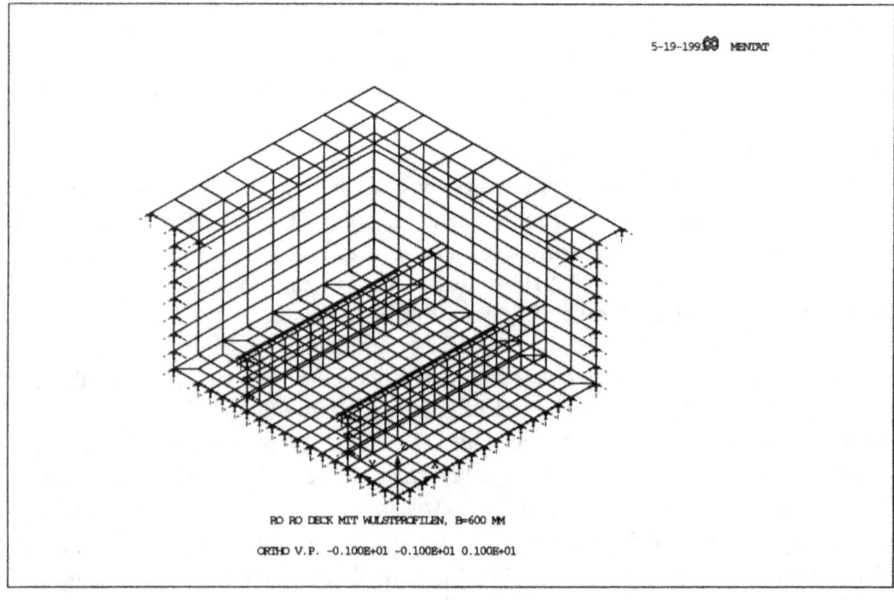

**Abb. 3.98.** FE Modell: HP600

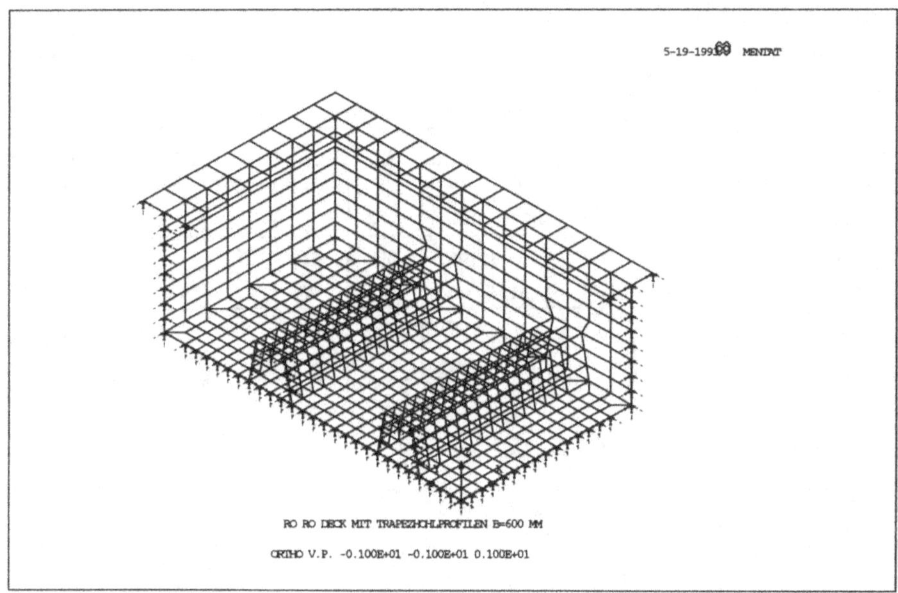


**Abb. 3.99.** FE Modell: TR600

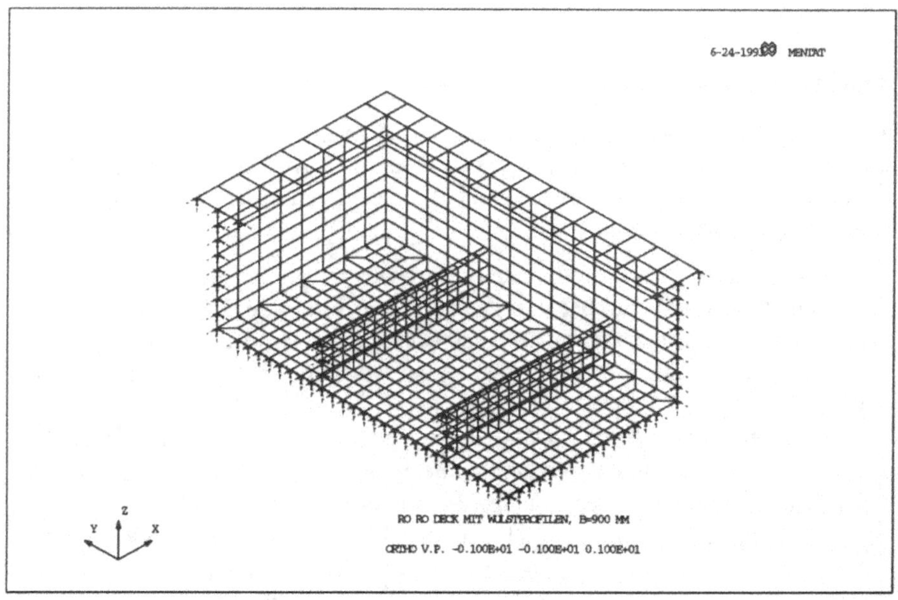


**Abb. 3.100.** FE Modell: HP900

**Tabelle 3.17.** Abmessungen der Plattenfelder

| $a = 2400$ mm, $R_{eH} = 235$ N/mm$^2$, $E = 2{,}1 \times 10^5$ N/mm$^2$ | | | | | | | | | | | |
|---|---|---|---|---|---|---|---|---|---|---|---|
| Plattenabmessungen | | | | | | | | | | | |
| Modelle | $a/b$ | $t$ [mm] | 6 | 8 | 10 | 12 | 14 | 16 | 18 | 20 | 22 |
| TR300 | 8,0 | $b/t$ | 50 | 38 | 30 | 25 | 21 | 19 | — | — | — |
|  |  | $\beta$ | 1,67 | 1,25 | 1,00 | 0,84 | 0,72 | 0,63 | — | — | — |
| HP600 | 4,0 | $b/t$ | 100 | 75 | 60 | 50 | 43 | 38 | 33 | 30 | 27 |
| TR600 |  | $\beta$ | 3,35 | 2,51 | 2,01 | 1,67 | 1,43 | 1,25 | 1,16 | 1,00 | 0,91 |
| HP900 | 2,7 | $b/t$ | 150 | 113 | 90 | 75 | 64 | 56 | 50 | 45 | 41 |
|  |  | $\beta$ | 5,02 | 3,76 | 3,01 | 2,51 | 2,15 | 1,88 | 1,67 | 1,51 | 1,37 |

**Tabelle 3.18.** Abmessungen der Aufstandsflächen

| $u = 300$ mm ($v = 300$ mm) | | | | | | | |
|---|---|---|---|---|---|---|---|
| Modelle | $v$ ($u$) [mm] | 150 | 300 | 450 | 600 | 750 | 900 |
|  | $v/u$ ($u/v$) | 0,5 | 1,0 | 1,5 | 2,0 | 2,5 | 3,0 |
| TR300 | $v/b$ ($u/b$) | 0,500 | 1,000 | — | — | — | — |
| HP600 bzw. TR600 | $v/b$ ($u/b$) | 0,250 | 0,500 | 0,750 | 1,000 | — | — |
| HP900 | $v/b$ ($u/b$) | 0,167 | 0,333 | 0,500 | 0,667 | 0,833 | 1,000 |

### 3.6.3
### Einfluß von Randverformungen des Plattenfelds

Wie in Abschnitt 3.2 erwähnt, hängt das Tragverhalten einer normal belasteten Platte eng mit der entsprechenden Randbedingung zusammen. Als Unterschiede der Randbedingungen zwischen einer einfachen Platte und einem ausgesteiften Plattenfeld läßt sich Folgendes anführen:

- Durch Verteilung der Radlasten senken sich die angrenzenden Steifen ab. Nach der Entlastung wird diese Durchsenkung zurückfedern, solange die Steifen in einem elastischen Zustand bleiben. Diese Rückfederung am Rand des Plattenfelds hat einen positiven Einfluß auf die bleibende Durchbiegung in der Mitte des Plattenfelds.
- Der Rand eines ausgesteiften Plattenfelds ist weder frei drehbar gelagert noch eingespannt. Die Randmomente verdrehen die angrenzenden Steifen mehr oder weniger, je nach der Größenordnung der Torsionssteifigkeit der Steifen. Diese Verdrehung beeinflußt die gesamte Durchbiegung. Jedoch hat sie keinen großen Einfluß auf die in der Plattenmitte entstehende bleibende Durchbiegung, wenn die Radlast nur so groß wird, daß das verursachte Randmoment elastisch bleibt.
- Die Verschieblichkeit des Plattenfeldrands in der Plattenebene unter einer Lateralbelastung ist von der Membransteifigkeit des angrenzenden Plattenfelds abhängig.

Dabei spielt die Biegesteifigkeit der Steifen auch eine gewisse Rolle. Diese Steifigkeiten dienen vor allem dazu, durch auftretende Zugmembranspannung bei großen Durchbiegungen in der Plattenfeldmitte das Tragverhalten von einem Biegezustand in einen Membranzustand umzuwandeln. Wie in Abschnitt 3.5 gezeigt wurde, beeinflußt diese Umwandlung sowohl die Durchbiegung in der Plattenfeldmitte als auch die bleibende Durchbiegung nach der Entlastung wesentlich.

Abb. 3.101–3.104 zeigen beispielsweise den Be- und Entlastungsvorgang des Modells TR600 mit unterschiedlicher Plattendicke $t$. Hier wurde eine Aufstandsfläche von $f = u \times v = 300 \times 300 \, \text{mm}^2$ angenommen. Die maximale Radlast wird mit Gl. (3.20) bestimmt.

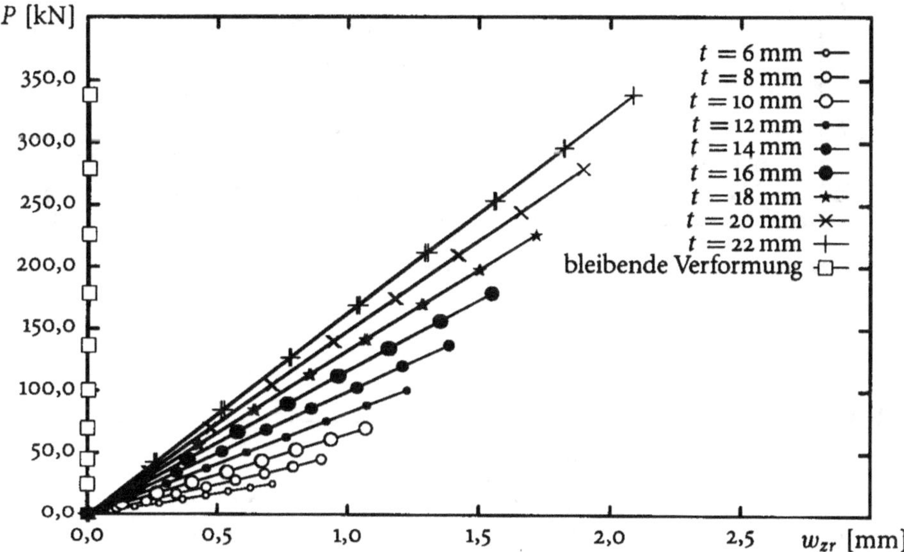


**Abb. 3.101.** Durchsenkungen des Plattenrands, Modell TR600

Die Gegenüberstellung der gesamten Radlast $P$ zur Durchsenkung des Plattenfeldrands $w_{zr}$ in Abb. 3.101 zeigt ein lineares Verhalten. Das bedeutet, daß sich der Rand des Plattenfelds bei der Radlast von $P = P_T$ noch in einem elastischen Zustand befindet. Die maximale Durchsenkung für den Fall $t = 22 \, \text{mm}$ beträgt ca. 2,1 mm, entsprechend $w_{zr}/t = 0{,}1$. Die Änderung der Neigung mit zunehmenden $t$ ist vor allem auf die Biegesteifigkeit der Steifen bzw. $t_{st}$ zurückzuführen. Da in diesem Fall $t/t_{st} = 2{,}0$ konstant bleibt, erhöht sich die Steifigkeit der Steifen durch Zunahme der Profildicke $t_{st}$. Die gleiche Tendenz kann man auch an der Verdrehung des Plattenfeldrands $R_{xr}$ erkennen (Abb. 3.102). Da die Zunahme der Plattendicke zu einer Erhöhung der Torsionssteifigkeit der angrenzenden Steifen führt, sind die Verdrehungen des Plattenfeldrands bei kleinen Plattendicken größer als bei größeren Plattendicken. Jedoch sind bleibende Verdrehungen nach der Entlastung kaum zu bemerken.

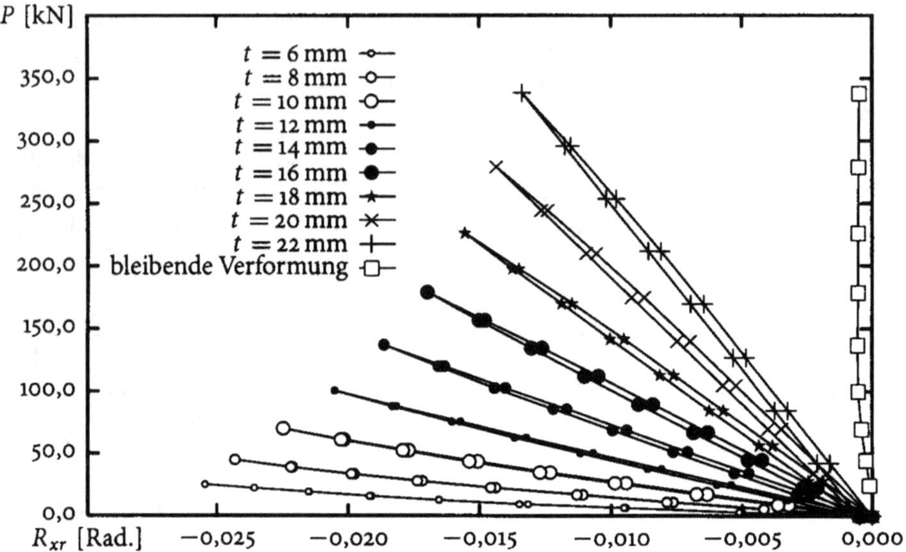

**Abb. 3.102.** Verdrehungen des Plattenrands, Modell TR600

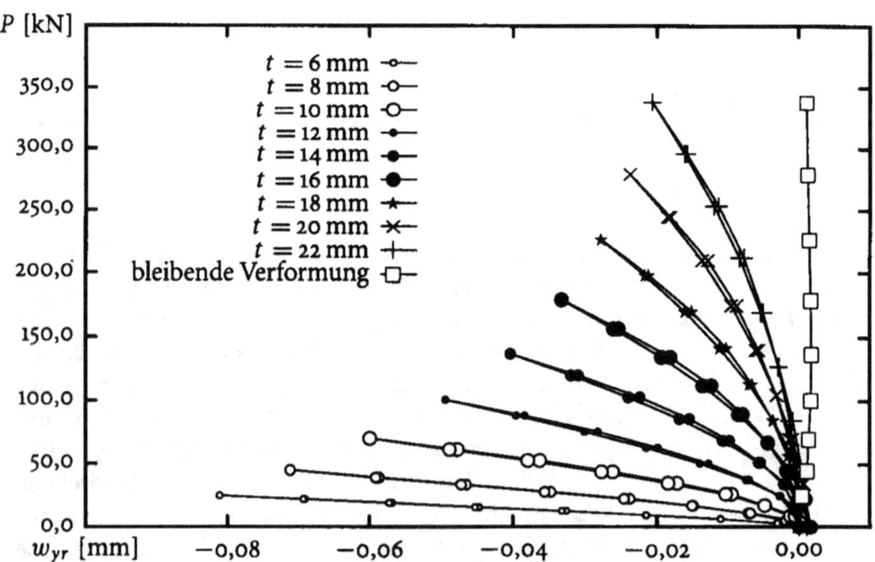

**Abb. 3.103.** Verschiebungen des Plattenrands, Modell TR600

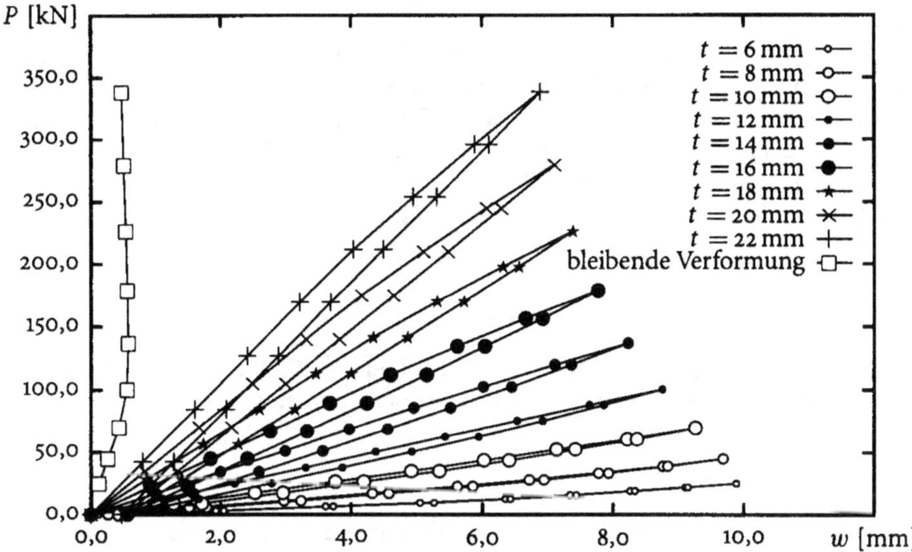


**Abb. 3.104.** Durchbiegungen in der Plattenfeldmitte, Modell TR600

Die in Abb. 3.103 dargestellten maximalen Verschiebungen $w_{yr}$ am Rand des Plattenfelds gegenüber den Radlasten verhalten sich bei dem Be- und Entlastungsvorgang nichtlinear, obwohl die Verschiebungen in dieser Richtung sehr klein sind. Diese Verschiebungen hängen nicht nur von der Membransteifigkeit des angrenzenden Plattenfelds, sondern auch von der Verformung der Steifen ab. Diese durch zunehmende Belastung größer werdende Verformung führt dazu, daß sich die gesamte Membransteifigkeit durch die Verschiebung am Rand des Plattenfelds reduziert. Aus der Abbildung ist auch zu erkennen, daß die maximale Verschiebung für den Fall $t = 6$ mm unter der Belastung von $P = P_T$ sehr klein ist ($w_{y_{max}} \approx 0{,}08$ mm). Bemerkenswert ist, daß die bleibenden Verschiebungen nach der Entlastung nicht in der Richtung des belasteten Plattenfelds, sondern in der entgegengesetzten Richtung aufgetreten. Dies ist vor allem auf die beim Entlastungsvorgang entstehende elastische Rückfederung, die durch die Membransteifigkeit des angrenzenden Plattenfelds und die elastische Verformung der Steifen verursacht wird, zurückzuführen.

Als wichtigste und größte Verformung für die Bemessungsgrundlage kann die Durchbiegung des Plattenfelds an der belasteten Stelle erwartet werden. Die der Abb. 3.104 eingetragenen Durchbiegungen $w$ an der belasteten Stelle in Abhängigkeit der Belastungen zeigen, daß die Durchbiegungskurven bei dünneren Platten bis zur Belastung $P = P_T$ fast linear verlaufen, während bei dickeren Platten nichtlineare Effekte durch Entlastungsvorgänge deutlich zu bemerken sind. Obwohl sich die maximalen Durchbiegungen bei der Belastung $P = P_T$ mit zunehmender Plattendicke im betrachteten Bereich in der Größenordnung von $w/t \approx 1{,}6$–$0{,}3$ ergeben, liegen die bleibenden Durchbiegungen an dieser Stelle nach der Entlastung nur unterhalb $w_0/t \approx 0{,}06$.

Durch o. g. Untersuchungen ist es festzustellen, daß sich die Durchsenkung $w_{zr}$, die Verdrehung $R_{xr}$ sowie die Verschiebung $w_{yr}$ des Plattenfeldrands bei unterschiedlichen Platten- bzw. Stegdicken der Aussteifungen bis zu der nach Gl. (3.20) ermittelten Grenzlast fast elastisch verhalten. Es ergibt sich kaum ein Einfluß auf die bleibende Durchbiegung in der Plattenmitte. Die unter dieser Grenzlast entstehende Durchbiegung in der Plattenmitte ist nach der Entlastung vernachlässigbar klein.

### 3.6.4
### Einfluß von geometrischen Parametern

Für eine Bemessungsgrundlage einer durch Teilflächenlast beanspruchten Platte wurde von mehreren Autoren ein dimensionsloser Parameter

$$C_{sp} = \frac{w_0}{b} \sqrt{\frac{E}{R_{eH}}} \tag{3.147}$$

vorgeschlagen, wobei die Größenordnung der bleibenden Durchbiegung als das Verhältnis zwischen der bleibenden Durchbiegung $w_0$ und der Breite des Plattenfelds $b$ unter Berücksichtigung der Werkstoffkennwerte $E$ und $R_{eH}$ bezeichnet ist. Als dimensionsloser Belastungsparameter erhält man den in Gl. (3.135) definierten Parameter $Q_p$.

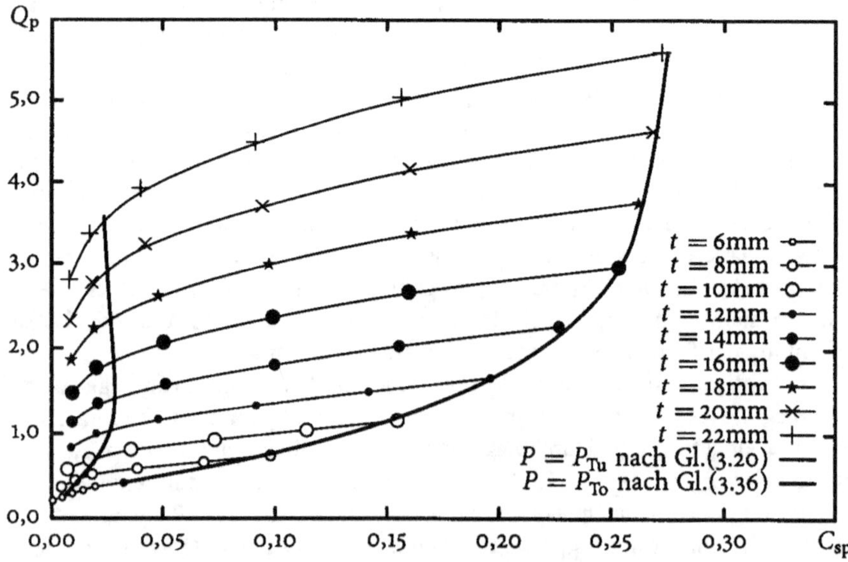


**Abb. 3.105.** $Q_p$-$C_{sp}$-Kurven, Modell TR600, $u = v = 300$ mm

In Abb. 3.105 ist beispielhaft die rechnerische Gegenüberstellung beider Parameter für das Modell TR600 mit unterschiedlichen Plattendicken $t$ dargestellt. Die entsprechenden $C_{sp}$-Werte, bei den nach Gl. (3.20) bzw. (3.36) ermittelten Grenzlasten $P_{Tu}$ und $P_{To}$, wurden ebenfalls in diese Abbildung eingetragen. Man erkennt, daß sich die $C_{sp}$-Werte gegenüber zunehmenden Radlasten $Q_p$ zuerst wenig ändern. Bis zum Erreichen der Grenzlast $P = P_{Tu}$ (Gl. (3.20)) bleiben die $C_{sp}$-Werte unterhalb von 0,03. Nach dem Überschreiten dieser Grenzlast nehmen die Werte mit erhöhten Radlasten schnell zu. Die Neigungen der Kurven in dieser Phase bleiben fast konstant. Bis zum Erreichen der nach Gl. (3.36) errechneten Grenzlasten $P_{To}$ erhält man mit zunehmenden Plattendicken die unterschiedlichen $C_{sp}$-Werte von 0,03–0,275.

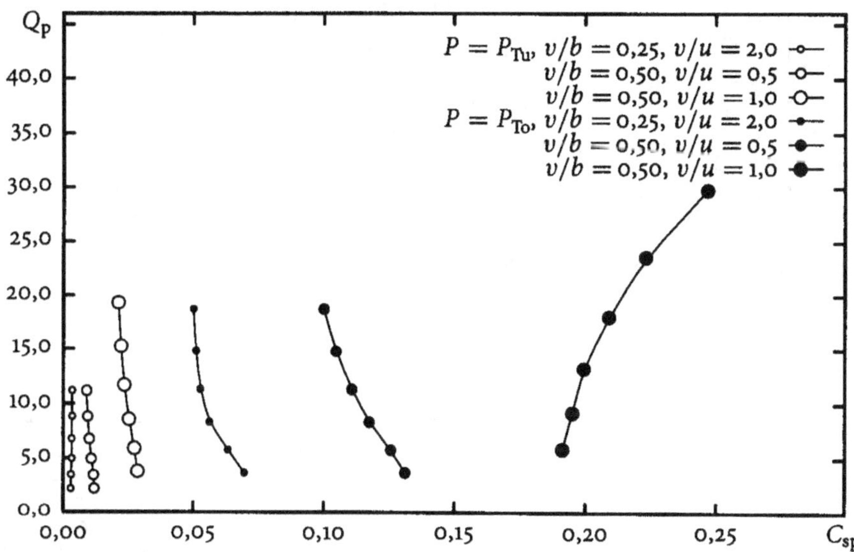


**Abb. 3.106.** $Q_p$-$C_{sp}$-Kurven, Modell TR300

Das $Q_p$-$C_{sp}$ Verhalten für die anderen Modelle und Lastfälle bei den Grenzlasten $P_{Tu}$ und $P_{To}$ sind in Abb. 3.106–3.110 dargestellt. Allgemein erkennt man, daß der Parameter $C_{sp}$ bei der Radlast $P = P_{Tu}$ in den meisten Fällen unterhalb von 0,05 (entsprechend $w_o/b \approx$ ¹⁄₆₀₀) liegt, während er bei der Radlast $P = P_{To}$ bis zu 0,4 (entsprechend $w_o/b \approx$ ¹⁄₇₅) erreicht. Diese Größenordnung der bleibenden Durchbiegung ist in den meisten Fällen nach der Betriebserfahrung vertretbar [35]. Die in Abb. 3.106 dargestellten $C_{sp}$-Verläufe für das Modell TR300 mit einer gleichgroßen Aufstandsfläche ($f = 150 \times 300\,\text{mm}^2$ bzw. $f = 300 \times 150\,\text{mm}^2$) und unterschiedlichen Verhältnissen ($v/u = 2,0$ und $v/u = 0,5$) zeigen, daß sich größere bleibende Durchbiegungen in der Plattenmitte ergeben, wenn die längere Seite der Aufstandsfläche parallel zur Längsseite des Plattenfelds verläuft.

Der Einfluß durch Änderung der Aufstandsflächen beider Seiten ($u$ und $v$) bzw. der Verhältnisse $u/b$ und $v/b$ auf die bleibende Durchbiegung in der Plattenmitte ist

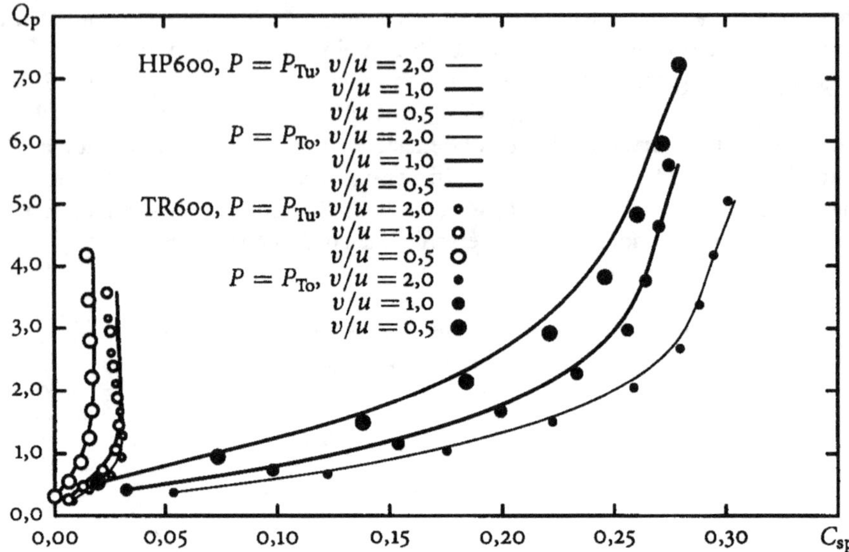


**Abb. 3.107.** $Q_p$-$C_{sp}$-Kurven, Modell HP600 und TR600, $v/b = 0{,}5$

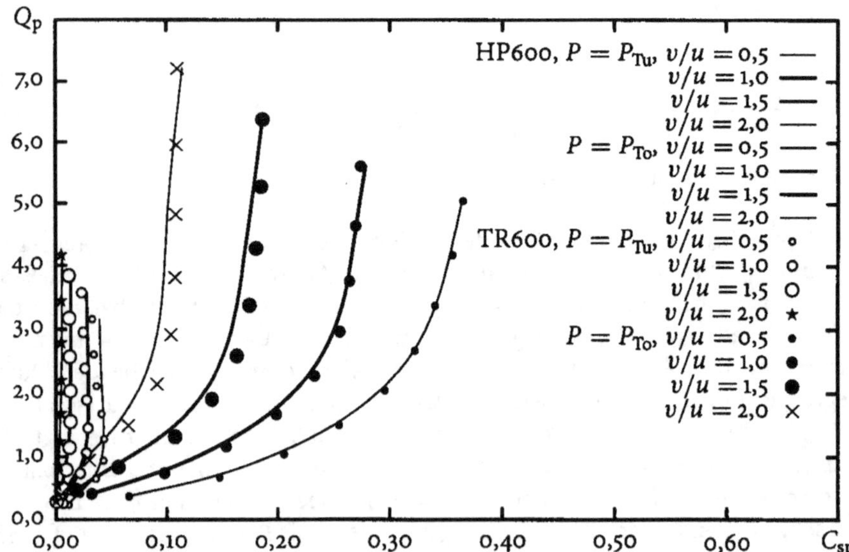


**Abb. 3.108.** $Q_p$-$C_{sp}$-Kurven, Modell HP600 und TR600, $u/b = 0{,}5$

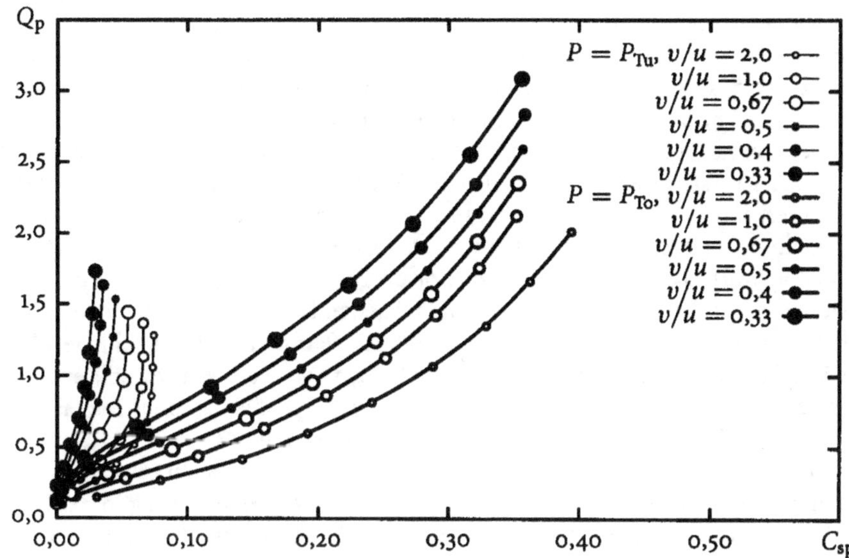


**Abb. 3.109.** $Q_\mathrm{p}$-$C_\mathrm{sp}$-Kurven, Modell HP900, $v/b = 0,33$

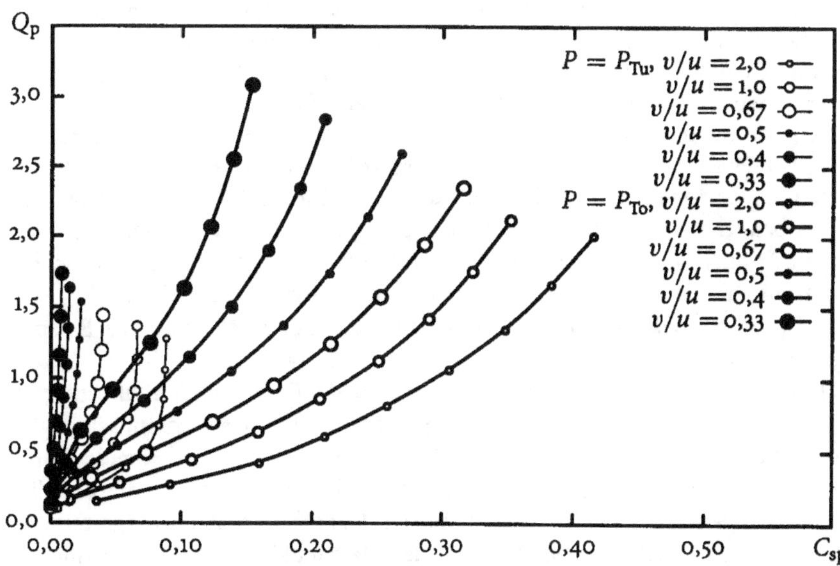


**Abb. 3.110.** $Q_\mathrm{p}$-$C_\mathrm{sp}$-Kurven, Modell HP900, $u/b = 0,33$

durch Vergleich zwischen Abb. 3.109 und 3.110 für das Modell HP900 zu erkennen. Für den Fall, in dem sich $u$ von 150 mm bis 900 mm ändert und $v = 300$ mm konstant bleibt, ergeben die maximalen Differenzen des Parameters $C_{sp}$ ca. 0,04 bei $P = P_{Tu}$ und ca. 0,05 bei $P = P_{To}$ (Abb. 3.109), während sie für den anderen Fall, in dem $u = 300$ mm konstant bleibt und sich $v$ von 150 mm bis 900 mm ändert, bis 0,08 bei $P = P_{Tu}$ und 0,30 bei $P = P_{To}$ betragen (Abb. 3.110).

Der Einfluß auf die bleibende Durchbiegung in der Plattenmitte durch unterschiedliche Versteifungsarten läßt sich im Vergleich von Modell HP600 mit Modell TR600 erkennen. Modell HP600 ist mit Wulstprofilen und Modell TR600 mit Trapezhohlprofilen ausgesteift, und beide Modelle besitzen ein gleichgroßes Plattenfeld ($b = 600$ mm). Das in Abb. 3.107 und 3.108 dargestellte $Q_p$-$C_{sp}$-Verhalten beider Modelle entsprechend den unterschiedlichen Aufstandsflächen und Plattendicken bei den Grenzlasten $P = P_{Tu}$ bzw. $P = P_{To}$ zeigt nur sehr geringe Unterschiede, obwohl die Stegdicke des Trapezhohlprofils nur der halben Dicke des Wulstprofils entspricht. Das bedeutet, daß die dünnere Stegdicke des Trapezprofils bei einer Radlast bis zu $P = P_{To}$ das Tragverhalten des Plattenfelds kaum beeinflußt.

Wie in Abb. 3.110 dargestellt, beeinflußt die Änderung des Verhältnisses $v/b$ bei einem konstanten Verhältnis $u/b = 0{,}33$ die bleibende Durchbiegung in der Plattenmitte wesentlich. Für kleinere $v/b$ muß die Plattendicke $t$ wesentlich erhöht werden, um die bleibende Durchbiegung zu reduzieren. Da die Abmessung $v$ nur von der Radeigenschaft abhängig ist, hat die Reduzierung der Breite des Plattenfelds $b$ für die Materialeinsparung bzw. für die Reduzierung der Plattendicke eine große Bedeutung. Durch den Einsatz von Trapezhohlprofilen anstelle konventioneller Wulstprofile kann das Ziel ohne zusätzliche Erhöhung des Materialaufwands erreicht werden. Die Reduzierung der Plattendicke durch Einsetzen von Trapezhohlprofilen kann man unmittelbar aus dem in Abb. 3.111 bzw. 3.112 eingetragenen $P$-$w_o$-Verhalten zwischen den Modellen TR300 und HP600 bzw. den Modellen TR600 und HP900 erhalten. Dabei haben je zwei den gleichen Materialaufwand für die Profile, und die Breite des Plattenfelds für das Modell TR300 reduziert sich um 50 % im Vergleich zu der des Modells HP600, für das Modell TR600 um 33 % zu der des Modells HP900. Man kann daran erkennen, daß als Plattendicken für das Modell HP600 12 mm, 14 mm und 22 mm benötigt werden, während für das Modell TR300 bei gleichen $P$-$w_o$-Verhalten nur 8 mm, 10 mm und 14 mm nötig sind (Abb. 3.111). Am Materialgewicht kann in diesem Fall zwischen 33,3 % und 37,5 % eingespart werden. Vergleicht man das $P$-$w_o$-Verhalten zwischen Modell TR600 und HP900, erhält man eine Einsparung von 15,2 %–18,1 %.

In diesem Abschnitt wurden anhand der FE-Methode der Einfluß unterschiedlicher Größen der Lastaufstandsflächen bzw. der Einfluß des Verhältnisses zwischen den Aufstandsflächen und den Plattenfeldabmessungen auf die bleibende Durchbiegung in der Plattenmitte parametrisch untersucht. Dabei wurden die nichtliearen FE-Rechnungen für die mit Wulst- bzw. mit Trapezhohlprofilen ausgesteiften Modelle für unterschiedliche Abmessungen des Plattenfelds und unterschiedliche Plattendicken bzw. Stegdicken der Aussteifungen durchgeführt. Für die maximalen auf-

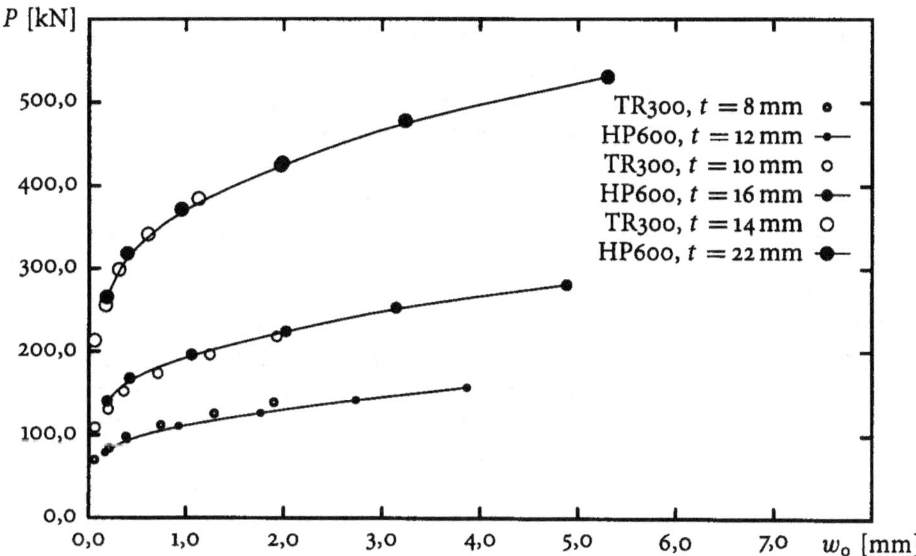

**Abb. 3.111.** $P$-$w_0$-Kurven, Modell TR300 und HP600, $u = v = 300\,\text{mm}$

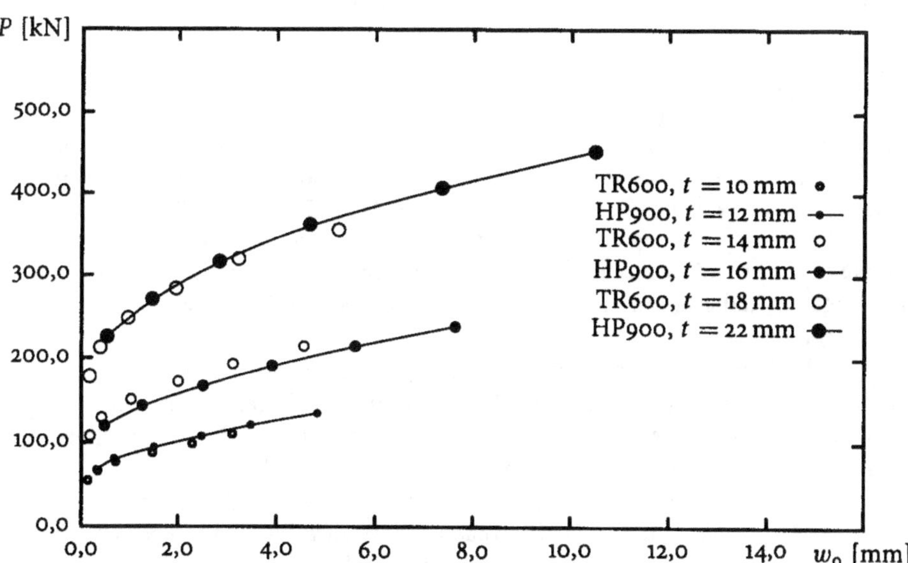

**Abb. 3.112.** $P$-$w_0$-Kurven, Modell TR600 und HP900, $u = v = 300\,\text{mm}$

gebrachten Radlasten wurden die nach Gl. (3.20) bzw. (3.36) ermittelten Grenzlasten eingesetzt. Die Rechenergebnisse lassen sich wie folgt zusammenfassen:

- Die bleibende Durchbiegung in der Plattenmitte bei einer gleichgroßen Aufstandsfläche ist im Fall $v/u < 1{,}0$ größer als die im Fall $v/u > 1{,}0$ (Abb. 3.106).
- Die Änderung des Verhältnisses $v/b$ hat im Vergleich zu der des Verhältnisses $u/b$ einen größeren Einfluß auf die bleibende Durchbiegung in der Plattenmitte (Abb. 3.107 und 3.110 bzw. 3.109 und 3.110).
- Für die nach der Entlastung entstehenden Durchbiegungen in der Plattenfeldmitte und für die mit Trapezhohlprofilen und Wulstprofilen ausgesteiften Modelle mit gleichen Abmessungen des Plattenfelds (HP600 und TR600) ergeben sich kaum Unterschiede (Abb. 3.107 und 3.108).
- Durch Einsatz von Trapezhohlprofilen anstelle von Wulstprofilen wird bei gleichem Materialaufwand die Breite des Plattenfelds wesentlich reduziert. Dadurch ist eine Reduzierung der Plattendicke von 15,2 %–37,5 % möglich, wenn man für das Bemessungskonzept von der bleibenden Durchbiegung in der Plattenfeldmitte ausgeht (Abb. 3.111 und 3.112).
- Die nach Gl. (3.20) bestimmte Grenzlast $P_{\mathrm{Tu}}$ stellt eine Abgrenzung dar, bei der die bleibende Durchbiegung in der Plattenmitte für alle untersuchten Fällen auf $C_{\mathrm{sp}} < 0{,}1$ (entsprechend $w_0/b \approx 1/300$) beschränkt wird. Diese Größenordnung der bleibenden Verformungen ist nach Bauvorschriften zulässig ([55] [56] [57]). Bis zu der nach Gl. (3.36) ermittelten Grenzlast $P_{\mathrm{To}}$ liegen die $C_{\mathrm{sp}}$-Werte in den meisten Fällen, ausgenommen sehr große $b/t$ Verhältnisse und sehr kleine Lastaufstandsflächen, unterhalb von 0,3 (entsprechend $w_0/b \approx 1/100$), die nach der Betriebserfahrung auch vertretbar sind [35] (Abb. 3.105–3.110).

### 3.6.5
**Vergleich mit Bemessungsvorschriften**

Mit dem Einsatz von Ro-Ro- bzw. Containerschiffen hat das Problem der Tragfähigkeit bzw. der Brauchbarkeit der Decks, der Lukendeckel oder des Innenbodens unter konzentrierten Radlasten Bedeutung bekommen. Dem Entwurf solcher Konstruktionen unter Beanspruchung einer Teilflächenlast wurde schon immer große Aufmerksamkeit gewidmet. Aus diesem Grund sind inzwischen unterschiedliche Bemessungskonzepte für Radlasten in die Vorschriften der führenden Klassifikationsgesellschaften eingeführt worden.

Um die Anwendbarkeit der vorliegenden theoretischen Ansätze und der numerischen FE-Rechnungen zu verdeutlichen, werden im Rahmen dieser Arbeit einige Bemessungsvorschriften vorgestellt und ein Vergleich zwischen den Vorschriften und den Meß- bzw. Rechenergebnissen durchgeführt.

Die Vorschriften der Klassifikationsgesellschaften gelten für schiffbautypische Konstruktionen, also für mit Wulstprofilen ausgesteifte Decks bei Beanspruchung durch Radlasten. Diese Bemessungsvorschriften sind sehr unterschiedlich aufgebaut, was die Berücksichtigung der einzelnen Einflußparameter wie Plattendicke, Steifenabstand, Aufstandsflächen sowie nicht unterstützte Plattenfläche betrifft. Dadurch ist ein allgemeiner Formelvergleich nicht möglich. Dennoch ist die Bemessungsphilosophie der einzelnen Gesellschaften vergleichbar, denn alle gehen davon aus, daß bei punktförmiger Belastung das Plattenfeld als maximale Vergleichsspannung die Fließgrenze des verwendeten Materials erreichen darf. Zum Teil werden sogar geringfügige plastische Verformungen akzeptiert. Zum Vergleich wurden folgende schiffbauliche Bemessungsvorschriften herangezogen:

- American Bureau of Shipping (ABS) [1];
- Det norske Veritas (DnV) [2];
- Germanischer Lloyd (GL) [3];
- Lloyds Register of Shipping (LRS) [4].

Bei der Ermittlung der Entwurfslast nach den o. g. Bemessungsvorschriften wurde folgendes angenommen:

- Das Schiff ist im Hafen. Dadurch wird der in einigen Vorschriften vorkommende Beschleunigungsfaktor im Seegang bei der Ermittlung der Entwurfsradlast nicht berücksichtigt.
- Da hier nur die Beanspruchung eines Decks unter Radlast betrachtet wird, wird ein Korrosionszuschlag bei der Rechnung nicht berücksichtigt.

In Tabelle 3.19 sind die Verhältnisse zwischen den bei den Versuchen gemessenen elastischen Grenzlasten $P_{el}$ und den nach den o. g. Bemessungsvorschriften berechneten zulässigen Entwurfslasten $P_{zul}$ bzw. den nach Gl. (3.20) und (3.36) ermittelten unteren und oberen Grenzlasten $P = P_{Tu}$ bzw. $P = P_{To}$ für die 4 Lastfälle zusammengestellt.

**Tabelle 3.19.** Vergleich der Versuchsergebnisse mit den Bemessungsvorschriften

| Nr. | Versuche | $v/b$ | $P_{zul}/P_{el}$ | | | | $P_{Tu}/P_{el}$ | $P_{To}/P_{el}$ |
|---|---|---|---|---|---|---|---|---|
| | | | ABS | DnV | GL | LRS | | |
| 1 | VB22 | 0,14 | 1,58 | 2,17 | 1,72 | 1,69 | 3,00 | 4,61 |
| 2 | VA22 | 0,21 | 1,31 | 1,84 | 1,47 | 1,43 | 2,37 | 3,71 |
| 3 | VB12 | 0,43 | 1,01 | 1,46 | 1,18 | 1,31 | 1,79 | 3,02 |
| 4 | VA12 | 0,63 | 0,95 | 1,47 | 1,19 | 1,39 | 1,55 | 2,86 |

Es ist zu erkennen, daß zwischen den Forderungen der Klassifikationsgesellschaften und den Versuchsergebnissen beachtliche Unterschiede sind. Offensichtlich werden von allen Klassifikationsgesellschaften gewisse Plastizierungen und damit permanente Verformungen zugelassen. Mit der Zunahme des Verhältnisses $v/b$ tendieren die zulässigen Radlasten von ABS und GL zur elastischen Grenzlast $P_{el}$, während die Bemessungskonzepte von DnV und LRS offensichtlich Radlasten entsprechend dem etwa 1,4fachen der elastischen Grenzlast zulassen. Die nach Gl. (3.20) ermittelte untere Grenze $P_{Tu}$ liefert im Vergleich zu den Vorschriften bei kleinen Aufstandsflächen etwa 38 %–89 % höhere Grenzlasten und bei größeren Aufstandsflächen nur

5 % höhere Grenzlasten (Vergleich zu DnV). Die obere Grenze $P_{To}$ gibt im Vergleich zu den Vorschriften noch optimistischere Werte an.

In Abb. 3.113–3.116 sind beispielhaft die nach den Vorschriften berechneten zulässigen Radlasten und die nach Gl. (3.20) und (3.36) ermittelten Grenzlasten $P = P_{Tu}$ bzw. $P = P_{To}$ anhand der Radlastparameter $Q_p$ gegenüber dem Plattenschlankheitsgrad $\beta$ dargestellt. Die Abmessungen des Plattenfelds entsprechen dem FE-Modell HP600 bzw. TR600. Da die Änderung des Verhältnisses $v/b$ einen großen Einfluß auf das Tragverhalten des Plattenfelds hat, werden Aufstandsflächen mit $u = 300\,\mathrm{mm}$ und $v = 150, 300, 450$ und $600\,\mathrm{mm}$ ausgewählt. Diese Verhältnisse entsprechen $v/u = 0{,}5$, $1{,}0$, $1{,}5$, $2{,}0$ und $v/b = 0{,}25$, $0{,}5$, $0{,}75$, $1{,}0$. Zuerst erkennt man, daß der Parameter $Q_p$ mit steigenden $\beta$ schnell abnimmt. Die parallel verlaufenden Kurven zeigen eine gleichmäßige Abnahmetendenz bei allen Vorschriften sowie bei den theoretischen Lösungen.

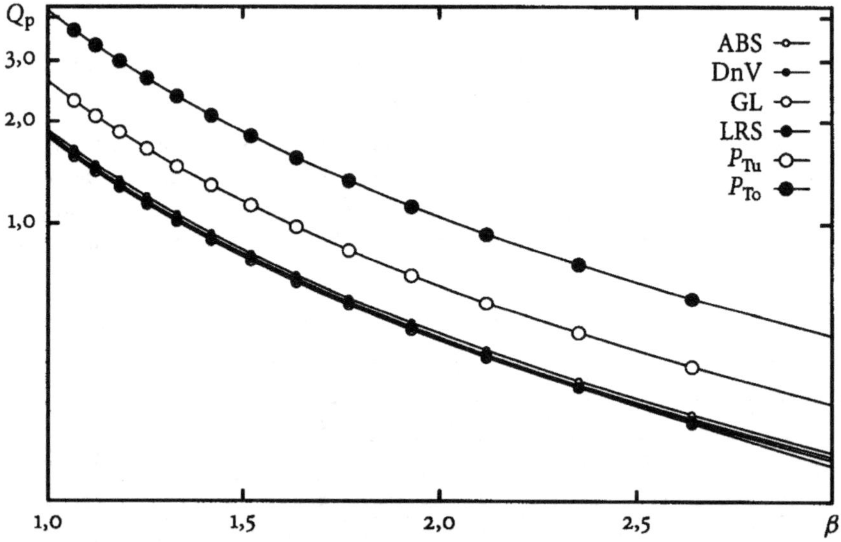



**Abb. 3.113.** Parametervergleich nach den Vorschriften, $v/u = 0{,}5$, $v/b = 0{,}25$

Bei einer kleinen Aufstandsfläche mit $v/b = 0{,}25$ ergeben die verschiedenen Vorschriften keinen sichtbaren Unterschied. Die untere Grenze $P = P_{Tu}$ liegt in diesem Fall ca. 40 % oberhalb der nach den Vorschriften ermittelten Kurven (Abb. 3.113), obwohl die maximale, bleibende Durchbiegung $C_{sp}$ nach der o. g. Parameterstudie in diesem Fall kleiner ist als 0,04 (Abb. 3.108). Für den Fall $v/b = 0{,}5$ liegt die untere Grenze $P_{Tu}$ ca. 15 % höher als die nach LRS ermittelte Kurve (Abb. 3.114). Bei der größeren Aufstandsfläche mit $v/b = 0{,}75$ liegen die beiden Kurven fast zusammen (Abb. 3.115), und die dazu entsprechende in Abb. 3.108 dargestellte, maximal bleibende Durchbiegung $C_{sp}$ ist kleiner als 0,02. Die nach LRS ermittelten zulässigen Radlasten liegen für den Fall mit $v/b = 1{,}0$ zwischen den unteren und oberen Grenzlasten

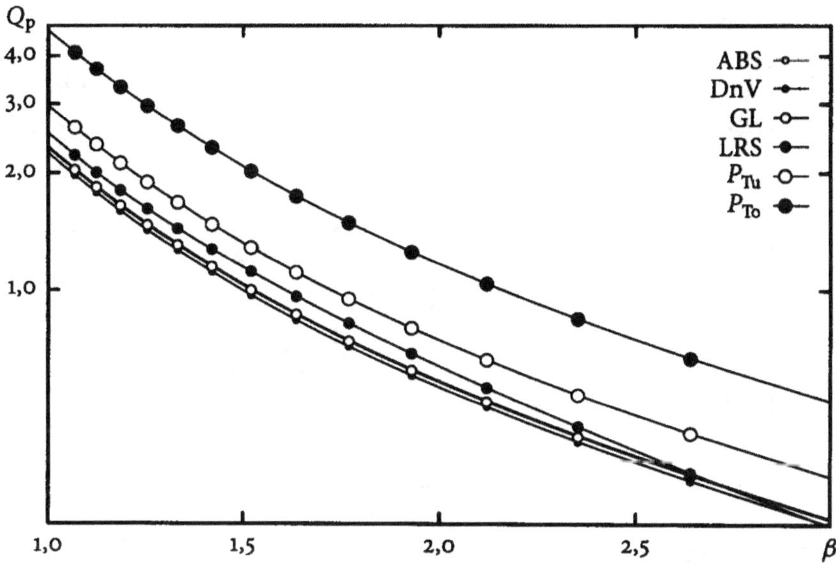

**Abb. 3.114.** Parametervergleich nach den Vorschriften, $v/u = 1{,}0$, $v/b = 0{,}50$

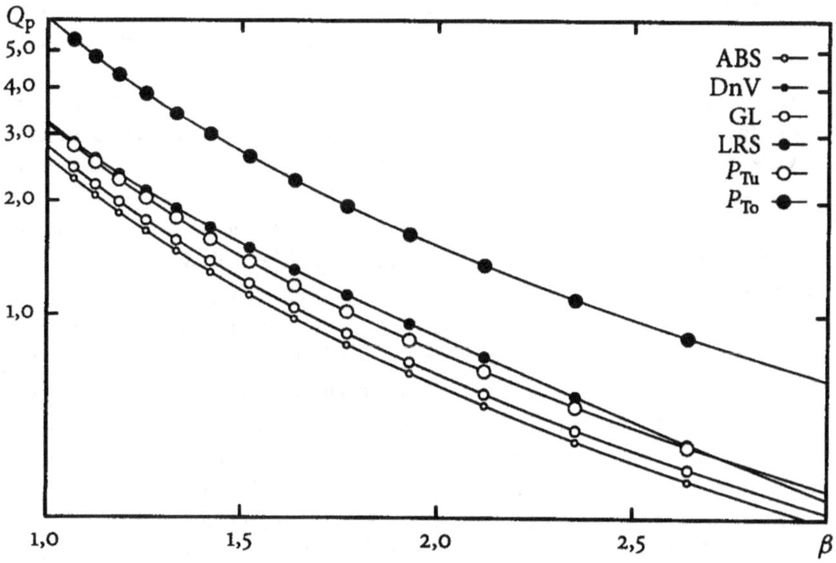

**Abb. 3.115.** Parametervergleich nach den Vorschriften, $v/u = 1{,}5$, $v/b = 0{,}75$

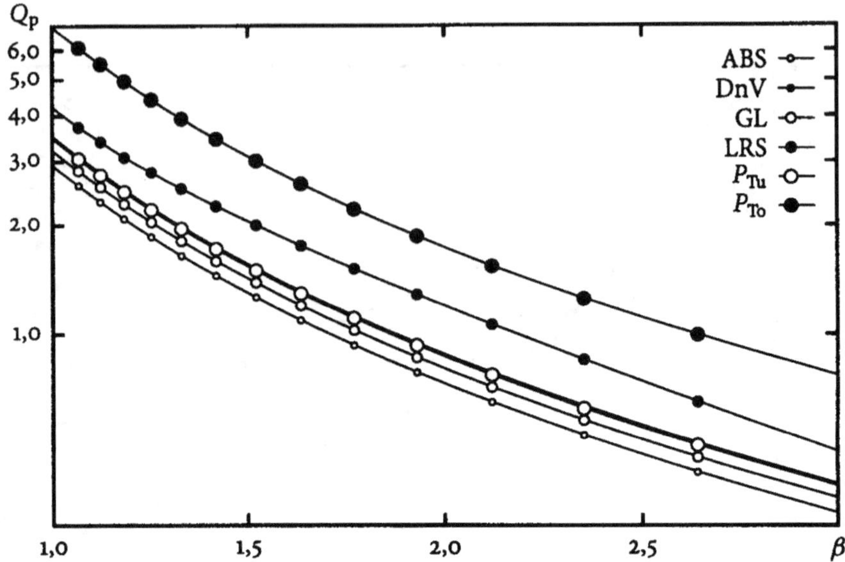



**Abb. 3.116.** Parametervergleich nach den Vorschriften, $v/u = 2{,}0$, $v/b = 1{,}00$

$P_{\text{Tu}}$ bzw. $P_{\text{To}}$, während die untere Grenze $P_{\text{Tu}}$ mit der nach DnV berechneten Kurve übereinstimmt (Abb. 3.116). Die in diesem Fall nach der Parameterstudie berechnete maximal bleibende Durchbiegung $C_{\text{sp}}$ ergibt sich zu weniger als 0,01 (Abb. 3.108). Durch den Vergleich zwischen den nach der oberen Grenze $P_{\text{To}}$ und den nach den Vorschriften gewonnenen Kurven ist zu erkennen, daß die nach $P_{\text{To}}$ ermittelten Radlasten fast doppelt so groß sind wie die nach den Vorschriften. Da die bei der oberen Grenze $P_{\text{To}}$ auftretenden maximal bleibenden Durchbiegungen $C_{\text{sp}}$ in der Plattenfeldmitte für alle Lastfälle unterhalb von 0,4 liegen (Abb. 3.108), was bautechnisch noch akzeptabel ist, kann man davon ausgehen, daß die zulässigen Radlasten der o. g. Bemessungsvorschriften sehr konservativ definiert sind.

Da der Einsatz von Trapezhohlprofilen eine wesentliche Reduzierung der Breite des Plattenfelds ermöglicht, nimmt der Plattenschlankheitsgrad ohne Erhöhung der Plattendicke stark ab. Dies führt nach den o. g. Bemessungsvorschriften zu einer erhöhten zulässigen Radlast oder bei gleicher Radlast zu einer Reduzierung der Plattendicke. Die mögliche Reduzierung der Plattendicke durch Einsetzen von Trapezhohlprofilen nach den o. g. Vorschriften kann man durch den Vergleich der Modelle TR300 und HP600 bzw. der Modelle TR600 und HP900, die jeweils mit gleichem Materialaufwand simuliert wurden, darstellen. In Tabelle 3.20 ist das Verhältnis der nach den Vorschriften erforderlichen Plattendicke für die zu vergleichenden Modelle $t_{\text{TR}}/t_{\text{HP}}$ bzw. die entsprechende Reduzierung der Plattendicke eingetragen.

Es ist deutlich zu sehen, daß sich die nach den Bemessungsvorschriften geforderte Plattendicke bei einer Verminderung der Plattenfeldbreite bis 50 % (Modell TR300 zu HP600) mit der Vergrößerung der Aufstandsfläche um durchschnittlich

**Tabelle 3.20.** Plattendickenreduzierung nach den Vorschriften

| Verhältnis der erforderlichen Plattendicken $t_{\mathrm{TR}}/t_{\mathrm{HP}}$ | | | | | | |
|---|---|---|---|---|---|---|
| Modell TR300 und HP600 | | | | | | |
| $v$ [mm] | 150 | 300 | 450 | 600 | — | — | Reduzierung [%] |
| ABS | 0,802 | 0,694 | 0,669 | 0,655 | — | — | 19,8 ∼ 34,5 |
| DnV | 0,785 | 0,693 | 0,719 | 0,736 | — | — | 21,5 ∼ 30,7 |
| GL | 0,748 | 0,745 | 0,737 | 0,704 | — | — | 25,2 ∼ 29,6 |
| LRS | 0,729 | 0,671 | 0,700 | 0,705 | — | — | 27,1 ∼ 32,9 |
| $P_{\mathrm{Tu}}$ | 0,869 | 0,704 | — | — | — | — | 13,1 ∼ 29,6 |
| $P_{\mathrm{To}}$ | 0,849 | 0,709 | — | — | — | — | 15,1 ∼ 29,1 |
| Modell TR600 und HP900 | | | | | | |
| $v$ [mm] | 150 | 300 | 450 | 600 | 750 | 900 | Reduzierung [%] |
| ABS | 0,917 | 0,899 | 0,878 | 0,866 | 0,848 | 0,829 | 8,3 ∼ 17,1 |
| DnV | 0,916 | 0,883 | 0,848 | 0,811 | 0,827 | 0,880 | 8,4 ∼ 18,9 |
| GL | 0,905 | 0,867 | 0,842 | 0,828 | 0,839 | 0,847 | 9,5 ∼ 17,2 |
| LRS | 0,891 | 0,841 | 0,817 | 0,802 | 0,785 | 0,813 | 10,9 ∼ 21,5 |
| $P_{\mathrm{Tu}}$ | 0,956 | 0,928 | 0,920 | 0,909 | — | — | 4,4 ∼ 9,1 |
| $P_{\mathrm{To}}$ | 0,947 | 0,923 | 0,890 | 0,879 | — | — | 5,3 ∼ 12,1 |

23 %–32 % reduziert. Für das Modell TR600 mit einer gegenüber dem Modell HP900 um 33 % verminderten Plattenfeldbreite reduziert sich die geforderte Plattendicke in Abhängigkeit von der Aufstandsfläche um durchschnittlich 9 %–19 %.

## Bezeichnungen

| | | |
|---|---|---|
| $a$ | [mm] | Länge der Platte oder des Plattenfelds |
| $b$ | [mm] | Breite der Platte oder des Plattenfelds |
| $b_\mathrm{m}$ | [mm] | mittragende Breite |
| $E$ | [N/mm²] | Elastizitätsmodul |
| $f$ | [mm²] | Radaufstandsfläche $u \times v$ |
| $h$ | [mm] | Steghöhe des Profils |
| $M_\mathrm{o}$ | [N] | Fließmoment der Einheitsplattenbreite |
| $q$ | [N/mm²] | Lastintensität |
| $P$ | [kN] | Radlast |
| $P_{e_\mathrm{max}}, P_\mathrm{el}$ | [kN] | elastische Grenzlast |
| $P_\mathrm{pl}$ | [kN] | plastische Grenzlast |
| $P_\mathrm{T}$ | [kN] | Traglast |
| $P_\mathrm{Tu}$ | [kN] | untere Grenzlast nach Gl. (3.20) |
| $P_\mathrm{To}$ | [kN] | obere Grenzlast nach Gl. (3.20) |
| $P_\mathrm{k}$ | [kN] | Krüppellast |
| $t$ | [mm] | Plattendicke |
| $t_\mathrm{st}$ | [mm] | Stegblechdicke des Profils |
| $t_\mathrm{g}$ | [mm] | Obergurtdicke des Profils |
| $R_{eH}$ | [N/mm²] | obere Fließgrenze des Materials |
| $u$ | [mm] | Abmessung der Lastaufstandsfläche, parallel zu $a$ |
| $v$ | [mm] | Abmessung der Lastaufstandsfläche, parallel zu $b$ |
| $w$ | [mm] | Verformung in Richtung der Belastung |
| $w_{e_\mathrm{max}}$ | [mm] | maximale elastische Durchbiegung in der Plattenmitte |
| $w_\mathrm{o}$ | [mm] | bleibende Durchbiegung in der Plattenfeldmitte |
| $W_\mathrm{el}$ | [mm³] | elastisches Widerstandsmoment des Querschnitts |
| $W_\mathrm{pl}$ | [mm³] | plastisches Widerstandsmoment des Querschnitts |
| $\sigma_x$ | [N/mm²] | Spannung in Längsrichtung, parallel zu $a$ |
| $\sigma_y$ | [N/mm²] | Spannung in Querrichtung, parallel zu $b$, (im Trapezhohlprofil in Umfangsrichtung) |
| $\sigma_v$ | [N/mm²] | Vergleichsspannung nach von Mises |
| $\varepsilon_x$ | [%] | Dehnung in Längsrichtung, parallel zu $a$ |
| $\varepsilon_y$ | [%] | Dehnung in Querrichtung, parallel zu $b$ (im Trapezhohlprofil in Umfangsrichtung) |

# Literatur


[1] American Bureau of Shipping: Rules for Building and Classing Steel Vessels
1990, Section 16.6 Decks

[2] Det norske Veritas: Rules for the Construction and Classification of Steel Ships
1993, Part 5, Chapter 2, Section 4

[3] Germanischer Lloyd: Vorschriften für Klassifikation und Bau von stählernen
Seeschiffen
Ausgabe 1992, Band 1 Abschnitt 7: Decks

[4] Lloyds Register of Shipping: Rules and Regulations for the Classification of
Ships
1993 Chapter 9, Section 3

[5] Smith, W.: Investigations into the Use of Fork Lift Tracks on Board Ship
Report $N^{\underline{o}}$ 27, Lloyd's Register of Shipping, London, 1961

[6] Panel HS-4 of the Hull Structure Committee: Design of Deck Plating and
Hatch Cover Plating for Fork Lift Truck Loading
The Society of Naval Architects and Marine Engineers, New York, Technical
and Research Bulletin $N^{\underline{o}}$ 2-14

[7] Böckenhauer, M., Schultz, H. G.: Zur Dimensionierung von Plattenfeldern bei
Beanspruchung durch Einzellasten (Gabelstapler)
Schiff und Hafen, Heft 11/1965, 17. Jahrgang, S. 860–864

[8] Timoshenko, S., Woinowsky-Krieger, S.: Theory of Plates and Shells
McGraw-Hill book company, 1959

[9] Haslum, K.: Design of Deck Plates Subject to Large Wheel Loads
European Shipbuilding $N^{\underline{o}}$ 1, Vol. XIX, 1970, S. 2–8

[10] Pelikan, W., Eßlinger, M.: Die Stahlfahrbahn, Berechnung und Konstruktion
MAN Forschungsbericht Nr. 7/1957

[11] Bunting, S., Briscoe, P. H., Subbiah, J., Glenton: Flat Plates Subject to Localized
Loads
Trans. R.I.N.A. Vol. 114, 1972, S. 499–506

[12] Johansen, K. W.: Yield Line Theory
Cement and Concrete Association, London 1962, Translated from
Brudlinieteorier Copenhagen 1943

[13] Hopkins, H. G., Prager, W.: The Load Carrying Capacities of Circular Plates
J. Mech. Phys. Solids 2, 1953 S. 1-13

[14] Onat, E. T., Haythornthwaite, R. M., Providence, R. I.: The Load-Carrying Capacitiy of Circular Plates at Large Deflection
J. of App. Mech., Mar. 1956 S. 49–55

[15] Foulkes, J., Onat, E. T.: Report of Static Tests of Circular Mild Steel Plates
Brown University Technical Report OOR 3172/3, 1955

[16] Prager, W: An Introduction to Plasticity
Reading Mass., Addison-Wesley, 1959.

[17] Wood, R. H.: Plastic and Elastic Design of Slabs and Plates
Ronald Press 1961

[18] Sawczuk, A., Jäger, T.: Grenztragfähigkeits-Theorie der Platten
Springer Verlag 1963

[19] Rzhanitsyn, A. R.: The design of Plates and Shells by the kinematical Method of Limit Equilibrium
$9^{\text{ème}}$ Congr. Mécanique Appliqué, (Bruxelles 1956), Université de Bruxelles, 6, 1957, S. 331–343

[20] Clarkson, J.: A New Approach to the Design of Plates to Withstand Lateral Pressure
Trans. INA, Vol. 98, 1956, S. 443–463

[21] Clarkson, J.: Uniform Pressure Tests on Plates with Edges Free to Slide Inwards
Trans. INA, Vol. 104, 1962, S. 67–80

[22] Sawczuk, A.: Large Deflections of Rigid-Plastic Plates
Proc. 11$^{\text{th}}$ Int. Congr. Appl. Mech., 1964, S. 617

[23] Sawczuk, A.: On Initiation of the Membrance Action in Rigid-Plastic Plates
Proc. Journal de Mécanique, Vol. 3, Nº 1, 1964

[24] Jones, N., Uran, T. O., Tekin, S. A: The Dynamic Plastic Behaviour of Fully Clamped Rectangular Plates
Int. J. Solids Structures, 1970, Vol. 6, S. 1499–1512

[25] Jones, N.: The Theoretical Study of the Dynamic Behaviour of Beams and Plates with Finite-Deflections
Int. J. Solids Structures, 1971, Vol. 7, S. 1007–1029

[26] Jones, N., Walters, R. M.: Large Deflections of Rectangular Plates
Journal of Ship Research June 1971, S. 164–171

[27] Hooke, R., Rawlings, B.: An experimental Investigation of the Behaviour of Clamped, Rectangular, Mild Steel Plates Subjected to Uniform Transverse Pressure
Proceedings Institution of Civil Engineers, Vol. 42, January 1969, S. 75–103

[28] Jones, N.: Damage Estimates for Plating of Ships and Marine Vehicles
PRADS—International Symposium on Practical Design in Shippbilding, Tokyo, Oct. 1977 S. 121–128

[29] Kling, M.: Large Deflections of Rectangular Plates Subject to Concentrated Loads
Master's Thesis of Ocean Engineering, M.I.T., Cambridge, Mass., June 1980

[30] von Kármán, T.: Festigkeitsprobleme im Maschinenbau
Enzyklopädie der Mathematischen Wissenschaften 15/4, 1910

[31] Weiß, S.: Gleichmäßig innerhalb eines Rechtecks symmetrisch belastete, elastisch eingespannte Platten bei großen Durchbiegungen
FDS Bericht Nr. 6/1969

[32] Sandvik, P. C.: Deck Plates subject to Large Wheel Loads
Norwegian Inst. of Technology, Division of Ship Structures, Report SK/M 28, Univ. of Trondheim, January, 1974

[33] Det norske Veritas: Rules for the Construction and Classification of Steel Ships 1974

[34] Soreide, T., Amdahl, J., Kavlie, D.: Nonlinear Analysis and Design of Stiffend Plates Subject to Lateral Loads
PRADS—International Symposium on Practical Design in Shippbilding, Tokyo, Oct. 1977 S.95–102

[35] Jackson, R. I., Frieze, P. A.: Design of Deck Structures under Wheel Loads
Trans. R.I.N.A. Vol. 123, 1980, S. 119–144

[36] Hughes, O. F.: Design of Laterally Loaded Plating Under Concentrated Loads
J. Ship. Res., 27(4), 1983, S. 31–34

[37] Hughes, O. F.: Design of Laterally Loaded Plating Under Uniform Loads
J. Ship. Res., 25(2), 1981, S. 77–89

[38] Jones N.: Influence of In-Plane Displacements at the Boundaries of Rigid-Plastic Beams and Plates
Int. J. Mech. Sci., Vol. 15, 1973 S. 547

[39] Hooke, R.: Post-Elastic Deflection Prediction of Plates
Proceedings ASCE, Vol. 96, Nº ST4, 1970, S. 757–771

[40] Leger, R.: Vergleich von zwei alternativen Ro-Ro-Zwischendeckskonstruktionen mit Hilfe einer FE-Rechnung
Diplomarbeit Uni. Hannover, 1985

[41] Lehmann, E.: Cold Formed Ship Structures
6th WEMT Symposium STG, Travemünde, 1987

[42] Wagner, P.: Kreuzungsbauwerk Mitte in Fulda: Erste Eisenbahnbrücke mit Trapez-Längssteifen,
Stahlbau 1/1985, S. 1–8

[43] Weitz, F. R.: Neuzeitliche Gesichtspunkte im schweißenden Brückenbau
Der Stahlbau 3/1974, S. 72–81

[44] Stahlbauhandbuch:
Stahlbau-Verlags-GmbH. Köln, 1982

[45] McCormik, C. W.: The NASTRAN Programm for Structure Analysis
Advances in Computational Methods in Structural Mechanics and Design
edited by J.T. Oden, R.W. Clough and Y.Yamamoto UAH Press, 1972, S. 551–571

[46] User's Manual: MSC/NASTRAN Version 65A
The MacNeal-Schwendler Corporation, Nov. 1985

[47] Mathies, H., Strang, G.: The Solution of Finite Element Equations
Massachusetts Institute of Technology Report Report for NSF
(MCS76-22289), 1979

[48] Germanischer Lloyd: Vorschriften für Klassifikation und Bau von stählernen
Seeschiffen
Ausgabe 1992, Band 1 Abschnitt 2, B.2

[49] Reckling, K. R.: Plastizitätstheorie und ihre Anwendung auf
Festigkeitsprobleme
Springer-Verlag, Berlin, 1967

[50] Ramm, E., Weimar, K.: Traglasten unversteifter Trägerstegbleche unter
konzentrierten Lasten
Stahlbau 4/1986, S. 113–118

[51] Granholm, C. A.: Proving av balkar med extremt tunt
liv. Rapport 202, Institutionen för Byggnadteknik, Chalmers Tekniska
Högskola, Göteborg, 1960–1961

[52] Bergfelt, A.: Studies and Tests on Slender Plate Girders without Stiffeners
(Shear Strength and Local Web Crippling)
IABSE Coll., Proc. S. 70 (Rep. WC, Vol. 11), London, 1971

[53] Roberts, T. M.: Patch Loading on Plate Girders
Published in: Plated Structures, Stability and Strength. Edited by Narayanan,
R. Applied Science Publishers, London and New York, 1983

[54] Herzog, M.: Die Krüppellast von Blechträger- und Walzprofilstegen
Stahlbau 3/86, S. 87–88

[55] Verbund für Schiffbau und Meerstechnik (VSM): Festigkeitsstandard des
Deutschen Schiffbaus (FS)
1990

[56] Det norske Veritas: Hull Surveys Local Structures
1993

[57] The Society of Naval Architects of Japan: Japanese Shippbuilding Quality
Standard
1979

[58] Alberts, E.: Validierung von Traglastberechnungen nach der Methode der
Finiten Elemente
Institut für Schiffbau der Universität Hamburg, Bericht Nr. 556, Sept. 1995

# 4 Schalen

## 4.1
## Allgemeines

Eine allgemeine, geschlossene Theorie für Schalen wäre zu unhandlich. Es ist viel vernünftiger, für spezielle Formen, wie sphärische oder zylindrische Schalen, auch spezielle Theorien zu entwickeln. Im folgenden wird dies für typische, technische Anwendungsfälle beschrieben. Es stehen von den Autoren untersuchte Anwendungsfälle im Vordergrund.

## 4.2
## Tankböden

Zur Beurteilung des Sicherheitskonzepts für den Gefahrguttransport in Tanks ist es wichtig, Verformung und Arbeitsaufnahmevermögen im Kollisionsfall zu kennen. Von besondere Bedeutung ist die Kenntnis, welcher Mechanismus zum Versagen des Behälters führt, und ob eine Versagensgrenze abschätzbar ist. Natürlich sind die unterschiedlichsten Kollisionssituationen denkbar. Dennoch lassen sich wesentliche Fragen anhand vereinfachter Modellfälle studieren und Hinweise für den Entwurf ableiten.

Die Bemessung von Gefahrguttanks erfolgt auf der Grundlage der Gefahrgutverordnungen Straße, Eisenbahn und See [1]. Eine besondere Rolle spielt das Arbeitsaufnahmevermögen, welches als Vergleichsmaß bei der Bewertung neuartiger Konstruktionen verwendet wird. Dieses Arbeitsaufnahmevermögen wird in der TRTF 001 [2] mit Hilfe eines dort beschriebenen Tiefungsversuchs ermittelt. Dabei soll die Widerstandsfähigkeit einer Tankwand gegen punktförmige Belastung festgestellt werden. Anhand von Versuchen und deren rechnerische Überprüfung werden vereinfachte Formeln angegeben, mit denen das Arbeitsaufnahmevermögen abgeschätzt werden kann.

### 4.2.1
### Versuche an Tankböden

Um den Versagensmechanismus von Tankböden experimentell zu überprüfen, wurden Halbtanks im Modell im Maßstab 1 : 2 unter vergleichbaren Herstellungsbe-

dingungen gefertigt und bis zum Bruch belastet. Abb. 4.1 enthält die wesentlichen
Abmessungen und konstruktiven Informationen über die beiden Modelltanks.

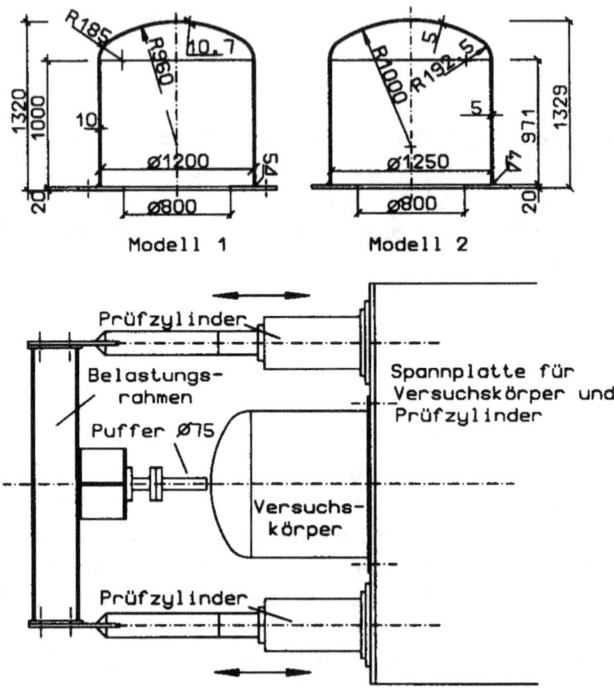


**Abb. 4.1.** Versuchmodelle und Versuchsanordnung

Wesentliche Modellunterschiede sind die Wanddicke und der Werkstoff. Bei Modell Nr. 1 wurde Feinkornbaustahl BH47 (TStE460) mit den folgenden am Modell-
werkstoff festgestellten Werkstoffkennwerten verwendet:

$$R_{\mathrm{m}} = 592 \div 601 \, [\mathrm{N/mm^2}],$$

$$R_{eH} = 469 \div 491 \, [\mathrm{N/mm^2}].$$

Bei Modell Nr. 2 wurde ein austenitischer Werkstoff Nr. 1.4571: X6 Cr Ni Mo Ti mit

$$R_{\mathrm{m}} = 592 \div 595 \, [\mathrm{N/mm^2}],$$

$$R_{eH} = 296 \div 326 \, [\mathrm{N/mm^2}]$$

verwendet. Abb. 4.1 zeigt auch den Versuchsaufbau, wobei ein Dorn von 75 mm Durchmesser zentrisch in die Tankböden gedrückt wurde, bis sich der Dorn durch die Wan-
dung durchstanzt. Die Durchbiegung in der Mitte des Tanks wurde in Abhängigkeit
der Kraft aufgezeichnet, wobei in mehreren Stufen gemessen wurde. Abb. 4.2 zeigt
die gemessenen Last-Verformungskurven mit den beiden Modellkörper bis zum Versagen.

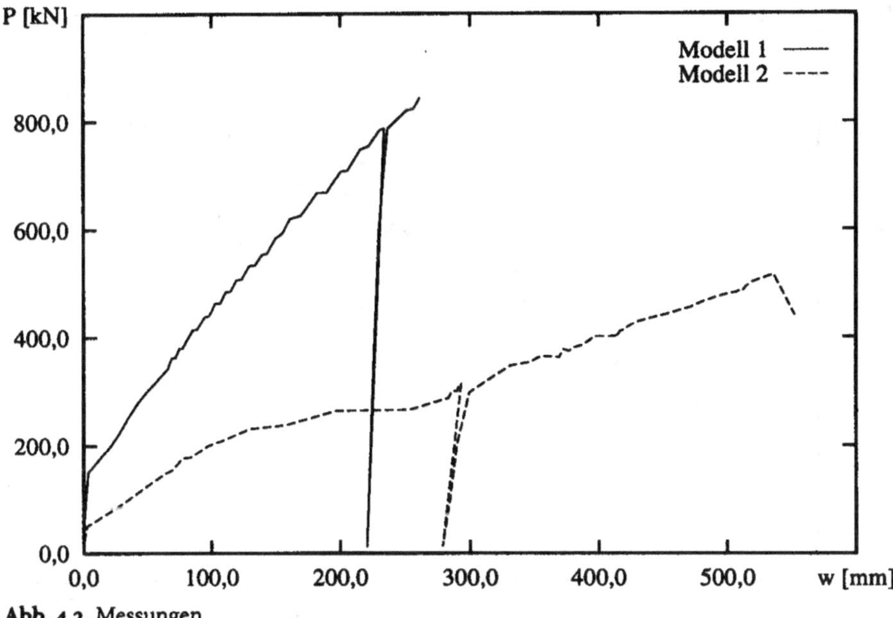

**Abb. 4.2.** Messungen

## 4.2.2
### Rechnerische Überprüfung der Versuche

In Abb. 4.3 sind die Meßergebnisse des ersten Versuchs mit einer numerischen Berechnung nach der Methode der Finiten Elemente verglichen worden. Es wurden Schalenelemente mit vier Eckknoten [3] aus dem FE-Paket MARC verwendet, die Verschiebungs- und Rotationsfreiheitsgrade besitzen. Das Element kann, um große Verschiebungen berücksichtigen zu können, in der sog. Updated-Lagrange-Formulierung unter Berücksichtigung eines elastoplastischen Werkstoffgesetzes verwendet werden. Die Übereinstimmung zwischen Rechnung und Messung ist als exzellent zu bezeichnen.

Von Lupker [4] wurde eine Abschätzung aus dem in Abb. 4.4 dargestellten Fließmechanismus auf Basis vollplastischer Biegezonen im Übergangsbereich zwischen dem zylindrischen und sphärischen Teil angegeben

$$P = \frac{8\pi}{3} M_0 \sqrt{\frac{2w}{t}} \, , \tag{4.1}$$

wobei $M_0$ das auf eine Einheitsbreite „1" bezogene vollplastische Biegemoment der Platte und $t$ die Wanddicke ist:

$$M_0 = \frac{1}{4} t^2 R_{eH} \, . \tag{4.2}$$

Diese als analytisch bezeichnete Lösung wurde ebenfalls in Abb. 4.3 eingetragen.

Sie beschreibt den Kraft-Verformungsverlauf insgesamt in befriedigender Weise. Das Durchschlagen der Schale bei kleinen Verformungen kann dieser Lösungsansatz

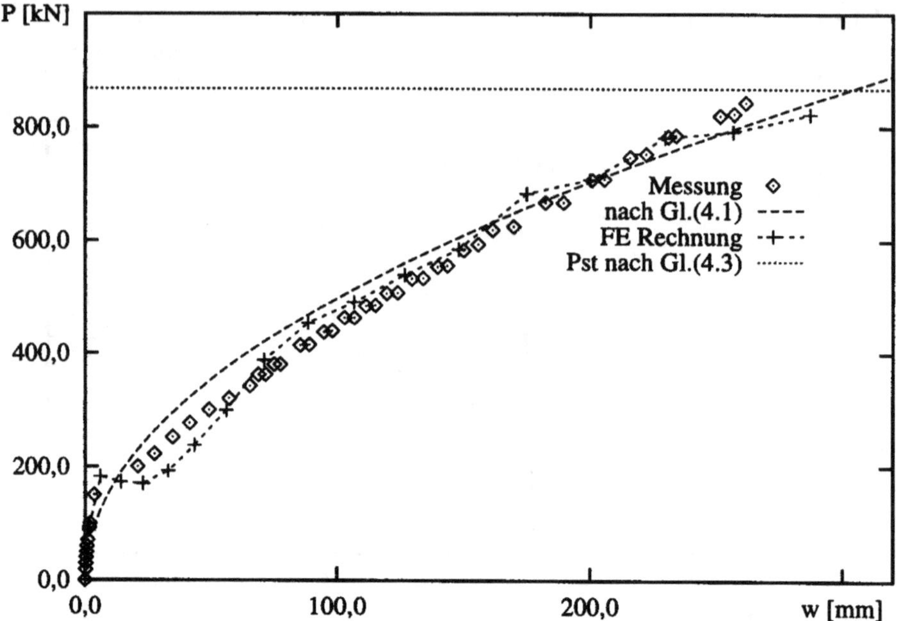



**Abb. 4.3.** Vergleich zwischen Messung und Rechnungen, Modell 1

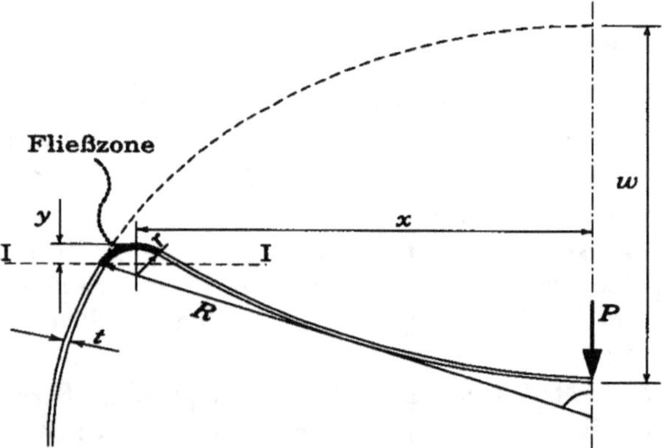



**Abb. 4.4.** Fließmechanismus eines Tankbodens unter konzentrierten Belastungen

natürlich nicht beschreiben. Da einerseits die Versuchsergebnisse dieses Durchschlagen im Gegensatz zur FE-Rechnung nur andeutungsweise beschreiben, andererseits für das Arbeitsaufnahmevermögen nur die Fläche unterhalb der Last-Verformungskurve von Bedeutung ist, kann diese einfache, analytische Abschätzung für weitere Überlegungen verwendet werden. Begrenzt wird die Lastaufnahme durch die Stanzkraft des Stempels. Bekanntlich erhält man für die Lastaufnahme beim Durchstoßen

$$P_{\text{st}} = 2\pi r t \frac{R_{\text{m}}}{\sqrt{3}} \,, \tag{4.3}$$

was experimentell mit $P_{st} = 844\,$kN nahezu bestätigt wird. Integriert man Gl. (4.1), so erhält man für die Arbeitsaufnahme

$$E = \frac{16\pi}{9} M_0 w \sqrt{\frac{2w}{t}} \; . \tag{4.4}$$

Da der Bruch bei $w = 271{,}7\,$mm erfolgt, erhält man experimentell ein Arbeitsaufnahmevermögen von 136,7 kNm, was ziemlich genau der analytischen Lösung (4.4) mit 138,9 – 145,5 kNm entspricht. Eliminiert man die Stanzkraft mit Gl. (4.3) in (4.1), ergibt sich

$$\frac{w_{st}}{t} = \frac{3}{2} \left(\frac{r}{t}\right)^2 \left(\frac{R_m}{R_{eH}}\right)^2 \; . \tag{4.5}$$

Setzt man diesen Ausdruck in Gl. (4.4) ein, ergibt sich für die Arbeitsaufnahme bis zum Durchstanzen

$$E_{st} = \frac{2\pi}{\sqrt{3}} r^3 \left(\frac{R_m}{R_{eH}}\right)^3 R_{eH} \; . \tag{4.6}$$

Man erkennt, daß die Arbeitsaufnahme unabhängig von irgendeiner geometrischen Abmessung des Tanks ist, sondern nur von den Materialkennwerten und dem Durchmesser des Eindringkörpers bestimmt ist.

Durch eine Erhöhung der Wanddicke des Tankbodens erhöht sich zwar die Stanzkraft, aber nicht das Arbeitsaufnahmevermögen. Diese Überlegungen beruhen auf einem ideal elastoplastischen Materialverhalten ohne Verfestigung. Wesentlich komplizierter ist das Verhalten bei verfestigendem Materialverhalten, wie man es bei austenitischen Werkstoffen erwarten kann. Abb. 4.5 zeigt die Ergebnisse mit dem zweiten Versuchsmodell aus austenitischem Werkstoff, wobei als Spannungs-Dehnungskennlinie des Werkstoffs die Nährung nach Ramberg-Osgood verwendet wurde.

Es sind erhebliche Unterschiede zwischen den Rechnungen und Messungen zu erkennen. Insbesonders ist die gemessene Stanzkraft höher als sich nach Gl. (4.3) ergibt.

Auffallend ist, daß die analytische Lösung zunächst bis ca. 400 mm Durchsenkung recht gut mit dem Versuch übereinstimmt. Bei größeren Verformungen treten merkliche Abweichungen auf. Eine Erklärung hierfür könnte das bei größeren Verformungen entstehende dreieckige Beulmuster sein (Abb. 4.6), welches längere plastische Zonen besitzt, als sich bei konzentrischer Verformung ergibt. Die analytische Lösung ist demnach als konservativ anzusehen, aber dennoch bei austenitischen Werkstoffen brauchbar.

Aus Gl. (4.6) ist zu erkennen, daß das Arbeitsaufnahmevermögen $E_{st}$ einerseits vom Dornradius $r$ und andererseits von den Werkstoffkennwerten $R_m/R_{eH}$, bzw. $R_{eH}$ abhängig ist. In Abb. 4.7 wurde das mit Gl. (4.1) und (4.3) gerechnete Kraft-Verformungsverhalten von verschiedenen Werkstoffen aufgetragen, die beim Bau von Transporttanks weite Verbreitung gefunden haben. Die entsprechenden Zahlenangaben für die Werkstoffkennwerte wurden aus [5] entnommen und in Tabelle 4.1 dargestellt. Für alle Werkstoffe wurden die gleichen Abmessungen für den Eindringkörper

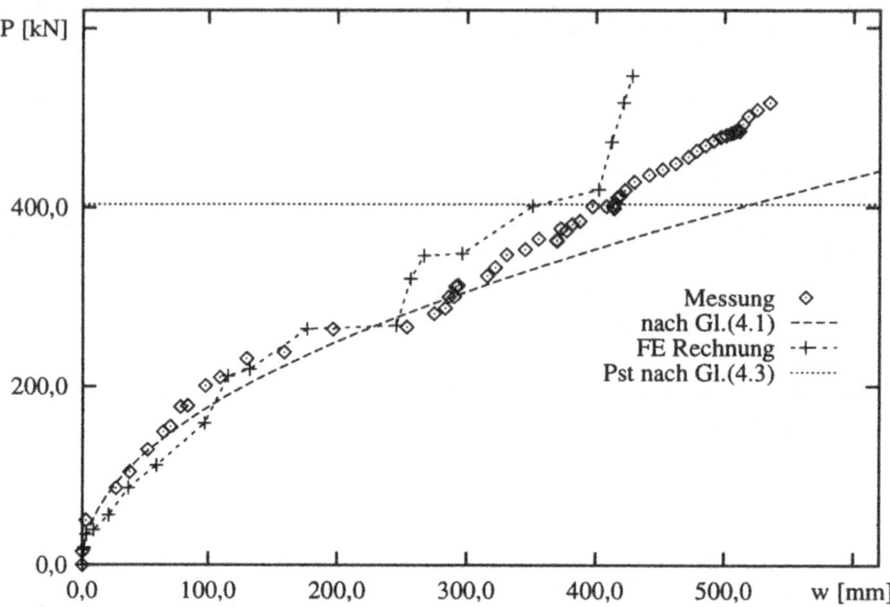


**Abb. 4.5.** Vergleich zwischen Messung und Rechnungen, Modell 2

**Abb. 4.6.** Dreieckiges Beulmuster bei sehr großen Verformungen

($r = 75\,\text{mm}$) und die Wandstärke ($t = 10\,\text{mm}$) zugrundegelegt. Integriert man die $P$-$w$-Kurven, so erhält man die Arbeitsaufnahme. Es ist deutlich zu sehen, daß der austenitische Stahl 1.4571 gegenüber dem Feinkornbaustahl ein wesentlich höheres Arbeitsaufnahmevermögen hat. Der Grund dafür ist, daß einerseits der austenitische Stahl auffallend hohe Werte für die Zugfestigkeit $R_\text{m}$ aufweist, womit ein günstiges Durchstanzverhalten einhergeht, und andererseits das Verhältnis zwischen Streckgrenze $R_{eH}$ und Zugfestigkeit $R_\text{m}$ eines solchen Stahls im Vergleich zu den Werten beim Feinkornbaustahl relativ größer ist. Damit kann mehr Formänderungsenergie absorbiert werden.

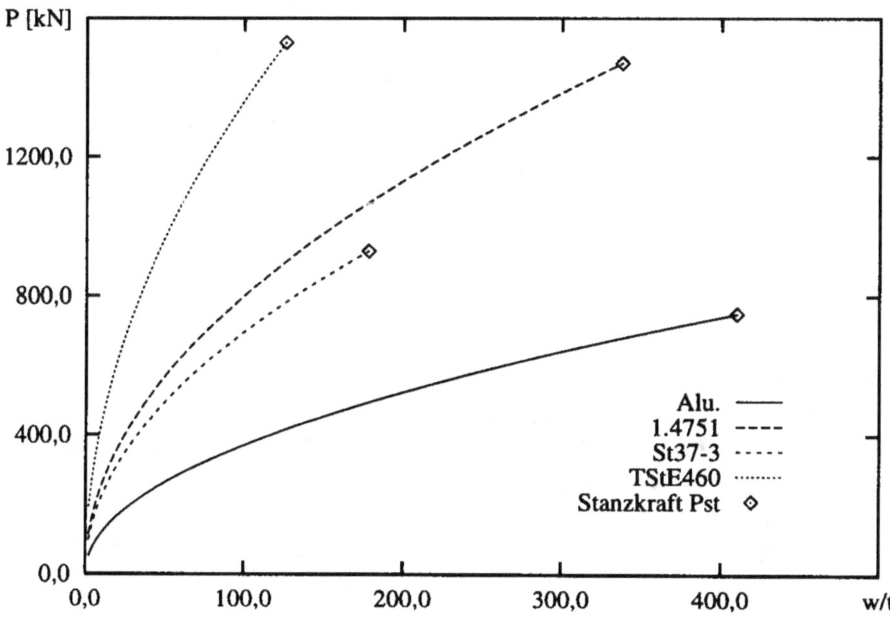


**Abb. 4.7.** Kraft-Verformungsverhalten verschiedener Werkstoffe

**Tabelle 4.1.** Arbeitsaufnahmevermögen verschiedener Werkstoffe

| Werkstoffe | $R_{eH}$ [N/mm²] | $R_\text{m}$ [N/mm²] | $R_{eH}/R_\text{m}$ | $E_{st}$ [N·mm] |
|---|---|---|---|---|
| Al Mg 4.5 Mn | 125 | 275 | 0,45 | $2{,}04\times10^6$ |
| 1.4571 | 270 | 540 | 0,50 | $3{,}31\times10^6$ |
| St37-2 | 235 | 340 | 0,69 | $1{,}09\times10^6$ |
| TStE460 | 340 | 560 | 0,82 | $2{,}33\times10^6$ |

### 4.2.3
### Tragverhalten einer Membran

Wie erwähnt, wird das Arbeitsaufnahmevermögen von Tankwänden durch einen Tie-
fungsversuch einer Kreisscheibe ermittelt (Abb. 4.8). Zunächst kann man unter der

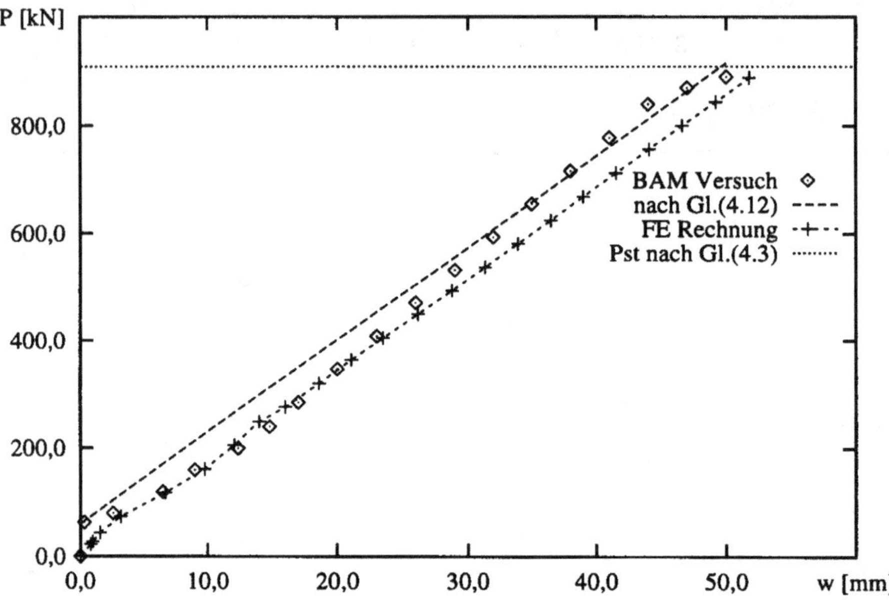


**Abb. 4.8.** Vergleich zwischen Messung und Rechnungen, Kreisplatte

Voraussetzung kleiner Verformungen eine plastische Traglast berechnen. Hierzu geht
man von einem Fließlinienmodell mit $n$ Feldern aus (Abb. 4.9), die dissipierte Energie
ist dann

$$E = 2n(R - r)\tan\left(\frac{\phi}{2}\right)\vartheta M_0 + n\left(\frac{2\pi R}{n} + \frac{2\pi r}{n}\right)\vartheta M_0 \; . \tag{4.7}$$

Mit $\vartheta = \dfrac{1}{R - r}$ und $\phi = \dfrac{2\pi}{n}$ erhält man, wenn man den Grenzübergang $n \longrightarrow \infty$
bildet,

$$E = 2\pi M_0 + 2\pi M_0\frac{R + r}{R - r} \; . \tag{4.8}$$

Setzt man diese Energie gleich der äußeren Arbeit für eine einheitliche Durchbiegung
$P \times 1$, dann erhält man

$$P = 4\pi M_0\frac{1}{1 - \dfrac{r}{R}} \; . \tag{4.9}$$

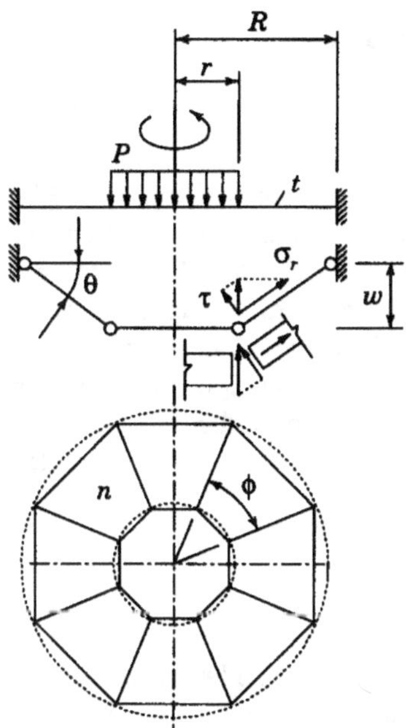

**Abb. 4.9.** Fließmechanismus, Kreisplatte

Kommt es zu einem Tiefziehen des Blechs, d. h. zu größeren Verformungen, so entstehen Membrankräfte, die nunmehr eine beträchliche Laststeigerung ermöglichen. Das Gleichgewicht der Kräfte ergibt sich dann zu

$$P = 2\pi r t \sigma_r \sin \vartheta + 2\pi r t \tau \; . \tag{4.10}$$

Setzt man $\tau = \sigma_r \sin \vartheta \cos \vartheta$ und ersetzt die Winkel durch die geometrischen Beziehungen aus Abb. 4.9, so erhält man

$$P = \frac{2\pi r t \sigma_r}{\sqrt{\left(\dfrac{R-r}{w}\right)^2 + 1}} \left( 1 + \frac{1}{\sqrt{\left(\dfrac{w}{R-r}\right)^2 + 1}} \right) \; . \tag{4.11}$$

Wenn wir voraussetzen, daß $w \ll R - r$ ist, vereinfacht sich der Ausdruck (4.11) zu

$$P = 4\pi r t \frac{w}{R-r} \sigma_r \; , \tag{4.12}$$

und wenn $\sigma_v = R_{eH}$ ist, dann wird die Arbeit

$$E = \frac{2\pi r}{R-r} t R_{eH} w^2 \; . \tag{4.13}$$

Setzen wir die Stanzkraft (4.3) in (4.12) ein, ergibt sich

$$\frac{w_{st}}{t} = \frac{1}{2\sqrt{3}} \frac{R-r}{t} \frac{R_m}{R_{eH}} \; . \tag{4.14}$$

Für den Ausdruck des Arbeitsaufnahmevermögens erhält man

$$E_{st} = \frac{\pi R t^2}{2\sqrt{3}} R_m + \frac{\pi}{6} r^3 \frac{t}{r} \frac{R-r}{r} \left(\frac{R_m}{R_{eH}}\right)^2 R_{eH} \; . \tag{4.15}$$

Abb. 4.8 zeigt ein Versuchsergebnis verglichen mit einer entsprechenden Finite Elementberechnung und den Abschätzungen (4.11) und (4.12). Zunächst kann man unter der Voraussetzung kleiner Verformungen gut erkennen, daß die Abschätzungen eine brauchbare Nährung ergeben. Vergleicht man das Arbeitsaufnahmevermögen des gekrümmten Tankbodens (4.6) mit dem einer ebenen Tankwand (4.15), so erkennt man, daß im zweiten Fall diese linear von der Wanddicke abhängt, während eine solche Abhängigkeit von der Wanddicke bei gekrümmten Tankböden nicht besteht. Das Arbeitsaufnahmevermögen des Tiefungsversuchs hat einen anderen Charakter als im Fall gekrümmter Böden.

### 4.2.4
**Parameteruntersuchung von Tankböden**

Um das realistische Biege- und Membranverhalten von Tankböden unter punktförmigen Belastungen nachvollziehen zu können, wurde mit der FE-Methode und der Kombination oben genannter Gleichungen eine Parameteruntersuchung durchgeführt. Bei der FE-Rechnung unter Verwendung der sog. Kontaktrechentechnik wurde das axialsymmetrische Element ([3] Elementtype 1) ausgewählt. Modelliert wurde ein typischer Korbbogenboden mit $R = 2160$ mm, und parametrischen Wanddicken $t = 5$–$25$ mm und ausgewähltem Material TStE460. Als Krafteinleitung wurde eine Kontaktfläche mit dem Durchmesser $d = 150$ mm eingesetzt. Abb. 4.10 zeigt die entsprechenden Kraft-Verformungsverläufe und die schrittweisen Verformungen.

Man kann in Abb. 4.10 deutlich erkennen, daß die mit der FE-Methode errechneten Verformungen nach der Plastizierung bei relativ kleinen Durchbiegungen ($w \approx$ 20 mm) eine Durchschlagserscheinung zeigen, und danach parabolisch zunehmen. Ab einer bestimmten Durchbiegung ändert sich die $P$-$w$ Kurve hin zu einer erhöhten Lastaufnahme. Dieses wird einer eintretenden Membranwirkung zugeschrieben.

Die Energieaufnahme erfolgt zunächst durch Biegung im Bereich der größten Krümmung in konzentrischen Kreisen, deren Radien mit steigender Last größer werden. Durch dieses Anwachsen der Radien der konzentrischen Fließlinien entsteht ein zusätzliches Lastaufnahmevermögen. Erreichen die Radien der Fließlinien den Rand des Endbodens, dann wird dieser Vorgang verlangsamt, und es kommt wegen der versteifenden Wirkung des Randbereichs des Endbodens zu der angegebenen zusätzlichen Membranwirkung. Dies gilt nur für relativ dünne Wanddicken, weil bei dickeren Wänden schon vor dem Eintreten der Membranwirkung die Stanzkraft erreicht wird. Die analytische Lösung nach Gl. (4.1) gilt für das biegedominante Verhalten, wenn die Verformung größer als die Endbodenhöhe wird. Dann kann man Gl. (4.1) und (4.11) benutzen, um die zusätzliche Membranwirkung zu berücksichtigen. Der Vergleich zwischen den FE- und den analytischen Rechnungen in Abb. 4.10 zeigt zufriedenstellende Übereinstimmung.

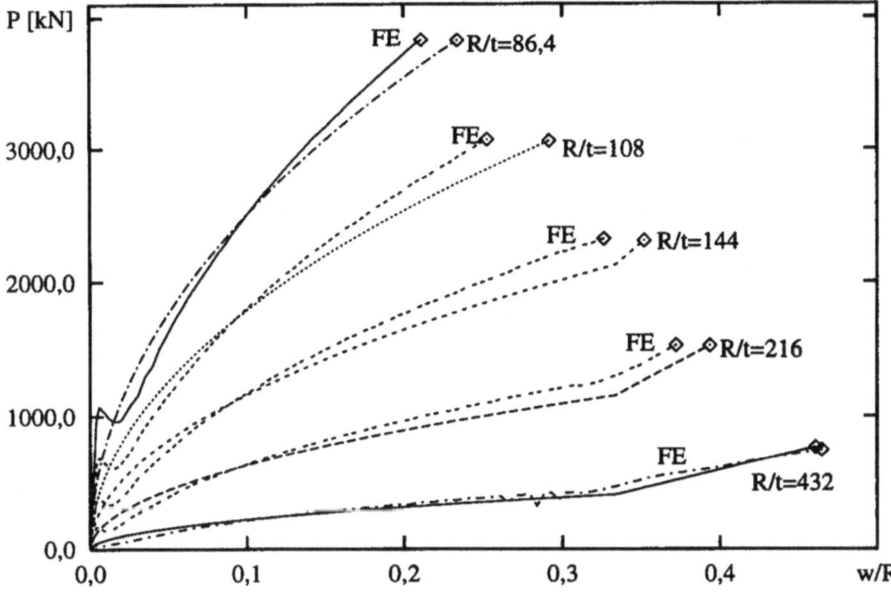



**Abb. 4.10.** Vergleich zwischen FE- und analytischen Rechnungen

# 4.3
# Zylinderschale

## 4.3.1
### Allgemeines

Der Betrieb von Offshorekonstruktionen erfordert eine umfangreiche Versorgung durch Schiffe unterschiedlichster Bauart. Es tritt sehr häufig eine Situation auf, bei der die tragende Struktur der Offshoreeinrichtung beim Anlegen der Versorgungsschiffe durch Anlegestöße beschädigt wird (Abb. 4.11). Solche kollisionsartigen Berührungen finden, insbesondere bei größeren Verhältnissen von Rohrradius zu Wanddicke $(R/t)$, z. B. ein unterstützendes Bein eines Halbtauchers, meistens in lokal eng begrenzten Bereichen statt, d. h. oft punkt- oder linienförmig, (Abb. 4.12). In geschädigten Bereichen treten außer größeren plastischen Verformungen auch komplizierte Biege-, Membran- und Schubspannungszustände ein. Außerdem entstehen bei verschiedenen Konstruktionen und unterschiedlichen Randbedingungen auch komplizierte Interaktionen zwischen lokalen Verformungen und globalen Biegungen, möglicherweise auch Druckbelastungen in Achsrichtung.

In bezug auf Festigkeit ist zu erklären, welche Konstruktion mit höherer Tragfähigkeit sich günstiger gegen kollisionsartige Stoßbelastung auswirkt. Nach solche Beschädigungen muß sicherheitstechnischen Gründen überlegt werden, welche betrieblichen Einschränkungen einschl. einer evtl. Außerdienststellung der Offshoreeinrichtung ins Auge gefaßt werden müssen. Darüber hinaus ist die Frage nach dem

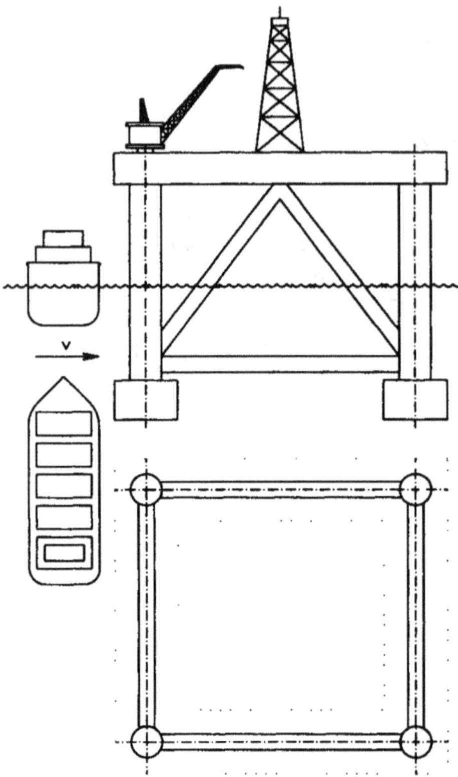

**Abb. 4.11.** Anlegestoß durch Versorgungsschiff

Resttragverhalten einer so beschädigten Offshorestruktur außerordentlich bedeutsam. Dabei sind neben Aussagen zur Resttragfähigkeit auch Fragen der Wirksamkeit von Notreparaturen bei weiter im Betrieb befindlichen Offshoreeinheiten von Bedeutung.

### 4.3.2
### Rohre von Offshorekonstruktionen

Seit 1977 wurden zufällige Belastungen (z.B. Feuer, Explosion, fallende Objekte und Kollision mit Versorgungsschiff) als Entwurfsgrenzzustand in der Bemessungsvorschrift von Klassifikationsgesellschaften aufgenommen [6]. Weil die meisten Schäden von Offshorekonstruktionen durch Kollisionen verursacht wurden [7], hat Norwegian Marinetime Directorate 1981 ein vierjähriges Projekt durchgeführt, um die Tragfähigkeit von Offshorestrukturen zu verbessern [8]. Ein Schwerpunkt waren die Untersuchungen der Resttragfähigkeit von geschädigten nichtausgesteiften Rohrelementen [9], [10]. In [11] und [12] werden Kollisionsschädigungen von nichtausgesteiften Rohren mit den Verhältnissen von $11 < R/t < 31$, die den Querstützungen

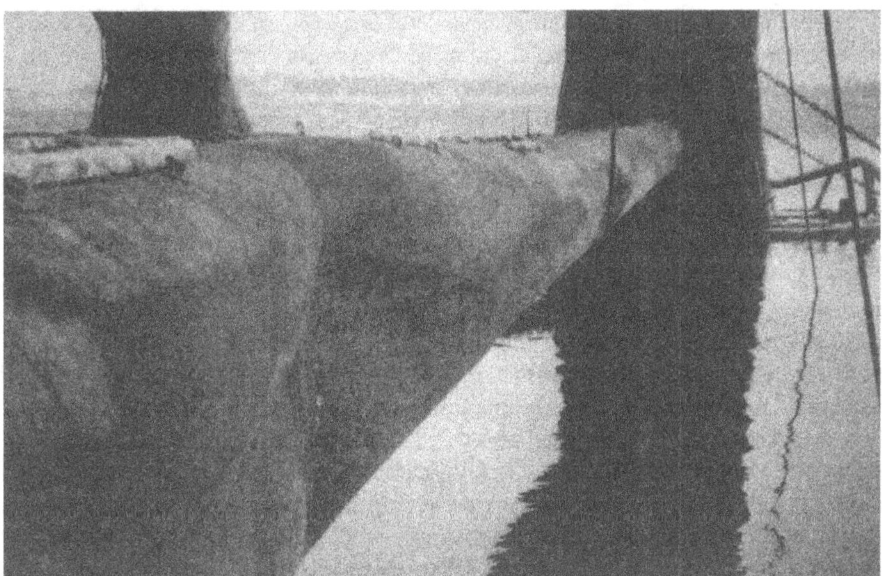

**Abb. 4.12.** Geschädigte Offshorekonstruktion durch Stoß einer punktförmigen Belastung

von Jakets und Halbtauchern entsprechen, unter lateralen Belastungen mit unterschiedlichen Randbedingungen experimentell und theoretisch untersucht. Die Resttragfähigkeit nach einer lateralen Schädigung wurde durch axiale Belastung getestet. Die Versuchsergebnisse zeigten, daß die Zunahme der Energieaufnahme durch die Membrankraft und durch dynamische Belastung stark beeinflußt werden, und die Resttragfähigkeit eines geschädigten Rohres einen engen Zusammenhang mit der Größe der lokalen Verformungen hat. Eine Versuchsreihe für die Zylinderschale mit größerem $R/t$ Verhältnis ($R/t = 190$) wurde von Walker et al. [13] an 5 identisch dünnwandigen zylindrischen Schalen durchgeführt. Begleitet wurden die experimentellen Untersuchungen durch eine analytische Lösung auf der Grundlage einer ideal plastischen Theorie. Den Schadensmechanismus und das Tragverhalten von geschädigen nichtausgesteiften Rohren unter kombinierten Belastungen (Biegemoment und axialer Druck) haben Wierzbiki et al. [14] mit Hilfe der Energiemethode analysiert. Es zeigt sich, daß die Energieaufnahme unter lateraler Belastung von der axialen Belastung beeinflußt wird, und der Kraft-Verformungscharakter eine starke Abhängigkeit von den am Ende des Rohres aufgebrachten Axial- und Biegebelastungen aufweist. Von ähnlichen Untersuchungen an nichtausgesteiften Zylinderschalen wird in [15]–[18] berichtet.

Im Vergleich zu nichtausgesteiften Zylinderschalen sind ringausgesteifte Zylinderschalen gegen äußere Druckbelastung eine gute Alternative. In [19] wird das Tragverhalten bei und nach lateralen Schädigungen auf 4 mit Flach- und T-Stahl ringausgesteiften Zylinderschalen ($R/t = 267$) experimentell untersucht. Die Versuchsmodelle wurden zunächst durch eine scharfe Kante linienförmig lateral belastet. Danach

wurden die geschädigten Strukturen unter äußerem Druck und axialer Belastung
weiter untersucht. Die ermittelten Ergebnisse zeigen, daß die mit T-Stahl ringausgesteifte Struktur für die Beanspruchung durch linienförmige Belastung eine deutliche höhere Steifigkeit besitzt als die mit Flachstahl ringausgesteifte. In [20] wird
ein analytisches Modell von ringausgesteiften Zylinderschalen unter linienförmigen
Belastungen vorgeschlagen. Durch Verschmierung der Ringaussteifungen ist eine dis-
kretisierte Nährungslösung abgeleitet worden. Dadurch ist es auch möglich, die Deh-
nungsverteilung in der geschädigten Zone zu berechnen.

Die meisten Zylinderschalen in Offshorekonstruktionen werden axial belastet.
Für eine bessere Tragfähigkeit unter solcher Belastung hat die längsausgesteifte Struktur große Vorteile. In [21] werden Traglastversuche von zwei mit Flachstahl ring- und
längsausgesteiften Zylinderschalen ($R/t = 267$) bei und nach einer Schädigung experimentell untersucht. Die laterale linienförmige Last wurde direkt auf einer Längsaussteifung angesetzt. Bei den Versuchen ist deutlich zu sehen, daß die Kraft-Verfor-
mungskurve stufenweise verläuft, d. h., die Aussteifung verhält sich so lange wie ein
Balken, bis plastische Gelenke aufgebaut werden. Nach den Versuchen wurde von
Dowling et al. [22] der Schadensmechanismus mit FEM nachgerechnet und von Ronald et al. [23] nach der ideal plastischen Theorie analysiert. Beide Rechnungen zeigen
eine gute Übereinstimmung mit den Versuchen.

Durch die oben genannten Untersuchungen konnte festgestellt werden, daß das
Aussteifungssystem einen wesentlichen Einfluß auf die Tragfähigkeit hat, und Aussteifungsarten dabei eine große Rolle spielen. Durch zahlreiche Erfahrungen aus dem
Stahlbau und ähnlichen Bereichen werden mit Trapezhohlprofilen ausgesteifte Konstruktionen vorgeschlagen [24]. Für die Beanspruchung unter punktförmigen Belastungen scheinen solche Strukturen eine gute Alternative zu sein.

### 4.3.3
### Verhalten unter punktförmiger Belastung

Die vorliegende Untersuchung besteht aus Modellversuchen an ausgesteiften Rohren unter linien- bzw. punktförmiger Beanspruchung. Dabei ist besonders auf eine
realistische Krafteinleitung Wert gelegt worden. Die Prüfkörper sind einerseits konventionell mit Flacheisen ausgesteift und andererseits mit Trapezhohlprofilen großer
Torsionssteifigkeit.

Die Modellversuche haben folgende Zielsetzung:

1. Untersuchung des Tragverhaltens für unterschiedliche Lastfälle bei den einzelnen
   Modelltypen;
2. Tragverhalten von reparierten Strukturen;
3. Verbesserung der Tragfähigkeit durch neuartige Aussteifungen.

Zur experimentellen Untersuchung wurden insgesamt 4 Versuchsmodelle hergestellt.
Die Versuchsmodelle wurden maßstäblich 1 : 5 angefertigt, entsprechend offshore-
typischen Abmessungen. Alle Modelle weisen die gleiche Nennwanddicke von $t =$
7,0 mm und die gleichen geometrischen Verhältnisse $R/t = 107$ und $L/R = 1{,}67$ auf.
Sie unterscheiden sich grundsätzlich in der Art der Aussteifungen. Wie in Abb. 4.13

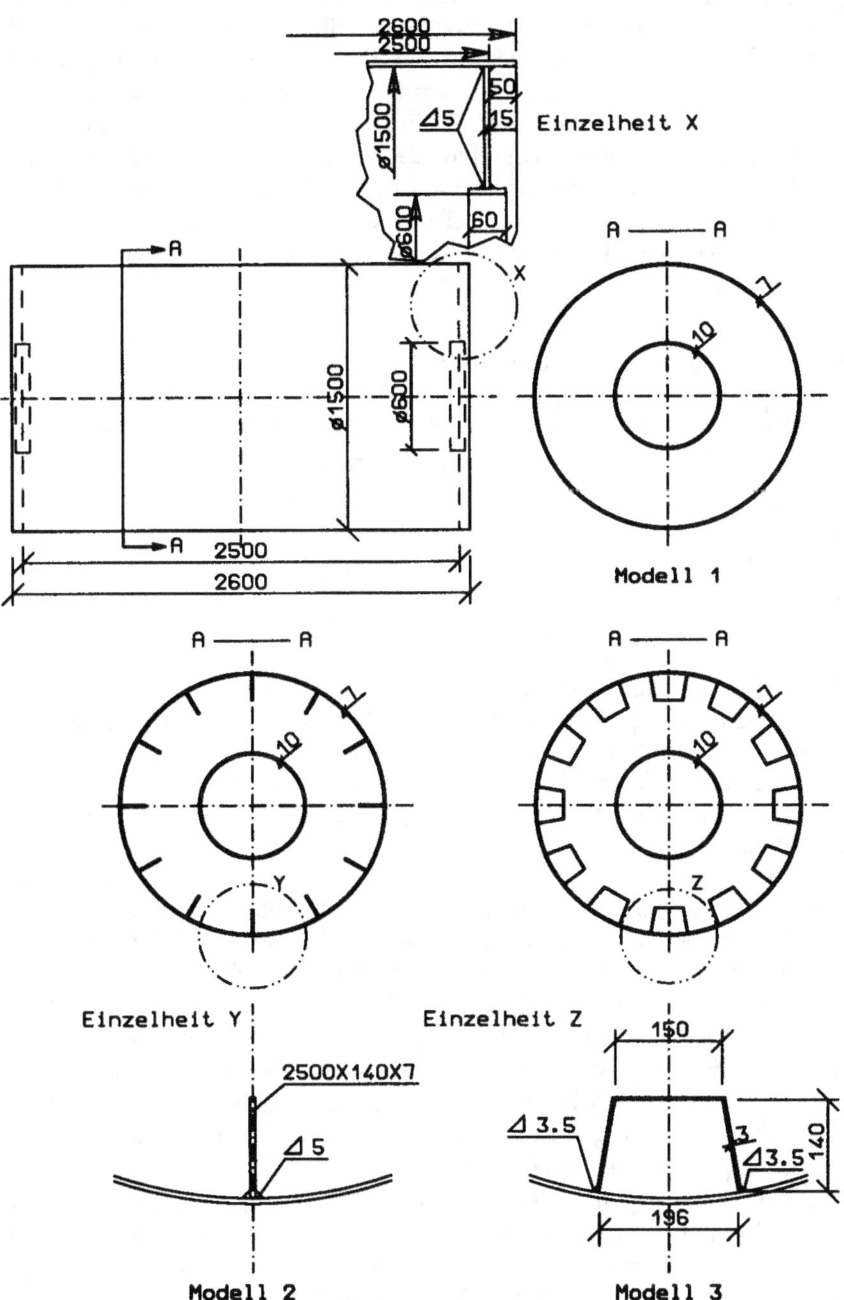



**Abb. 4.13.** Aufmaße der Versuchsmodelle

gezeigt wird, ist das Modell 1 nicht ausgesteift, Modell 2-1 und Modell 2-2 sind mit 12 Flachstahlprofilen in Längsrichtung ausgesteift, während Modell 3 mit 12 neuartigen Trapezhohlprofilen längsausgesteift ist. Um den Materialverbrauch vergleichen zu können, wurde die Nenndicke der Flachstahlprofile $t_p = 7{,}0$ mm und die der Trapezhohlprofile $t_p = 3{,}0$ mm ausgewählt. Die Profile sind am Ende mit den Ringstringern verbunden, die den seitlichen Abschluß der Modelle bilden. Der Zylindermantel der Modelle wurde in einem Stück rundgewalzt und mit einer Längsschweißnaht gefertigt. Nach Lieferung der Versuchsmodelle wurden die tatsächlichen Dimensionen aufgemessen. Tabelle 4.2 zeigt einige Meßwerte. Die anderen Abmessungen gleichen denen in Abb. 4.13.

**Tabelle 4.2.** Abmessungen der Versuchsmodelle

| N°  | Modell Name | Wanddicke $t$ [mm] | Profildicke $t_p$ [mm] | Ringstegdicke $t_r$ [mm] | Ringgurtdicke $t_g$ [mm] |
|-----|-------------|--------------------|------------------------|--------------------------|--------------------------|
| 1   | Mod 1       | 7,25               | —                      | 14,86                    | 10,12                    |
| 2   | Mod 2–1     | 7,20               | 8,10                   | 14,92                    | 10,13                    |
| 3   | Mod 2–2     | 7,03               | 8,06                   | 14,85                    | 10,10                    |
| 4   | Mod 3       | 7,22               | 2,76                   | 14,90                    | 10,04                    |

Die Versuchsmodelle bestanden aus Baustahl St52-3. Die tatsächlichen Materialkennwerte konnten durch Zugversuche nach DIN 50145 bei der GKSS ermittelt werden. Insgesamt wurden 8 Proben, je zwei von derselben Stelle, aus den Materialresten der Fertigung der Versuchsmodelle entnommen und daraus Zugproben gefertigt. In Tabelle 4.3 sind die Werkstoffkennwerte aus Zylindermantel, Flach- und Trapezhohlprofilen zusammengefaßt.

Die Versuche wurden im Versuchslabor des Arbeitsbereichs Schiffstechnische Konstruktionen und Berechnungen der TUHH durchgeführt. Die Belastung durch Anlegestöße zwischen der Seitenkonstruktion eines Versorgungsschiffs und einem zylindrischen Bein einer Plattform wird statisch simuliert. Die Schiffskonstruktion wird als Starrkörper betrachtet, während die Zylinderschale als verformbarer Körper behandelt wird, d. h., die Anlegestoßenergie wird ausschl. von der Zylinderschale absorbiert. Die Krafteinleitung erfolgt durch einen halbkreisförmigen Stab, der als Scheuerleiste des Schiffs betrachtet wird, und deren Länge 800 mm und der Durchmesser 50 mm betrug. Dadurch wird eine linienförmige Belastung quer zur axialen Richtung der Versuchsmodelle erzeugt.

Der Aufbau der Belastungseinrichtung ist in Abb. 4.14 dargestellt. Die Druckkraft des Hydraulikzylinders wirkt über eine Lastverteilung mit Kraftaufnehmerfunktion auf die Krafteinleitung, und dann auf das Versuchsmodell. Der Kraftaufnehmer ist als Federkörper gestaltet und besitzt 2 Dehnungsmeßbrücken zur Messung der Einzellasten, die über Rollenlagerkalotten auf die Krafteinleitung wirken. Damit kann einerseits die gesamte Druckkraft gemessen werden und andererseits ist eine Kontrolle, ob der Versuchskörper zentrisch belastet wird, möglich.

**Tabelle 4.3.** Ergebnisse der Zugversuche nach DIN 50 145

| N° | Zugprobe<br>Name | Dicke<br>[mm] | $R_{el}$<br>[N/mm²] | $R_{eH}$<br>[N/mm²] | $R_{m}$<br>[N/mm²] |
|---|---|---|---|---|---|
| 1 | Trapezhohlprofil 1 | 2,75 | 337 | 348 | 390 |
| 2 | Trapezhohlprofil 2 | 2,76 | 333 | 359 | 403 |
|  | Mittelwerte | 2,76 | 335 | 354 | 397 |
| 3 | Zylindermantel längs. 1 | 7,18 | — | 410 | 538 |
| 4 | Zylindermantel längs. 2 | 7,20 | 404 | 416 | 536 |
| 5 | Zylindermantel quer. 1 | 7,20 | 410 | 423 | 540 |
| 6 | Zylindermantel quer. 2 | 7,19 | 410 | 426 | 536 |
|  | Mittelwerte | 7,19 | 408 | 419 | 538 |
| 7 | Flachprofil 1 | 7,96 | — | 314 | 413 |
| 8 | Flachprofil 2 | 7,87 | 299 | 319 | 414 |
|  | Mittelwerte | 7,92 | 299 | 317 | 414 |

Der Prüfzylinder wurde bei Be- und Entlastung der Versuchskörper mit einer konstanten Geschwindigkeit $v = 0{,}05$ mm/s weggesteuert, wobei der Belastungsvorgang in bestimmten Wegstufen durchgeführt wurde und der Entlastungsvorgang in Kraftstufen.

Bei den Versuchen lagen die Versuchskörper an beiden Enden im Umfangswinkel von 90° auf Konsolen frei auf. Damit erfolgt die Beanspruchung der Versuchsköper in sog. Dreipunktbiegung. Diese Randbedingungen weichen von den wirklichen Bedingungen ab. Hierfür müßten die Versuchskörper wesentlich länger sein und eine Auflagerung in der neutralen Achse der Körper erfolgen. Beides erhöht die Modellkosten erheblich. Da die Versuche einerseits nur das prinzipielle Verhalten im Bereich der Krafteinleitung beschreiben sollen, andererseits vor allem eine Absicherung des Rechenmodells (in den die versuchstechnisch gewählten Randbedingungen eingearbeitet sind) ermöglichen sollen, wird der hier gewählte Versuchsaufbau als sachentsprechend angesehen. Die tatsächlichen Randbedingungen, die z. B. auch Axiallasten beinhalten, können ohne Schwierigkeiten durch Modifikation der Rechenmodelle realisiert werden.

Es wurden insgesamt 11 Versuche an drei Versuchsmodellen durchgeführt. Abb. 4.15 zeigt die Zusammenstellung der Versuche. Die Reihenfolge der experimentellen Untersuchungen wurde so vorgenommen, daß zunächst das unbeschädigte Versuchsmodell so weit belastet wurde, bis eine bleibende Verformung entstand (Versuch A). Auf Modell 2 und 3 wurde die Belastung bei diesem Fall direkt auf der Wand zwischen zwei Aussteifungen eingesetzt. Dann wurde der geschädigte Bereich der Versuchskörper durch Anschweißen eines Flickens repariert und an der Stelle erneut untersucht (Versuch B). Anschließend wurde Modell 1 um 120° gedreht und weiter belastet (Modell 1, Versuch C). Um den Schadensmechanismus ausgesteifter

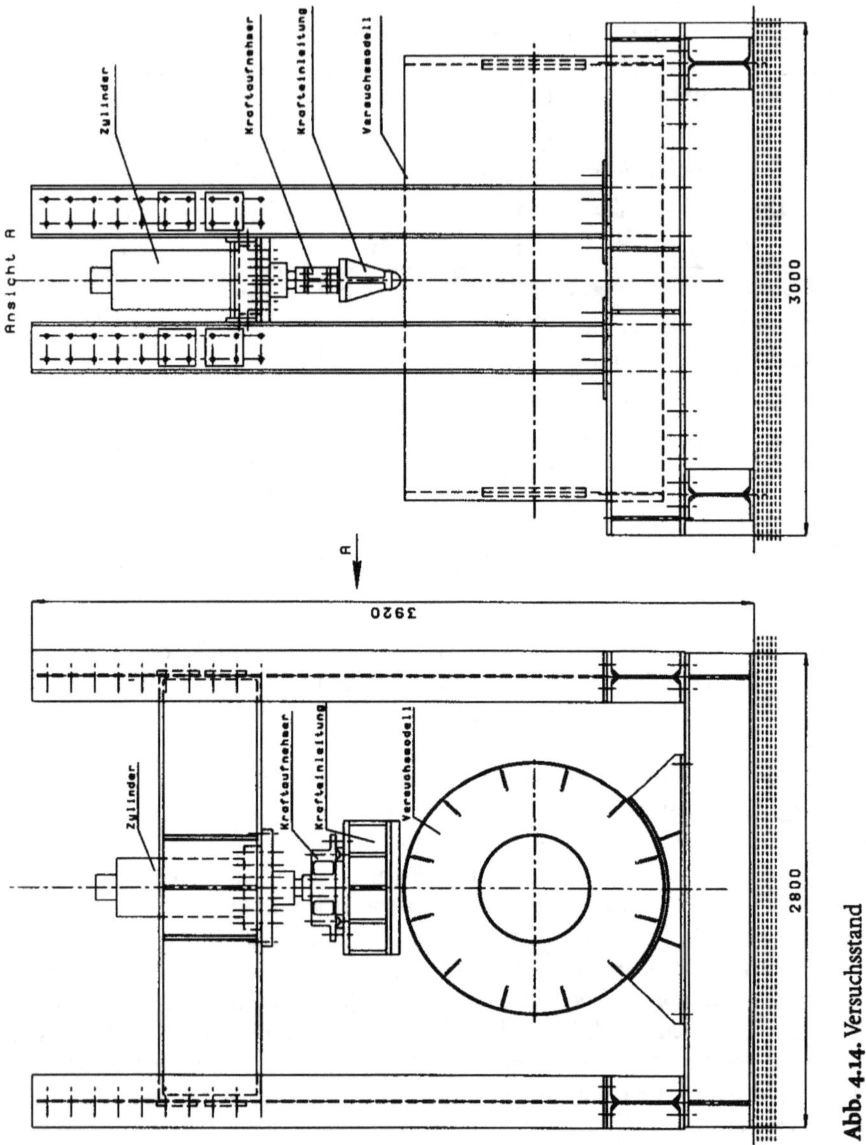


Abb. 4.14. Versuchsstand

Zylinderrohre zu erkennen, wurden die Versuchsköper nach Versuch A und B um 135° gedreht, damit die Belastung direkt auf eine Aussteifung wirkt (Abb. 4.15 Modell 2 und 3, Versuch C). Der Versuch D auf Modell 2 erfolgte durch weitere 135°-Drehung des Versuchskörpers, d. h., es wurde derselbe Lastfall wie bei Versuch A eingestellt. Beim Versuch D auf Modell 3 wurde der Versuchskörper um weitere 112° gedreht, so daß sich die Oberkante einer Trapezaussteifung direkt unter der Krafteinleitung befand.

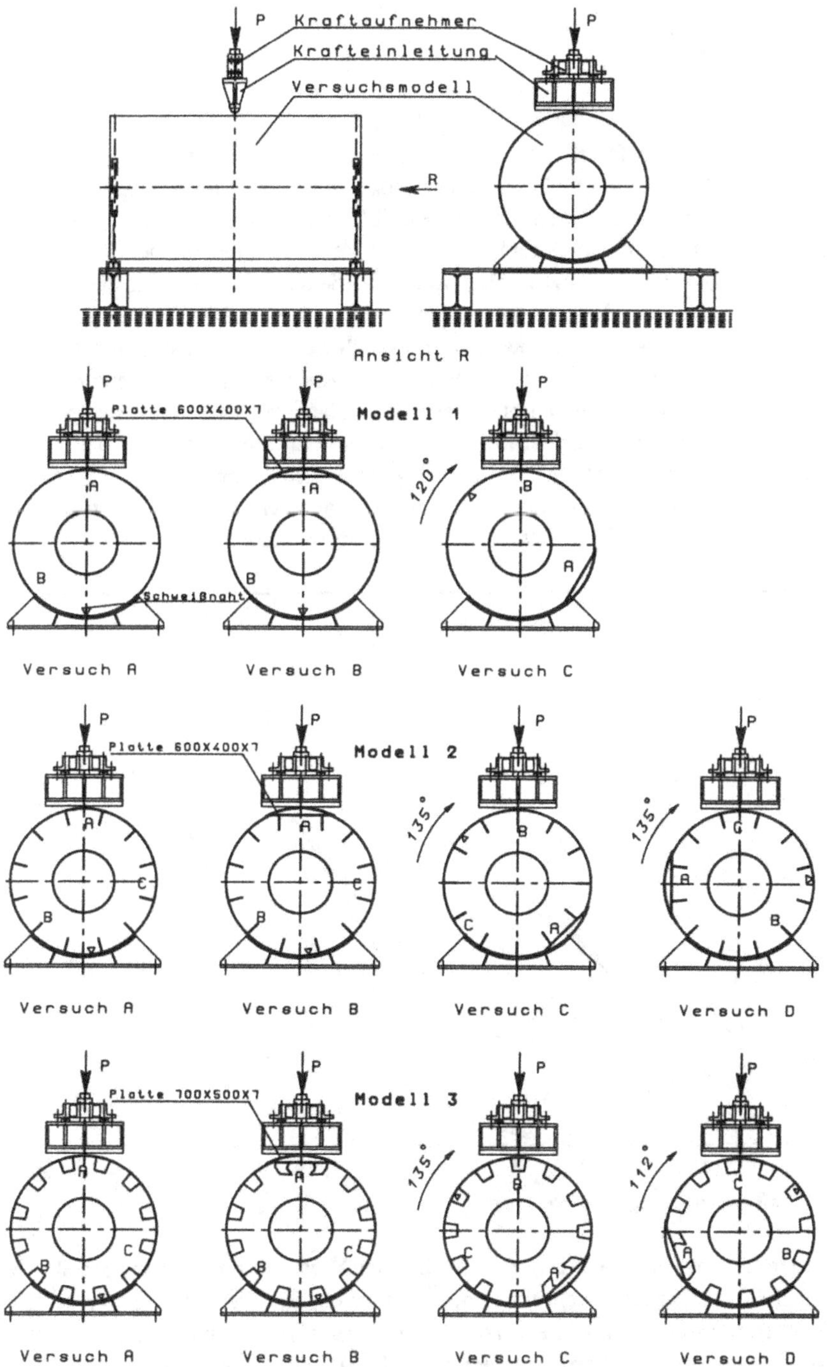


**Abb. 4.15.** Versuchsanordnung

## 4.3.4
## Versuchsergebnisse

*Modell 1*

Es wurden 3 Versuche an Modell 1 durchgeführt. Bei dem Versuch A wurde das Modell mehrmals be- und entlastet. Die Laststufen wurden mit dem Zylinderweg gesteuert. Nach 10 mm Verformungserhöhung wurde jeweils entlastet. Der Versuch endete bei 50 mm Durchbiegung an der belasteten Stelle, entsprechend einer bleibenden Verformung an dieser Stelle von 21 mm. In Abb. 4.16 wurde die Kraft $P$ [kN] über der Durchbiegung $w$ [mm] und der bleibenden Verformung $w_p$ [mm] an der belasteten Stelle aufgetragen. Man kann deutlich erkennen, daß sich der Kraft-Verformungsverlauf zuerst linear verhält, und ab ca. 20 kN reduziert sich die Steifigkeit des Versuchskörpers. Nach ca. 60 kN bleibt die Steigung des Kraftverlaufs über der Verformung fast konstant. An der bleibenden Verformung $w_p$ kann man erkennen, daß die plastische Verformung bei ca. 25 kN anfängt. Bei dem Entlastungsvorgang entsteht eine hohe elastische Rückfederung, wie aus der Entlastungskurve zu erkennen ist. Sie wird vor allem auf die zylindrische Form des Versuchskörpers zurückgeführt.

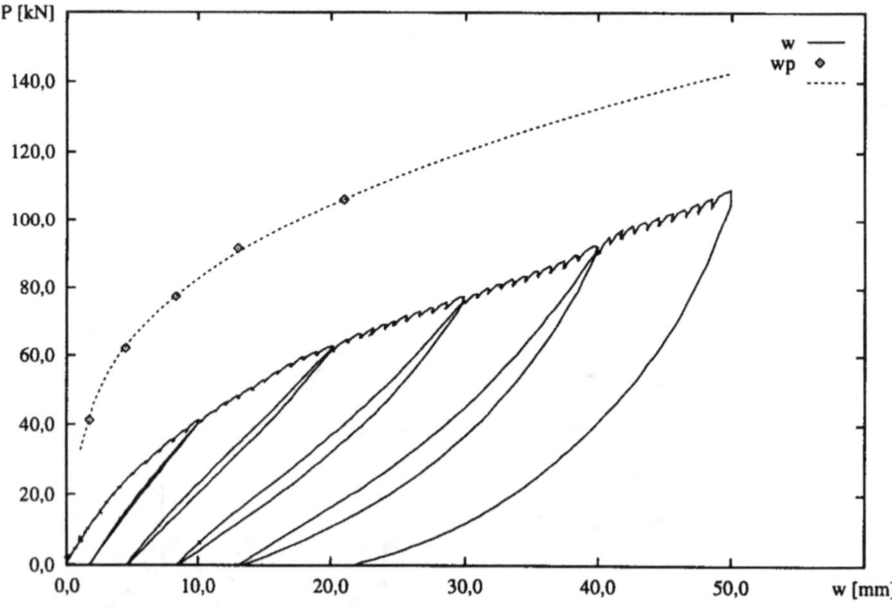


**Abb. 4.16.** Kraft-Verformungsverläufe, Modell 1, Versuch A

Nach dem ersten Versuch wurden die bleibenden Verformungen an der belasteten Ebene in Achs- bzw. Umfangsrichtung gemessen und der Reparaturbereich festgelegt. In [25] wurden mehrere Möglichkeiten der Reparaturmaßnahme vorgeschlagen. Eine davon ist, eine gekrümmte Reparaturplatte (Flicken) direkt über dem geschädigten Bereich einzusetzen und zu verschweißen. Für die Zylinderschalen mit relativ großem

Radius ist die Anpassung an den verformten Bereich relativ einfach. Die Dimensionierung des Flickens wurde so gewählt, daß die plastizierte Zone des Versuchsmodells überdeckt wurde. So betrug die Größe des Flickens 600 mm in Umfangsrichtung und 400 mm in Achsrichtung. Das Material und die Dicke des Flickens entsprach der des Versuchsmodells. Der Flicken wurde kalt rundgewalzt und an den geschädigten Stellen durchlaufend angeschweißt. Die Reparatur wurde so durchgeführt, daß die Oberkante des aufgesetzten Flickens den gleichen Radius hatte wie der des ungestörten Teils der Schale. Nach der Reparatur wurden einige DMS in der Nähe des Reparaturbereichs neu geklebt. Die Reparaturmaßnahme ist in Abb. 4.17 dargestellt.

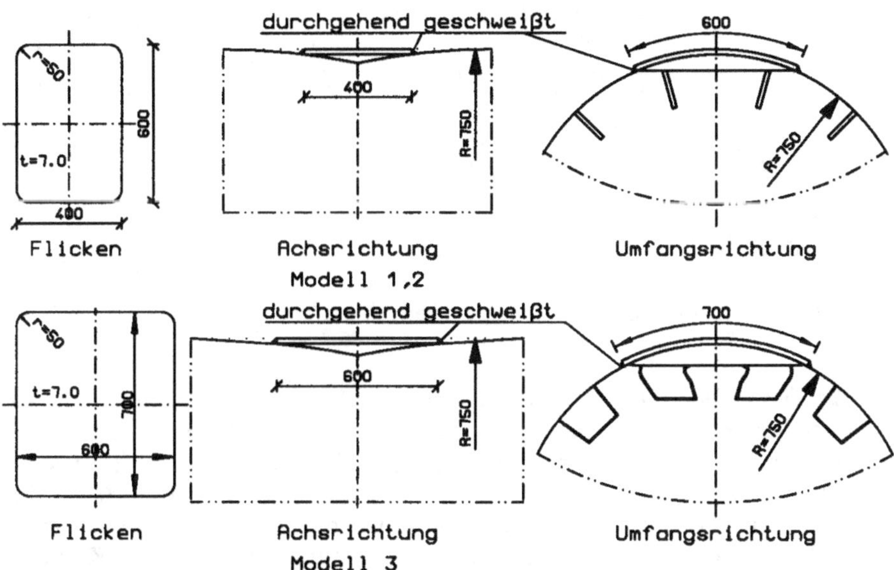


**Abb. 4.17.** Reparaturmaßnahme

Der Versuch B am Modell 1 erfolgte in gleicher Weise wie beim Versuch A, d. h., die Kraft wirkt direkt auf den Reparaturbereich. Außer des an der Unterseite der Wand eingesetzte Wegaufnehmers wurde die Durchbiegung der Oberseite der Wand an der belasteten Stelle durch den gesteuerten Zylinderweg ermittelt. In Abb. 4.18 ergibt sich der Kraft-Durchbiegungsverlauf an der belasteten Stelle. Man kann erkennen, daß sich das reparierte Modell bei kleineren Kräften gleich verhält wie beim Versuch A. Ab ca. 50 kN unterscheidet sich das Tragverhalten durch erhöhte Biegesteifigkeit des reparierten Bereichs. Das bedeutet, daß der durch Flicken überdeckte Wandteil bei weiterer Lasterhöhung gegen Biegeverformung mitwirkt. Ab einer Last von ca. 120 kN wurde die Durchbiegung der belasteten Stelle so groß, daß der Flicken und der Wandteil sich berührten. Die Tragfähigkeit des reparierten Bereichs wurde bei einer Last von 219 kN erreicht, und bei weiteren Verformungen bleibt die Kraft bei ca. 200 kN konstant. Der Versuch wurde bei der Verformung von 130 mm an der belasteten Stelle beendet.

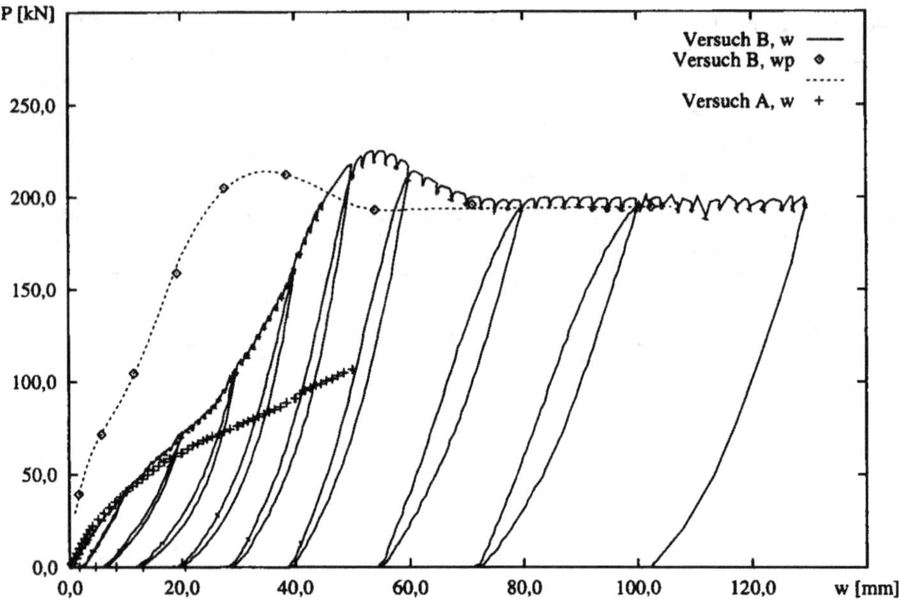

**Abb. 4.18.** Kraft-Verformungsverläufe, Modell 1, Versuch A und B

Nach diesen Versuchen wurde das Modell um 120° gedreht und nochmals belastet (Abb. 4.15 Versuch C). Bei diesem Versuch wurde nur der Kraft-Verformungsverlauf gemessen und in Abb. 4.19 aufgetragen. Das Modell wurde soweit belastet, bis die maximale Durchbiegung der beim Versuch B ($w_{max} = 130$ mm) entsprach. Im Vergleich zum Versuch A zeigt sich, daß das Tragverhalten im Versuch C unverändert ist, während sich beim Versuch B bei gleichen Durchbiegungen relativ gößere Kräfte ergeben. Man kann auch erkennen, daß sich die Einwirkung der elastischen Federung in Umfangsrichtung mit der Lasterhöhung stark reduziert, und daß nach der letzten Entlastung fast nur plastische Verformung entstand.

### Modell 2

Mit Modell 2 wurden insgesamt 4 Versuche durchgeführt. Die einzelnen Versuche sind in Abb. 4.15 dargestellt. Beim Versuch A wurde die Kraft direkt auf die Wand zwischen zwei Aussteifungen eingeleitet, und das Modell wurde, wie auch Modell 1, mehrmals be- und entlastet, um die bleibenden Verformungen bzw. Dehnungen zu ermitteln. In Abb. 4.20 ist der gemessene Kraft-Verformungsverlauf aufgetragen. Man kann gut erkennen, daß die Verformung der Zylinderschale sich zunächst wie bei einem unausgesteiften Rohr verhält. Ab ca. 25 mm wird die Last von den beiden angrenzenden Aussteifungen übernommen und damit erhöht sich stark die Biegesteifigkeit der Struktur. Bei der Lasterhöhung auf ca. 250 kN fangen die Aussteifungen an zu plastizieren. Dabei wurde beobachtet, daß die beiden angrenzenden Aussteifungen an der belasteten Stelle seitlich ausbiegen. Weiterhin bildete sich im Bereich direkt unter der

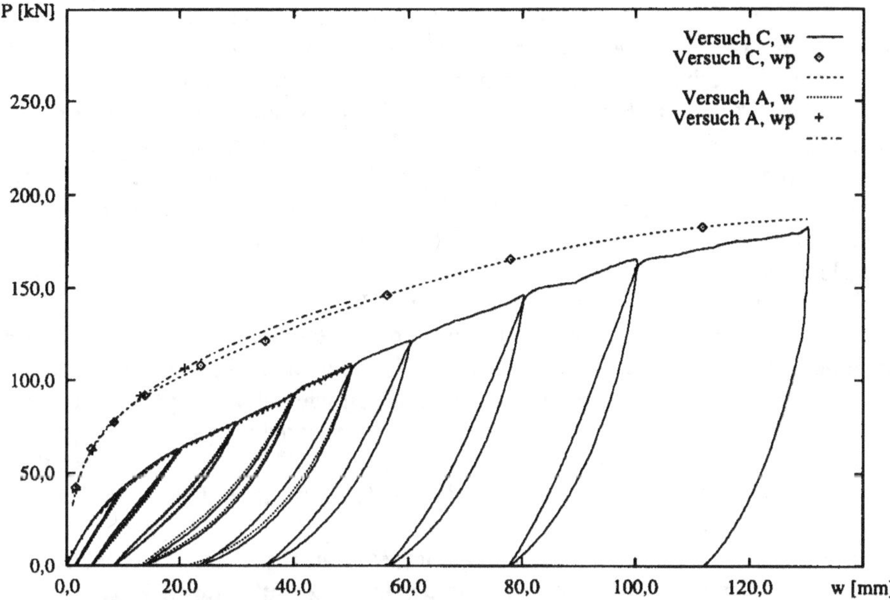

**Abb. 4.19.** Kraft-Verformungsverläufe, Modell 1, Versuch A und C

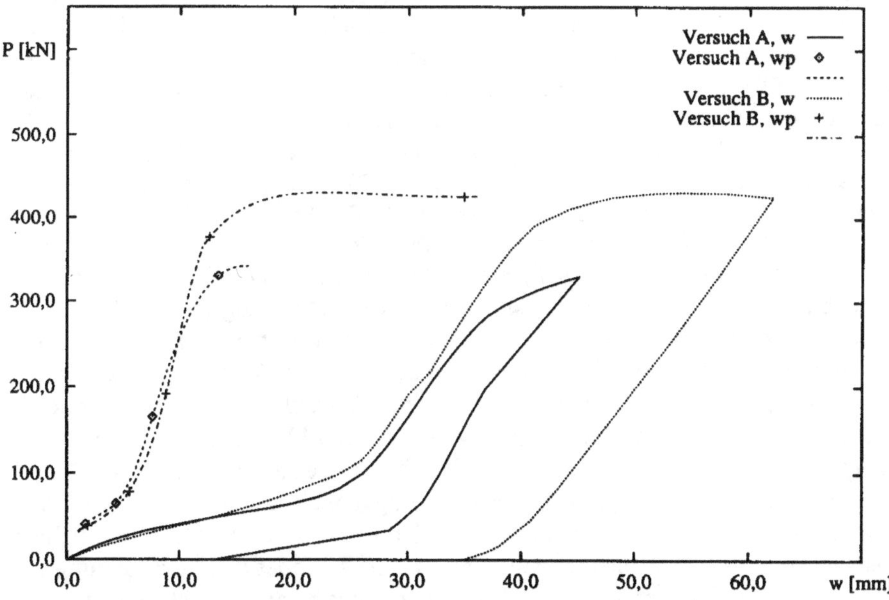

**Abb. 4.20.** Kraft-Verformungsverläufe, Modell 2, Versuch A und B

Krafteinleitung eine deutliche Einbeulung. Das heißt, daß die Krafteinleitung das Modell nur an den zwei Punkten kontaktiert, wo sich die angrenzenden Aussteifungen befinden. Es führt zu einer vollständigen Kraftübertragung auf die beiden Profile. Bis zur Durchplastizierung der angrenzenden Aussteifungen betrug die max. Verformung an der Kraftangriffsstelle 45 mm. Hierbei war die bleibende Verformung ca. 14 mm, und die entsprechende Last 330 kN. Zu bemerken ist, daß bei der letzten Entlastungsstufe die Wand der Zylinderschale plötzlich zurückbeulte, und gleichzeitig die seitliche Ausbiegungen beider Profile sich aufhoben. Diese Erscheinung läßt sich auf das Auftreten der elastischen Rückfederung der Wand beim Entlastungsvorgang zurückführen.

Nach dem Versuch A wurden die bleibende Verformungen in Achs- und Umfangsrichtung der Belastungsebene aufgemessen und die geschädigte Stelle der Wand mit einem entsprechenden Flicken repariert. Die Abmessungen und das Material des Flickens bzw. die Schweißmaßnahmen waren gleich wie bei der Reparatur von Modell 1. Der Flicken wurde so aufgesetzt, daß in Umfangsrichtung die beiden geschädigten Aussteifungen überdeckt werden konnten. Der Radius des angeschweißten Flicken stimmt mit der Originalstruktur überein. In Abb. 4.17 sind die genauen Maße der Reparatur dargestellt.

Die Kraftaufbringung beim Versuch B war gleich wie beim Versuch A. Der Verlauf der Last-Verformungskurve ist ebenfalls in der Abb. 4.20 aufgetragen. Es ist deutlich zu erkennen, daß das Tragverhalten des reparierten Modells bis zu einer Durchbiegung von ca. 15 mm gleich wie beim Versuch A ist. Das bedeutet, daß in dieser Phase nur der angeschweißte Flicken wirksam trägt. Danach werden die angrenzenden Aussteifungen langsam wirksam. Ab einer Durchbiegung von ca. 25 mm nimmt die Kraft schnell zu. Dabei wurde beobachtet, daß beide Profile leicht seitlich ausbiegen. Mit gleicher Steigung der Kraft wie beim Versuch A wurde die Kraft vollständig von beiden Profilen übernommen. Ab einer Last von ca. 250 kN beginnt sich das Tragverhalten beider Versuche zu unterscheiden. Eine deutliche Fließerscheinung beider Aussteifungen ist bei einer Last von ca. 400 kN zu erkennen, während dies beim Versuch A bei ca. 330 kN beginnt. Die gemessene Traglast der Aussteifungen betrug 431 kN, d.h. ca. 20% höher als beim Versuch A. Die Erhöhung der Traglast kann man so erklären, daß sich die mittragende Wanddicke nach der Reparatur verstärkt. Dadurch erhöht sich die Biegesteifigkeit der Aussteifungen. Der Versuch endete nach dem Abfall der Belastung. Die gemessene maximale Verformung an der Kraftangriffsstelle ergibt 62 mm, und die entsprechende bleibende Verformung beträgt 35 mm.

Nach der 135° Drehung des Versuchskörpers wurde der Versuch C durchgeführt. Die Krafteinleitung befand sich direkt auf einer Aussteifung des Versuchsmodells. Die dazugehörige Last-Verformungskurve ist in der Abb. 4.21 aufgetragen. Bei ca. 125 kN tritt die erste Fließerscheinung an der Unterkante der Aussteifung auf. Danach nimmt die Verformung bei geringer Lasterhöhung schnell zu. Bei einer Durchbiegung von ca. 70 mm fangen die beiden angrenzenden Aussteifungen an, sich bei leichtem Lastanstieg seitlich auszubiegen. Kurz danach verschwindet diese Erscheinung wieder. Vermutlich sind sich lösende Schweißspannungen der Schweißnähte zwischen Wand und Aussteifungen ursächlich. Die Lastübernahme der angrenzenden Aussteifungen fängt bei einer Verformung von ca. 90 mm an. Dieses führt zu erheblichen

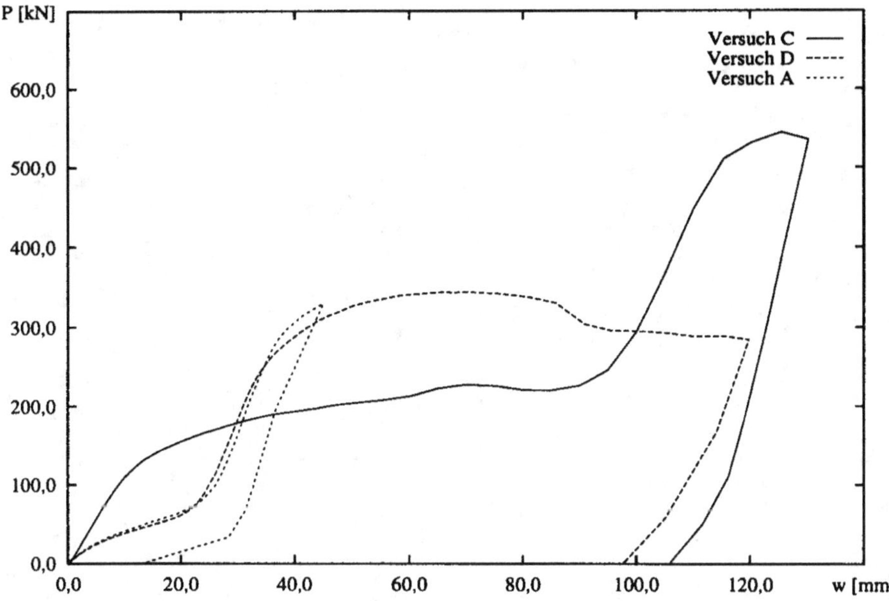



**Abb. 4.21.** Kraft-Verformungsverläufe, Modell 2, Versuch C, D und A

Lasterhöhung wie in Abb. 4.21 deutlich zu sehen ist. Bei einer Last von 550 kN wird die Traglast beider angrenzenden Aussteifungen erreicht. Bei dieser Belastung sind nicht nur Fließgelenke in den Profilen und an der Auflagerung auf den Ringversteifungen entstanden, sondern auch Beulen an den beiden angrenzenden Profilen (Abb. 4.22).

Um einerseits den Einfluß der Beschädigung der Konstruktion zu erfassen und andererseits die Wiederholbarkeit des Versuchs A zu verdeutlichen, wurde der Versuchskörper nochmals um 135° gedreht und an der Stelle zwischen zwei Aussteifungen belastet (Abb. 4.15 Versuch D). Das Versuchsmodell wurde so weit belastet, bis es zum Versagen beider angrenzenden Aussteifungen kam. Die entsprechende Traglast betrug 340 kN. Der Versuch endete nach dem Auftreten eines Risses in der Mitte einer belasteten Aussteifung. Bis dahin entstanden die Beulen nicht nur an den ersten zwei angrenzenden Aussteifungen, sondern auch an den zweiten zwei angrenzenden Aussteifungen (Abb. 4.23). Die entsprechende Last-Verformungskurve ist, zusammen mit Versuch A und C, ebenfalls in Abb. 4.21 dargestellt. Man kann deutlich erkennen, daß bei den Verläufen der Last-Verformungskurven zwischen Versuch A und Versuch D kein grundsätzlicher Unterschied besteht, d. h., daß der Einfluß von Schädigungen aus den Versuchen A, B und C auf das Tragverhalten des Modells sehr gering ist.

### Modell 3

Die Untersuchungen am Modell 3 sollen das Tragverhalten des mit geschlossenen Profilen, hier trapezförmig ausgesteiften Zylinderschalen, unter linienförmiger Belastung zeigen. Beim ersten Versuch erfolgte die Krafteinleitung auf die Wand zwischen zwei

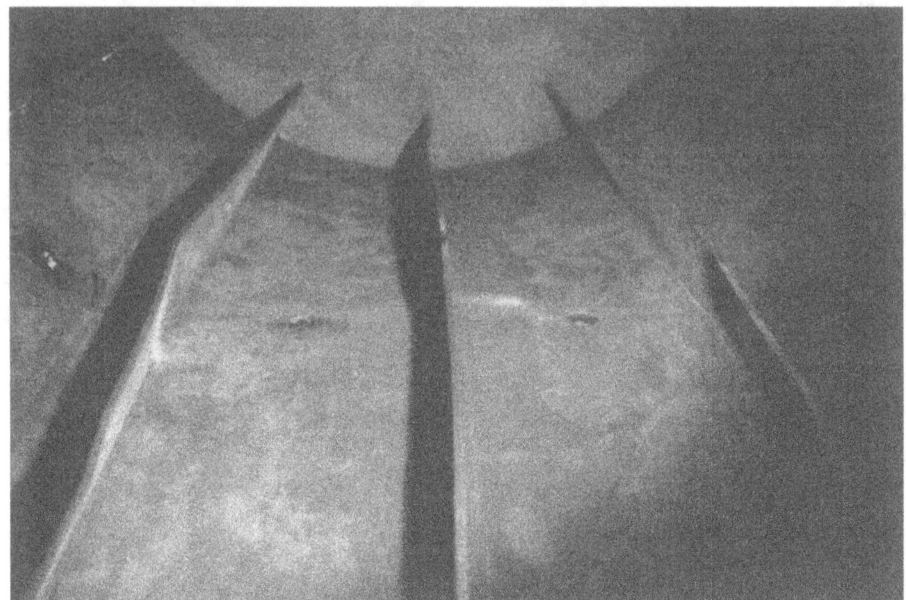

**Abb. 4.22.** Beulungen an den angrenzenden Aussteifungen nach Entlastung, Modell 2, Versuch C

**Abb. 4.23.** Beulungen an den Profilen nach Entlastung, Modell 2, Versuch D

Aussteifungen. Der Kraft-Durchbiegungsverlauf ist in Abb. 4.24 aufgetragen. Es ist deutlich zu sehen, daß der kürzere Stützabstand des belasteten Wandteils am Anfang eine relativ größere Biegesteifigkeit ergibt. Im Vergleich zum Versuch A am Modell 2 war die Biegebeanspruchung der angrenzenden Stege der Trapezprofile schon kurz nach dem Kontaktbeginn bei einer Durchbiegung von ca. 5 mm erreicht. Mit zunehmender Steigung der Kurve ab einer Last von ca. 60 kN wurden beide angrenzenden Stege der Aussteifungen voll belastet. Eine eindeutige Reduzierung der Steifigkeit der Stege ist bei einer Last von ca. 160 kN zu sehen. Kurz danach bildeten sich zwei Beulen an den beiden Stegen, sog. Krüppelerscheinungen, die ca. 20 mm von den Oberkanten der Stege entfernt sind. Gleichzeitig fingen die zweiten Stege der angrenzenden Aussteifungen an, sich auszubiegen. Die entsprechende Last betrug 174 kN. Ab diesem Zeitpunkt nahm die Durchbiegung mit nur geringer Laststeigerung schnell zu. Nach ca. 40 mm Durchbiegung blieb die Kraft von 229 kN fast konstant. Dabei wurde auch beobachtet, daß die zweiten angrenzenden Trapezaussteifungen an den Stegen bzw. auch an den Untergurten sichtbar gebeult waren. Der Versuch endete bei einer Durchbiegung von 55 mm. Die gemessene maximale Kraft betrug 229 kN.

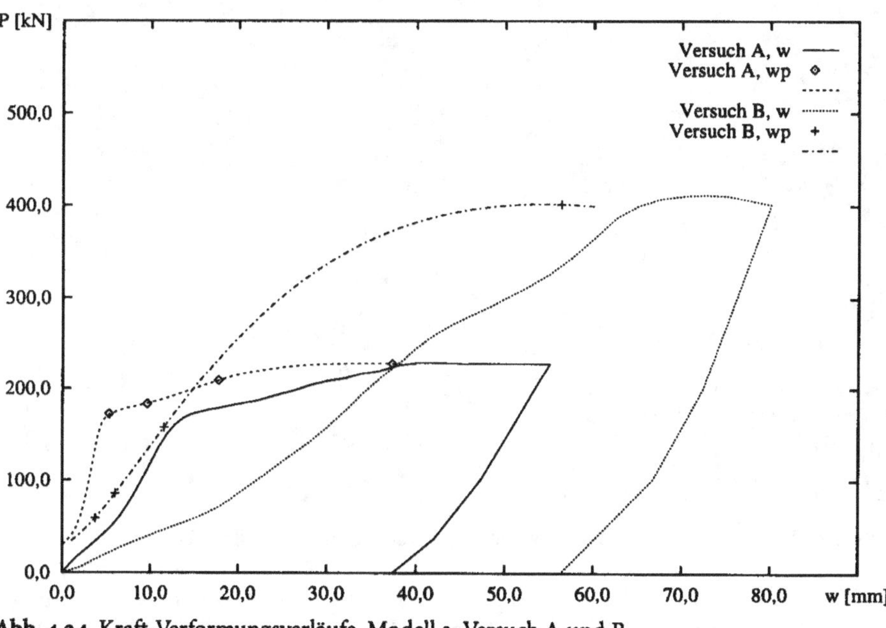


**Abb. 4.24.** Kraft-Verformungsverläufe, Modell 3, Versuch A und B

Nach Ermittlung der bleibenden Verformungen wurde der Reparaturflicken mit folgenden Abmessungen festgelegt: 700 mm in Umfangsrichtung und 600 mm in Achsrichtung. Diese Abmessungen sind größer als beim Versuch B am Modell 2, da die gemessenen Verformungen in Achs- bzw. auch in Umfangsrichtung in diesem Fall größer sind als beim Versuch A am Modell 2. Der Reparaturbereich wurde so gewählt, daß der aufgeschweißte Flicken in Umfangsrichtung auch die zweiten Stege der angrenzenden Trapezaussteifungen überdeckten, und die Oberkante des Flickens in Achsrichtung mit dem Originalwandradius übereinstimmte (Abb. 4.17). Die Reparaturmaßnahme war sonst die gleiche wie am Modell 2.

Nach der Reparatur fand der Versuch B mit gleicher Krafteinstellung wie beim Versuch A statt (Abb. 4.15 Modell 3, Versuch B). Die ermittelte Kraft- Durchbiegungskurve ist auch in Abb. 4.24 aufgetragen. Man kann erkennen, daß der Flicken bis zur Durchbiegung von ca. 18 mm alleine trägt, und danach scheinen die angrenzenden Trapezprofile mit zunehmender Steigung der Kurve mitzutragen. Diese Steigung reduzierte sich ab einer Last von ca. 260 kN. Ab einer Last von ca. 320 kN stieg sie wieder an. Dabei wurde beobachtet, daß die zweiten Stege der angrenzenden Profile anfingen sich stark zu verformen. Eine eindeutige Abnahme der Steifigkeit fand bei einer Last von ca. 380 kN statt, kurz danach wurde die Traglast von 412 kN der 4 angrenzenden Profile erreicht. Dabei entstanden an diesen Profilen, an Stegen und Untergurten ausgeprägte Ein- und Ausbeulungen (Abb. 4.25).

**Abb. 4.25.** Beulungen an den Trapezprofilen nach Entlastung, Modell 3, Versuch B

Nach einer Drehung des Modells um 135° wurde Versuch C durchgeführt, in dem sich die Krafteinleitung direkt auf einem der Trapezprofile befand (Abb. 4.15 Modell 3, Versuch C). Man kann an der Kraft-Durchbiegungskurve (Abb. 4.26) deutlich erkennen, daß die Kraft über der Durchbiegung stufenweise zunimmt. Die erste Stufe kennzeichnet die Traglast der direkt unter der Krafteinleitung befindlichen Trapezaussteifung. Bis dahin sind an zwei Stegen des Profils Ausbeulungen zu sehen. In der zweiten Stufe erfolgte das Auftreten der Einbeulung. Die Einbeulung lag 20 mm unter der Oberkante des Stegs entfernt. Die gemessene Durchbiegung und entsprechende Kraft betrugen 70 mm und 330 kN. Danach blieb die Steigung der Kurve mit zunehmende Kraft fast konstant. Ab einer Durchbiegung von 120 mm nahm die Kraft

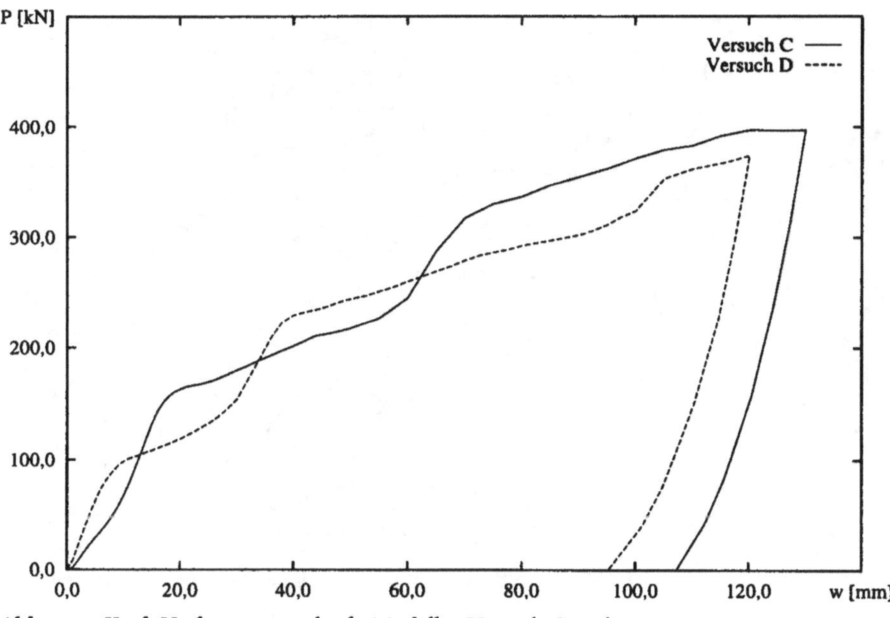



**Abb. 4.26.** Kraft-Verformungsverläufe, Modell 3, Versuch C und D

bei weiteren Verformungen nicht mehr zu. Die aufgetretenen Beulen sind auch an den drei angrenzenden Aussteifungen ersichtlich (Abb. 4.27). Der Versuch mußte bei einer Durchbiegung von 130 mm abgebrochen werden, da die gesammte Lastbreite der Krafteinleitung schon erreicht war.

Versuch D beschreibt das Tragverhalten des Modells, wenn die Kraft direkt auf einen Steg eines Trapezprofils wirkt. Dies wurde nach dem Versuch C durch weitere Drehung des Modells um 112° ausgeführt. Die Kraft-Durchbiegungskurve ist, zusammen mit dem Versuch C, ebenfalls in Abb. 4.26 aufgetragen. Die erste starke Reduzierung der Steifigkeit des Modells erfolgte durch sog. Krüppelversagen des Stegs, der sich direkt unter der Krafteinleitung befand. Die Einbeulung lag 20 mm von der Oberkante des Stegs entfernt. Bei weiterer Zunahme der Kraft begann die Mitwirkung des zweiten Stegs des belasteten Profils und des Stegs des angrenzenden Profils fast gleichzeitig. Die Einbeulung an dem angrenzenden Steg bzw. Ausbeulung am zweiten Steg des belasteten Profils führte zur zweiten Reduzierung der Steifigkeit des Modells. Die entsprechende Durchbiegung betrug 40 mm und die Kraft in diesem Moment 230 kN. Mit weiter leicht zunehmender Kraft blieb die Steigung der Kurve fast unverändert. Bei einer Durchbiegung von ca. 100 mm, kurz vor dem Erreichen der Krafteinleitung auf dem ersten Steg des angrenzende Profils bzw. auf dem zweiten Steg des an der anderen Seite angrenzende Profils, war wieder eine Steigerung der Kraft sichtbar. Kurz danach, begleitet durch die Ein- bzw Ausbeulung an den beiden Stegen, verläuft die Steigung der Kurve wieder konstant. Der Versuch endete bei einer maximalen Durchbiegung von 120 mm. Die ermittelte maximale Kraft betrug 374 kN.

**Abb. 4.27.** Beulungen an den Trapezprofilen nach Entlastung, Modell 3, Versuch C

**Abb. 4.28.** Beulungen an den Trapezprofilen nach Entlastung, Modell 3, Versuch D

Abb. 4.28 zeigt die ausgeprägten bleibenden Verformungen der Aussteifungen nach der Entlastung.

*Bleibende Verformungen nach Entlastung*

Nach jedem Versuch wurden die entsprechenden bleibenden Verformungen der Versuchsmodelle in Achs- bzw. in Umfangsrichtung gemessen. In Abb. 4.29 und 4.30

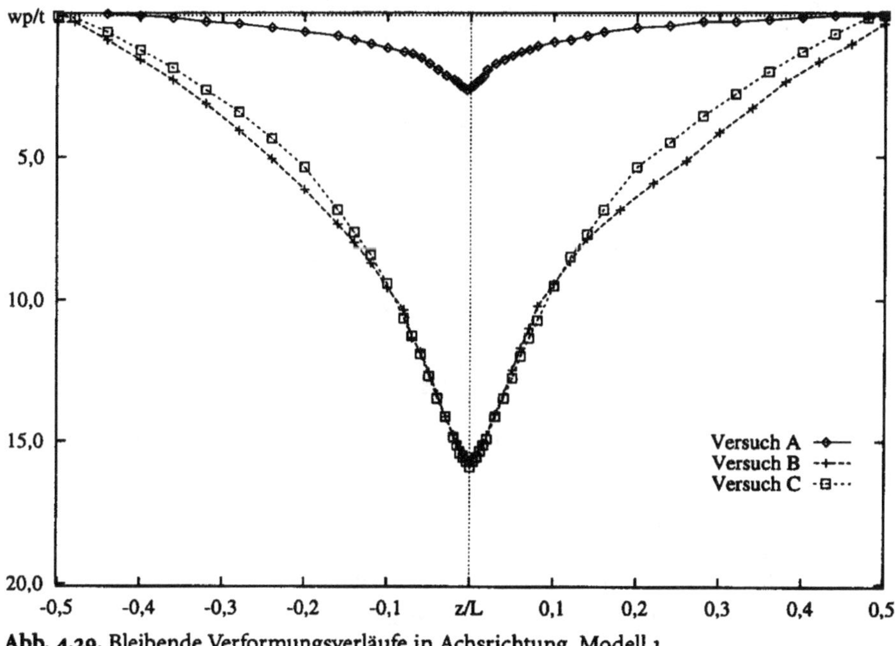

**Abb. 4.29.** Bleibende Verformungsverläufe in Achsrichtung, Modell 1

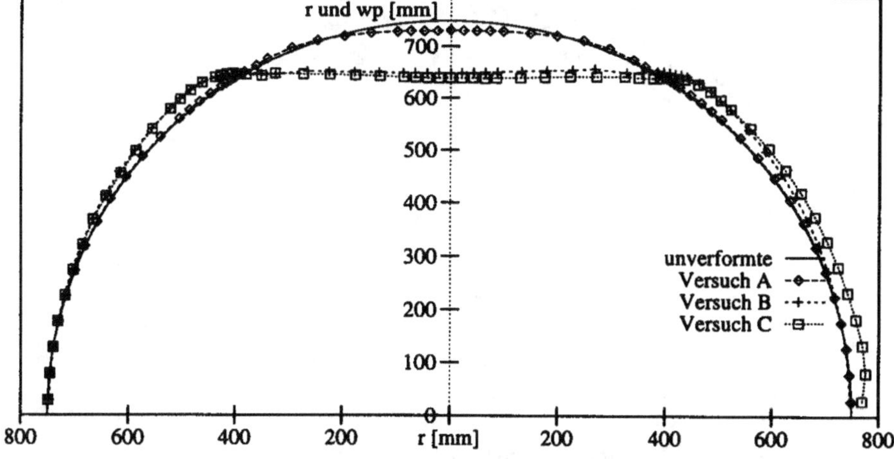

**Abb. 4.30.** Bleibende Verformungsverläufe in Umfangsrichtung, Modell 1

sind die gemessenen bleibenden Verformungen in Achs- bzw. in Umfangsrichtung der drei Versuche am Modell 1 zusammengestellt. Es ist zu erkennen, daß sich eine eindeutige lokale Verformung nach dem Versuch A in Achsrichtung im Bereich von $-0{,}1 < z/L < 0{,}1$ einstellt, während dieses nach dem Versuch B und C im Bereich von $-0{,}2 < z/L < 0{,}2$ entsteht. In Abb. 4.30 erkennt man, daß unter relativ kleinen Belastungen (Versuch A) die nach der Entlastung bleibenden Verformungen in

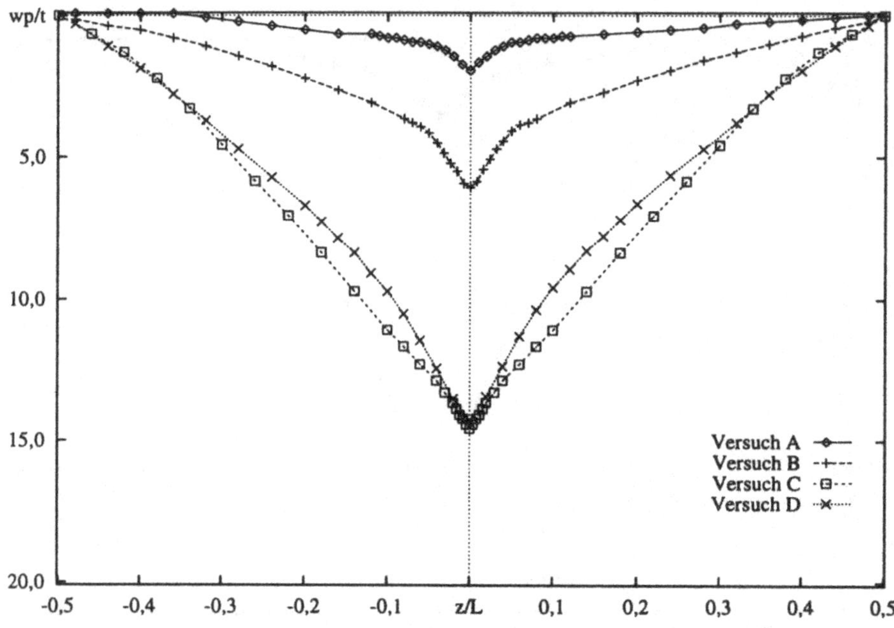

**Abb. 4.31.** Bleibende Verformungsverläufe in Achsrichtung, Modell 2

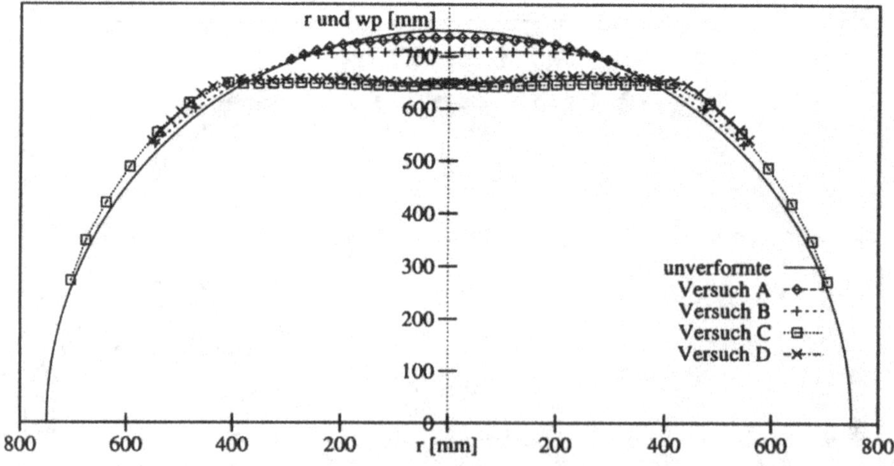

**Abb. 4.32.** Bleibende Verformungsverläufe in Umfangsrichtung, Modell 2

Umfangsrichtung durch den Einfluß der elastischen Rückfederung kaum sichtbar sind, während nach größerer Last (Versuch B und C) in der kontaktierten Zone eine eindeutig flache Verformung verbleibt. An der rechten Seite in Abb. 4.30 zeigt der unsymetrische Teil der Kurve C den Einfluß von Versuch A und B. In Abb. 4.31–4.34 wurden die entsprechenden Verformungen von Modell 2 und 3 aufgetragen. Vergleicht man Abb. 4.31 mit Abb. 4.33, dann erkennt man deutlich, daß die bleibenden Ver-

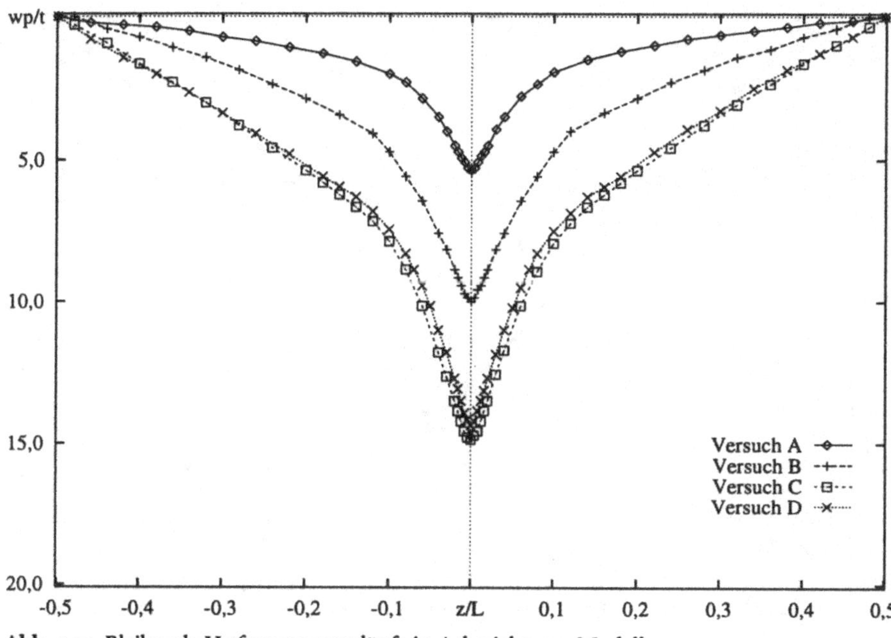


**Abb. 4.33.** Bleibende Verformungsverläufe in Achsrichtung, Modell 3

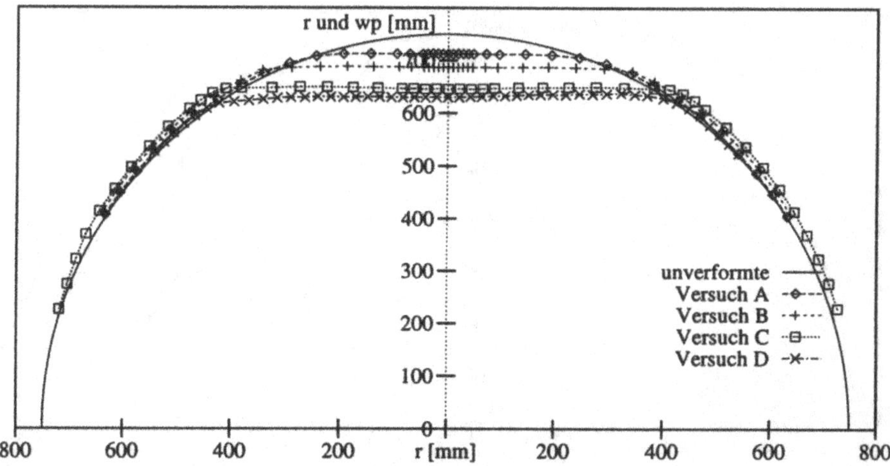


**Abb. 4.34.** Bleibende Verformungsverläufe in Umfangsrichtung, Modell 3

formungen in Achsrichtung des mit Trapezhohlprofilen ausgesteiften Modells sich in einem relativ kleineren Bereich verteilen, als sich bei dem mit Flachstahl ausgesteiften Modell zeigt. Dies ist besonders bei Versuch C (Abb. 4.35), bei dem sich die Krafteinleitung direkt auf einer Aussteifung befand, zu sehen. Vergleicht man Abb. 4.30 mit Abb. 4.32 und 4.34, so kann man auch erkennen, daß die Ausdehnung des Wandteils in Umfangsrichtung durch die Aussteifungen reduziert wird.

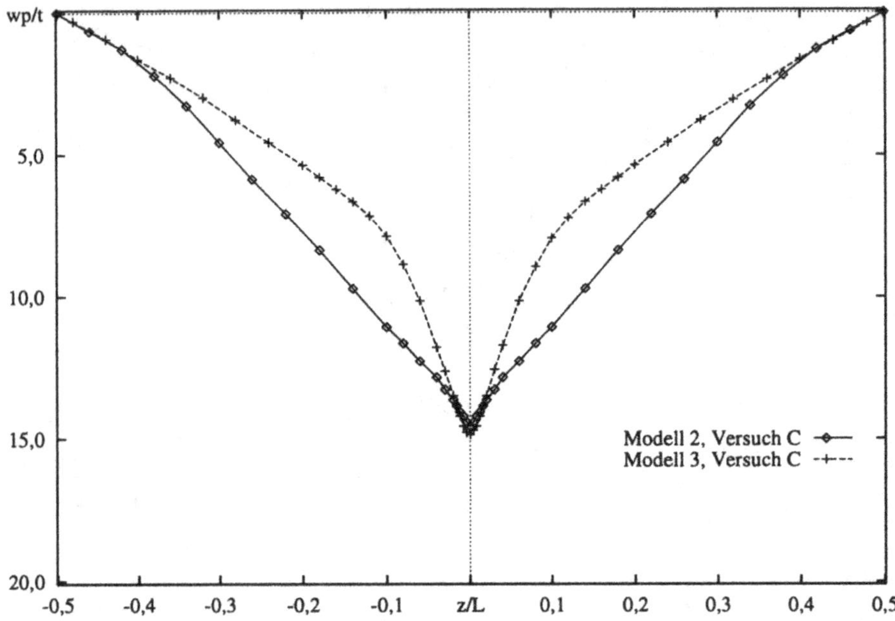


**Abb. 4.35.** Bleibende Verformungsverläufe in Achsrichtung, Modell 2 und 3

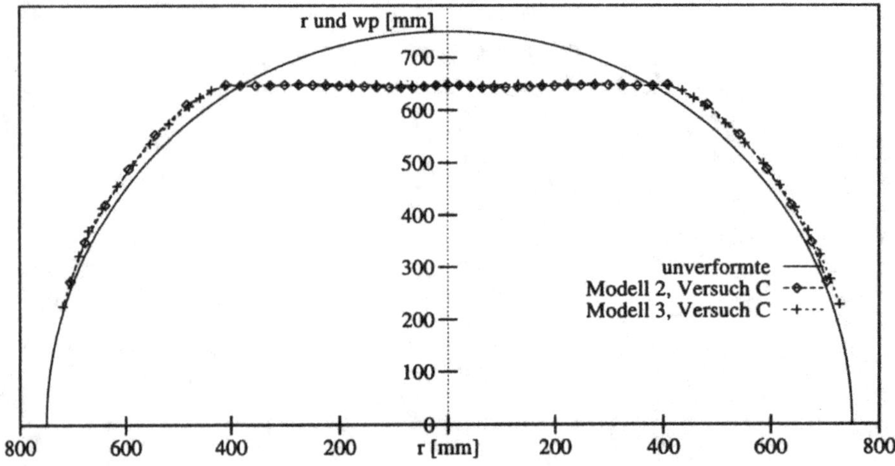


**Abb. 4.36.** Bleibende Verformungsverläufe in Umfangsrichtung, Modell 2 und 3

### 4.3.5
### Vergleichsrechnung mit der Finite-Element-Methode

*Rechentechnik*

Um die Versuche genauer nachvollziehen zu können, weitere Lastfälle und geometrische Parameter untersuchen zu können, wurden entprechende rechnerische Untersuchungen parallel durchgeführt. Die weit verbreitete und vielfach angewendete Finite-Element-Methode bietet die Möglichkeit, die Verformungen und Spannungen selbst in sehr komplizierten Konstruktionen und Lastfällen zu berechnen.

Mit Entwicklung moderner Computer- und Rechentechnik stehen heutzutage FE Programmpakete zur Verfügung, um solche Probleme lösen zu können. Hier wurde das FE-Programmpaket MARC K4 verwendet. In diesem Programm steht eine Kontaktrechentechnik zur Verfügung, die für das vorliegende Anlegstoßproblem anpaßt wurde. Unter dem Begriff Kontakt versteht man eine Berührung zwischen zwei Körpern mit mäßiger Geschwindigkeit. Hier wurden die Versuche so simuliert, daß die Krafteinleitung als Starrkörper betracht und die Versuchsmodelle als verformbare FE-Modelle idealisiert wurden. In den Rechnungen wird der Starrkörper in den geometrischen Randbedingungen modelliert.

Zuerst wird der Starrkörper mit einer bestimmten Geschwindigkeit an das FE-Modell herangeführt, bis es zum ersten Kontakt zwischen dem Rand des Starrkörpers und einem oder mehreren Knoten des FE-Modells kommt. Die Durchdringung des Starrkörpers mit dem FE-Modell wird bei den Rechnungen durch Anwendung der sog. Straffunktionsmethode vermieden. Die Bewegung des Starrkörpers wird durch die Integration seiner Geschwindigkeit in einem bestimmten Zeitraum berechnet. Dann werden die entsprechenden Verformungen, Reaktionskraft in der Kontaktzone und Spannungen des FE-Modells, angepaßt an die jeweilige Kontaktfläche unter Berücksichtigung der geometrischen und werkstofflichen Nichtlinieraritäten, ermittelt. Bei der Iteration wurde die sog. Full-Newton-Raphson-Methode verwendet, begleitet durch das von Mises Kriterium (Werkstoffnichtlinearität) und der Updated-Lagrange-Methode (Geometrienichtlinearität). Das entsprechende Konvergenzprinzip der Iteration erfolgt mit dem Verzerrungsenergiekriterium. Das bedeutet, daß die Rechnung konvergiert, wenn die Änderung der gesammten Verzerrungsenergie vernachlässigbar klein ist. Da die Kontaktrechnung in der Zeit gesteuert wird, kann man die Größe und die Richting der Geschwindigkeit des Starrkörpers beliebig ändern, so daß die Ermittlung der Restspannungen und bleibenden Verformungen nach dem Entlastungsvorgang ermöglicht wird.

*FE Modellierung*

Beim Aufbau der FE-Modelle wurde das 4-Knoten Schalenelement (Element type 75) ausgewählt, welches an jedem Knoten 6 Freiheitsgrade besitzt. Da unter den örtlichen Belastungen die größten Verformungen auf die Wand und in den Profilen eintreten können, wurden die Flach- bzw. Trapezhohlprofile auch mit den oben genannten

Elementen idealisiert. Da die FE-Modelle durch den Kontakt mit der starren Kraft-einleitung zuerst eine punktförmige, dann eine linienförmige Belastung erzeugen, wurden die FE-Netze in der Nähe der möglichen Berührungsflächen verfeinert. Die Modellierung des Starrkörpers erfolgte mit einem gekrümmten halbkreisförmigen Profil, dessen Radius 50 mm beträgt. Aus Symmetriegründen wurde nur ein Viertel der Versuchsmodelle mit der Krafteinleitung modelliert. Die Randbedingungen sind so gewählt, wie sie sich aus dem Modellversuch ergeben.

*Rechenergebnisse*

Gerechnet wurden zwei Lastfälle, entsprechend Versuch A und C an den 3 verschiede-nen Modellen. In Abb. 4.37 und 4.38 sind die gerechneten Ergebnisse, denen der Mes-sung für Modell 1 gegenübergestellt. Die Geschwindigkeit der starren Krafteinleitung gegenüber den FE-Modellen wurde entsprechend dem Versuch festgelegt. Der Inter-grationszeitraum wurde so gewählt, daß jeder Lastschritt $w = 1{,}0$ mm entspricht. Man kann gut erkennen, daß die gerechneten und gemessenen Ergebnisse gut über-einstimmen. Gleiches gilt auch für die bleibenden Verformungen nach der Entlastung. Die stufenweise steigende Kraft in der Rechnung wird darauf zurückgeführt, daß die Kontaktfläche zwischen dem FE-Modell und der starren Krafteinleitung nur durch die Berührung der Knoten im FE-Modell möglich ist, und der Abstand zwischen den Knoten von der Elementgröße abhängig ist. Diese Erscheinung kann man in Abb. 4.38 im Bereich von $w > 100$ mm erkennen, da ab dieser Durchbiegung die Elemente der kontaktierten Fläche relativ global verteilt sind.

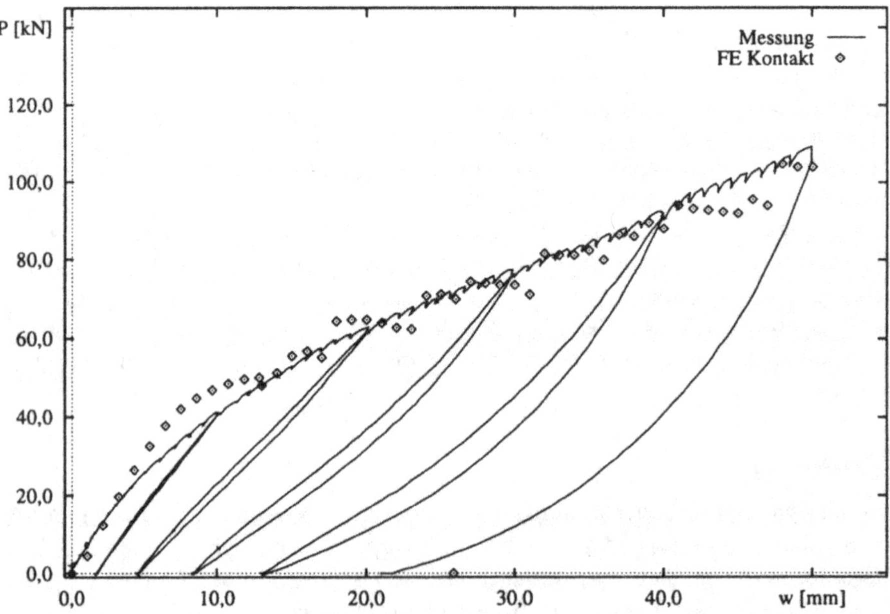


**Abb. 4.37.** Kraft-Verformungsverläufe, FE-Rechnung und Messung, Modell 1, Versuch A

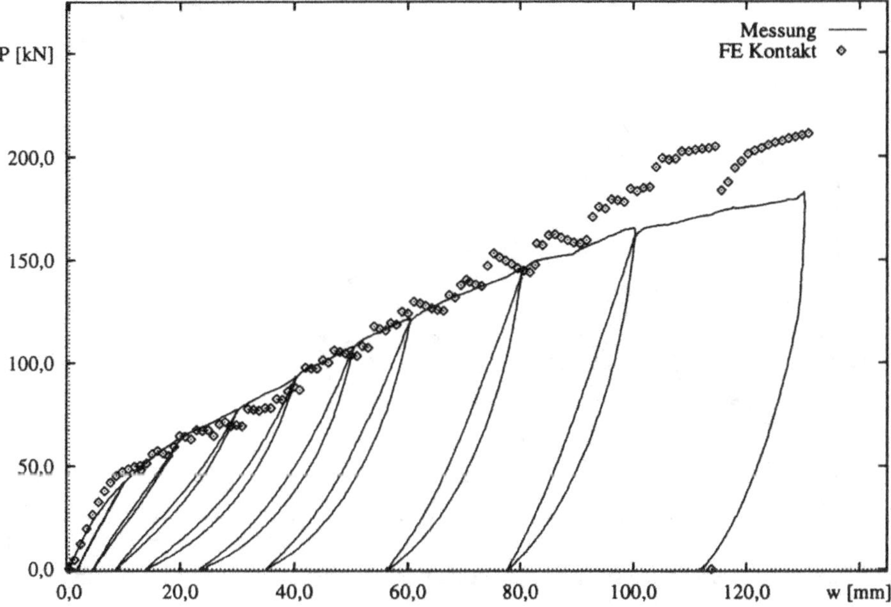

**Abb. 4.38.** Kraft-Verformungsverläufe, FE-Rechnung und Messung, Modell 1, Versuch C

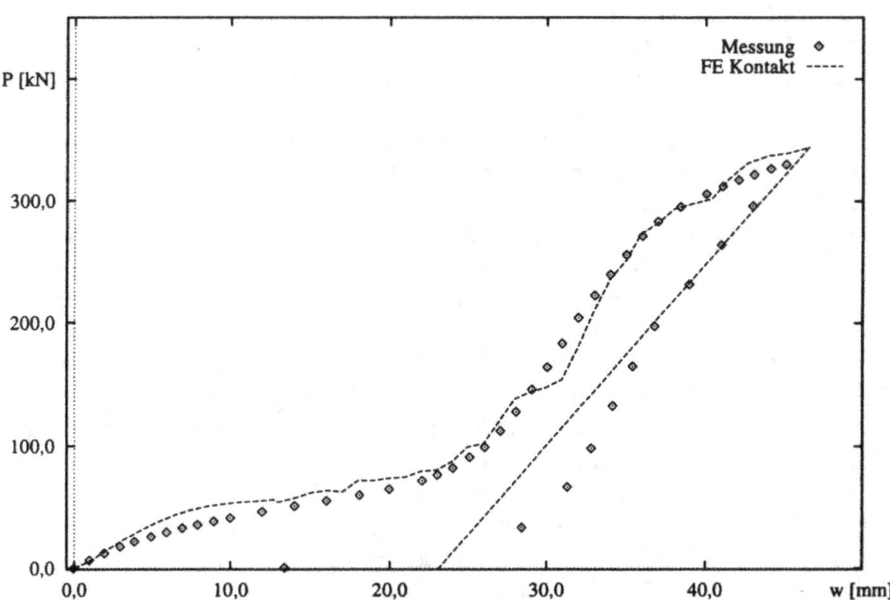

**Abb. 4.39.** Kraft-Verformungsverläufe, FE-Rechnung und Messung, Modell 2, Versuch A

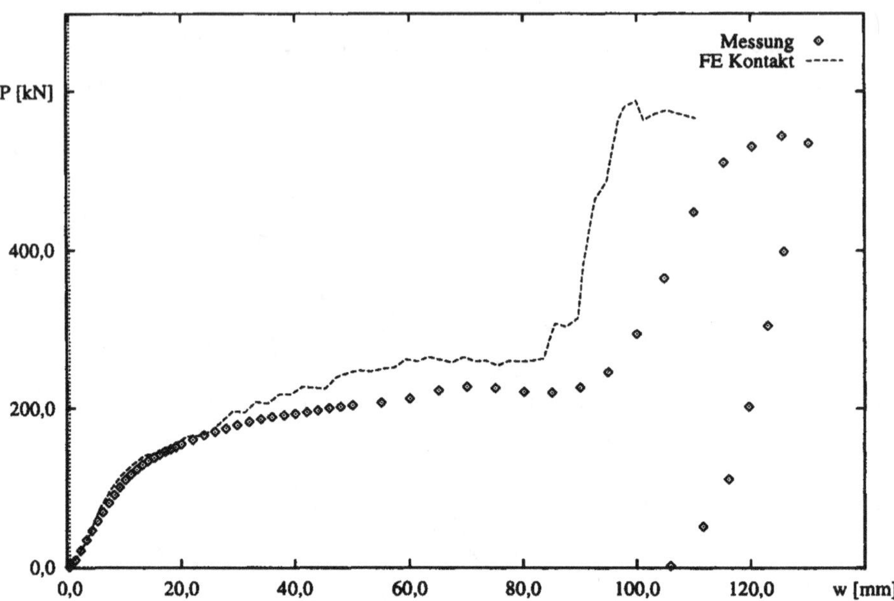



**Abb. 4.40.** Kraft-Verformungsverläufe, FE-Rechnung und Messung, Modell 2, Versuch C

In Abb. 4.39 und 4.40 werden die gerechneten und gemessenen Kraft-Verformungskurven des Versuchs A und C des Modelles 2 wiedergegeben. Es ist zu erkennen, daß die FE-Rechnung den Versuch A gut nachvollzogen hat, während das FE-Modell beim Kraftumlagerungsvorgang auf die angrenzenden Profile beim Versuch C relativ steif erscheint. Dieser Unterschied zwischen Messung und Rechnung kann von den symmetrischen Randbedingungen verursacht worden sein. Da in diesem Fall eine Aussteifung direkt in der symmetrischen Ebene liegt, wurden die seitlichen Verformungen dieses Profils, die bei der Messung angetroffen wurden, bei der FE-Rechnung nicht erfaßt.

Die in Abb. 4.41 und 4.42 eingetragenen rechnerischen Ergebnisse von Modell 3 haben die Messungen bei relativ größeren Verformungen nicht befriedend wiedergegeben (bei Versuch A: $w > 40$ mm und bei Versuch C: $w > 60$ mm). Allgemein scheint das mit Trapezprofilen ausgesteifte FE-Modell etwas zu steif zu sein. Die bei den Versuchen beobachteten Beulerscheinungen auf den angrenzenden Stegen und Untergurten der Profile, die einerseits von der in Umfangsrichtung wirkenden Biegung und andererseits von der Ausdehnung des Wandteils hervorgerufen wurden, konnten bei der FE-Rechnung nicht simuliert werden.

In Abb. 4.43–4.54 sind gerechnete und gemessene Verformungsverläufe in Achsrichtung (über $z/(0,5L)$) bzw. in Umfangsrichtung (über $\alpha/\pi$) aller Modelle für den Versuch A in einigen Laststufen und auch nach der Entlastung dargestellt. Man kann deutlich erkennen, daß die Verformungsverläufe der FE-Rechnungen in Achsrichtung die Messungen besser nachvollzogen haben, als die in Umfangsrichtung. Die beim Versuch im Entlastungsvorgang eintretende elastische Rückfederung kann die

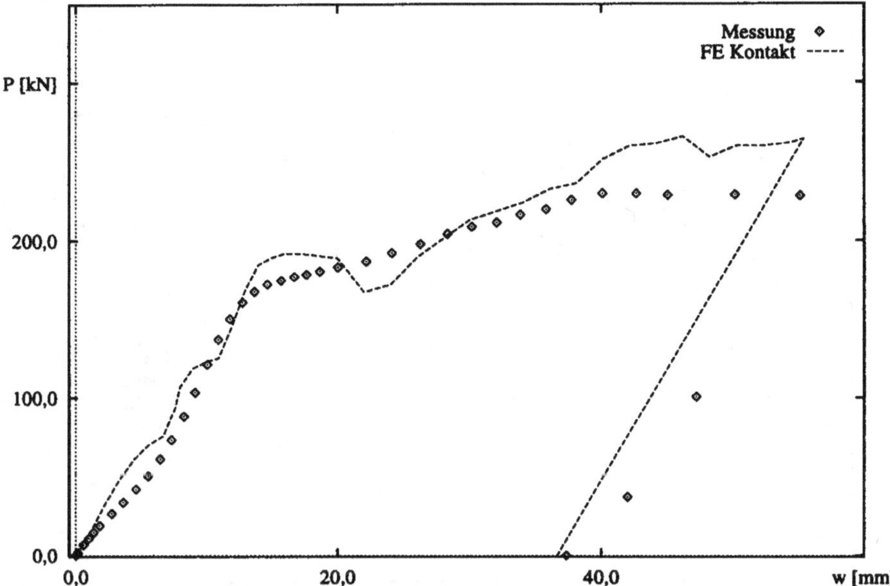

**Abb. 4.41.** Kraft-Verformungsverläufe, FE-Rechnung und Messung, Modell 3, Versuch A

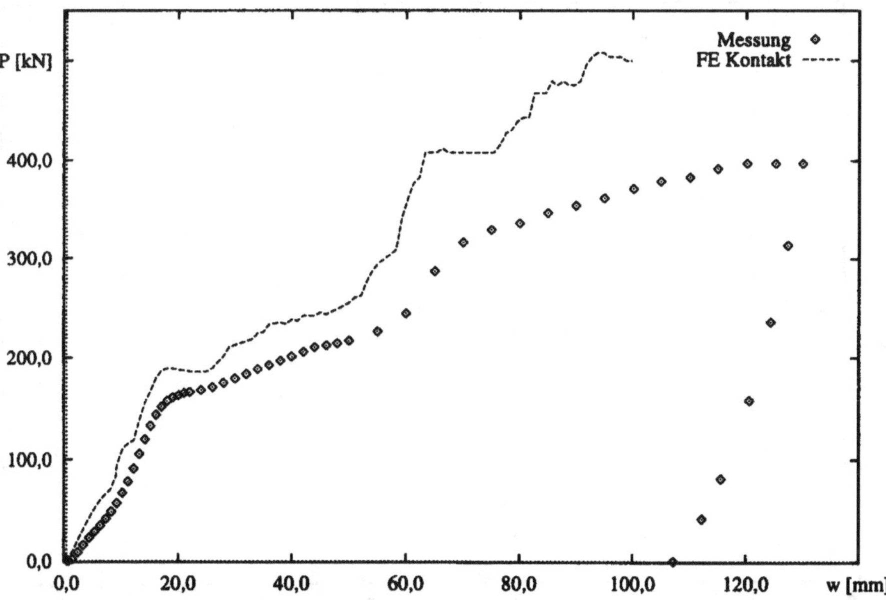

**Abb. 4.42.** Kraft-Verformungsverläufe, FE-Rechnung und Messung, Modell 3, Versuch C

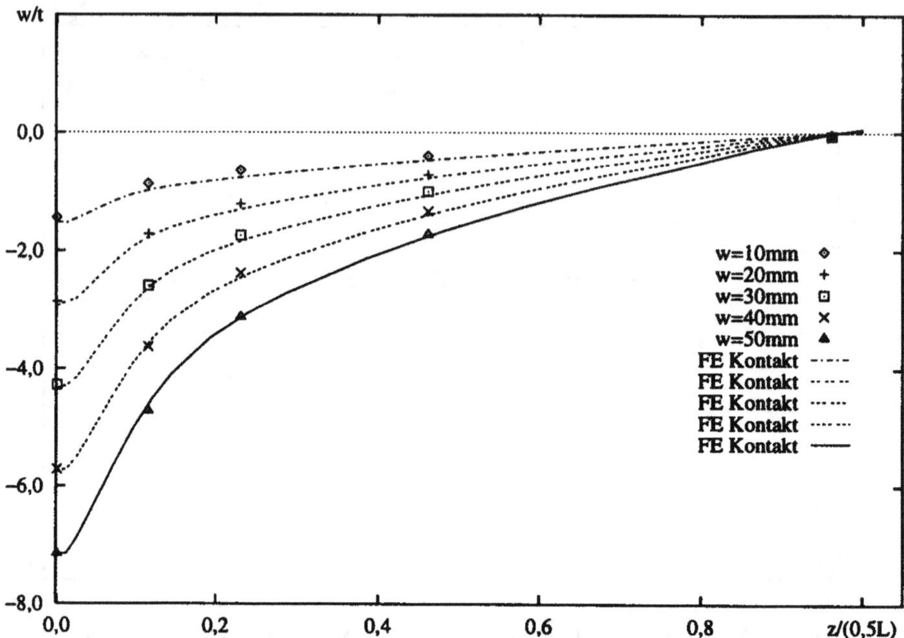



**Abb. 4.43.** $w$ in Achsrichtung, Messung und FE-Rechnung, Modell 1, Versuch A

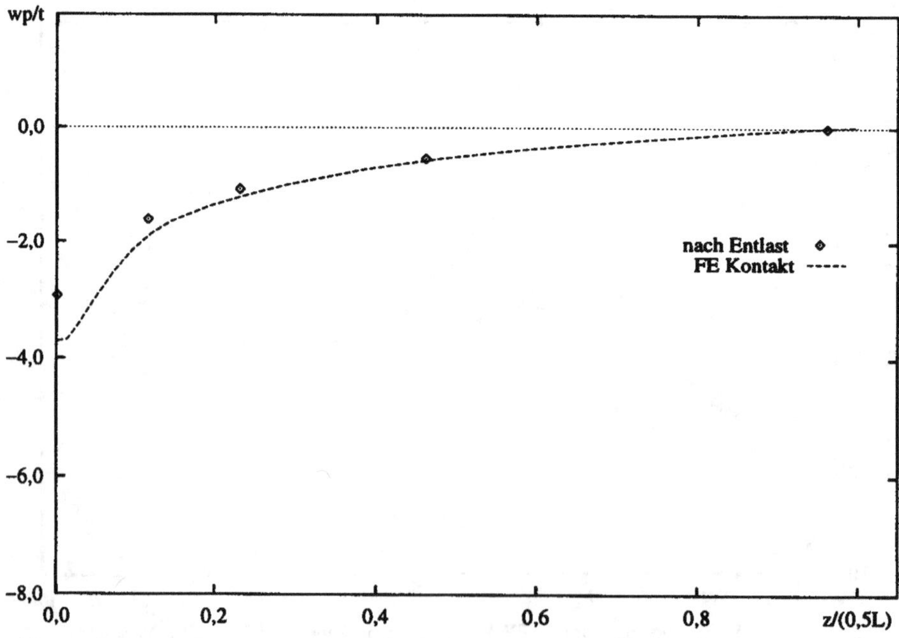



**Abb. 4.44.** $w_p$ in Achsrichtung, Messung und FE-Rechnung, Modell 1, Versuch A

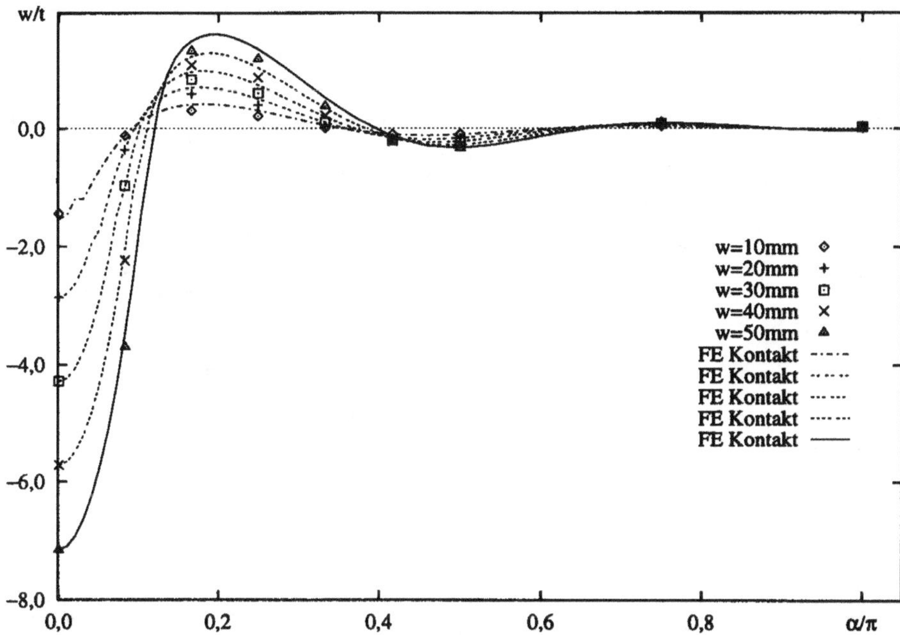


**Abb. 4.45.** $w$ in Umfangsrichtung, Messung und FE-Rechnung, Modell 1, Versuch A

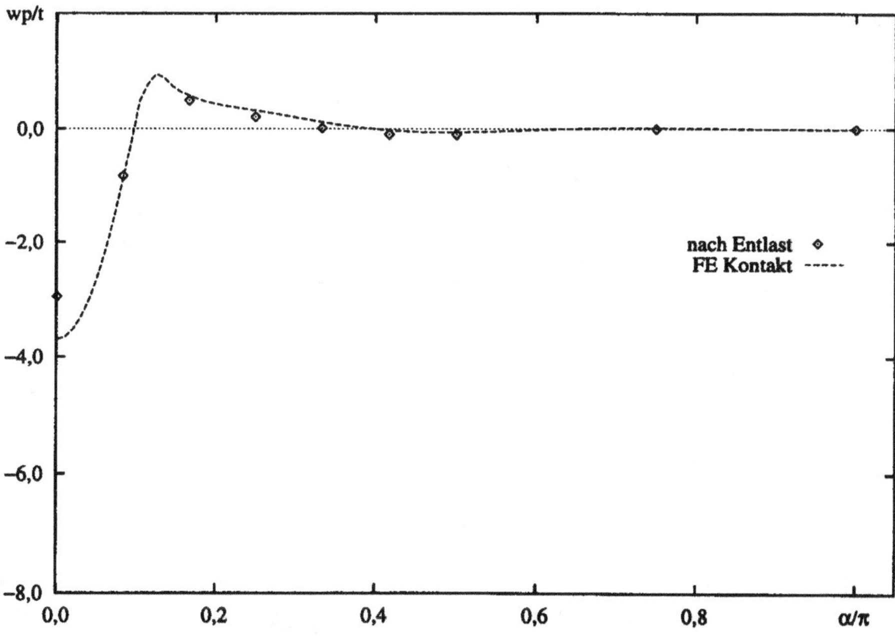


**Abb. 4.46.** $w_p$ in Umfangsrichtung, Messung und FE-Rechnung, Modell 1, Versuch A

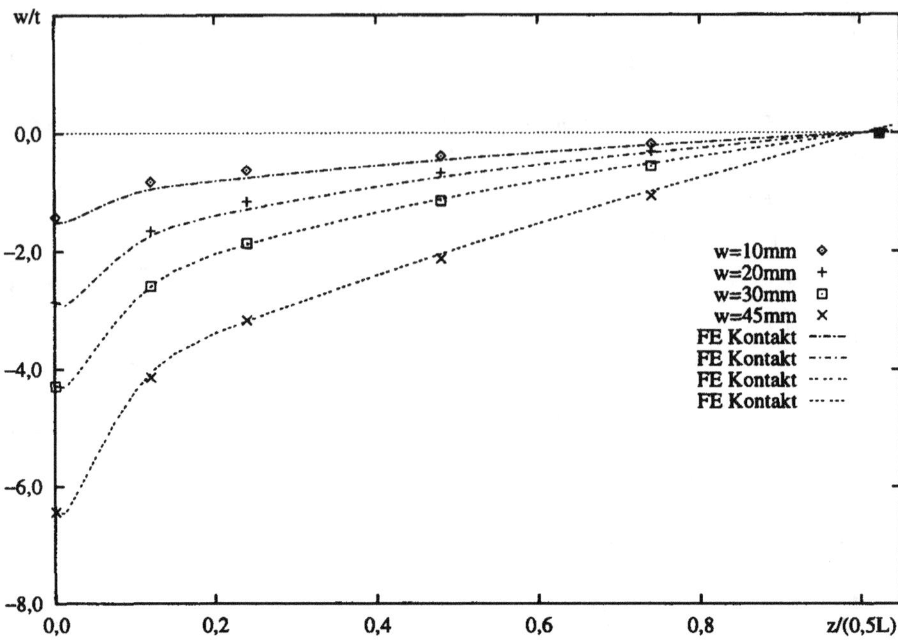


**Abb. 4.47.** $w$ in Achsrichtung, Messung und FE-Rechnung, Modell 2, Versuch A

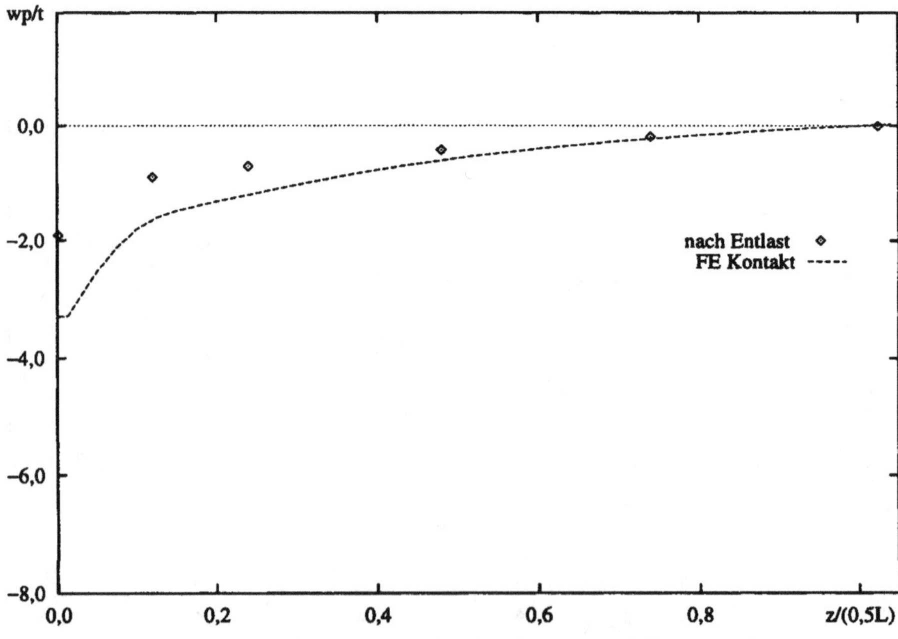


**Abb. 4.48.** $w_p$ in Achsrichtung, Messung und FE-Rechnung, Modell 2, Versuch A

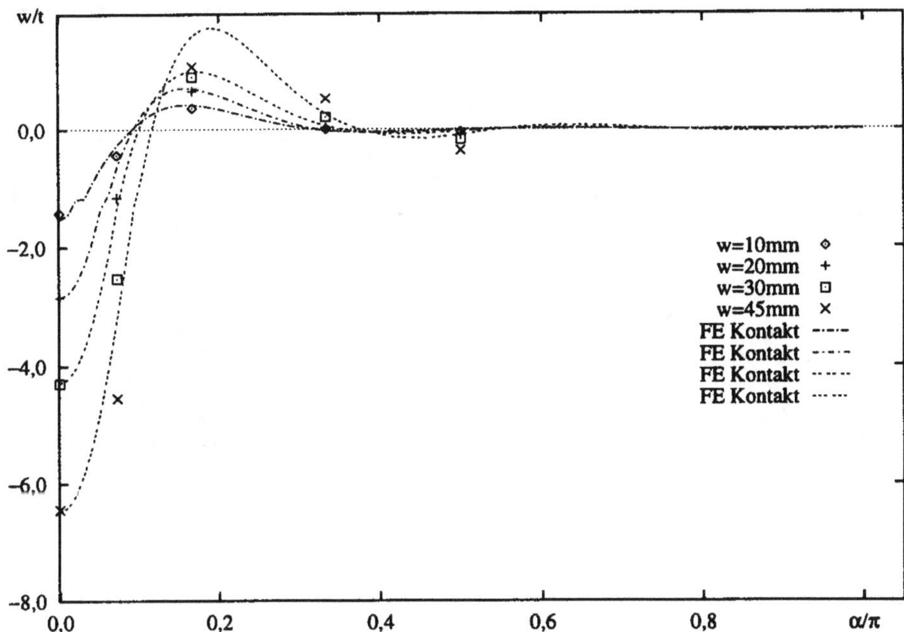

**Abb. 4.49.** $w$ in Umfangsrichtung, Messung und FE-Rechnung, Modell 2, Versuch A

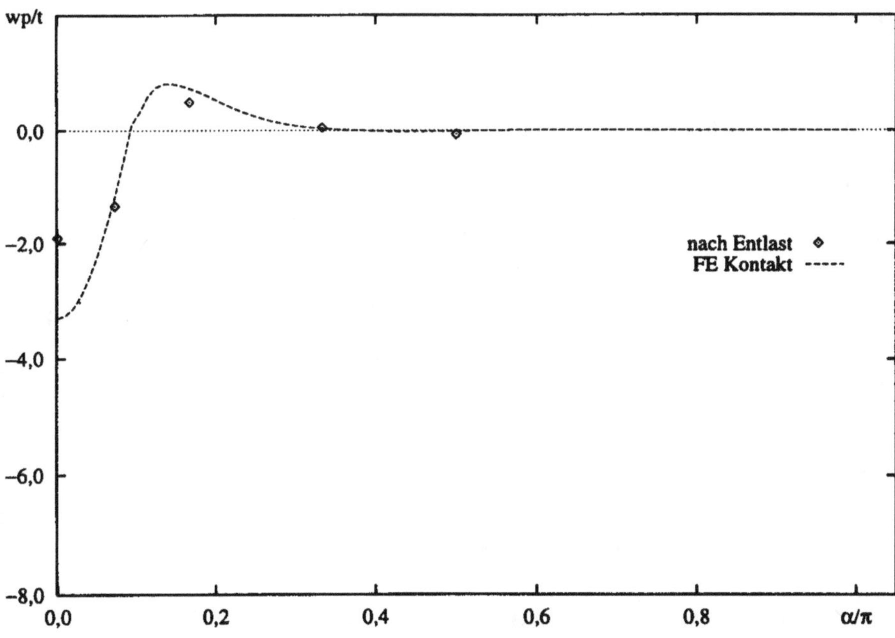

**Abb. 4.50.** $w_p$ in Umfangsrichtung, Messung und FE-Rechnung, Modell 2, Versuch A

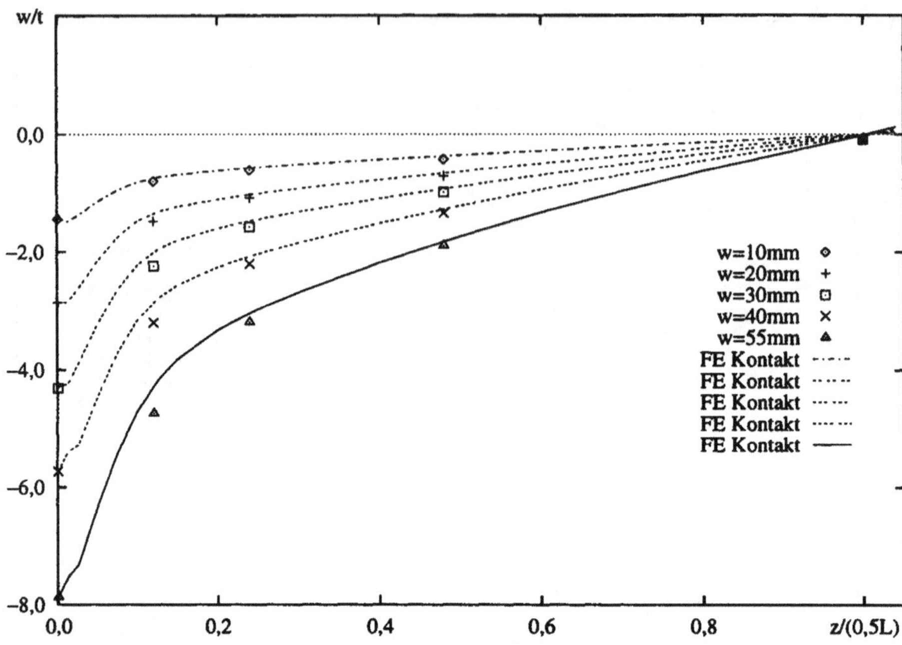

**Abb. 4.51.** $w$ in Achsrichtung, Messung und FE-Rechnung, Modell 3, Versuch A

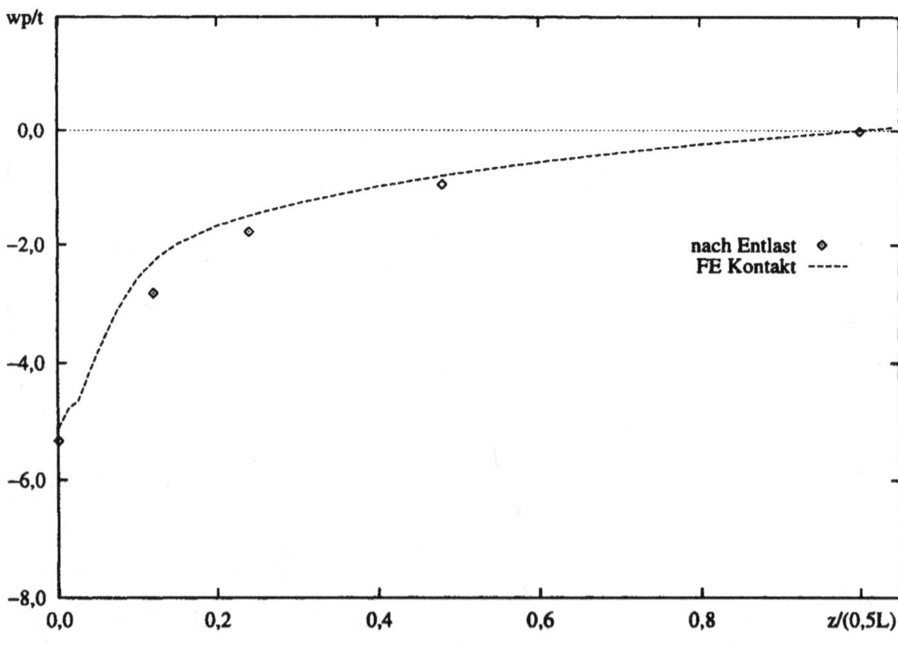

**Abb. 4.52.** $w_\mathrm{p}$ in Achsrichtung, Messung und FE-Rechnung, Modell 3, Versuch A

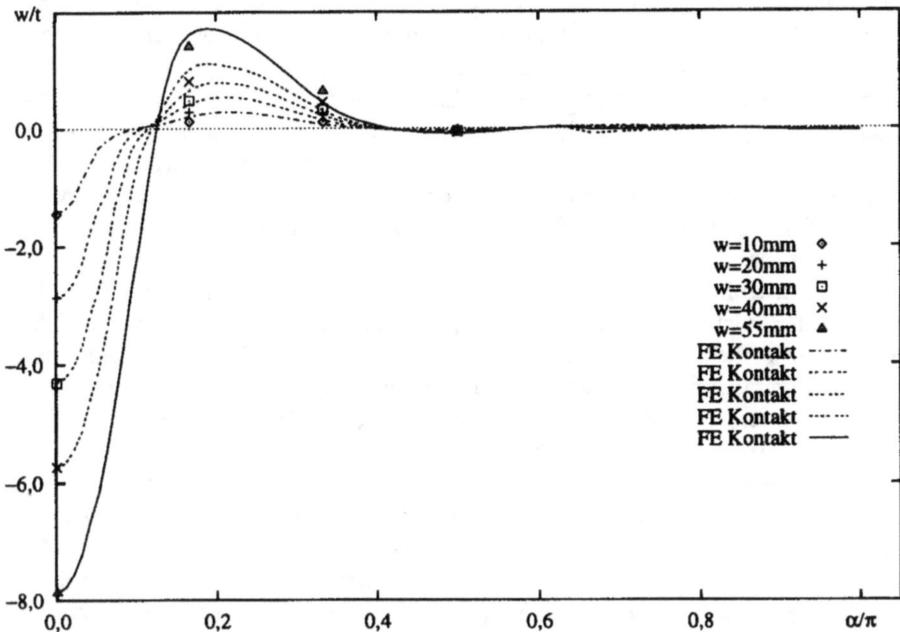



**Abb. 4.53.** $w$ in Umfangsrichtung, Messung und FE-Rechnung, Modell 3, Versuch A

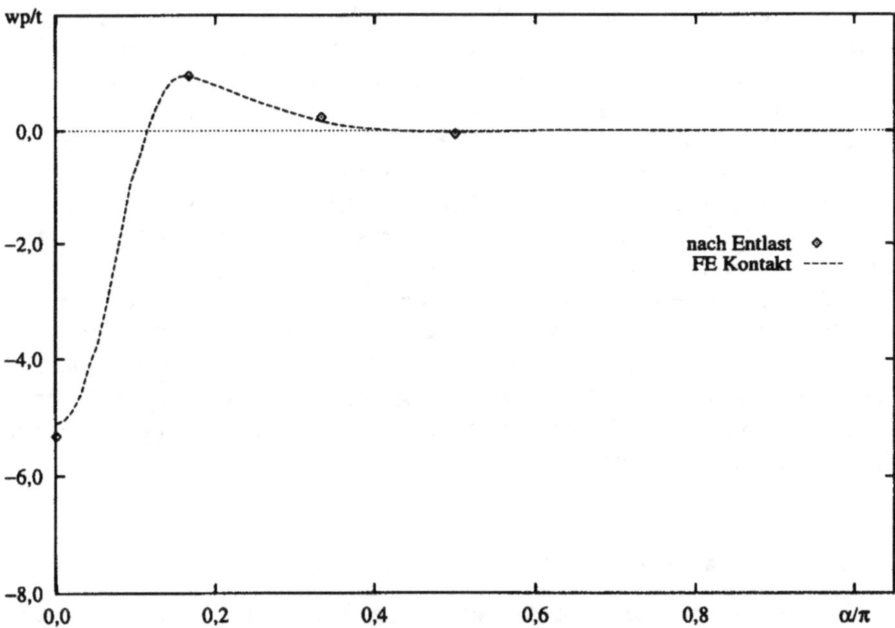



**Abb. 4.54.** $w_p$ in Umfangsrichtung, Messung und FE-Rechnung, Modell 3, Versuch A

FE-Rechnung nicht genau erfassen. Dieser Einfluß ist für Modell 2 besonders stark (Abb. 4.48). Vergleicht man die Ergebnisse von verschiedenen Modellen, kann man feststellen, daß der Umfang der Verformungen in beiden Richtungen durch die Aussteifungen behindert wird. Die größten örtlichen Verformungen in Achsrichtung bei Modell 2, und 3 sind im Bereich ca. $z/(0{,}5L) < 0{,}1$ deutlich zu sehen, während die bei Modell 1 innerhalb von $z/(0{,}5L) < 0{,}2$ liegen. Über die in Abb. 4.45 dargestellten Verformungsverläufe in Umfangsrichtung des nichtausgesteiften Modells ist zu bemerken, daß die Verformungen der Meßstelle $\alpha/\pi = 0{,}5$ nicht nach außen, sondern nach innen verlaufen.

Rohrkonstruktionen werden häufig in Offshorestrukturen verwendet. Beim Betrieb wurden solche Konstruktionen häufig durch Anlegestoß oder fallende Objekte geschädigt. Solche unter linienförmigen oder punktförmigen Belastungen entstehenden Schädigungen finden meistens in einem eng begrenzten Bereich statt. Das zunehmende Interesse an dem Schadenmechanismus, dem Tragverhalten der Struktur und der Resttragfähigkeit der geschädigten Konstruktionen hat seit den 70er Jahren zahlreiche Forscher zu Untersuchungen angeregt. Die Schwerpunkte dieses Projekts behandeln die experimentelle und rechnerische Ermittlung des Tragverhaltens von nichtausgesteiften, in Achsrichtung mit Flachstahl ausgesteiften, sowie mit Trapezhohlprofilen ausgesteiften Zylinderschalen. Außerdem wurde das Tragverhalten der oben genannten Modelle nach Reparatur der vorgeschädigten Stelle durch Aufschweißen eines Reparaturflickens untersucht.

Es wurden insgesamt 11 Versuche an 3 verschiedenen Modellen durchgeführt. Die Meßergebnisse zeigen, daß das Tragverhalten von nichtausgesteiften und ausgesteiften Strukturen unterschiedlich ist (Abb. 4.55). Im Vergleich zum nichtausgesteiften Modell haben die ausgesteiften Modelle eine wesentlich höhere Tragfähigkeit. Der Grund dafür ist, daß die Kräfte mit zunehmender Durchbiegung und größer werdender Kontaktfläche von den angrenzenden Aussteifungen übernommen werden. Dieses ist besonders bei dem mit Flachstahl ausgesteiften Modell sichtbar. Die Aussteifungen verhalten sich unter solcher Belastung wie ein in der Mitte punktbelasteter und am Rand teilweise eingespannter Balken. Die Traglast der Aussteifungen kann man anhand der Fließgelenktheorie unter Berücksichtigung der Schalenwirkung ermitteln. Die Kraftüberlagerung auf die angrenzenden Aussteifungen tritt bei dem mit Trapezhohlprofilen ausgesteiften Modell früher ein, als bei dem mit Flachstahl ausgesteiften Modell. Das heißt, daß das mit Trapezhohlprofilen ausgesteifte Modell bei relativ kleiner Schädigung mehr Energie aufnehmen kann als das andere. Aufgrund der Ausdehnung des Wandteils und der höheren Torsionssteifigkeit der geschlossenen Querschnittsform solcher Profile kann Stabilitätsversagen eintreten; wegen dünnwandiger Stege Krüppelversagen.

### 4.3.6
#### Einfluß von Reparaturmaßnahmen

Wie in Abb. 4.18, 4.20, 4.24 und 4.56 dargestellt, erhöht sich die Tragfähigkeit der reparierten Konstruktionen. Das nichtausgesteifte Modell verhält sich am Anfang wie das

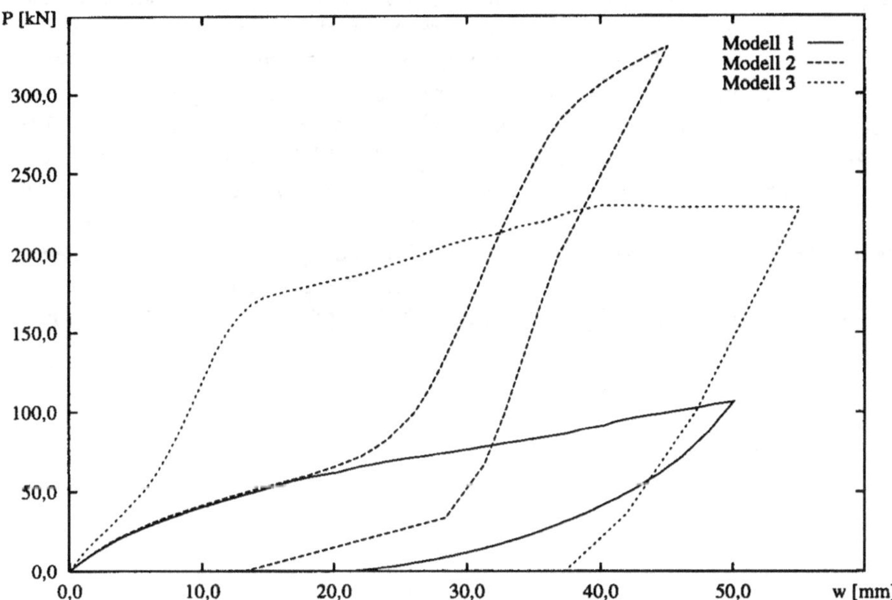


**Abb. 4.55.** Kraft-Verformungsverläufe, Versuch A, Modell 1, 2 und 3

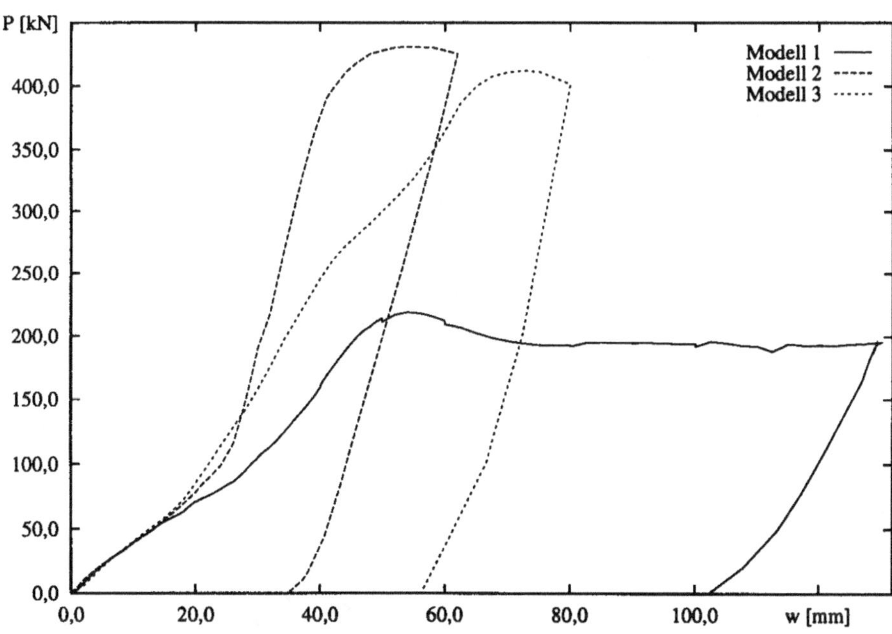


**Abb. 4.56.** Kraft-Verformungsverläufe, Versuch B, Modell 1, 2 und 3

ungestörte Modell (Abb. 4.18), da in dieser Phase der überdeckte Teil als eine elastische Unterstützung des aufgeschweißten Flickens wirkt. Ab einer bestimmten Durchbiegung, die von den bleibenden Verformungen aufgrund von Schädigung abhängig ist, wirkt der überdeckte Teil mit. Dieses bringt eine Verstärkung der Biegesteifigkeit des Modells bis zum Erreichen der Traglast des aufgeschweißten Flickens. Diese Traglast hängt von der aufgesetzten Flickengröße und Flickendicke ab. Im Gegensatz zum nichtausgesteiften Modell, wurde die entsprechende Traglast der ausgesteiften Modelle von der Steifigkeit der Aussteifungen mit entsprechenden mittragenden Wandteilen bestimmt. Die durch Reparatur erhöhte Biegesteifigkeit der ausgesteiften Struktur besteht darin, daß sich der mittragende Wandteil durch den aufgesetzten Flicken verdoppelt. Dies bringt eine weitere Erhöhung der Tragfähigkeit der Struktur (Abb. 4.20, 4.24 und 4.56).

## Bezeichnungen

| | | |
|---|---|---|
| $d$ | [mm] | Durchmesser eines Eindringkörpers |
| $E$ | [N·mm] | Arbeitsaufnahmevermögen |
| $E_{st}$ | [N·mm] | Arbeitsaufnahmevermögen beim Erreichen der Durchstanzkraft |
| $M_0$ | [N·mm] | vollplastisches Biegemoment einer Beplattung |
| $P$ | [N] | Eindringkraft oder Belastung |
| $P_{st}$ | [N] | Durchstanzkraft |
| $r$ | [mm] | Radius eines Eindringkörpers |
| $R$ | [mm] | Radius einer kreisförmigen Beplattung, eines Tankbodens oder einer Zylinderschale |
| $R_{eH}$ | [N/mm²] | obere Streckgrenze des Materials |
| $R_m$ | [N/mm²] | Bruchgrenze des Materials |
| $t$ | [mm] | Wanddicke oder Plattendicke |
| $w$ | [mm] | Durchbiegung an der belasteten Stelle |
| $\vartheta$ | [Rad] | Neigung einer Beplattung |
| $\phi$ | [Rad] | Fließfeldwinkel |
| $\tau$ | [N/mm²] | Schubspannung an einer Fließlinie |
| $\sigma_r$ | [N/mm²] | Normalspannung an einer Fließlinie |
| $\sigma_v$ | [N/mm²] | Vergleichsspannung nach von Mises |
| $L$ | [mm] | Länge der zylindrischen Schale (Abstand zwischen Ringstringern) |
| $t_g$ | [mm] | Ringgurtdicke der zylindrischen Schale |
| $t_p$ | [mm] | Dicke der Aussteifungen (Flachstahlprofile oder Trapezhohlprofile) |
| $t_r$ | [mm] | Ringstegdicke der zylindrischen Schale |
| $R_{el}$ | [N/mm²] | Proportionalitätsgrenze des Materials |
| $v$ | [mm/s] | Geschwindigkeit der Krafteinleitung |
| $w_p$ | [mm] | bleibende Durchbiegung an der belasteten Stelle nach Entlastung |
| $\alpha$ | [Rad] | Umfangswinkel der zylindrischen Schale der belasteten Ebene |
| $z$ | [mm] | Koordinate in Achsrichtung der belasteten Ebene |
| $\varepsilon_a$ | [%] | Axialdehnung |
| $\varepsilon_{a_p}$ | [%] | bleibende Axialdehnung nach Entlastung |
| $\varepsilon_t$ | [%] | Tangentialdehnung |
| $\varepsilon_{t_p}$ | [%] | bleibende Tangentialdehnung nach Entlastung |

# Literatur


[1] Verordnung über die Beförderung gefährlicher Güter auf Straßen
    (Gefahrgutverordnung Straße — GGVS) vom 22. Juli 1985 in der Fassung der
    3. Straßen-Gefahrgutänderungsverordnung von 13. November 1990
    BGBl. I, S. 2453

[2] Technische Richtlinien festverbundene Tanks und Aufsetztanks TRTF 001:
    Zusätzlicher Schutz für wanddickenreduzierte Tanks
    VkBl. 1987 S. 382

[3] MARC Analysis Research Corporation: Volume B MARC Element Library
    Revision K. 3 Dec. 1987 S. B75.1–5

[4] Lupker, H. A.: LPG Rail Tank Cars Under Head-On Collisions
    Int. J. Impact Engng Vol. 9 N⁰ 3 S. 359–376

[5] Ludwig, J.: Werkstoffkennwerte und Versagensgrenzen von Tanks
    VDI Berichte Nr. 852 1991 S. 697–712

[6] Det norske Veritas, Rules for the Design, Construction and Inspection of
    Offshore Structures
    1977

[7] Harding, J. E., Onoufriou, A., Tsang, S. K.: Collisions — What is the Danger to
    Offshore Rigs
    J. of Constructional Steel Research, Vol. 3, N⁰ 2, pp. 31–38

[8] Valsgaard, S.: Design against Accidental Loads on Mobile Platforms
    Safety Offshore Conference, Stavanger, 1982

[9] Taby, J., Moan, T., Rashed, S. M. H.: Theoretical and Experimental Study of the
    Behaviour of Damaged Tubular Members in Offshore Structures
    Norwegian Marinetime Research 1982, 10(2), pp. 3–12

[10] Aanhold, J. V., Taby, J.: Analysis of Structures with Damaged Structural
    Members
    OTTER-report STF88–A83003, Trondheim, 1983

[11] Soreide, T. H., Kavlie, D.: Collision Damage and Residual Strength of Turbular
    Members in Steel Offshore Structures
    Shell Structures Stability and Strength, Chap. 6, Edited by Narayanan, Elsevier
    Applied Science Publishers, 1985

[12] Amdahl, J., Taby, J., Granli, T.: Progressive Collapse Analysis of Mobile
    Platforms
    PRADS'87, pp. 1060–1072

[13] Walker, A. C., Kwok, M. K.: Progress of Damage in Thin-Walled Cylindrical Shells
Advanced in Marine Structures, Elsvier Amsterdam, 1986, pp. 111–135

[14] Wierzbicki, T., Suh, M.S.: Indentation of Tubes under Combined Loading
Int. J. Mech. Sci. Vol. 30, N⁰ 3/4, 1988, pp. 229–248

[15] Smith, C. S.: Assessment of Damage in Offshore Steel Platforms
Proc. of Int. Conf. on Marine Safety, Glasgow, 1983

[16] Durkin, S.: An Analytical Method for Predicting the Ultimate Capacity of Dented Turbular Member
Int. J. Mech. Sci. Vol. 29, N⁰ 10/11, 1987, pp. 449–467

[17] Pacheco, L. A., Durkin, S.: Denting and Collapse of Tubular Members — A Numerical and Experimental Study
Int. J. Mech. Sci. Vol. 30, N⁰ 5, pp. 317–331, 1988

[18] Landet, E., Lotsberg, I., Axhag, F.: Ultimate Capacity of Dented Tubular Members
8$^{th}$ Int. Conf. on OMAE, 1989

[19] Walker, A. C., McCall, S., Thorpe, T. W.: Strength of Damaged Ring and Orthogonally Stiffend Shells — Part I: Plain Ring Stiffend Shells
Thin-Walled Structures 5 (1987) pp. 425–453

[20] Hoo Fatt, M. S., Wierzbicki, T.: Denting Analysis of Ring Stiffend Cylindrical Shells
Int. J. of Offshore and Polar Engineering, Vol. 1, N⁰ 2, June 1991, pp. 137–145

[21] Walker, A. C., McCall, S., Thorpe, T. W.: Strength of Damaged Ring and Orthogonally Stiffend Shells — Part II: T-Ring and Orthogonally Stiffend Shells
Thin-Walled Structures 6 (1988) pp. 19–50

[22] Dowling, P. J., Ronalds, B. F., Onoufiou, A., Harding, J. E.: Resistance of Buoyancy Columns to Vessel Impact
PRADS'87, pp. 1034–1042

[23] Ronalds, B. F., Dowling, P. J.: A Denting Mechanism for Orthogonally Stiffend Cylinders
Int. J. Mech. Sci. Vol. 29, N⁰ 10/11, 1987, pp. 743–759

[24] Zhang, L. S.: Festigkeit von Ladungsdecks mit Trapezhohlprofilen auf Ro-Ro-Schiffen
FDS Bericht Nr.229/1991

[25] Grover, J. L., Egan, G. R.: Evaluation of Weld Repair of Dented Members
Behaviour of Offshore Structures, Elsevier Science Publishers 1985. pp. 409–417

# Sachverzeichnis

GPSR Compliance
The European Union's (EU) General Product Safety Regulation (GPSR) is a set
of rules that requires consumer products to be safe and our obligations to
ensure this.

If you have any concerns about our products, you can contact us on

ProductSafety@springernature.com

In case Publisher is established outside the EU, the EU authorized
representative is:

Springer Nature Customer Service Center GmbH
Europaplatz 3
69115 Heidelberg, Germany

www.ingramcontent.com/pod-product-compliance
Lightning Source LLC
LaVergne TN
LVHW050734200726
843507LV00001B/11

# WEATHERING
## Ecologies of Exposure

EDITED BY CHRISTOPH F. E. HOLZHEY
AND ARND WEDEMEYER

ISBN (Print): 978-3-96558-008-4
ISBN (PDF): 978-3-96558-009-1
ISBN (EPUB): 978-3-96558-010-7

Cultural Inquiry, 17
ISSN (Print): 2627-728X
ISSN (Online): 2627-731X

**Bibliographical Information of the German National Library**
The German National Library lists this publication in the Deutsche Nationalbibliografie
(German National Bibliography); detailed bibliographic information is available online at
http://dnb.d-nb.de.

© 2020 ICI Berlin Press

Cover design: Studio Bens with a photograph by Claudia Peppel

Except for images or otherwise noted, this publication is licensed under a Creative
Commons Attribution-ShareAlike 4.0 International License. To view a copy of this license,
visit: http://creativecommons.org/licenses/by-sa/4.0/.

In Europe, the paperback edition is printed by Lightning Source UK Ltd., Milton Keynes,
UK. See the final page for further details.

The digital edition can be downloaded freely at: https://doi.org/10.37050/ci-17.

ICI Berlin Press is an imprint of
ICI gemeinnütziges Institut für Cultural Inquiry Berlin GmbH
Christinenstr. 18/19, Haus 8
D-10119 Berlin
publishing@ici-berlin.org
www.ici-berlin.org